卷烟和滤棒物理性能综合测试台计量技术研究及应用

苗 芊 杨荣超 张 勍 主编

郑州大学出版社

图书在版编目(CIP)数据

卷烟和滤棒物理性能综合测试台计量技术研究及应用 / 苗芊, 杨荣超, 张勍主编. -- 郑州：郑州大学出版社, 2024.8. -- ISBN 978-7-5773-0627-8

Ⅰ. TS452

中国国家版本馆 CIP 数据核字第 2024XQ6924 号

卷烟和滤棒物理性能综合测试台计量技术研究及应用

JUANYAN HE LÜBANG WULI XINGNENG ZONGHE CESHITAI JILIANG JISHU YANJIU JI YINGYONG

策划编辑	祁小冬	封面设计	苏永生
责任编辑	王瑞珈	版式设计	苏永生
责任校对	杨飞飞	责任监制	李瑞卿
出版发行	郑州大学出版社	地　　址	郑州市大学路 40 号(450052)
出 版 人	卢纪富	网　　址	http://www.zzup.cn
经　　销	全国新华书店	发行电话	0371-66966070
印　　刷	郑州宁昌印务有限公司		
开　　本	787 mm×1 092 mm　1 / 16		
印　　张	26	字　　数	620 千字
版　　次	2024 年 8 月第 1 版	印　　次	2024 年 8 月第 1 次印刷
书　　号	ISBN 978-7-5773-0627-8	定　　价	89.00 元

本书如有印装质量问题,请与本社联系调换。

作者名单

主　　编　苗　芊　杨荣超　张　勍
副 主 编　曾　波　张鹏飞　史占东
　　　　　于千源　宁英豪　贺　琛
编　　委　范　黎　蒋志才　丁　雪
　　　　　黄　华　崔　廷　郭倩倩
　　　　　王瀚乐　何思源　程东旭
　　　　　周　炜　方　婷

前　言

　　计量是测量及其应用的科学,关系国计民生,不仅是科学技术的先导和保障、公平贸易的标尺和依据,还是工业生产的"眼睛"和"神经"、质量提升的基础和标尺。夯实计量基础、完善计量体系、提升计量整体水平已成为提高国家科技创新能力、增强国家综合实力、促进经济社会高质量发展的必然要求。

　　我国烟草行业历来重视计量工作,自20世纪90年代首次发布实施《卷烟及辅料专用计量器具检定规程》以来,先后在中国烟草标准化研究中心设立计量室,建设行业计量校准实验室,建立烟草行业(部门)最高计量标准,设立烟草行业计量技术归口单位。截至2023年,烟草行业共制定了《卷烟和滤棒物理性能综合测试台检定规程》等50余项计量技术规范,建立了"卷烟和滤棒物理性能综合测试台检定装置"等9项烟草行业最高计量标准装置,为烟草专用测量仪器量值准确性提供了坚实保障。

　　近年来,国家和行业都对计量工作提出了更高要求。2017年,《中共中央　国务院关于开展质量提升行动的指导意见》中明确提出:加强计量测试技术研究和应用,科学规划建设产业计量测试体系。2021年,《中共国家烟草专卖局党组关于全面加强新时代烟草行业科技创新工作的指导意见》中明确提出:完善烟草质量基础设施;推进行业新型计量体系和计量网络建设,建设高标准的行业计量测试中心;努力推进科学数据中心、计量测试中心等行业机构进入国家新型基础设施体系。为适应新形势下计量工作的需要,进一步提高烟草行业计量人员的技术水平,中国烟草标准化研究中心作为行业计量技术归口单位组织编写了烟草测量仪器计量技术系列书籍。

　　本书共分为7章,主要从卷烟和滤棒物理性能综合测试台概述、计量技术基础、卷烟和滤棒物理性能综合测试台计量检定方法研究、卷烟和滤棒物理性能综合测试台计量标准、卷烟和滤棒物理性能综合测试台计量技术应用、卷烟和滤棒物理性能综合测试台通用技术条件研究、卷烟和滤棒物理性能综合测试台技术审核等方面进行了详细介绍,旨在为烟草行业相关技术人员快速提升卷烟和滤棒物理性能综合测试台计量的专业水平和技术能力提供帮助,促进行业计量技术水平提升,更好地服务和支撑烟草行业高质量发展。

本书在编写过程中,浙江中烟工业有限责任公司、河南中烟工业有限责任公司和其他单位的科技人员在材料收集及整理等方面做了大量的工作,在此一并表示真诚的感谢。

由于编写时间仓促及编者水平所限,本书难免有不当之处,恳请读者多提宝贵意见。

编者
2024 年 5 月 20 日于郑州

目 录

1 **卷烟和滤棒物理性能综合测试台概述** ··· 001
  1.1 卷烟和滤棒物理性能综合测试台主要功能 ································ 001
  1.2 卷烟和滤棒物理性能综合测试台的组成及工作原理 ···················· 004
  1.3 卷烟和滤棒物理性能综合测试台主要品牌 ································ 004
  1.4 卷烟和滤棒物理性能综合测试台相关标准 ································ 005

2 **计量技术基础** ··· 008
  2.1 计量的相关概念与作用 ··· 008
  2.2 量值传递的概念 ··· 019
  2.3 我国的量值传递体系 ··· 020
  2.4 量值溯源的基本概念 ··· 025
  2.5 我国的量值溯源体系 ··· 026
  2.6 量值传递与量值溯源的比较 ·· 031

3 **卷烟和滤棒物理性能综合测试台计量检定方法研究** ························ 034
  3.1 计量检定方法研究概况 ··· 034
  3.2 计量检定方法任务来源及试验研究 ·· 034

4 **卷烟和滤棒物理性能综合测试台计量标准** ···································· 048
  4.1 计量标准概述 ·· 048
  4.2 计量标准的建立 ·· 053
  4.3 计量标准的考核 ·· 055
  4.4 卷烟和滤棒物理性能综合测试台计量标准的建立 ······················· 079

5 卷烟和滤棒物理性能综合测试台计量技术应用 ·········· 090
5.1 卷烟和滤棒物理性能综合测试台主要测试单元简介 ·········· 090
5.2 卷烟和滤棒物理性能综合测试台的检定技术原理 ·········· 097
5.3 卷烟和滤棒物理性能综合测试台的检定 ·········· 101

6 卷烟和滤棒物理性能综合测试台通用技术条件研究 ·········· 105
6.1 概述 ·········· 105
6.2 卷烟吸阻和滤棒压降测试设备的通用技术条件研究 ·········· 106
6.3 卷烟和滤棒圆周测试设备的通用技术条件研究 ·········· 136
6.4 卷烟和滤棒长度测试设备的通用技术条件研究 ·········· 176
6.5 卷烟通风率测试设备的通用技术条件研究 ·········· 227
6.6 卷烟和滤棒硬度测试设备的通用技术条件研究 ·········· 290

7 卷烟和滤棒物理性能综合测试台技术审核 ·········· 346
7.1 卷烟和滤棒物理性能综合测试台技术审核的意义 ·········· 346
7.2 卷烟和滤棒物理性能综合测试台技术审核相关标准 ·········· 346
7.3 卷烟和滤棒物理性能综合测试台技术审核的基本要求和工作程序 ·········· 347
7.4 卷烟吸阻和滤棒压降检测设备的技术审核 ·········· 350
7.5 卷烟和滤棒长度检测设备的技术审核 ·········· 356
7.6 卷烟和滤棒圆周检测设备的技术审核 ·········· 360
7.7 卷烟和滤棒硬度检测设备的技术审核 ·········· 364
7.8 卷烟通风率检测设备的技术审核 ·········· 367

参考文献 ·········· 372

附录 ·········· 375

1 卷烟和滤棒物理性能综合测试台概述

1.1 卷烟和滤棒物理性能综合测试台主要功能

卷烟和滤棒物理性能综合测试台作为一种烟草测量仪器,在我国烟草行业广泛应用,主要用于测试卷烟和滤棒的关键物理性能指标,这些指标主要包括卷烟吸阻和滤棒压降、卷烟通风率、卷烟和滤棒圆周、滤棒圆度、卷烟和滤棒长度、卷烟和滤棒硬度、卷烟质量等,以下简要介绍上述关键指标的测试研究情况。

1.1.1 卷烟吸阻和滤棒压降

卷烟吸阻和滤棒压降是卷烟或滤棒物理指标的重要参数,其理论研究是随着流体力学的发展而开展的。1975 年,Baker 在关于点燃烟支吸阻的研究中给出了卷烟吸阻的公式。1978 年,Keith 探讨了香烟过滤的物理机理以及烟支和滤棒中吸阻与流动参数的关系。1979 年,Keith 通过试验证实了测量气流在滤嘴中的运动大部分是层流状的。1967年,Keith 提出了基于 Happel(1959)流场的 Keith 压降模型;1982 年,Rasmussen 提出了基于 Kuwabara(1959)流场的 Rasmussen 压降模型;1986 年,Dwyer 提出了基于 Langmuir(1942)流场的 Dwyer 压降模型。

对于卷烟吸阻和滤棒压降测试设备,赵宝生对 QTM 吸阻测量系统进行了分析。任静霞等对烟草专用标准恒流孔做了理论研究并计算出喷管喉部最小截面。Benson 和 Hawk 提出了一套 CFO 装置来测试小流量。Keith 等分析了标准棒毛细管的层流流动。Colard 等发现流经吸阻标准棒的气流存在部分的非线性,并提出了大气压力和温度不同情况下的补偿公式。

ISO 标准和国标规定了卷烟吸阻和滤棒压降的测量原理:将样品密封于测量设备中,在标准条件下维持样品输出端气体体积流量为 17.5 mL/s 时样品两端的压差。

1.1.2 卷烟通风率

卷烟通风率是国标要求测量的物理指标,卷烟产品的通风率是消费者在燃吸过程中对吸食感觉影响最直接、最敏感、最基本的重要指标,是卷烟产品理化指标中最关键的技术指标之一。同时滤嘴通风技术是目前国际上应用较为普遍的降焦手段之一,因其技术简单方便且降焦效果明显而被广泛使用。

前期国内学者也对卷烟通风率测量做了大量研究,主要集中在通风率与其他物理指标和化学指标之间的相关性研究。魏玉玲等对 30 mm 滤嘴长卷烟的卷烟纸、成型纸、接装纸及嘴棒组合搭配进行了试验研究,发现接装纸透气度及卷烟纸透气度是影响卷烟通风率的显著因素,对其进行调整和控制,可以很好地实现对 30 mm 滤嘴长卷烟产品通风率的控制。黄晓飞、姚二民通过对影响烟支通风率的控制参数进行单因素试验,结合 3 因素 3 水平曲面响应分析法,研究了各工艺参数对烟支通风率的影响。陈昆燕等建立了由 7 种卷烟材料要素对卷烟通风率的二次多项式逐步回归模型,同时对模型进行了因素主效应分析、单因素效应分析、边际效应分析和因素交互作用效应分析。周会舜等通过实验研究滤嘴通风率和通风率对一些酯类香料在卷烟中转移率的影响,发现滤嘴通风率、通风稀释度与主流粒相转移率均负相关,肉桂酸酯类香料受通风稀释和滤嘴加长的影响较其他香料单体小,通风稀释、滤嘴通风率对这些酯类香料在主流烟气中的转移率都有较大影响。蔡君兰等通过实验研究滤嘴通风率对卷烟主流烟气中一些香味成分释放量的影响,发现卷烟主流烟气常规成分释放量随着滤嘴通风率的增加出现不同程度的降低;增加滤嘴通风率,30 种香味成分的总释放量降低,30 种香味成分的气相/粒相分配比升高,说明 30 种香味成分单位烟碱的总释放量与卷烟滤嘴通风率呈负相关。通风率检测技术的相关研究也主要集中在通风率检测方法上,1993 年金闻博等对卷烟通风率进行了计算,通过将烟支模拟成电路模型计算卷烟的通风率得出,只需测出烟支末端及通风下游处的压力即可确定烟支的总通风率。

国际烟草科学研究合作中心(Cooperation Centre for Scientific Research Relative to Tobacco,CORESTA)推荐方法和国标规定了卷烟通风率的测量原理:抽吸形成的恒定气流,按标准烟气气流方向流经未点燃卷烟时,分别对卷烟各部位的通风进行测定,通过计算得出通风率。

1.1.3 卷烟和滤棒圆周

卷烟和滤棒圆周是国标要求测量的物理指标之一,圆周是综合评价卷烟和滤棒加工性能和质量的一个重要技术指标,与卷烟和滤棒的质量、吸阻密切相关,对卷烟产品的感官评吸、焦油量、一氧化碳、烟碱含量等指标的检测结果有一定影响。卷烟和滤棒圆周检测设备的测量准确性与卷烟、滤棒圆周存在密不可分的关系。

前期国内学者也对卷烟和滤棒圆周测量做了大量研究,主要集中在圆周检测系统的原理和圆周控制方法。邢军研究了各种圆周测定方法原理和优缺点,表明激光扫描法和光电投影法测圆周优点是非接触测量,可采用多次测量达到高精度;缺点是样品的搭扣翘起和样品位移都会引起测量误差。拉带法和气动法测圆周优点是不受样品形状影响;缺点是样品材料不同会引起测量误差,不能测量直径的最大值与最小值。洪杰研究了利用激光检测烟支圆周的方法,表明激光检测烟支圆周比传统的检测方法精度性更好,效率更高,不过成本也高出很多。赵海玉等研究了从圆周端面拍照后,利用数字图像处理技术测量卷烟圆周的方法。

1.1.4 卷烟和滤棒长度

卷烟和滤棒长度是国标要求测量的物理指标之一,长度是综合评价卷烟和滤棒加工性能和质量的一个重要技术指标,与卷烟和滤棒的质量、吸阻密切相关,影响卷烟与滤棒的接装质量与效率,对卷烟产品的感官评吸、焦油量、一氧化碳、烟碱含量等指标的检测结果有一定影响。卷烟和滤棒长度检测设备的测量准确性与卷烟、滤棒长度存在密不可分的关系。

前期国内学者也对卷烟和滤棒长度测量做了大量研究,主要集中在长度与其他物理指标和化学指标之间的相关性研究。涂向真研究表明,烟蒂长度与产生的焦油量呈负相关线性关系,烟蒂长度越短,焦油量越高。李劲峰研究了滤棒长度与卷烟主流烟气中7种有害物质的关系,发现减小滤棒长度可以降低单位焦油苯并[a]芘、巴豆醛、一氧化碳等有害物质,同时,其他4种有害物质的量则会增加。范铁桢对烟支内气流流动状态进行了研究,建立了吸阻与烟支内气流流量、烟支吸阻与烟支长度、烟支内气流流量与烟支长度的模型函数,得出了烟支吸阻、气流流量之间及其与烟支长度等各参数因子的关系。长度检测技术相关研究也主要集中在不同的长度检测方式之间的对比,周德成认为智能长度仪与烟草投影仪的稳定性好,二者测试精度均能满足0.1 mm的要求,但由于投影仪受体积限制无法较大提高测试精度,不如智能长度仪工作效率高。

1.1.5 卷烟和滤棒硬度

卷烟和滤棒硬度是国标要求测量的物理指标之一,硬度是综合评价卷烟和滤棒加工性能和质量的一个重要技术指标,与卷烟和滤棒的质量、吸阻密切相关,直接影响卷烟与滤棒的接装质量与效率,对卷烟产品的感官评吸、烟气分析、焦油量、一氧化碳、烟碱含量等化学指标的检测结果有一定影响。

对于卷烟和滤棒硬度方面的相关文献,主要包括不同检测设备之间的测试差异研究,不同季节、不同温度、湿度环境对硬度测试结构的影响研究,以及硬度和其他物理指标之间的相关性研究。邢军等对硬度测试的预压力、预压时间和施压负荷等进行了研究,详细研究了不同测量条件下,使用不同硬度检测设备检测相同样品的硬度,测量结果表明不同的测量条件及不同仪器间均存在差异;冯银龙等提出在相对湿度相同的条件下,卷烟硬度、卷烟质量随温度升高总体呈下降趋势,但相关性不显著;在环境温度相同的条件下,卷烟硬度随相对湿度升高而下降,卷烟质量随相对湿度升高而升高;张文等采用二元回归方程建立了卷烟单支质量、圆周和烟支硬度的数学模型,得出单支质量与烟支硬度呈正相关,烟支圆周与烟支硬度呈负相关,质量是影响烟支硬度的主要因素。对于卷烟和滤棒硬度检测的相关标准,GB/T 22838.6—2009《卷烟和滤棒物理性能的测定 第6部分:硬度》,对样品硬度测试的测量条件作出了指导性说明,提出了施压头和试样挡板的形状和尺寸要求,并规定了预压力、预压时间、施压负荷、施压时间和施压速度等技术要求;JJG(烟草)01—2012《卷烟和滤棒物理性能综合测试台检定规程》规定了硬度检测单元的检定项目,包括预压力、施压负荷和位移测量的技术指标及相应的检测方法。

1.2 卷烟和滤棒物理性能综合测试台的组成及工作原理

卷烟和滤棒物理性能综合测试台通常由质量、圆周(圆度)、长度、吸阻/通风、硬度等测试单元及送料系统组成。

不同品牌型号的卷烟和滤棒物理性能综合测试台工作原理可能存在一定差异,但通常质量测试单元采用的是与电子天平类似的装置,直接对试样的质量进行称量;圆周和滤棒圆度测试单元采用的是激光或光电投影传感器装置,直接对试样的圆周(圆度)进行测量;长度测试单元采用激光或光电投影传感器装置直接测量试样的长度;卷烟吸阻和滤棒压降测试单元是在通过试样气体体积流量稳定在 17.5 mL/s 时,测量试样两端的压力差,从而得到试样的吸阻或压降;通风率测试单元是在通过试样气体体积流量稳定在 17.5 mL/s 时,通过计算得出试样的通风率;硬度测试单元采用点压法,在规定时间内试样的径向受到一定压力,计算试样受力前后直径百分比得出试样的硬度。

1.3 卷烟和滤棒物理性能综合测试台主要品牌

目前我国烟草行业使用的卷烟和滤棒物理性能综合测试台品牌型号较多,生产厂家主要有北京欧美利华科技有限公司、成都瑞拓科技实业有限责任公司、郑州海意科技有限公司、深圳市鸿捷源自动化系统有限公司和英国斯茹林(CERULEAN)公司、法国索定(SODIM)公司、德国博瓦特(BORGWALDT)公司。典型的卷烟和滤棒物理性能综合测试台如图 1-1 所示。

图 1-1 典型的卷烟和滤棒物理性能综合测试台

1.4 卷烟和滤棒物理性能综合测试台相关标准

1.4.1 卷烟和滤棒物理性能综合测试台质量测试单元涉及标准

卷烟和滤棒物理性能综合测试台质量测试单元主要涉及相关标准共3项,具体包括:

——国家标准1项

GB/T 22838.4—2009《卷烟和滤棒物理性能的测定 第4部分:卷烟质量》。

——行业标准2项

JJG(烟草)01—2012《卷烟和滤棒物理性能综合测试台检定规程》;

JJF(烟草)2.1—2008《卷烟物理指标测量不确定度评定指南 第1部分:质量》。

1.4.2 卷烟和滤棒物理性能综合测试台圆周测试单元涉及标准

卷烟和滤棒物理性能综合测试台圆周测试单元主要涉及相关标准共6项,具体包括:

——国际标准1项

ISO 2971—2013《卷烟和滤棒公称直径的测定 非接触光学法》。

——国家标准2项

GB/T 22838.3—2009《卷烟和滤棒物理性能的测定 第3部分:圆周 激光法》;

GB/T 22838.13—2009《卷烟和滤棒物理性能的测定 第13部分:滤棒圆度》。

——行业标准4项

JJG(烟草)03—2014《卷烟/滤棒圆周仪检定规程》;

YC/T 545—2016《卷烟和滤棒长度、圆周检测设备通用技术条件》;

YC/T 547.4—2017《烟草行业专用计量器具技术审核规范 第4部分:卷烟和滤棒圆周检测设备》;

JJF(烟草)2.2—2008《卷烟物理指标测量不确定度评定指南 第2部分:圆周 激光法》。

1.4.3 卷烟和滤棒物理性能综合测试台长度测试单元涉及标准

卷烟和滤棒物理性能综合测试台长度测试单元主要涉及相关标准共4项,具体包括:

——国家标准1项

GB/T 22838.2—2009《卷烟和滤棒物理性能的测定 第2部分:长度 光电法》。

——行业标准3项

YC/T 545—2016《卷烟和滤棒长度、圆周检测设备通用技术条件》;

YC/T 547.3—2016《烟草行业专用计量器具技术审核规范 第3部分:卷烟和滤棒

长度检测设备》；

JJF(烟草)2.5—2008《卷烟物理指标测量不确定度评定指南 第5部分：长度 光电法》。

1.4.4 卷烟和滤棒物理性能综合测试台吸阻测试单元涉及标准

卷烟和滤棒物理性能综合测试台吸阻测试单元主要涉及相关标准共8项，具体包括：

——国际标准2项(含 CORESTA 推荐方法1项)

ISO 6565—2015《烟草及烟草制品—卷烟吸阻和滤棒压降—标准条件和测量》；

CORESTA RECOMMENDED METHOD No. 41 *DETERMINATION OF THE DRAW RESISTANCE OF CIGARETTES AND FILTER RODS*。

——国家标准1项

GB/T 22838.5—2009《卷烟和滤棒物理性能的测定 第5部分：卷烟吸阻和滤棒压降》。

——行业标准5项

JJG(烟草) 02—2014《卷烟吸阻和滤棒压降测试仪检定规程》；

JJG(烟草)15—2010《烟草专用吸阻标准棒检定规程》；

YC/T 446—2012《卷烟吸阻和滤棒压降检测设备通用技术条件》；

YC/T 547.2—2016《烟草行业专用计量器具技术审核规范 第2部分：卷烟吸阻和滤棒压降检测设备》；

JJF(烟草)2.3—2008《卷烟物理指标测量不确定度评定指南 第3部分：吸阻》。

1.4.5 卷烟和滤棒物理性能综合测试台通风测试单元涉及标准

卷烟和滤棒物理性能综合测试台通风测试单元主要涉及相关标准共7项，具体包括：

——国际标准2项(含 CORESTA 推荐方法1项)

ISO 9512—2019 *Cigarettes – Determination of ventilation – Definitions and measurement principles*；

CORESTA RECOMMENDED METHOD No. 6 *DETERMINATION OF VENTILATION – DEFINITIONS AND MEASUREMENT PRINCIPLES*。

——国家标准1项

GB/T 22838.15—2009《卷烟和滤棒物理性能的测定 第15部分：卷烟 通风的测定 定义和测量原理》。

——行业标准4项

JJG(烟草)01—2012《卷烟和滤棒物理性能综合测试台检定规程》；

JJG(烟草)17—2002《烟草专用通风率标准棒检定规程》；

YC/T 546—2016《卷烟通风率检测设备通用技术条件》；

YC/T 547.6—2017《烟草行业专用计量器具技术审核规范 第6部分：卷烟通风率

检测设备》。

1.4.6 卷烟和滤棒物理性能综合测试台硬度测试单元涉及标准

卷烟和滤棒物理性能综合测试台硬度测试单元主要涉及相关标准共5项,具体包括:

——国家标准1项

GB/T 22838.6—2009《卷烟和滤棒物理性能的测定 第6部分:硬度》。

——行业标准4项

JJG(烟草)06—2006《卷烟/滤棒硬度仪检定规程》;

YC/T 544—2016《卷烟和滤棒硬度检测设备通用技术条件》;

YC/T 547.5—2017《烟草行业专用计量器具技术审核规范 第5部分:卷烟和滤棒硬度检测设备》;

JJF(烟草)2.4—2008《卷烟物理指标测量不确定度评定指南 第4部分:硬度》。

2 计量技术基础

2.1 计量的相关概念与作用

2.1.1 计量的概念与分类

2.1.1.1 计量的相关概念

(1)计量与计量学

"计量"这个名词术语,在新中国成立之前称为"度量衡",且仅限于用"尺、斗、秤"进行的计量,即指长度、容量和质量的计量。新中国成立以后,1953年确认采用"计量"一词,取代使用了几千年的"度量衡",赋予了更广泛的内容。依照JJF 1001—2011《通用计量术语及定义》,"计量"是指"实现单位统一、量值准确可靠的活动"。

计量的概念是随着社会生产的发展逐步形成的,当生产的发展和商品的交换变成社会性活动时,客观上就需要测量单位的统一,并要求在一定准确度内对同一物体在不同地点,使用不同的测量手段,达到其测量结果一致的目的。为此,就需要以法定的形式建立统一的单位制,建立计量基准、标准,并以这种计量基准、标准检定其他计量器具,保证量值准确可靠。

随着人类社会和科学技术的高度发展,测量范围逐步扩大,测量精度逐步提高,测量对象不再局限于物理量,还需要对化学量、工程量、生物量等进行定性的区别和定量的确定,计量已经从简单的度、量、衡,逐步发展到测量范围不断扩大,测量不确定度要求不断提高的现代完善的计量体系——计量学。计量学是测量及其应用的科学。计量学作为一门学科,同国家法律法规和行政管理紧密结合,这在其他学科中是少有的。计量学也是关于测量理论与实践的一门学科,是现代科学的重要组成部分。计量学的研究内容概括起来主要有3个方面,即计量理论、计量技术和计量管理。

1)计量理论方面,研究量和单位、测量原理、测量方法、测量误差、测量不确定度与数据处理理论。

2)计量技术方面,开展量值传递与量值溯源方法的研究;开展计量基、标准的建立、复现、保存及计量器具的研究;开展能力验证与量值比对的研究;研究计量方法和计量器具的计量特性;物理常数、标准物质和材料特性的准确测定;测量数据和方法的分析与验证,测量结果的可靠性评价等。

3) 计量管理方面,研究计量人员的计量能力以及计量法制和管理。

随着生产发展和科技进步,计量学的内容也会不断丰富和发展。

(2) 计量与测量

一般认为,计量就是用一个规定的标准已知量与同类型的未知量相比较而加以测定的过程,是实现单位统一和量值准确可靠的测量。在一定意义上,计量等同于测量,在英文表示上都是同一个词(measurement)。但计量和测量之间还是存在着很大区别的。

从定义上看,计量是实现单位统一、量值准确可靠的活动;测量是通过实验获得并可合理赋予某量一个或多个量值的过程。计量涉及整个测量领域,并按法律规定,对测量起着指导、监督、保证的作用。计量本身具有法制的含义,而测量仅指为确定被测量值而进行的全部操作,不具有法制含义。

由于计量也是两种物质的直接或间接的比较过程,从这一意义上说,计量是测量的组成部分。不同的是:一般的技术测量是指用已知的标准单位对不明量值的物质进行比较,以求得该物质的数量;测量的任务是给出明确的数量概念。而计量是指用标准器具对已知量值的同类量进行比较,实现正确的测量;其任务是对测量结果给出可靠性概念,起到统一量值的作用,从技术上保证测量结果的准确和一致,在数量上和质量上正确地反映客观物质的真实情况,使人们得到一个正确的认识。可以说,计量是一种特定的测量,进行计量不仅是为了确定量值以比较量的大小,而且也是为了统一量值。

(3) 计量与测试

测试是具有试验研究性质的测量。测试的范围很广,其往往是对一种新事物在没有固定成熟的单位量值或测量手段和测量方法的情况下进行的一种探索性的测量,有的测试项目可用现有的计量手段,即利用已有的基准器、标准器去解决;有的测试项目需要研究一些新的测试技术、测试方法或测试手段去解决。从历史的发展来看,人们要获得对客观物质数量方面的认识,一般都是先从测试开始,经过反复的试验和多种方法的比较,形成一种公认的、标准的单位量值或最妥善的测试方法和手段。

计量、测量、测试三者有着密切的关系。计量是搞好测量的保证,测量是计量效果的具体体现;计量为测试研究提供基础条件,测试为计量开拓新的领域,提供新的技术手段和方法;测试是测量工作的先导,测量是测试工作的成熟化、固定化。

(4) 实验与试验

在计量或测量过程中不可避免地要进行相关的实验或试验,两者之间存在着一定的差别。从定义上讲,实验是科学研究中,为检验某一理论或假设而进行的某种操作或从事的某种活动;而试验是为了考察某事物的效果或性能而从事的某种活动。

实验是对抽象的知识理论所进行的实际操作,用以证明其正确性或推演出新的结论,有尝试新的或未知知识的含义。试验是为了确定某一具体问题所进行的工作,是一种常规性的检验操作。相比较而言,实验的范围较广,主要是验证已形成的理论,进行的时间相对较短;试验的范围较窄,用以验证新的知识或事物,可能进行相对较长的时间。实验不一定是试验,但试验一定要实验。

2.1.1.2 计量的分类

(1) 按计量专业特点分类

按计量专业特点,目前我国把计量分为十大类,也称作十大计量领域,即几何量计量(又称长度计量)、热学计量、力学计量、电磁学计量、电子学计量(又称无线电计量)、时间频率计量、电离辐射计量、声学计量、光学计量、化学计量。每一领域又由若干分项技术组成。

(2) 按计量任务的性质分类

根据任务的性质,计量学又可分为通用计量学、理论计量学、应用计量学和法制计量学等。

通用计量学研究的是计量学中带有共性的问题。如计量单位的一般知识,单位的换算和单位制;测量误差与数据处理及测量的不确定度;计量器具的计量特性问题等。

理论计量学是关于计量理论问题的计量学。如关于量和计量单位的理论、计量误差理论、计量信息论等。

应用计量学研究的是计量学在特定领域中的应用,是涉及具体物理现象的计量技术。如天文计量、工业计量、气象计量、海洋计量、医疗计量等。

法制计量学研究的是与计量单位、计量器具和计量方法有关的法制、技术和行政管理。如确定法定计量单位、法定计量机构;建立法定计量基准和标准;制定和贯彻计量法律和法规,进行计量检定;对制造、修理、销售、进出口和使用中的计量器具实行依法管理;保护国家、集体和公民免受不准确和不诚实测量的危害;以立法形式实行强制的计量监督等。

(3) 按计量的社会功能分类

按社会功能,计量分为科学计量、工程计量(又称工业计量)、法制计量,分别代表计量基础、应用和政府起主导作用的社会事业3个方面。

科学计量是实现单位统一、量值准确可靠的重要保障。科学计量是科技和经济发展的基础,也是计量的基础,主要是指基础性、探索性、先行性的计量科学研究。通常用最新的科技成果来精确地定义与实现计量单位,并为最新的科技发展提供可靠的测量基础。科学计量主要研究任务通常包括计量单位与单位制的研究、计量基准与标准的研制、物理常量与精密测量技术的研究、量值溯源与量值传递系统的研究、量值比对方法与测量不确定度的研究等。其中,定义单位和建立计量单位体系是科学计量的核心内容。

工程计量也称为工业计量,是指各种工程、工业企业中的实用计量。如关于能量、原材料的消耗,工艺流程的监控以及产品品质与性能的计量测试等。工程计量涉及面甚广,随着产品技术含量提高和复杂性的增大,为保证经济贸易全球化所必需的一致性和互换性,工程计量已成为生产过程控制不可缺少的环节,是各行各业普遍开展的一种计量。工程计量测试能力实际上是一个国家工业竞争力的重要组成部分。

法制计量是政府计量行政部门及法定计量检定机构的工作重点。法制计量的主要特征是政府主导,即由政府或代表政府的机构管理;还有一个特征是直接传递到公众一端,即直接与最终用户的计量器具及其测量结果有关。法制计量主要涉及与安全防护、医疗卫生、环境监测和贸易结算等有利害冲突或需要特殊信任领域的强制计量。例如：关于衡器、压力表、电表、水表、煤气表、血压计以及血液中酒精含量等的计量。法制计量内容主要包括计量立法、统一计量单位、测量方法、计量器具和测量结果的控制、法定计量检定机构及测量实验室管理等。

当然，计量的上述划分不是绝对的，而是突出某一方面的计量问题。在实际工作中往往没有必要去严格区分。

2.1.2 计量单位及单位制

2.1.2.1 量和单位

（1）量的概念

自然界的任何现象、物体或物质都以一定的形态存在，并分别具有一定的特性，这些特性通常是通过量来表征的。量是指现象、物体或物质的特性，其大小可用一个数和一个参照对象表示。例如：物体有冷热的特性，温度是一个量，它表示了物体冷热的程度。经测量得到某一杯水的温度为 30 ℃，这个特定量的大小表示了水温的高低，它是由数字"30"及一个参照对象"摄氏度"表示的。在表示量的大小时，参照对象可以是一个计量单位、测量程序、标准物质或其组合。

量是描述自然界物质运动规律的一个最重要的概念。量按其性质可以分为可测量和可数量两种。其中，可测量表示现象、物体或物质可定性区别和定量确定的属性，简称量。由定义可知，被研究的对象可以是自然现象，也可以是物质本身，一般可视为物理量，如长度、时间、热力学温度等。可数量是指不能通过测量得到的量，也可称为统计量。如 2 个苹果、5 支铅笔、8 辆汽车等。可数量主要侧重于说明被测个体的数目，而不强调被测对象的单位（个、支、辆等）。因此，可数量实际上仍然是一个"数"的概念，不属于"量"的范畴。所以，在不加以说明的情况下，通常所指的量都是指可测量。

由约定测量程序定义的、与同类的其他量可按大小排序的量称为序量。例如：洛氏 C 标尺硬度、石油燃料辛烷值、里氏标尺地震强度。序量只能写入经验关系式，它不具有计量单位或量纲。序量之间无代数运算关系，序量的差值或比值没有物理意义。序量按序量值标尺排序。

这里定义的量是指标量。对于各分量是标量的向量或矢量，也可认为是量。在计量学中把可直接相互进行比较的量称为同种量，如宽度、厚度、周长、波长为同种量，这些量的种类属于长度量。若干同种量组合在一起称为同类量，如功、热量、能量。

在科学研究、生产实践等人类活动的各个领域，人们经常需要对各种量进行测量，并以相应的单位表示结果。这些测量构成了科学技术的基础。由此可见，量和单位对于科学技术和国民经济的发展以及人民生活水平的提高都具有重要的意义。

（2）量的分类

在科学技术的各个领域，需要使用多种量。根据量在计量学中所处的地位和作用，量有很多不同的分类方法。一般情况下，量可分为基本量和导出量两类。彼此间存在确定关系的一组量，称为量制。

基本量指在给定量制中约定选取的一组不能用其他量表示的量。与联系各量的方程一起作为国际单位制基础的量制称为国际量制。在国际单位制中有长度、质量、时间、电流、热力学温度、物质的量和发光强度 7 个基本量。这些基本量可以认为是相互独立的量,因为它们不能表示为其他基本量的幂的乘积。

导出量是指在量制中,由基本量的函数所定义的量。导出量是通过基本量的相乘或相除得到的量。例如,在以长度和质量为基本量的量制中,质量密度是导出量;又如,速度定义为位移(长度)与时间的比值,所以速度就是一个导出量;其他的如力、功率、电阻、电感等都是导出量。

量的符号应执行国家标准 GB/T 3102《量和单位》的现行有效版本,通常是用单个拉丁字母或希腊字母表示。通常用基本量符号的组合,作为特定量制的缩写名称。例如,基本量为长度(l)、质量(m)和时间(t)的力学量制的缩写名称为 l、m、t 量制。

(3) 量纲

量纲是指给定量与量制中各基本量的一种依从关系,它用与基本量相应的因子的幂的乘积去掉所有数字因子后的部分表示。也就是说,以给定量制中基本量的幂的乘积表示某量的表达式称为量纲。由基本量的幂的乘积来表示导出量的表达式,称为量纲公式,简称量纲式。

由于量纲式的系数恒为 1,所以量纲式表达的只是导出量与基本量之间的定性关系。基本量的量纲就是它本身,在国际单位制中规定的 7 个基本量的量纲为:长度——L、质量——M、时间——T、电流——I、热力学温度——Θ、物质的量——N 和发光强度——J。因此,包括基本量在内的任何量的量纲一般表达式为

$$\dim Q = L^{\alpha} M^{\beta} T^{\gamma} I^{\delta} \Theta^{\varepsilon} N^{\zeta} J^{\eta}$$

式中:$\alpha, \beta, \gamma, \delta, \varepsilon, \zeta, \eta$ 为量纲指数。

量纲仅表示量的构成,而不表示量的性质。在给定量制中,同类量具有相同的量纲。不同量纲的量通常不是同类量,但具有相同量纲的量不一定是同类量。如在国际量制中,功和力矩具有相同的量纲:L^2MT^{-2},但它们是完全不同性质的量。

量纲是一个量的表达式,在实际工作中,任何科技领域中的规律、定律,都可以通过各有关量的函数式来描述。通过量纲可以检验量的表达式是否正确,如果一个量的表达式正确,则其等号两边的量纲必然相同,即其等号两边必须具有相同的量纲式,这一规则通常称为"量纲法则"。应用这个法则可以检查物理公式的正确性。

量纲为一的量又称无量纲量,是指在其量纲表达式中与基本量相对应的因子的指数均为零的量。量纲为一的量的测量单位和值均是数,但是这样的量比一个数表达了更多的信息。某些量纲为一的量是以两个同类量之比定义的,例如:立体角、折射率、质量分数、摩擦系数等。此外,实数是量纲为一的量,例如:线圈的圈数、给定样本的分子数等。

人们常习惯使用术语"无量纲量",其实这些量并不是没有量纲,只是因为在这些量的量纲符号表达式中所有指数均为零,而"量纲为一的量"则反映了约定以符号 1 作为这些量的量纲符号表达式。由于任何指数为零的量皆等于 1,所以无量纲量也就是量纲为一的量。对于无量纲的量,其单位是数字 1,表示其量值时一般不明确写出单位 1,但数字 1 和单位还不完全一样,单位前可以加词头构成倍数单位,而在 1 前面加词头构成倍

数单位就不合适了。

(4) 量值

量值全称为量的值,是指用数和参照对象一起表示的量的大小。

量值与量的关系:量是指现象、物体和物质的特性,量值是指量的大小。量值可用一个数和一个参照对象一起表示。表示量值时必须同时说明其所属的特定量。量值的表示形式为:冒号前为特定量的名称,冒号后为该特定量的量值。例如:给定标尺的长度为 6.88 m 或 688 cm;给定样品的洛氏 C 标尺硬度(150 kg 负荷下)为 43.5 HRC (150 kg)。

量值由数和参照对象组成。量值中的参照对象可以有不同类型,可以是计量单位、测量程序、标准物质或其组合。当量纲为一,测量单位为 1 时,量值中通常不表示出参照对象。

一个量值可用多种方式表示,如上述示例中标尺的长度可分别用米或厘米为单位表示,表示的参照对象不同则数值会不同,但量值仍然不变。对向量或张量,每个分量有一个量值,例如:作用在给定质点上的力,用笛卡儿坐标分量表示为 $(F_x; F_y; F_z) = (-30.5; 43.8; 17.9)$ N。

应该正确表达量值,如 18 ℃ ~ 20 ℃ 或 (18 ~ 20) ℃,180 V ~ 240 V 或 (180 ~ 240) V,但不能表示为 18 ~ 20 ℃、180 ~ 240 V,因为 18 和 180 是数字,不能与量值等同使用。

(5) 单位

计量单位,又称测量单位,简称单位,是指根据约定定义和采用的标量,任何其他同类量可与其比较使两个量之比用一个数表示。计量单位用约定赋予的名称和符号表示。法定计量单位是指国家法律、法规规定使用的测量单位,是政府以法令的形式,明确规定在全国范围内采用的计量单位。

《中华人民共和国计量法》(以下简称《计量法》)明确规定:"国家实行法定计量单位制度。国际单位制计量单位和国家选定的其他计量单位,为国家法定计量单位。国家法定计量单位的名称、符号由国务院公布。因特殊需要采用非法定计量单位的管理办法,由国务院计量行政部门另行制定。"因此国际单位制是我国法定计量单位的主体,国际单位制若有变化,我国法定计量单位也将随之变化。《关于在我国统一实行法定计量单位的命令》要求逐步废除非法定计量单位。实行法定计量单位,对我国国民经济和文化教育事业的发展、推动科学技术的进步和扩大国际交流都有重要意义。

2.1.2.2 计量单位制

(1) 单位制

单位制是对于给定量制的一组基本单位、导出单位、其倍数单位和分数单位及使用这些单位的规则。单位制是由一组选定的基本单位和由定义方程式与比例因数确定的导出单位组成的一个完整的单位体制。

给定量制中基本量的计量单位,称为基本单位。给定量制中导出量的测量单位,称为导出单位。在单位制中,导出单位可以用基本单位和比例因数表示,而对于有些导出单位,为了使用方便,给予了专门的名称和符号。例如:在国际单位制中,力的单位名称为牛[顿],符号为 N;能量的单位名称为焦[耳],符号为 J;电势的单位名称为伏[特],符号为 V 等。

基本单位有严格的、公认的定义,许多国家常以法律、法规的形式确定它们的定义。基本单位的大小一经确定就不允许再变动,因为这将关系到由它导出的各个导出单位的量值。但是,基本单位可以任意选定。由于基本单位选择的不同,所以组成的单位制也就不同。如市制、英制、米制和国际单位制等。在国际单位制形成之前,世界范围内使用的单位制有多种,其中主要有米制和英制。多种单位制并存的情况极大地阻碍了生产力的发展和科学技术与文化的交流,因此统一单位制成为世界各国的共同需要。国际计量委员会在 1956 年将经过 21 个国家同意的计量单位制草案命名为国际单位制,以国际通用符号 SI(Système International d'Unités,国际单位制)来表示。1960 年第 11 届国际计量大会正式通过了 SI,随后,一些国际组织,如国际法制计量组织和国际标准化组织等,也采用了国际单位制。

(2) 倍数单位与分数单位

在长期的计量实践中,对于不同的计量对象,需要选用大小适当的计量单位。在同一种量的许多单位中选用某个单位并赋予独立的定义,其他单位都是以这个单位为基础进行定义,从而形成"主单位"。所以,主单位就是具有独立定义的单位,而倍数单位和分数单位都是按主单位来定义的单位。

给定测量单位乘以大于 1 的整数得到的测量单位,称为倍数单位。例如,千米是米的一个十进制倍数单位,小时是秒的非十进制倍数单位。

给定测量单位除以大于 1 的整数得到的测量单位,称为分数单位。例如,毫米是米的一个十进制分数单位,克是千克的一个十进制分数单位。

设立倍数单位和分数单位的目的是使用方便,一个主单位往往不能适应各种需要。但在使用中,一定要注意单位的一致性和可对比性。为了测量和计算的精确,尽量使用相同的单位。

(3) 国际单位制

国际单位制(SI)是由国际计量大会批准采用的基于国际量制的单位制,包括单位名称和符号、词头名称和符号及其使用规则。国际单位制是由米制充实完善后得到的一种单位制。米制名称的由来是因为这种单位制最初只选择了一个基本单位——米,其他单位都是由米导出的。米制的长度单位为米,等于地球子午线长度的四千万分之一;质量单位千克由米导出,等于 1 dm^3 纯水在温度为 4 ℃时的质量。1795 年 4 月 7 日,法国政府颁布法令,使米制在法国首先合法化。1799 年 12 月 10 日,确定了铂基准原器"档案局米"和"档案局千克"作为米和千克的值。这些原器用铂铱合金(90% 铂和 10% 铱)制造,米原器是横截面为"X"形的线纹尺,千克原器则为直径和高相等(39.17 mm)的圆柱形砝码。1840 年 1 月 1 日起开始实行米制。

由于米制简易、适用,其他国家亦开始有所采用。1875 年,20 个国家的代表在巴黎举行了米制外交大会,签署了"米制公约"。该公约规定:在法国设立国际计量局,国际计量局由国际计量大会和国际计量委员会管辖。其目的是保证米制的国际间统一和发展。一百多年来,国际米制公约组织对保证国际计量标准统一、促进国际贸易发展和加速科技进步发挥了巨大的作用。1999 年,第 21 届国际计量大会决定把每年的 5 月 20 日确定为"世界计量日"。

1948年召开的第9届国际计量大会作出决定,要求国际计量委员会创立一种简单而科学的供所有米制公约成员国均能使用的实用单位制。1954年第10届国际计量委员会决定采用"米、千克、秒、安培、开尔文和坎德拉"作为基本单位,1960年第11届国际计量委员会决定将以这6个单位为基本单位的实用计量单位制命名为"国际单位制",并规定其符号为"SI",1974年第14届国际计量大会又决定增加物质的量的单位"摩尔"作为基本单位。因此,目前国际单位制共有7个基本单位。

对于给定量制和选定的一组基本单位,由比例因子为1的基本单位的幂的乘积表示的导出单位,称为一贯导出单位。在给定量制中,每个导出量的测量单位均为一贯导出单位的单位制,称为一贯单位制。在国际单位制中,全部SI导出单位都是一贯单位。从而使符合科学规律的量的方程与数值方程相一致。SI是在科技发展中产生的,也将随着科技的发展而不断完善。

(4)国际单位制的构成

国际单位制的构成如下:

$$\text{国际单位制(SI)} \begin{cases} \text{SI 单位} \begin{cases} \text{SI 基本单位(7 个)} \\ \text{SI 导出单位(其中 21 个具有专门名称)} \end{cases} \\ \text{SI 单位的倍数单位和分数单位(共 20 个)} \end{cases}$$

1) SI 基本单位

要建立一种计量单位制,首先要确定基本量,即约定在函数关系上彼此独立的量。SI选择了长度、质量、时间、电流、热力学温度、物质的量和发光强度7个基本量,并给基本量的计量单位规定了严格的定义。SI基本单位是SI的基础,其名称和符号见表2-1。

表2-1 国际单位制的基本单位

序号	量的名称	单位名称	单位符号
1	长度	米	m
2	质量	千克	kg
3	时间	秒	s
4	电流	安[培]	A
5	热力学温度	开[尔文]	K
6	物质的量	摩[尔]	mol
7	发光强度	坎[德拉]	cd

注:1. 无方括号的量的名称与单位名称均为其全称,方括号中的字在不致引起混淆、误解的情况下,可以省略,去掉方括号中的字,即为其名称的简称。

2. 在日常生活和贸易中,质量习惯称为重量。

2) SI 导出单位

SI 导出单位是一贯制单位,通过数字因数为1的量的定义方程式由SI基本单位导出,并由 SI 基本单位以代数形式表示的单位。

为了读写和实际应用的方便,以及便于区分某些具有相同量纲和表达式的单位,国际计量大会通过了一些具有专门名称和符号的导出单位。初期仅选用了 19 个,后来增加弧度、球面度 2 个辅助单位,具有专门名称和符号的 SI 导出单位达到了 21 个,见表 2-2。

表 2-2 包括 SI 辅助单位在内的具有专有名称的 SI 导出单位

序号	量的名称	SI 导出单位名称	SI 导出单位符号
1	[平面]角	弧度	rad
2	立体角	球面度	sr
3	频率	赫[兹]	Hz
4	力	牛[顿]	N
5	压力、压强、应力	帕[斯卡]	Pa
6	能[量]、功、热量	焦[耳]	J
7	功率、辐[射能]通量	瓦[特]	W
8	电荷[量]	库[仑]	C
9	电压、电[动]势、电位	伏[特]	V
10	电容	法[拉]	F
11	电阻	欧[姆]	Ω
12	电导	西[门子]	S
13	磁通[量]	韦[伯]	Wb
14	磁通[量]密度、磁感应强度	特[斯拉]	T
15	电感	亨[利]	H
16	摄氏温度	摄氏度	℃
17	光通量	流[明]	lm
18	[光]照度	勒[克斯]	lx
19	[放射性]活度	贝可[勒尔]	Bq
20	吸收剂量、比授[予]能、比释动能	戈[瑞]	Gy
21	剂量当量	希[沃特]	Sv

3) SI 词头

上述的 SI 单位在实际应用中往往会感到许多不便。比如用千克来表示原子的 SI 质量太大,而用千克表示地球的质量又太小,于是便确定了一系列十进制的词头,以便构成十进倍数与分数单位,从而使单位相应地变大或变小,以满足不同的需要。目前已采用的 SI 词头共有 24 个,见表 2-3。

表2-3 用于构成十进倍数和分数倍数的SI词头

所表示的因数	词头名称	词头符号
10^{30}	昆[它]	Q
10^{27}	容[那]	R
10^{24}	尧[它]	Y
10^{21}	泽[它]	Z
10^{18}	艾[可萨]	E
10^{15}	拍[它]	P
10^{12}	太[拉]	T
10^{9}	吉[咖]	G
10^{6}	兆	M
10^{3}	千	k
10^{2}	百	h
10^{1}	十	da
10^{-1}	分	d
10^{-2}	厘	c
10^{-3}	毫	m
10^{-6}	微	μ
10^{-9}	纳[诺]	n
10^{-12}	皮[可]	p
10^{-15}	飞[母托]	f
10^{-18}	阿[托]	a
10^{-21}	仄[普托]	z
10^{-24}	幺[科托]	y
10^{-27}	柔[托]	r
10^{-30}	亏[科托]	q

注:1.词头符号一律用正体,10^6及以上的词头符号用大写体,其余皆用小写体,词头不能无单位单独使用,必须与单位合用。

2.方括号中的字,在不致引起混淆、误解的情况下,可以省略,去掉方括号中的字,即为其名称的简称。

4)SI单位的十进倍数与分数单位

由SI词头加在SI单位之前构成的单位,称为SI单位的倍数单位(十进倍数与分数单位),唯一的例外就是千克(kg),它是SI单位而不是SI单位的倍数单位,这是历史原因造成的。而 SI 质量单位的十进倍数与分数单位则是"克"(g)前加 k 以外的词头构成。

2.1.3 计量的特点及作用

2.1.3.1 计量的特点

计量以单位统一、量值准确可靠为目的,概括起来说,计量应具有准确性、一致性、溯源性和法制性等 4 个基本特点。

(1)准确性

准确性是计量的基本特点。它表征的是计量结果与被测量的真值的接近度。

计量不仅应给出被测量的量值,而且还要给出该量值的不确定度(或误差范围),即准确度。否则,计量结果便不具备充分的社会使用价值。计量技术工作的核心,只有在准确的基础上才能达到量值的一致。经检定、校准确定计量的准确性,以测量误差、测量不确定度为考核指标,反映计量结果与被测量真值的接近程度。所谓量值的"准确",是指在一定的不确定度、测量误差极限或允许误差范围内的准确。所谓量值统一,是指在一定准确程度内的统一。

(2)一致性

一致性是计量最本质的特性。从计量的定义可看出计量单位的统一和量值一致是计量一致性的两个方面,其中计量单位的统一是量值一致的重要前提。量值一致是指量值在一定不确定度内的一致,是在统一计量单位的基础上,测量结果应是可重复、可再现(复现)、可比较的。在任何时间、任何地点,采用任何计量方法,使用任何计量器具以及任何人进行计量,只要符合计量的有关要求,计量结果就应在给定的不确定度(或误差范围)内一致,计量的一致性,不仅适用于国内计量,也适用于国际间的计量。国际计量组织非常关注各国计量的一致性,并采取了一些措施,例如开展国际关键比对和辅助比对,目的是验证各国的测量结果在等效区间或协议区间内的一致性。

(3)溯源性

溯源性是确保单位统一和量值准确可靠的重要途径。为了使计量结果准确可靠,自下而上的量值溯源和自上而下的量值传递,都使测量的准确性和一致性得到保证。所有同种类的量值都必须溯源于该量值的基准(国家基准或国际基准),也就是任何量值均能追溯到"源"头,这就是溯源性。否则量值出于多源或多头,不仅无准确一致可言,而且会在技术上和管理上造成混乱,以致酿成严重后果。可以说,溯源性是准确性和一致性的技术保证,而量值的计量基准,是确保计量活动结果能满足量值的准确可靠和统一的基础。

(4)法制性

计量本身的社会性就要求有一定的法制保障。为实现单位统一、量值准确可靠,不仅要有一定的技术手段,还要有相应的法律、法规和行政管理等法制手段。特别是那些对于国计民生有显著影响的计量,诸如社会安全、医疗保障、环境保护以及贸易结算中的计量,必须要有法制的保障。否则,量值的准确一致便不能实现,计量的作用也无从发挥。

我国计量以《计量法》为准则,所有的计量活动均应符合其规定。对法定计量检定机构设置、计量标准建立、计量器具新产品型式评价(定型鉴定)、计量器具监督检查以及产品质量检验机构的计量认证等各个环节都必须由政府建立起法制保障。

2.1.3.2　计量的作用与意义

在人们的广泛社会活动中,每时每刻都在进行着大量的各种不同的测量,科学实验、工农业生产、商品流通、人民生活都离不开测量,而且在测量过程中都在追求测量的准确。没有准确的测量,则对国民经济的各个领域、社会活动的各个方面都将产生影响。计量工作就是为测量的准确提供可靠的保证,确保国家计量单位制度的统一和全国量值的准确可靠,这是国家的重要政策。

计量与科学技术、生产经营、国民经济、全球贸易、环境保护、节能降耗、国防科技、文化体育、人民生活均息息相关。计量是发展国民经济的一项重要技术基础,是确保社会活动正常进行的重要条件,是保护国家安全与利益的重要手段,计量在国民经济和社会生活中具有十分重要的地位和作用。

具体到计量在烟草行业的作用与意义。我国作为烟草生产大国,为了更好地发挥烟草行业在我国经济社会高质量发展的积极作用,对烟草行业的计量测试工作也提出了更高要求。烟草行业计量系统的建立、专用计量器具的使用、检定规程和技术规范的制定等都需要根据本行业的特点按不同要求分别加以确定,特别是随着许多新技术的开发和应用,计量测试工作呈现出许多不同于以往的新景象。

一个卷烟加工企业需要测量大量的过程参数和状态参数。这些参数主要包括温度、水分、流量、压力、电压、电流、功率、湿度、真空度等,涉及计量器具数量庞大,一个大型卷烟生产企业所拥有的测量仪器设备可达上万台。这些仪器设备的性能是否能合乎要求直接关系到烟草生产企业能否正常经济运行。计量工作是保证仪器设备正常运行的必要手段和技术支持,因而各个烟草生产企业对计量工作的重视程度越来越高。计量工作已经成为保障烟草企业产品质量的重要技术支撑。

2.2　量值传递的概念

计量工作的主要任务是保障单位制的统一和量值的准确可靠。随着科学技术的发展,对量值的准确可靠程度的要求也越来越高。同时,客观上对量值不仅要求要在国内统一,而且还要达到在国际上统一的要求。"量值传递"及其逆过程"量值溯源"是实现此项重大任务的主要途径和手段。它为工农业生产、国防建设、科学实验、国内外贸易、环境保护以及人民生活等各个领域提供计量保证。

在JJF 1001—2011《通用计量术语及定义》中,对"量值传递"的定义是:通过对测量仪器的校准或检定,将国家测量标准所实现的单位量值通过各等级的测量标准传递到工作测量仪器的活动,以保证测量所得的量值准确一致。量值传递通常是通过对测量仪器的检定或校准来实现的。

一个量在被观测时,表征其真实大小的量值,称为该量的真值。量的真值是个理想概念,一般不可能准确知道,因为不可能得到没有误差的计量器具,也不可能创造完全理想的测量条件,所以人们实际所从事的计量都是"不完善"的,测量结果中都不可避免地包含误差。严格地说,任何计量活动,只有当知道它的测量误差或误差范围时,其计量结果才具有使用价值。各种计量活动的目的不同,所要求的测量准确度也不一样。

同样,由误差公理可知,任何计量器具,由于种种原因,都具有不同程度的误差。计量器具的误差只有在允许的范围内才能使用,否则会带来错误的计量结果。要使新制造的、使用中的、修理后的、各种形式的、分布于不同地区、在不同环境下计量同一种量值的计量器具能在允许的误差范围内工作,没有国家计量基准、计量标准及进行量值传递是不可能的。

对于新制的或修理后的计量器具,必须用适当等级的计量标准来确定其计量特性是否合格。对于使用中的计量器具,由于磨损、使用不当、维护不良、环境影响或零件、部件内在质量的变化等而引起的计量器具的计量特性的变化是否仍在允许范围之内,也必须用适当等级的计量标准对其进行周期检定或校准。另外,有些计量器具必须借助于适当等级的计量标准来确定其示值和其他计量性能。因此,量值传递的必要性是显而易见的。

2.3 我国的量值传递体系

2.3.1 我国的量值传递体系结构

量值传递体系是国家计量体系中最重要的部分。我国的量值传递体系是国家根据经济合理、分工协作的原则,以城市为中心,就地就近组织起来的量值传递网络。其目的是保证我国量值的准确、统一。

2.3.1.1 量值传递系统的构成

我国量值传递系统大致由三部分内容构成。

1)从能复现单位量值的国家基准开始,通过各级(省、市、县、区)计量标准器具逐级传递,最后传递给工作计量器具,这就是平时说的量值传递。为了达到量值传递时测量不确定度损失小、可靠性高和便于操作的要求,量值传递时应按国家计量检定系统(表)的规定逐级进行(特殊情况也可越级传递)。

2)国家基准由国务院计量行政部门负责建立。各级法定计量机构的计量标准接受同级人民政府计量行政部门的管理,为了使各级计量标准具有法律性,要受到计量建标、设备、人员考核等监督管理,同时各类计量标准和工作计量器具应按国家计量检定规程进行周期检定,不得超周期使用。

3)各级人民政府计量行政部门最终受国务院计量行政管理部门领导。

可以看出,现行量值传递体系是一个以人为因素起主导作用的、分层按级的依法管理的封闭系统,是我国计量工作法制管理的具体体现。它强调的是自上而下的途径,主要的方法是检定。

2.3.1.2 计量法规体系

法规体系就由母法及属于母法的若干子法所构成的有机联系的整体。在我国,《计量法》就是计量法规体系的母法。我国的量值传递系统是根据《计量法》建立起来的。在具体执行时是通过由一系列的计量法律和规章构成的完整的计量法规体系来建立的。按其法规属性可将这个体系中的法规分成计量行政法规和计量技术法规。若没有计量法规体系的保障,量值传递体系是无法正常运行的。

(1) 计量行政法规

计量行政法规,按照审批的权限、程序和法律效力的不同,可分为3个层次:第一层次是法律;第二层次是行政法规;第三层次是地方性法规、规章。目前,我国已形成了以《计量法》为核心、比较健全的计量法律法规体系。

(2) 计量技术法规

计量技术法规在计量工作中,具有十分重要的作用。它是实现计量技术法制管理的行为准则,是进行量值传递、开展计量检定和计量管理的法律依据。加强计量技术法规的制定、修订和贯彻施行是计量工作进行法制管理的重要环节,是保证计量法实施的必要条件。

在制定、修订计量技术法规时应遵循的主要原则是:要符合国家有关法律、法规的规定,体现国家经济技术政策;要处理好对计量技术法规提出的技术先进性、经济合理性和实际可行性要求三者间的辩证关系;应与相关计量技术法规、产品标准相互协调,相互衔接配套;尽可能与国际惯例接轨。

目前,我国计量技术法规包括国家计量检定系统表、计量检定规程和国家计量校准规范三个方面的内容。

计量检定系统表是根据由国家计量基准提供的准确量值,依据准确度等级顺序自上而下传递至工作计量器具所需准确度而设计的一种等级传递途径。《计量法》中明确规定:计量检定必须按照国家计量检定系统表进行。

计量检定规程是由国家或省级政府计量行政部门或国务院有关主管部门制定的技术性法规,是型式批准、计量检定尤其是强制计量检定等工作的重要依据。《计量法》规定:计量检定必须执行计量检定规程。

计量校准规范包括计量校准规范和一些计量检定规程所不能包含的、计量工作中具有指导性、综合性、基础性、程序性的技术规范,如《通用计量术语及定义》《测量不确定确度评定与表示》等。

2.3.2 我国的量值传递体系形式

每一个量值传递或溯源体系只允许有一个国家计量基准。计量基准由国务院计量行政部门根据社会、经济发展和科学技术进步的需要,统一规划,组织建立。基础性、通用性的计量基准,建立在国务院计量行政部门设置或授权的计量技术机构(如中国计量科学研究院建立并保存了136项计量基准);专业性强、仅为个别行业所需要或工作条件要求特殊的计量基准,可以建立在有关部门或者单位所属的计量技术机构。2017年11

月 29 日国家原质检总局发布《中华人民共和国国家计量基准名录》(质检总局公告 2017 年第 62 号),其中收录的 177 项计量基准涵盖几何、热工、力学、电磁、无线电、时间频率、光学、电离辐射、声学、化学等十个计量专业领域,有 12 项处于国际领先水平,115 项达到国际先进水平。截至 2017 年 11 月 29 日,已授权其他技术机构建立和保存的计量基准(含副基准)有 5 种。它们分别是:工频大电流比例基准装置,建在国家高电压计量站;直流电压副基准装置,建在航天科工集团第 203 所;10 cm 热噪声基准装置,建在航天科工集团第 203 所;0.633 nm 波长副基准装置,建在中航工业第 304 所;300 kN 副基准测力机,建在中航工业第 304 所。较高准确度等级的计量标准,大多数设置在省级或部委级计量技术机构及计量准确度要求很高的少数大企业内。其他准确度等级的计量标准,大多数设置在地、县级计量技术机构及计量要求较高的大、中型企业中。而工作计量器具则广泛应用于工矿、企业、商店、医院、研究机构、院校中,由此构成了量值传递体系。

分布在各大区的国家计量测试中心是国家组织建立的承担跨地区计量检定、测试任务的国家法定计量检定机构。它们是由国家原质检总局批准建立,承担跨地区量值传递及检定测试任务的国家法定计量技术机构,是国家级量值传递体系和科研测试基地的组成部分。全国设立 7 个大区中心,分别称为华北、东北、华东、中南、华南、西南、西北国家计量测试中心,分别设在北京、辽宁、上海、湖北、广东、四川、陕西省级市场监督管理部门,主要技术依托所在地省(直辖市)计量院。

国防系统根据自身特点建立了量值传递体系,国防最高标准由国家计量基准进行传递。国防一、二级计量技术机构的设置由国防科工局直接以行政许可的方式进行,其中一级计量技术机构按专业设置,二级计量技术机构按行政区域设置。国防三级计量技术机构由国防科工局授权各省、自治区、直辖市国防科工局(办)自主设立。

综上所述,国家计量基准复现的单位量值,通过各级计量标准,逐级传递到工作计量器具,由此形成了量值传递系统。在我国,具体用国家计量检定系统表的形式表达量值传递体系。

2.3.3 我国量值传递的方式

由于世界各国政治和经济制度不同,发展水平各异,使得量值传递体制有所不同,但是各国采用的量值传递方式基本相似。目前国内外通常采用的量值传递的方式主要有以下四种:实物标准逐级传递,用计量保证方案(measurement assurance program,MAP)进行传递,发放有证标准物质(certified reference material,CRM)传递和发播标准信号传递。

目前我国的基本情况是:采用实物标准逐级进行量值传递仍然是基本的、主要的方式。发放标准物质目前主要用于化学计量领域,由于这种量值传递方式具有不送被检器具、检定迅速方便,而且可用于现场使用等优点,今后应逐步拓宽到其他计量领域。发布标准数据(或称对测量结果的管理)是指有关专家按照国家规程的程序经过严格评定,由国家主管部门正式公布,推荐使用的各种数据(美国、俄罗斯等国也称标准参数数据),它不仅是量值传递的重要方式,也是对计量结果管理的重要内容。关于这方面的内容我国今后需拓宽。

计量保证方案是一种新型的量值传递方式。早在 20 世纪 50 年代末,美国便针对如何保证更高的计量准确度的问题开始了探索。20世纪70年代末已经形成了比较完整和可行的"计量保证方案"。为适应形势的发展,特别是市场经济的发展,从20世纪80年代开始,结合我国国情,用计量保证方案进行了量值传递的试点,并取得了可喜的成绩。

2.3.3.1 用实物标准进行逐级传递的方式

这是一种传统的量值传递方式,也是我国目前在长度、温度、力学等领域常用的一种传递方式。根据《计量法》的有关规定,由计量检定机构或授权有关部门或企事业单位计量技术机构进行。通常是把计量器具送到具有高一等级计量标准的计量部门进行检定;对于不便于运输的计量器具,则由上一级计量技术机构派专员携带计量标准到现场检定,上级计量检定机构依照国家计量检定系统表和检定规程对被传递机构的最高标准或工作计量器具进行检定,检定结果合格的给出检定合格证书,不合格的给出检定结果通知书。被检计量器具只有得到检定合格证书并具有计量标准考核合格证时,才能进行量值传递或直接使用此计量器具进行测试工作。被检计量器具接到检定结果通知书时,可确定本计量器具降级使用或报废。

这种传递方式比较费时、经济成本高,有时检定好了的计量器具,经过运输后,受到振动、撞击、潮湿或温度的影响,会丧失原有的准确度。尽管有这么多的缺点,但到目前为止,它还是量值传递的主要方式。

2.3.3.2 用计量保证方案(MAP)进行逐级传递的方式

计量保证方案是一种新型的量值传递方式。它采用了现代工业生产中质量管理和质量保证的基本思想,利用控制论中的闭路反馈控制法和数理统计知识,对计量过程中影响检测质量的环节和因素进行有效控制。它能定量地确定计量过程相对于国家基准或其他指定标准的总的测量不确定度并验证总的不确定度是否满足规定的要求,从而使计量的质量得到保证。

这种传递方式不是将被检计量器具送上一级检定,而是上一级计量技术机构将经过稳定性考核合格的可携式计量标准、计量条件和方法寄给被传递的下一级计量技术机构,该标准的校准结果则不寄出。下一级机构得到传递标准后,作为"未知标准"按计量条件和方法,在本单位的计量标准上进行校准,得出数据,将传递标准和校验数据寄回上一级机构。上一级机构收到寄回的标准后进行复校,若该标准的稳定性符合要求,则对数据进行分析处理,并写出试验报告,将试验报告寄到下一级机构,该机构根据报告决定是否需要修正。

MAP是一种测量过程的品质方案,它使参加MAP活动的计量技术机构的量值能更好地溯源到国家计量基准。它用统计的方法,对参加的计量技术机构的校准质量进行控制,定量地确定校准的总不确定度并对其进行分析,因此能及时地发现问题,使总不确定度小到能够满足用户要求的程度。

计量保证方案具体的实施步骤如下:

1)参加的用户实验室向上一级标准实验室提出申请,标准实验室通过了解参加实验的情况,制订出合适的方案。

2)确定合适的"传递标准"和"核查标准",传递标准要求准确度等级较高,量值准确;核查标准要求量值稳定、可靠。"传递标准"由标准实验室提供,"核查标准"既可由标准实验室提供,也可由参加的用户实验室自备。

3)用户实验室通过对核查标准进行反复多次测量,建立过程参数,掌握由随机影响引起的不确定度分量,使测量过程处于受控状态。

4)标准实验室将传递标准准确测量后送交用户实验室,用户实验室将传递标准作为未知样本进行测量,通过测量传递标准,可确定用户实验室由系统影响引起的不确定度分量,然后将测量数据包括对核查标准的测量数据连同传递标准交回标准实验室。

5)标准实验室再次对传递标准进行测量以确定量值是否有变化,然后根据用户实验室提交的数据进行数据分析、出具测试报告送交用户实验室,并提供必要的技术咨询。

传递标准是在计量标准相互比较中用作媒介的计量标准,具体说是指一个或一组计量性能稳定的、特制的、可携带的计量标准。核查标准,也是一种计量标准,它要求随机误差小、长期稳定性好,并经久耐用,这种计量标准专门用于核查本实验室的计量标准。核查标准提供了一种表征测量过程状态的手段,它通过在一个相当长的时间周期内和变化中的环境条件下,对同一计量标准进行重复测量而达到表征测量过程的目的,它重视的是测量数据库,因为正是这些测量值,才能准确地描述测量过程的性能。

进行 MAP 时,被传递的单位可以是一个或若干个。MAP 方式不仅国家一级计量技术机构可以采用,部门、地区的计量技术机构也可采用。原则上只要能制成传递标准的计量项目都可采用 MAP 方式,且不受准确度的限制。

2.3.3.3 用发放标准物质(CRM)进行逐级传递的方式

由国家计量部门授权的单位进行制造,并附有合格证书才有效,这种有效的标准物质称为有证标准物质(CRM)。

发放标准物质进行量值传递的方式,主要由六个部分或者说六个环节组成,具体如下。

1)国际单位制的基本计量单位。理论上它是七个基本单位的定义真值。实际上是复现定义的基准,它是测定系统中具有最高准确度的环节,是实验室溯源测量准确度的源头。

2)绝对测量法。也称公认的定义计量法或权威性方法。它是指有正确的理论基础,量值可直接由基本单位计算,或间接用与基本单位有关的方程计算,方法的系统误差可以基本上消除,因而可以得到约定真值的计算结果。化学分析方面,经典的重量分析法、库仑分析法、电能当量测定法、同位素稀释质谱法及中子活化分析法等均属于这种权威性方法。实现这种方法需要高精度的设备和技术熟练的科技人员,耗费较多的资金和时间,所以这种方法一般只用来测定一级标准物质的特性值。

3)一级标准物质。它用来研究和评价标准方法,控制二级标准物质的研制和生产。用于重要计量器具的校准以及重大的质量控制,是测量系统的中心环节,负有承上启下的作用。

4)标准方法。它是指具有良好的计量重复性和再现性的方法。这种方法有的已经与定义计量法进行过比较验证,可给出方法的准确度;有的只知道其精密度,这时就需要采用两种以上原理的标准方法进行比较,以确定有无系统误差。用标准方法可测定二级标准物质的特性值。

5）二级标准物质。二级标准物质用来研究和评价现场方法及用于一般计量器具的校准。

6）现场方法。它是一些相对测量的方法，即大量应用于工厂、矿山、实验室和监测单位的各种计量方法。

以上六个技术组成部分是将准确量值传递到现场，达到测量一致性的重要保证。而标准物质是传递和溯源测量准确度的重要媒介，在测量物质的成分特性时，它的作用尤为突出。化学计量在国民经济、科学技术和国防建设中的作用，大多数情况是通过标准物质来实现的，所以说标准物质是化学计量的支柱。

这种方式适用于理化分析、电离辐射等化学计量领域的量值传递。标准物质是具有一种或多种足够均匀和很好地确定了的特性，用以校准测量装置、评价测量方法或给材料赋值的一种材料或物质。它可以是纯的或混合的气体、液体或固体，一般为一次性、消耗性的。使用 CRM 进行量值传递，传递环节少，可免去送检仪器，可以快速评定并可在现场使用。

目前，这种方式主要用于化学计量领域。

2.3.3.4 用发播标准信号进行量值传递的方式

用发播标准信号进行量值传递的方式适用于时间、频率和无线电等领域的量值传递。这种方式是最简便、迅速和准确的量值传递方式。国家通过无线电台、电视台、卫星技术等发播标准的时间频率信号，用户可接收并可在现场直接校正时间频率计量器具。

由于时间频率计量的准确度比其他基本量高几个数量级。因此，现在相关前沿研究正致力于使其他基本量与频率量之间建立确定的联系，这样便可以像发播时间频率信号那样来传递其他基本量了。

2.4 量值溯源的基本概念

量值溯源国际上通常称为溯源性。JJF 1001—2011《通用计量术语及定义》中对计量溯源性的定义是：通过文件规定的不间断的校准链，测量结果与参照对象联系起来的特性，校准链中的每项校准均会引入测量不确定度。

这条不间断的比较链称为"溯源链"。也就是说，任何一项测量业务，其结果都可以参照这条溯源链一直追溯到国家基准上去。从而使测量的准确性和一致性得到技术保证。否则，量值出于多源或多头，必然会在技术上和管理上造成混乱。随着量子计量基准的建立与发展，基准仪器将会进一步简化，成本也会大幅度降低，这样，将来有些基准有可能在基层实验室直接溯源。

量值准确一致的前提是计量结果必须具有"溯源性"，即通过一条具有规定不确定度的不间断的比较链，使测量结果或测量标准的值能够与规定的参考标准，通常是与国家测量标准或国际测量标准联系起来的特性。要获得这种特性，就要求用以计量的测量仪器必须经过具有适当准确度的计量标准的检定或校准，而该计量标准又受到上一等级计量标准的检定,逐级向上追溯,直至国家计量基准或国际计量基准。由此可见,溯源性的概念是量值传递概念的逆过程,或者说量值溯源与量值传递互为逆过程。

量值溯源的含义包括如下几个方面:

1)量值溯源是计量器具通过连续不间断的各等级测量标准相比较来实现的,比较可能是检定、校准、比对、测量、测试等形式。即量值溯源是通过溯源链实现的。目前实现量值溯源的最主要的技术手段是校准和检定。

2)量值溯源是由计量器具开始,将其测量结果自下而上地追溯到国家测量基准或国际测量基准。即量值溯源是不间断向上的计量单位量值的统一。

3)量值溯源的结果是保证计量器具的测量结果能够与参考标准,直到国家测量基准或国际测量基准联系起来。即量值溯源的证据,也是计量器具量值准确可靠的"可追溯性"证据。

4)量值溯源往往是计量器具使用、生产、经营的企业或单位自身的要求,希望获得准确的量值,并被认可。

量值溯源主要是通过校准来实现的。由于溯源性的定义强调把测量结果与有关标准联系起来,因此它强调数据的溯源,从而体现数据的管理特征。溯源性反映了测量结果或计量标准量值的一种特性,也就是任何测量结果和计量标准的量值,最终必须与国家的或国际的计量基准联系起来,这样才能确保计量单位统一,量值准确可靠,才具有可比性、可重复性和可复现性,而其途径就是按比较链向计量基准的追溯。与量值传递相反,量值溯源是自下而上的过程,是非强制性的,往往是企业自愿的行为。由于比较链的存在,可以越级也可以逐级溯源,因此企业可根据测量准确度的要求,自主地寻求具有较佳不确定度的参考标准进行测量设备的校准。

2.5 我国的量值溯源体系

2.5.1 我国量值溯源体系的概况

我国的量值溯源体系是基于《计量法》建立起来的。国家计量基准、副计量基准、工作计量基准保存在中国计量科学研究院、中国测试技术研究院、国家标准物质研究中心及其他技术机构。现有国家专业计量站18个、计量分站34个,业务范围包括:高电压、轨道衡、铁路罐车、原油大流量、大容量、蒸汽流量、水大流量、海洋、纤维、纺织、矿山安全、通信、气象、船舶舱容积、家用电器等。

中国合格评定国家认可委员会(China National Accreditation Service for Conformity Assessment,CNAS)承认我国法定计量体系量值溯源的有效性。CNAS承认国际计量局框架下签署互认协议并能证明可溯源至SI国际单位制的国家或经济体的最高计量基(标)准。目前我国已经建立了以中国计量科学研究院、中国测试技术研究院和国家标准物质研究中心及国防科技工业第一、第二计量测试中心等18家一级计量技术机构为最高等级校准实验室的国家和国防量值溯源网络,建立了国家计量基准和各个等级的工作计量标准,形成了完整的量值溯源体系。

2.5.2 测量结果的溯源性要求与溯源方式

2.5.2.1 测量结果的溯源性要求

测量结果的计量溯源性要求是全部测量设备必须具备计量溯源性。在量值溯源时,必须依照计量检定规程或有关测量方法进行。溯源一般按下列方法选择。

(1)计量溯源性的要求

强制检定工作计量器具、最高计量标准或社会公用计量标准等根据计量行政部门的管理要求,送有关法定计量检定机构或授权的计量机构检定。

除强制检定外的依法管理测量仪器,其可选择校准/检定服务的计量溯源性:

1)国家计量院:如中国计量科学研究院,或其他签署《国家计量基(标)准和国家计量院签发的校准与测量证书互认协议》的国际计量机构在互认范围内提供的校准服务。

2)计量检定(政府授权的法制计量实验室):如我国的法定计量机构,包括国防计量主管部门、国防计量技术机构行政许可的机构,实施计量检定服务。

3)政府授权的校准(目前我国法制计量实验室的授权范围包含校准):如根据JJF 1069—2012《法定计量检定机构考核规范》计量行政主管部门授权的其他机构实施计量检定或校准服务。

4)获认可的校准实验室:如获得CNAS认可的,或由签署国际实验室认可合作组织互认协议的认可机构所认可的校准实验室,在其认可范围内提供的校准服务。

当1)~4)所规定的溯源机构均无法获得时,可选择能够确保计量溯源性的其他机构的校准服务。

(2)不能溯源的处理

可采用分部校准,或通过参加适当的计量比对或能力验证等提供相关的证明。如,当测量结果无法溯源至国际单位制(SI)单位或与SI单位不相关时,测量结果应溯源至标准物质(reference material,RM)、公认的或约定的测量方法/标准,或通过实验室间比对。当测量结果溯源至公认的或约定的测量方法/标准时,合格评定机构应提供该方法/标准的来源和溯源性的相关证据。如国际检验医学溯源性联合委员会批准的参考测量程序属于公认的测量方法/标准。

(3)溯源到国外测量标准

当进口的测量设备无法溯源到我国国家计量基准时,应能溯源到国外测量标准,能提供有效的溯源性证明。

如一些仪器制造商的实验室,应溯源至RM、公认的或约定的测量方法/标准,或通过实验室间比对等途径,证明其测量结果与同类实验室的一致性。

2.5.2.2 溯源性证明文件

表明测量或计量的结果具有溯源性的证据或证明文件,通常应是如下几种之一:

1)所用的计量器具或测量标准每一台都应具有由有资格的计量技术机构定期检定

或校准的证书,这种检定证书或校准证书能证明所用的测量标准具有适当的准确度,并在有效期内受控。

2)溯源到本领域国际公认的测量标准的证明文件。

3)溯源到适当的有证标准物质的证明文件。

4)溯源到经多方协商同意,并在文件中规定的协议测量标准的证明文件。

5)参加校准实验室间的比对或能力测试,溯源到比对结果平均值的证明文件。

6)用比例测量法或其他公认的方法来验证的证明文件。

上述各种溯源性证明文件,以符合要求的检定证书或校准证书最为有效和有力。这是在可以通过检定和校准来证明溯源性的情况下必须具有的证明文件,即国内具有适当准确度的测量标准和国家测量标准。当不具备相应的国家测量标准,或国家测量标准不能满足量值溯源要求时,可采用其他几种证明文件之一,可以是报告,也可以是证书,以其证明溯源性。

2.5.2.3 测量结果的溯源方式

目前,实现测量结果的计量溯源性方式一般有:①用实物计量标准进行检定或校准;②发放标准物质;③实验室之间比对或验证测试;④计量保证方案(MAP)。

其他还有:统一标准方法(参考测量方法或仲裁测量方法);比率或互易测量;发播标准信号;发布标准(参与)数据;按国际承认的有关专业标准溯源;按双方同意的互认标准溯源等。

目前我国主要是用实物计量标准进行检定或校准,这是一种传统量值溯源或传递的基本方式,即送检单位将需要检定或校准的计量器具送到建有高一等级实物计量标准的计量技术机构去检定或校准,或者由负责检定或校准的单位,派人员将可搬运的实物计量标准带到被检单位进行现场或巡回的检定或校准。对于多数易于搬运的计量器具来说,这种按照检定系统表用实物计量标准进行检定或校准的方式,由于规定具体、易于操作、简单易行,尽管还存在某些弊端,但仍然是我国目前最主要、应用最广泛的量值溯源方式。

发放标准物质的方式目前主要用于化学计量领域。由于这种量传方式不送被检器具,检定迅速方便,而且可用于现场使用等,今后应逐步推广到其他计量领域。

实验室之间比对或验证测试是按照预先规定的条件,由两个或多个实验室对相同或类似检测物品进行检测的组织、实施和评价(参加比对的实验室之一可以作为提供检测物品的指定值的实验室)。参加比对或验证的活动,为实验室提供了一个评估和证明其出具数据可靠性的客观手段。

计量保证方案(MAP)将统计学原理用于计量领域,通过测量过程的统计控制,达到保证测量质量的目的。我国从20世纪80年代开始,对8种量值传递进行试点,现已批准的计量保证方案有直流电阻、同轴功率、射频衰减、磁性材料磁参数、直流电动势、维氏硬度计、放射性核素活度、长度(量块)等8项。

量值传递方式多样化,从原来量值逐级传递(量值传递)作为统一量值的唯一方式,逐步转变为量值传递与量值溯源性双轨并行,从原来以检定为主要手段,发展为检定、校准、比对、MAP等多种方法并举。对属于法制计量领域如强检的计量器具,必须根据我国计量法的规定,按检定规程和检定系统表实行定点定周期检定(量值传递);非强检的计量器具可就地就近检定(或校准),或采用多种方式进行量值溯源。

2.5.2.4 比对测试结果的溯源性

比对测试结果作为一种测量结果,一般要求它应该是溯源的,因此也应说明比对测试结果的溯源性。这里仅对那些在国内外尚未建立起计量基准的物理量来说是例外。说明比对结果的溯源性就要求说明比对测试结果或被比对的计量标准的量值是通过什么,以及它是如何与我国的国家计量基准或国际计量基准联系起来的。

2.5.3 溯源等级图

2.5.3.1 溯源等级图的概念

制定国家溯源等级图的主要目的是确定我国某类计量器具的量值传递体系,指导计量检定或校准,既确保被检计量器具的准确度,又考虑到量值传递的经济性、合理性,它可作为建立计量测量标准,制定检定规程的依据。溯源等级图是一种代表等级顺序的框图,用以表明计量器具的计量特性与给定量的基准之间的关系(见图2-1)。

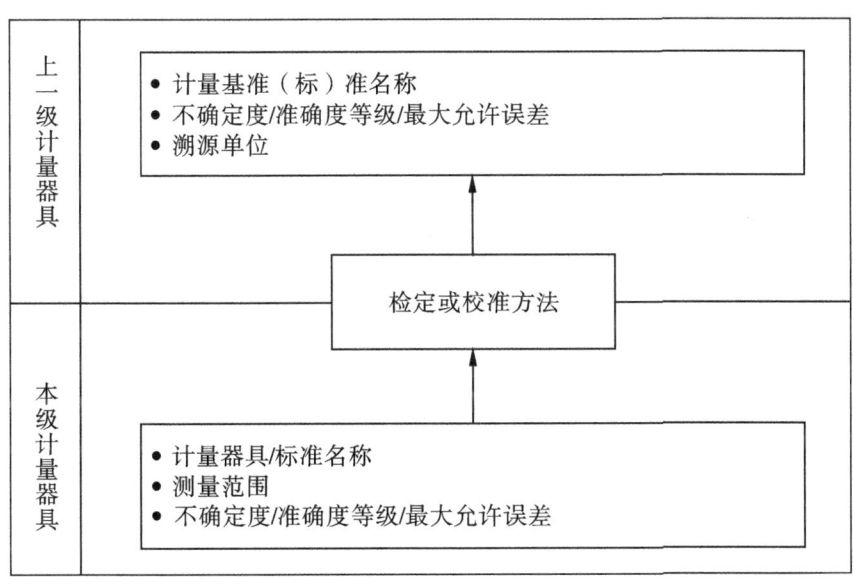

图 2-1 溯源等级图

溯源等级图是对给定量或给定型号计量器具所用的比较链的一种说明,以此作为其溯源性的证据。建立溯源等级图的目的是对所有的测量(包括最普通的测量),在其溯源到基准的途径中尽可能减少测量误差又能给出最大的可信度。为实现溯源性,用等级图的方式应给出:①不同等级标准器的选择;②标准器计量特性:如标准器名称、测量范围、准确度(不确定度或准确度等级或最大允许误差)等;③溯源链中比较用的装置和方法。

另外需要注意等级间的连接及其平行分支关系。

溯源等级图是逐级分等的,即用($n-1$)等级校准n等级,或由n等级向($n-1$)级溯源。

选取的标准仪器设备的误差与被检计量器具的误差限的比值称为比率。根据被测量的具体情况,这个比率通常选取1/3~1/10。对某些量,有的只能采用1/2比率进行溯源,有的甚至不惜血本采用1/20比率进行溯源。

在溯源等级图中应注意区别标准器复现量值的不确定度,以及经标准器校准所得测量结果的不确定度。要指明不确定度是合成还是扩展。当表示为扩展不确定度时,要给出包含因子k或包含概率p,溯源等级图中所反映的信息,应与有关法规、规程或规范的要求相一致。

计量技术机构的每一项测量标准都制定有相应的溯源等级图,用框图说明本单位最高测量标准(即参照标准)向上溯源和向下量值传递链。框图按测量标准的主要计量特性,将其列为多个测量层次,检定用测量标准与被测量标准的测量不确定度比,或测量标准的测量不确定度与被检工作测量器具的允许误差极限之比一般在1/3~1/10之间确定。对于某些特殊的量在量值传递技术上难以达到时,可在1/2~1/3之间确定。

对持有某一等级计量器具的部门或企业,其至少应该按溯源等级图明确其上一级标准器具特性的信息,才能实现其向国家基准的溯源。

一个被检测量标准或器具可以有不同参量的多个测量标准完成量值传递。同样,一个测量标准也可以量值传递到多种测量器具。如果参照标准或工作标准不能满足量值传递要求时,工作测量器具也可以跨级溯源,直到国家计量基准。

2.5.3.2 溯源等级图的分类

在我国,量值溯源等级图有国家溯源等级图和各单位自编量值溯源等级图。

(1)国家溯源等级图(又称国家计量检定系统表)是指在一个国家内,对给定量的测量仪器有效的一种溯源等级图,它包括推荐(或允许)的比较方法和手段。

国家溯源等级图的第一级应为国家基准。在我国目前还是用国家计量检定系统表来代替国家溯源等级图。国家计量检定系统表在我国有其明确的法制地位,《计量法》中第十条规定:"计量检定必须按照国家计量检定系统表进行。国家计量检定系统表由国家计量行政部门制定。"我国每一项国家计量基准对应一种等级图,国家溯源等级图基本上按各类计量器具分别制定,它以文字加框图构成。国家溯源等级图用国家计量检定系统表来代表。它是一种法定技术文件,由国务院计量行政部组织制定并批准发布。我国规定:一项国家计量基准对应一种检定系统表,并由该项基准的保存单位负责编制,经一定的审批手续,由国家计量行政部门批准发布。

实际上,现有的计量检定系统表仅适用于目前尚属于检定范畴的、已经建立了国家基准的计量器具的量值传递。而大量进行校准的计量器具尚需要由国家计量行政部门进一步安排制定出国家溯源等级图。

国家溯源等级图内容包括:①测量设备或基准、标准的名称;②测量范围;③准确度等级、测量不确定度或最大允许误差;s④比较方法或手段。

在使用国家计量检定系统表时要注意其附加说明,即"工作计量器具可能会有新的产品或不同的名称,在检定系统表中不可能全部列出。对未列入国家计量检定系统表的工作计量器具,必要时可根据其被测量、测量范围和工作原理,参考相应检定系统表中列出的工作计量器具的测量范围和工作原理,确定适合的量值传递途径。"

(2)建立计量标准的单位或使用单位,可以参考国家溯源等级图按 JJF 1104—2003《国家计量检定系统表编写规则》编制使用单位的计量标准或测量仪器的量值溯源和传递框图。在编制时,除按国家溯源等级图内容外,还得增加检测机构或部门。应具有所建计量标准溯源到上一级和量传到下一级计量器具的量值传递(检定系统)框图(见图2-2)。图中,测量方法(检定或校准方法)是指"对测量过程中使用的操作所给出的逻辑性安排的一般性描述",如,直接测量法和间接测量法、基本测量法和定义测量法、直接比较测量法和替代测量法、微差测量法和符合测量法、补偿测量法和零值测量法。一般按相应的计量检定规程或校准规范等技术文件中规定的方法来填写。

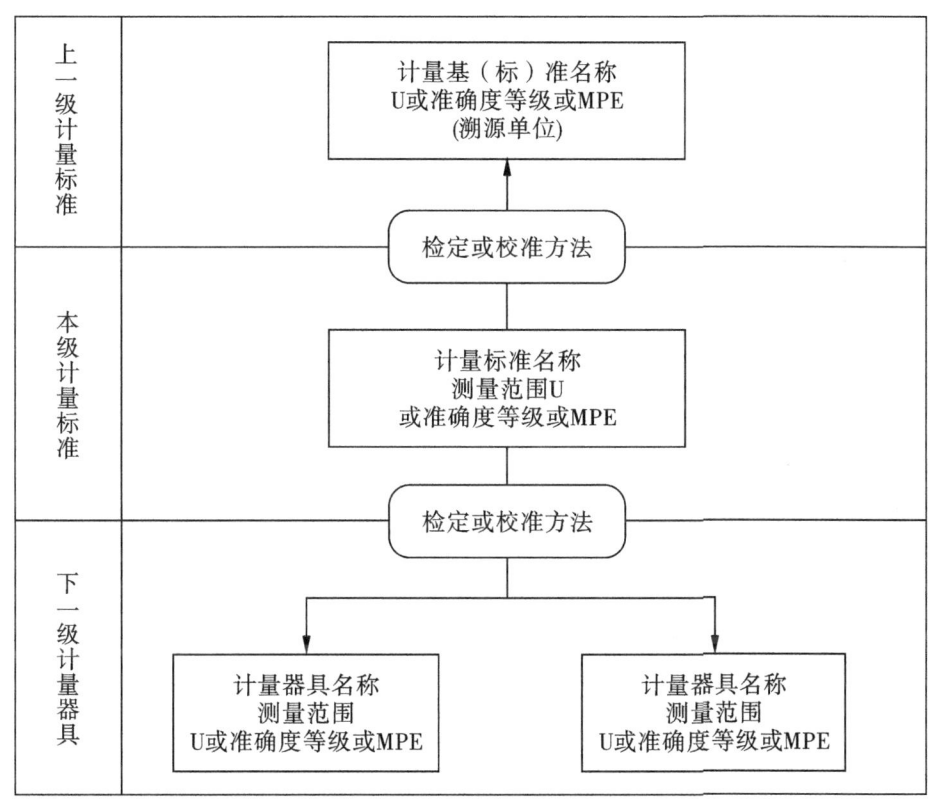

图2-2 量值传递与量值溯源框图

2.6 量值传递与量值溯源的比较

量值传递和量值溯源是同一过程的两种不同的表达,量值传递和量值溯源互为逆过程。使量值传递和量值溯源真正有效,在每个量的传递链或溯源链中都要规定每一级的测量不确定度，从而使量值在传递过程中准确度的损失尽可能小。为了正确理解量值传递与量值溯源，有必要对这两个概念进行区分，量值传递与量值溯源区别如表2-4所示。

表2-4 量值传递与量值溯源的区别

	量值传递	量值溯源
性质	量值传递体现强制性；强调从国家建立的基准或最高标准向下传递	量值溯源体现自发性；强调从下至上寻求更高的测量标准，追溯求源至国家或国际标准
环节	有严格的等级，层次较多，中间环节多，容易造成准确度损失	不按严格的等级，中间环节少。根据用户自身的需要，不受等级的限制。可以逐级溯源，也可以越级溯源
依据	计量检定规程（国家、地方、行业）或校准技术规范	校准技术规范、计量检定规程、测量技术标准、说明书及双方协议等
方式	通过对计量器具的检定或校准	量值溯源的方法中采用连续不间断的"比较链"。可采取检定、校准、实验室间比对或能力验证或测量审核等多种方式
对象	测量仪器（计量器具）	测量仪器测量结果的"量值"

所谓"量值传递"是自上而下通过逐级检定而构成检定系统；而"量值溯源"则是指自下而上通过不间断的校准而构成溯源体系。它们之间的区别主要体现在以下几个方面：

（1）意志不同

"量值传递"含有自上而下的意志，从"自上而下"中可以体现出一种政府的意志，政府建立了从上到下的传递网络，直到企业使用的测量设备都在这个网络之内，因此"量值传递"往往体现政府的行为，有一种强制性的含意。

"量值溯源"含有自下而上的意志，从"自下而上"中可以体现出一种自发性，自觉寻找源头——"溯源"，体现出企业的自身需要；而"溯源性"往往指企、事业行为，有种非强制的特点。

世界各个国家，都存在"量值传递"和"量值溯源"两种方式，使用这两种方式的场合不一样。在市场经济体制的国家，在对政府涉及社会关心的利益的行为时往往使用"量值传递"这个方式，而对企业行为时通常称之为"量值溯源"。在我国今后也将逐步与国际通行做法相一致，逐步对涉及企业的非强检行为也使用"溯源"的概念。

（2）方式不同

在"量值传递"的方法中强调"通过对计量器具的检定或校准"这两种方式；而在"量值溯源"的方法中是采用连续的"比较链"。由于"比较链"没有特别指出哪种方式，实际上是承认多种方式。目前世界上量值传递方式的改革向更多样化和增加深度、广度的方向发展。

"量值溯源"是一种自下而上追溯的自愿行为，可通过检定、校准、比对、测试等形式，测量结果与计量基准相联系,以保证被测量值的统一和准确。它与我国传统的按照国家计量检定系统表,自上而下将计量基准复现的单位量值通过计量标准、工作计量器具逐级传递的法制行为相比要优越、灵活得多。但应该注意溯源的起点是测量结果或测量标准的值,终点是国家基准或国际基准。此外,量值传递是逐级传递,而溯源是自主行为,可根据需要和经济合理的原则在不间断的比较链中选择向上溯源的标准器,可以跨区、跨国进行。

(3)限制不同

"量值传递"一般按等级传递。"量值溯源"由于"比较链"的存在可以越级,也可逐级溯源,因此"溯源"可以不受等级的限制,可根据用户自身的需要来决定。等级过细往往容易造成多次累计的不确定度,易损失准确度。

(4)重点不同

"量值传递"的定义中强调传递到工作计量器具,而"量值溯源"的定义中强调把测量结果与有关标准联系起来。因而"量值传递"强调器具的传递,"量值溯源"强调数据的溯源。一个体现了器具管理的特点,一个体现了数据管理的特点。在某些新的溯源方式中就是直接将测量数据送到校准实验室中,而不用把器具送到校准实验室。

经过多年的努力,我国建立形成了相对较为完整的量值传递与溯源体系,在社会经济发展和国防建设方面发挥了重要作用。但是在战略性新兴产业、高技术产业以及现代农业等其他经济、社会快速发展的重点领域存在着不同程度的量值传递与溯源的空白。现有的量值传递与溯源体系中还存在技术指标、测量范围难以满足需求的情况,现有计量基准、标准及配套设施存在着不同程度的设备设施老化、自动化程度低的状况,急需进行技术升级与改造。仅靠"自上而下"的量值传递系统已经不能完全满足我国经济发展的要求,因此需要通过"自下而上"的量值溯源来补充其不足。我国需要对现有的量值传递体系进行调整和完善,除了加强计量的法制管理外,还要补充工业企业需要的量值溯源的校准方式,以适应现代化工业发展的要求,并和国际通行做法相一致。比如,采用计量器具 ABC 分类管理、实验室认可制度、计量保证方案等。随着量值传递体制的改革,量值溯源越来越为人们所接受并广泛使用。

3 卷烟和滤棒物理性能综合测试台计量检定方法研究

3.1 计量检定方法研究概况

计量检定方法研究是卷烟和滤棒物理性能综合测试台计量技术研究的一个重要方向。由于卷烟和滤棒物理性能综合测试台是在我国烟草行业广泛应用的一种重要测量仪器,早在20世纪90年代,烟草行业就开展了卷烟和滤棒物理性能综合测试台的计量技术研究工作。

1998年,国家烟草专卖局发布了JJG(烟草)01—1998《卷烟/滤棒物理综合测试台检定规程》,规定了用于测试卷烟或滤棒重量、圆周、吸阻和硬度的物理综合测试台的检定,未包括长度、滤棒圆度和卷烟通风测试部分。2009年新版国家标准GB/T 22838《卷烟和滤棒物理性能的测定》发布实施,一些检测方法发生了改变,加上仪器生产商众多,不同厂家的仪器测量方法和测量原理都不尽相同,因此1998年版检定规程在技术上已不适用,有必要增加和修改检定项目和检定方法。在此背景下,2010年中国烟草标准化研究中心牵头申报承担了检定规程的修订工作。2012年,在检定规程按照项目合同内容修订完成后,国家烟草专卖局发布了JJG(烟草)01—2012《卷烟和滤棒物理性能综合测试台检定规程》。

2013年中国烟草标准化研究中心依据JJG(烟草)01—2012《卷烟和滤棒物理性能综合测试台检定规程》建立了烟草行业最高计量标准"卷烟和滤棒物理性能综合测试台检定装置",并获得国家烟草专卖局授权在烟草行业内开展卷烟和滤棒物理性能综合测试台的计量检定。这有助于提高卷烟和滤棒物理性能综合测试台测量数据的准确性和可靠性,使行业内卷烟和滤棒物理性能综合测试台能够实现统一规范的量值溯源,从而更有效地服务于卷烟企业的生产,为保障卷烟质量提供有利的技术支撑。

3.2 计量检定方法任务来源及试验研究

3.2.1 计量检定方法研究任务来源

2010年国家烟草专卖局以国烟科〔2010〕91号文件下达了《卷烟和滤棒物理性能综

合测试台检定规程》的修订任务。项目承担单位为中国烟草标准化研究中心,主要负责项目的技术内容研究、规程编制、实验验证、数据处理及征求意见等工作。项目协作单位为浙江中烟工业有限责任公司和湖北中烟工业有限责任公司,主要协助项目技术方案的实施、实验验证、数据分析和规程编制。

3.2.2 计量检定方法试验研究

3.2.2.1 试验对象

根据需要在杭州、北京、武汉、石家庄、成都等不同地点选取了具有代表性的5家国内外仪器公司的10台卷烟和滤棒物理性能综合测试台进行了试验验证。

3.2.2.2 试验仪器

根据需要选定的试验用的测试仪器如下:

(1)砝码

准确度等级 F1 级,大小为 500 mg、1 g、2 g 的 3 个砝码。

(2)圆周(圆度)标准棒

直径最大允差±0.003 mm,圆周大小为 16 mm、20 mm、22.5 mm、25 mm、27.5 mm 和 30 mm 的 6 根圆周(圆度)标准棒。

(3)吸阻标准棒

吸阻为 1 kPa、2 kPa、3 kPa 和 4 kPa 左右的 4 根标准棒。

(4)数字压差计

测量量程 15 kPa,最大允差±(0.008%×读数或 0.0024%×满量程)。

(5)通风率标准棒

最大允差±1.5%,通风率大小为 20%、50% 和 80% 左右的 3 根标准棒。

(6)长度标准棒

最大允差±0.005 mm,长度为 82 mm、83.5 mm、84 mm、84.5 mm、86 mm 的 5 根标准棒。

(7)硬度标准棒

直径最大允差±0.005 mm,直径大小为 6 mm、6.5 mm、8 mm、9 mm 的 4 根硬度标准棒。

(8)压力测量装置

压力传感器足够小,能放入综合测试台硬度测试单元内且不影响硬度测试,带有计时和记录功能,计时最大允差满足±0.1 s,压力测量精度满足 0.7%,压力测量量程为 0~5 N。

3.2.2.3 试验方法

(1)外观检查

对卷烟和滤棒物理性能综合测试台的外观和电气性能进行检查,确认卷烟和滤棒物理性能综合测试台符合开机要求。

(2)预热准备

打开卷烟和滤棒物理性能综合测试台电源后,根据操作手册的要求对卷烟和滤棒物理性能综合测试台进行工作前准备和预热后,按照手册步骤对综合测试台各单元进行校准。

(3)卷烟质量测试单元的试验

卷烟质量测试单元对 3 个 F1 级,大小为 0.500 g、1.000 g、2.000 g 的砝码进行 10 次测量,计算 10 次测量值的平均值与砝码标定值之间的差值。

(4)圆周和滤棒圆度测试单元的试验

采用圆周和滤棒圆度测试单元对圆周大小为 16 mm、20 mm、22.5 mm、25 mm、27.5 mm 和 30 mm 的 6 根圆周标准棒进行 10 次测量,计算 10 次直径测量值的平均值与标准棒标定值之间的差值。

(5)卷烟吸阻和滤棒压降测试单元的试验

卷烟吸阻和滤棒压降测试单元用于产生和控制气路体积流量的恒定流量孔进行送检,其检定结果应符合(17.5±0.1)mL/s 的要求,具体方法参照 JJG(烟草)16—2002《烟草专用标准恒流孔检定规程》,本次试验不再对此进行验证。

将数字压差计连接至综合测试台卷烟吸阻和滤棒压降测试单元的压力传感器处,卷烟吸阻和滤棒压降测试单元对大小为 1 kPa、2 kPa、3 kPa 和 4 kPa 左右的 4 根吸阻标准棒进行 10 次测量,计算出每次测量时卷烟吸阻和滤棒压降测试单元的读数与压差计读数之间的差值。

(6)卷烟通风率测试单元的试验

通风率测试单元对大小分别为 20%、50% 和 80% 左右的 3 根通风率标准棒进行 10 次测量,计算 10 次测量值的平均值与标准棒标定值之间的差值。

(7)长度测试单元的试验

长度测试单元对长度大小分别为 82 mm、83.5 mm、84 mm、84.5 mm、86 mm 的 5 根长度标准棒进行 10 次测量,计算每根标准棒 10 次测量值的平均值与标准棒标定值之间的差值。

(8)硬度测试单元的试验

硬度测试单元对直径大小分别为 6 mm、6.5 mm、8 mm、9 mm 的 4 根硬度标准棒进行 10 次测量,计算每根标准棒 10 次测量值的平均值与标准棒标定值之间的差值。

将压力测量装置的压力传感器探头放于综合测试台硬度测试单元中,硬度测试单元的压头中心应与压力测量装置的压力传感器探头中心尽量保持一致,重复进行 10 次硬度测试过程,用压力测量装置采集数据。

3.2.2.4 试验数据

根据试验方法对 10 台卷烟和滤棒物理性能综合测试台进行了试验验证,试验数据见表 3-1 ~ 表 3-10。

表3-1 综合测试台1的试验数据

卷烟质量测试单元											单位:g
砝码	第1次	第2次	第3次	第4次	第5次	第6次	第7次	第8次	第9次	第10次	均值
0.500	0.501	0.500	0.500	0.500	0.501	0.501	0.501	0.501	0.501	0.501	0.501
1.000	1.001	1.000	1.000	1.000	1.001	1.000	1.000	1.000	1.000	0.999	1.000
2.000	2.000	2.000	2.000	2.000	2.000	2.000	1.999	1.999	1.999	1.999	2.000
圆周和滤棒圆度测试单元											单位:mm
圆周棒	第1次	第2次	第3次	第4次	第5次	第6次	第7次	第8次	第9次	第10次	均值
16.000	16.000	15.990	16.000	16.000	15.990	16.000	16.000	15.990	16.000	16.000	15.997
20.000	20.010	20.000	20.010	20.010	20.000	20.010	20.000	20.000	20.010	20.010	20.007
22.500	22.500	22.500	22.500	22.500	22.500	22.500	22.500	22.500	22.500	22.500	22.500
25.000	25.000	25.000	25.000	25.000	25.000	25.000	25.000	25.000	25.000	25.000	25.000
27.500	27.500	27.500	27.510	27.500	27.500	27.510	27.500	27.510	27.500	27.510	27.504
30.000	30.000	30.000	30.010	30.000	30.000	30.010	30.000	30.000	30.010	30.010	30.004
卷烟吸阻和滤棒压降测试单元											单位:Pa
		第1次	第2次	第3次	第4次	第5次	第6次	第7次	第8次	第9次	第10次
标准棒1	仪器值	1020	1021	1021	1022	1022	1021	1021	1022	1021	1021
	压差计	1032	1032	1032	1032	1032	1032	1032	1032	1032	1032
标准棒2	仪器值	1850	1850	1850	1850	1850	1850	1850	1850	1850	1850
	压差计	1870	1870	1870	1870	1870	1870	1870	1870	1870	1870
标准棒3	仪器值	2950	2950	2950	2950	2950	2950	2950	2950	2950	2950
	压差计	2977	2977	2977	2977	2977	2977	2977	2977	2977	2977
标准棒4	仪器值	3840	3840	3840	3840	3840	3840	3840	3840	3840	3840
	压差计	3882	3882	3882	3882	3882	3882	3882	3882	3882	3882
卷烟通风测试单元											单位:%
通风率棒	第1次	第2次	第3次	第4次	第5次	第6次	第7次	第8次	第9次	第10次	均值
18.09	18.00	18.00	17.90	18.00	18.00	17.90	18.00	18.00	17.90	17.90	17.96
49.71	49.70	49.80	49.70	49.70	49.80	49.70	49.70	49.80	49.70	49.70	49.73
77.72	78.90	78.90	79.00	78.90	78.90	79.00	78.90	78.90	79.00	79.00	78.94
长度测试单元											单位:mm
长度棒	第1次	第2次	第3次	第4次	第5次	第6次	第7次	第8次	第9次	第10次	均值
82.000	—	—	—	—	—	—	—	—	—	—	—
83.500	—	—	—	—	—	—	—	—	—	—	—
84.000	—	—	—	—	—	—	—	—	—	—	—
84.500	—	—	—	—	—	—	—	—	—	—	—
86.000	—	—	—	—	—	—	—	—	—	—	—
硬度测试单元											单位:mm
硬度棒	第1次	第2次	第3次	第4次	第5次	第6次	第7次	第8次	第9次	第10次	均值
6.000	6.000	6.000	6.000	6.000	6.000	6.000	6.000	6.000	6.000	6.000	6.000
6.500	6.500	6.500	6.510	6.500	6.500	6.510	6.500	6.500	6.510	6.510	6.504
8.000	8.000	7.990	8.000	8.000	7.990	8.000	8.000	7.990	8.000	8.000	7.997
9.000	9.000	9.000	9.000	9.000	9.000	9.000	9.000	9.000	9.000	9.000	9.000
	第1次	第2次	第3次	第4次	第5次	第6次	第7次	第8次	第9次	第10次	均值
预压力/g	9.6	9.8	10.2	10.2	9.7	10.1	9.8	10.2	9.8	10.4	10.0
	第1次	第2次	第3次	第4次	第5次	第6次	第7次	第8次	第9次	第10次	均值
施压负荷/g	300.3	300.1	299.9	300.4	300.3	299.7	299.9	299.6	300.4	300.1	300.1

表 3-2 综合测试台 2 的试验数据

卷烟质量测试单元											单位:g
砝码	第1次	第2次	第3次	第4次	第5次	第6次	第7次	第8次	第9次	第10次	均值
0.500	0.500	0.500	0.500	0.500	0.500	0.500	0.500	0.500	0.500	0.500	0.500
1.000	1.000	1.000	1.000	1.000	1.000	1.000	1.000	1.000	1.000	1.000	1.000
2.000	2.000	2.000	2.000	2.000	2.001	2.001	2.000	2.001	2.000	2.000	2.000

圆周和滤棒圆度测试单元											单位:mm
圆周棒	第1次	第2次	第3次	第4次	第5次	第6次	第7次	第8次	第9次	第10次	均值
16.000	15.976	15.976	15.976	15.976	15.976	15.976	15.976	15.976	15.976	15.976	15.976
20.000	19.986	19.980	19.980	19.980	19.980	19.980	19.980	19.980	19.980	19.983	19.980
22.500	22.486	22.489	22.486	22.489	22.489	22.492	22.489	22.492	22.492	22.492	22.490
25.000	24.991	24.998	24.991	24.994	24.998	24.998	24.994	24.998	24.994	24.994	24.996
27.500	27.494	27.494	27.497	27.491	27.500	27.488	27.497	27.488	27.494	27.488	27.492
30.000	30.000	29.993	29.993	29.996	30.003	29.981	29.990	30.003	30.000	30.000	29.996

卷烟吸阻和滤棒压降测试单元											单位:Pa
		第1次	第2次	第3次	第4次	第5次	第6次	第7次	第8次	第9次	第10次
标准棒1	仪器值	1025	1025	1025	1028	1028	1028	1028	1028	1028	1028
	压差计	1032	1032	1032	1032	1032	1032	1032	1032	1032	1032
标准棒2	仪器值	1859	1859	1862	1862	1862	1862	1862	1862	1862	1862
	压差计	1870	1870	1870	1870	1870	1870	1870	1870	1870	1870
标准棒3	仪器值	2968	2972	2972	2974	2974	2975	2972	2972	2972	2974
	压差计	2977	2977	2977	2977	2977	2977	2977	2977	2977	2977
标准棒4	仪器值	3871	3873	3873	3875	3875	3877	3873	3873	3875	3877
	压差计	3882	3882	3882	3882	3882	3882	3882	3882	3882	3882

卷烟通风测试单元											单位:%
通风率棒	第1次	第2次	第3次	第4次	第5次	第6次	第7次	第8次	第9次	第10次	均值
18.09	—	—	—	—	—	—	—	—	—	—	—
49.71	—	—	—	—	—	—	—	—	—	—	—
77.72	—	—	—	—	—	—	—	—	—	—	—

长度测试单元											单位:mm
长度棒	第1次	第2次	第3次	第4次	第5次	第6次	第7次	第8次	第9次	第10次	均值
82.000	—	—	—	—	—	—	—	—	—	—	—
83.500	—	—	—	—	—	—	—	—	—	—	—
84.000	—	—	—	—	—	—	—	—	—	—	—
84.500	—	—	—	—	—	—	—	—	—	—	—
86.000	—	—	—	—	—	—	—	—	—	—	—

硬度测试单元											单位:mm
硬度棒	第1次	第2次	第3次	第4次	第5次	第6次	第7次	第8次	第9次	第10次	均值
6.000	6.001	6.003	6.004	6.001	6.003	6.004	6.003	6.002	6.003	6.002	6.003
6.500	6.508	6.508	6.507	6.505	6.506	6.508	6.507	6.505	6.506	6.506	6.507
8.000	8.009	8.003	8.004	8.004	8.006	8.005	8.004	8.004	8.006	8.003	8.005
9.000	9.005	9.003	9.006	9.004	9.004	9.005	9.005	9.005	9.003	9.003	9.004
	第1次	第2次	第3次	第4次	第5次	第6次	第7次	第8次	第9次	第10次	均值
预压力/g	9.5	9.3	9.4	9.5	9.3	9.6	9.3	9.3	9.3	9.4	9.4
	第1次	第2次	第3次	第4次	第5次	第6次	第7次	第8次	第9次	第10次	均值
施压负荷/g	291.9	292.0	292.1	291.8	292.2	292.0	292.3	292.1	292.1	292.3	292.1

3 卷烟和滤棒物理性能综合测试台计量检定方法研究

表3-3 综合测试台3的试验数据

卷烟质量测试单元											单位:g
砝码	第1次	第2次	第3次	第4次	第5次	第6次	第7次	第8次	第9次	第10次	均值
0.500	0.499	0.500	0.500	0.500	0.499	0.500	0.499	0.500	0.500	0.500	0.500
1.000	1.000	1.000	1.000	1.000	1.000	1.000	1.000	1.000	1.000	1.000	1.000
2.000	2.000	2.000	2.000	2.000	2.000	2.000	2.000	2.000	2.000	2.000	2.000
圆周和滤棒圆度测试单元											单位:mm
圆周棒	第1次	第2次	第3次	第4次	第5次	第6次	第7次	第8次	第9次	第10次	均值
16.000	15.979	15.986	15.979	15.986	15.979	15.986	15.979	15.986	15.979	15.986	15.983
20.000	19.989	19.989	19.989	19.989	19.989	19.989	19.989	19.989	19.989	19.989	19.989
22.500	22.492	22.489	22.492	22.489	22.492	22.489	22.492	22.489	22.492	22.489	22.490
25.000	24.972	24.972	24.972	24.972	24.972	24.972	24.972	24.972	24.972	24.972	24.972
27.500	27.472	27.472	27.472	27.472	27.472	27.472	27.472	27.472	27.472	27.472	27.472
30.000	29.978	29.974	29.978	29.974	29.978	29.974	29.978	29.974	29.978	29.974	29.976
卷烟吸阻和滤棒压降测试单元											单位:Pa
		第1次	第2次	第3次	第4次	第5次	第6次	第7次	第8次	第9次	第10次
标准棒1	仪器值	1037	1038	1038	1038	1037	1037	1038	1038	1038	1037
	压差计	1043	1043	1043	1043	1043	1043	1043	1043	1043	1043
标准棒2	仪器值	1890	1890	1892	1890	1892	1893	1892	1892	1890	1892
	压差计	1892	1892	1892	1892	1892	1892	1892	1892	1892	1892
标准棒3	仪器值	3022	3022	3022	3024	3025	3022	3022	3022	3024	3025
	压差计	3007	3007	3007	3007	3007	3007	3007	3007	3007	3007
标准棒4	仪器值	3947	3947	3950	3950	3948	3947	3950	3947	3950	3947
	压差计	3933	3933	3933	3933	3933	3933	3933	3933	3933	3933
卷烟通风测试单元											单位:%
通风率棒	第1次	第2次	第3次	第4次	第5次	第6次	第7次	第8次	第9次	第10次	均值
18.09	17.39	17.40	17.39	17.39	17.40	17.39	17.40	17.39	17.40	17.39	17.39
49.71	49.65	49.68	49.69	49.65	49.68	49.65	49.68	49.65	49.68	49.69	49.67
77.72	79.08	79.12	79.09	79.08	79.12	79.08	79.12	79.08	79.12	79.09	79.10
长度测试单元											单位:mm
长度棒	第1次	第2次	第3次	第4次	第5次	第6次	第7次	第8次	第9次	第10次	均值
82.000	—	—	—	—	—	—	—	—	—	—	—
83.500	—	—	—	—	—	—	—	—	—	—	—
84.000	—	—	—	—	—	—	—	—	—	—	—
84.500	—	—	—	—	—	—	—	—	—	—	—
86.000	—	—	—	—	—	—	—	—	—	—	—
硬度测试单元											单位:mm
硬度棒	第1次	第2次	第3次	第4次	第5次	第6次	第7次	第8次	第9次	第10次	均值
6.000	6.005	6.007	6.008	6.005	6.007	6.005	6.007	6.005	6.007	6.008	6.006
6.500	6.507	6.508	6.507	6.507	6.508	6.508	6.508	6.508	6.507	6.507	6.507
8.000	8.026	8.028	8.029	8.026	8.028	8.026	8.028	8.026	8.028	8.029	8.027
9.000	9.011	9.010	9.010	9.011	9.010	9.011	9.010	9.011	9.010	9.010	9.010
	第1次	第2次	第3次	第4次	第5次	第6次	第7次	第8次	第9次	第10次	均值
预压力/g	11.9	12.0	12.1	12.2	11.8	11.9	12.2	12.1	12.1	12.2	12.1
	第1次	第2次	第3次	第4次	第5次	第6次	第7次	第8次	第9次	第10次	均值
施压负荷/g	299.6	299.4	299.7	299.5	299.6	299.3	299.5	299.6	299.3	299.5	299.5

表 3-4　综合测试台 4 的试验数据

卷烟质量测试单元											单位:g
砝码	第1次	第2次	第3次	第4次	第5次	第6次	第7次	第8次	第9次	第10次	均值
0.500	0.500	0.500	0.500	0.500	0.500	0.500	0.499	0.500	0.500	0.499	0.500
1.000	1.000	1.000	1.000	1.000	1.000	0.999	1.000	1.000	1.000	1.000	1.000
2.000	2.001	2.001	2.000	2.001	2.001	2.000	2.001	2.000	2.000	2.001	2.000

圆周和滤棒圆度测试单元											单位:mm
圆周棒	第1次	第2次	第3次	第4次	第5次	第6次	第7次	第8次	第9次	第10次	均值
16.000	16.000	16.000	16.000	16.000	16.000	16.000	16.000	16.000	16.000	16.000	16.000
20.000	20.000	20.000	20.000	20.000	20.000	20.000	20.000	20.000	20.000	20.000	20.000
22.500	22.500	22.500	22.500	22.500	22.500	22.500	22.500	22.500	22.500	22.500	22.500
25.000	25.000	25.000	25.000	25.000	25.000	25.000	25.000	25.000	25.000	25.000	25.000
27.500	27.500	27.500	27.500	27.500	27.500	27.500	27.500	27.500	27.500	27.500	27.500
30.000	30.000	30.000	30.000	30.000	30.000	30.000	30.000	30.000	30.000	30.000	30.000

卷烟吸阻和滤棒压降测试单元											单位:Pa
		第1次	第2次	第3次	第4次	第5次	第6次	第7次	第8次	第9次	第10次
标准棒1	仪器值	—	—	—	—	—	—	—	—	—	—
	压差计	—	—	—	—	—	—	—	—	—	—
标准棒2	仪器值	—	—	—	—	—	—	—	—	—	—
	压差计	—	—	—	—	—	—	—	—	—	—
标准棒3	仪器值	—	—	—	—	—	—	—	—	—	—
	压差计	—	—	—	—	—	—	—	—	—	—
标准棒4	仪器值	—	—	—	—	—	—	—	—	—	—
	压差计	—	—	—	—	—	—	—	—	—	—

卷烟通风测试单元											单位:%
通风率棒	第1次	第2次	第3次	第4次	第5次	第6次	第7次	第8次	第9次	第10次	均值
18.09	—	—	—	—	—	—	—	—	—	—	—
49.71	—	—	—	—	—	—	—	—	—	—	—
77.72	—	—	—	—	—	—	—	—	—	—	—

长度测试单元											单位:mm
长度棒	第1次	第2次	第3次	第4次	第5次	第6次	第7次	第8次	第9次	第10次	均值
82.000	—	—	—	—	—	—	—	—	—	—	—
83.500	—	—	—	—	—	—	—	—	—	—	—
84.000	—	—	—	—	—	—	—	—	—	—	—
84.500	—	—	—	—	—	—	—	—	—	—	—
86.000	—	—	—	—	—	—	—	—	—	—	—

硬度测试单元											单位:mm
硬度棒	第1次	第2次	第3次	第4次	第5次	第6次	第7次	第8次	第9次	第10次	均值
6.000	6.000	5.990	5.990	6.000	6.000	5.990	6.000	6.000	6.000	5.990	5.996
6.500	6.490	6.500	6.490	6.490	6.500	6.490	6.490	6.490	6.500	6.500	6.494
8.000	8.000	8.010	8.000	8.000	8.000	8.000	8.010	8.010	8.010	8.000	8.004
9.000	9.000	9.000	8.990	9.000	9.000	9.000	8.990	9.000	8.990	9.000	8.997
	第1次	第2次	第3次	第4次	第5次	第6次	第7次	第8次	第9次	第10次	均值
预压力/g	11.0	10.8	10.9	11.1	11.0	10.8	10.8	10.9	10.9	11.0	11.0
	第1次	第2次	第3次	第4次	第5次	第6次	第7次	第8次	第9次	第10次	均值
施压负荷/g	3009	300.7	300.8	300.7	300.8	300.8	300.8	300.7	300.8	300.7	300.8

3 卷烟和滤棒物理性能综合测试台计量检定方法研究

表3-5 综合测试台5的试验数据

卷烟质量测试单元											单位:g
砝码	第1次	第2次	第3次	第4次	第5次	第6次	第7次	第8次	第9次	第10次	均值
0.500	0.500	0.500	0.500	0.500	0.500	0.500	0.500	0.500	0.500	0.500	0.500
1.000	1.001	1.001	1.001	1.001	1.001	1.001	1.001	1.001	1.001	1.001	1.001
2.000	2.000	2.000	2.000	2.001	2.001	2.001	2.001	2.000	2.000	2.000	2.000

圆周和滤棒圆度测试单元											单位:mm
圆周棒	第1次	第2次	第3次	第4次	第5次	第6次	第7次	第8次	第9次	第10次	均值
6.599	6.601	6.602	6.602	6.601	6.601	6.602	6.601	6.601	6.601	6.601	6.601
7.455	7.451	7.453	7.453	7.452	7.451	7.452	7.451	7.453	7.452	7.451	7.452
8.295	8.305	8.304	8.303	8.304	8.305	8.304	8.305	8.305	8.304	8.304	8.304

卷烟吸阻和滤棒压降测试单元											单位:Pa
		第1次	第2次	第3次	第4次	第5次	第6次	第7次	第8次	第9次	第10次
标准棒1	仪器值	1036	1035	1036	1035	1035	1036	1036	1035	1036	1036
	压差计	1029	1029	1029	1029	1029	1029	1029	1029	1029	1029
标准棒2	仪器值	1878	1877	1878	1877	1878	1877	1877	1878	1878	1878
	压差计	1866	1866	1866	1866	1866	1866	1866	1866	1866	1866
标准棒3	仪器值	2980	2979	2978	2979	2979	2978	2978	2979	2979	2978
	压差计	2976	2976	2976	2976	2976	2976	2976	2976	2976	2976
标准棒4	仪器值	3892	3892	3891	3893	3892	3892	3892	3891	3893	3893
	压差计	3879	3879	3879	3879	3879	3879	3879	3879	3879	3879

卷烟通风测试单元											单位:%
通风率棒	第1次	第2次	第3次	第4次	第5次	第6次	第7次	第8次	第9次	第10次	均值
18.09	16.70	16.60	16.70	16.70	16.60	16.70	16.70	16.60	16.70	16.70	16.67
49.71	48.80	48.80	48.60	48.80	48.80	48.60	48.80	48.80	48.60	48.60	48.72
77.72	78.00	78.10	78.10	78.00	78.10	78.10	78.00	78.10	78.10	78.10	78.07

长度测试单元											单位:mm
长度棒	第1次	第2次	第3次	第4次	第5次	第6次	第7次	第8次	第9次	第10次	均值
82.000	82.000	82.000	82.000	82.000	82.000	82.000	82.000	82.000	82.000	82.000	82.000
83.500	83.500	83.500	83.500	83.500	83.500	83.500	83.500	83.500	83.500	83.500	83.500
84.000	84.000	84.000	84.000	84.000	84.000	84.000	84.000	84.000	84.000	84.000	84.000
84.500	84.500	84.500	84.500	84.500	84.500	84.500	84.500	84.500	84.500	84.500	84.500
86.000	86.000	86.000	86.000	86.000	86.000	86.000	86.000	86.000	86.000	86.000	86.000

硬度测试单元											单位:mm
硬度棒	第1次	第2次	第3次	第4次	第5次	第6次	第7次	第8次	第9次	第10次	均值
6.000	—	—	—	—	—	—	—	—	—	—	—
6.500	—	—	—	—	—	—	—	—	—	—	—
8.000	—	—	—	—	—	—	—	—	—	—	—
9.000	—	—	—	—	—	—	—	—	—	—	—
	第1次	第2次	第3次	第4次	第5次	第6次	第7次	第8次	第9次	第10次	均值
预压力/g	—	—	—	—	—	—	—	—	—	—	—
	第1次	第2次	第3次	第4次	第5次	第6次	第7次	第8次	第9次	第10次	均值
施压负荷/g	—	—	—	—	—	—	—	—	—	—	—

表 3-6　综合测试台 6 的试验数据

卷烟质量测试单元											单位:g
砝码	第1次	第2次	第3次	第4次	第5次	第6次	第7次	第8次	第9次	第10次	均值
0.500	0.499	0.499	0.499	0.499	0.499	0.499	0.499	0.499	0.499	0.499	0.499
1.000	0.999	0.999	0.999	0.999	0.999	0.999	0.998	0.999	0.999	0.998	0.999
2.000	2.001	2.001	2.001	2.000	2.000	2.000	2.001	2.000	2.000	2.000	2.000

圆周和滤棒圆度测试单元											单位:mm
圆周棒	第1次	第2次	第3次	第4次	第5次	第6次	第7次	第8次	第9次	第10次	均值
16.000	16.000	16.000	16.000	16.000	16.000	16.000	16.000	16.000	16.000	16.000	16.000
20.000	20.000	20.000	20.000	20.000	20.000	20.000	20.000	20.000	20.000	20.000	20.000
22.500	22.500	22.500	22.500	22.500	22.500	22.500	22.500	22.500	22.500	22.500	22.500
25.000	25.000	25.000	25.000	25.000	25.000	25.000	25.000	25.000	25.000	25.000	25.000
27.500	27.500	27.500	27.500	27.500	27.500	27.500	27.500	27.500	27.500	27.500	27.500
30.000	30.000	30.000	30.000	30.000	30.000	30.000	30.000	30.000	30.000	30.000	30.000

卷烟吸阻和滤棒压降测试单元											单位:Pa
		第1次	第2次	第3次	第4次	第5次	第6次	第7次	第8次	第9次	第10次
标准棒1	仪器值	1049	1049	1049	1049	1049	1049	1049	1049	1049	1049
	压差计	1031	1031	1031	1031	1031	1031	1031	1031	1031	1031
标准棒2	仪器值	2038	2038	2038	2038	2038	2038	2038	2038	2038	2038
	压差计	2010	2010	2010	2010	2010	2010	2010	2010	2010	2010
标准棒3	仪器值	2979	2969	2969	2979	2969	2969	2969	2979	2969	2969
	压差计	2937	2937	2937	2937	2937	2937	2937	2937	2937	2937
标准棒4	仪器值	3851	3842	3832	3861	3851	3842	3842	3832	3851	3851
	压差计	3815	3815	3815	3815	3815	3815	3815	3815	3815	3815

卷烟通风测试单元											单位:%
通风率棒	第1次	第2次	第3次	第4次	第5次	第6次	第7次	第8次	第9次	第10次	均值
18.09	17.50	17.40	17.50	17.50	17.40	17.50	17.40	17.50	17.40	17.50	17.46
49.71	49.40	49.50	49.50	49.40	49.50	49.40	49.50	49.40	49.50	49.50	49.46
77.72	79.10	79.10	79.00	79.10	79.10	79.10	79.10	79.10	79.00	79.10	79.08

长度测试单元											单位:mm
长度棒	第1次	第2次	第3次	第4次	第5次	第6次	第7次	第8次	第9次	第10次	均值
82.000	—	—	—	—	—	—	—	—	—	—	—
83.500	—	—	—	—	—	—	—	—	—	—	—
84.000	—	—	—	—	—	—	—	—	—	—	—
84.500	—	—	—	—	—	—	—	—	—	—	—
86.000	—	—	—	—	—	—	—	—	—	—	—

硬度测试单元											单位:mm
硬度棒	第1次	第2次	第3次	第4次	第5次	第6次	第7次	第8次	第9次	第10次	均值
6.000	6.010	6.010	6.010	6.000	6.010	6.010	6.010	6.000	6.010	6.000	6.007
6.500	6.480	6.480	6.480	6.480	6.480	6.480	6.490	6.480	6.480	6.480	6.481
8.000	8.000	8.000	8.000	7.990	7.990	8.000	7.990	7.990	7.990	8.000	7.995
9.000	9.000	9.000	9.000	9.000	9.000	9.000	9.000	9.000	9.000	9.000	9.000
	第1次	第2次	第3次	第4次	第5次	第6次	第7次	第8次	第9次	第10次	均值
预压力/g	16.1	16.1	16.0	16.0	15.9	16.0	15.8	15.9	16.1	15.9	16.0
	第1次	第2次	第3次	第4次	第5次	第6次	第7次	第8次	第9次	第10次	均值
施压负荷/g	304.6	304.7	304.3	304.5	304.6	304.8	304.5	304.7	304.6	304.8	304.6

表3-7 综合测试台7的试验数据

卷烟质量测试单元											单位:g
砝码	第1次	第2次	第3次	第4次	第5次	第6次	第7次	第8次	第9次	第10次	均值
0.500	0.500	0.500	0.500	0.500	0.500	0.500	0.500	0.500	0.500	0.500	0.500
1.000	1.000	1.000	1.000	1.000	1.000	1.000	1.000	1.000	1.000	1.000	1.000
2.000	2.000	2.000	2.000	2.000	2.000	2.000	2.000	2.000	2.000	2.000	2.000

圆周和滤棒圆度测试单元											单位:mm
圆周棒	第1次	第2次	第3次	第4次	第5次	第6次	第7次	第8次	第9次	第10次	均值
16.000	15.992	15.992	15.989	15.992	15.992	15.989	15.992	15.992	15.992	15.989	15.991
20.000	19.999	19.996	19.992	19.999	19.996	19.992	19.999	19.999	19.996	19.992	19.996
22.500	22.486	22.486	22.486	22.486	22.486	22.486	22.486	22.486	22.486	22.486	22.486
25.000	24.972	24.972	24.985	24.972	24.972	24.985	24.972	24.972	24.972	24.985	24.976
27.500	27.475	27.475	27.472	27.475	27.475	27.472	27.475	27.475	27.475	27.472	27.474
30.000	29.978	29.981	29.981	29.978	29.981	29.981	29.978	29.978	29.981	29.981	29.979

卷烟吸阻和滤棒压降测试单元											单位:Pa
		第1次	第2次	第3次	第4次	第5次	第6次	第7次	第8次	第9次	第10次
标准棒1	仪器值	1032	1030	1032	1032	1030	1032	1032	1032	1030	1032
	压差计	1032	1032	1032	1032	1032	1032	1032	1032	1032	1032
标准棒2	仪器值	1883	1885	1883	1883	1885	1883	1883	1883	1885	1883
	压差计	1890	1890	1890	1890	1890	1890	1890	1890	1890	1890
标准棒3	仪器值	2991	2989	2991	2991	2989	2991	2991	2991	2989	2991
	压差计	2999	2999	2999	2999	2999	2999	2999	2999	2999	2999
标准棒4	仪器值	3898	3896	3898	3898	3896	3898	3898	3898	3896	3898
	压差计	3906	3906	3906	3906	3906	3906	3906	3906	3906	3906

卷烟通风测试单元											单位:%
通风率棒	第1次	第2次	第3次	第4次	第5次	第6次	第7次	第8次	第9次	第10次	均值
18.09	18.07	18.07	18.07	18.07	18.07	18.07	18.07	18.07	18.07	18.07	18.07
49.71	49.31	49.34	49.31	49.31	49.34	49.31	49.31	49.31	49.34	49.31	49.32
77.72	77.74	77.74	77.73	77.74	77.74	77.73	77.74	77.74	77.73	77.74	77.74

长度测试单元											单位:mm
长度棒	第1次	第2次	第3次	第4次	第5次	第6次	第7次	第8次	第9次	第10次	均值
82.000	82.000	82.000	82.000	82.000	82.000	82.000	82.000	82.000	82.000	82.000	82.000
83.500	83.480	83.490	83.490	83.480	83.490	83.490	83.480	83.480	83.490	83.490	83.486
84.000	84.010	84.000	84.010	84.010	84.000	84.010	84.010	84.000	84.010	84.010	84.007
84.500	84.510	84.510	84.500	84.510	84.510	84.500	84.510	84.510	84.510	84.500	84.507
86.000	86.000	86.000	86.010	86.000	86.000	86.010	86.000	86.000	86.000	86.010	86.003

硬度测试单元											单位:mm
硬度棒	第1次	第2次	第3次	第4次	第5次	第6次	第7次	第8次	第9次	第10次	均值
6.000	5.995	5.996	5.996	5.995	5.996	5.996	5.995	5.995	5.996	5.996	5.996
6.500	6.496	6.497	6.497	6.496	6.497	6.497	6.496	6.496	6.497	6.497	6.497
8.000	7.996	7.996	7.995	7.996	7.996	7.995	7.996	7.996	7.995	7.996	7.996
9.000	8.996	8.995	8.994	8.996	8.995	8.994	8.996	8.996	8.995	8.994	8.995
	第1次	第2次	第3次	第4次	第5次	第6次	第7次	第8次	第9次	第10次	均值
预压力/g	16.7	16.7	16.7	16.8	16.8	16.9	16.8	16.7	16.8	16.8	16.8
	第1次	第2次	第3次	第4次	第5次	第6次	第7次	第8次	第9次	第10次	均值
施压负荷/g	290.1	290.4	290.3	290.5	290.4	290.5	290.4	290.2	290.3	290.2	290.3

表 3-8 综合测试台 8 的试验数据

卷烟质量测试单元											单位:g
砝码	第1次	第2次	第3次	第4次	第5次	第6次	第7次	第8次	第9次	第10次	均值
0.500	0.500	0.500	0.500	0.500	0.500	0.500	0.500	0.500	0.500	0.500	0.500
1.000	1.000	1.000	1.000	1.000	1.000	1.000	1.000	1.000	1.000	1.000	1.000
2.000	2.000	2.000	2.000	2.000	2.000	2.000	2.000	2.000	2.000	2.000	2.000

圆周和滤棒圆度测试单元											单位:mm
圆周棒	第1次	第2次	第3次	第4次	第5次	第6次	第7次	第8次	第9次	第10次	均值
16.000	15.995	15.995	15.995	15.992	15.995	15.995	15.995	15.995	15.995	15.995	15.995
20.000	20.005	20.005	19.999	20.005	20.005	19.999	20.005	20.005	20.005	19.999	20.003
22.500	22.495	22.492	22.492	22.495	22.492	22.495	22.495	22.495	22.495	22.492	22.493
25.000	24.985	24.982	24.985	24.985	24.982	24.985	24.982	24.985	24.985	24.982	24.984
27.500	27.478	27.478	27.478	27.475	27.478	27.478	27.478	27.478	27.478	27.478	27.478
30.000	29.990	29.990	29.990	29.990	29.990	29.990	29.990	29.990	29.990	29.990	29.990

卷烟吸阻和滤棒压降测试单元											单位:Pa
		第1次	第2次	第3次	第4次	第5次	第6次	第7次	第8次	第9次	第10次
标准棒1	仪器值	1035	1035	1034	1035	1035	1033	1035	1035	1034	1035
	压差计	1033	1033	1033	1033	1033	1033	1033	1033	1033	1033
标准棒2	仪器值	1877	1877	1878	1877	1877	1876	1877	1877	1877	1877
	压差计	1879	1879	1879	1879	1879	1879	1879	1879	1879	1879
标准棒3	仪器值	2997	2997	2997	2997	2997	2997	2997	2997	2997	2997
	压差计	2986	2986	2986	2986	2986	2986	2986	2986	2986	2986
标准棒4	仪器值	3911	3911	3911	3911	3911	3911	3911	3911	3911	3911
	压差计	3904	3904	3904	3904	3904	3904	3904	3904	3904	3904

卷烟通风测试单元											单位:%
通风率棒	第1次	第2次	第3次	第4次	第5次	第6次	第7次	第8次	第9次	第10次	均值
18.09	17.34	17.33	17.34	17.34	17.33	17.34	17.34	17.34	17.33	17.34	17.34
49.71	48.50	48.52	48.49	48.50	48.52	48.49	48.50	48.50	48.52	48.49	48.50
77.72	77.53	77.54	77.53	77.53	77.54	77.53	77.53	77.53	77.54	77.53	77.53

长度测试单元											单位:mm
长度棒	第1次	第2次	第3次	第4次	第5次	第6次	第7次	第8次	第9次	第10次	均值
82.000	82.000	81.990	82.000	82.000	81.990	82.000	81.990	82.000	81.990	82.000	81.996
83.500	83.470	83.470	83.460	83.470	83.470	83.470	83.470	83.470	83.470	83.460	83.468
84.000	83.990	84.000	84.000	83.990	84.000	83.990	84.000	83.990	84.000	84.000	83.996
84.500	84.500	84.510	84.500	84.500	84.510	84.500	84.510	84.500	84.500	84.500	84.504
86.000	85.990	85.990	86.000	85.990	85.990	85.990	85.990	85.990	85.990	86.000	85.992

硬度测试单元											单位:mm
硬度棒	第1次	第2次	第3次	第4次	第5次	第6次	第7次	第8次	第9次	第10次	均值
6.000	6.003	6.001	6.003	6.003	6.001	6.003	6.003	6.003	6.001	6.003	6.002
6.500	6.499	6.498	6.498	6.499	6.498	6.499	6.499	6.499	6.498	6.498	6.498
8.000	7.998	7.998	7.998	7.998	7.998	7.998	7.998	7.998	7.998	7.998	7.998
9.000	8.998	8.998	8.998	8.998	8.998	8.998	8.998	8.998	8.998	8.998	8.998
	第1次	第2次	第3次	第4次	第5次	第6次	第7次	第8次	第9次	第10次	均值
预压力/g	15.6	15.7	15.4	15.6	15.7	15.7	15.5	15.6	15.6	15.7	15.6
施压负荷/g	293.0	293.1	292.8	293.1	293.2	293.1	293.0	293.1	293.3	292.9	293.1

表3-9 综合测试台9的试验数据

卷烟质量测试单元　　　　　　　　　　　　　　　　　　　　单位：g

砝码	第1次	第2次	第3次	第4次	第5次	第6次	第7次	第8次	第9次	第10次	均值
0.500	0.499	0.500	0.500	0.500	0.499	0.500	0.499	0.500	0.500	0.500	0.500
1.000	1.000	1.000	1.000	1.000	1.000	1.000	1.000	1.000	1.000	1.000	1.000
2.000	2.000	2.000	2.000	2.000	2.000	2.000	2.000	2.000	2.000	2.000	2.000

圆周和滤棒圆度测试单元　　　　　　　　　　　　　　　　单位：mm

圆周棒	第1次	第2次	第3次	第4次	第5次	第6次	第7次	第8次	第9次	第10次	均值
5.000	4.990	5.000	5.000	5.000	4.990	5.000	5.000	5.000	4.990	5.000	4.996
7.000	7.000	7.000	7.000	6.990	7.000	7.000	7.000	6.990	7.000	7.000	6.998
9.000	8.990	9.000	9.000	9.000	8.990	8.990	9.000	9.000	8.990	9.000	8.996

卷烟吸阻和滤棒压降测试单元　　　　　　　　　　　　　　单位：Pa

		第1次	第2次	第3次	第4次	第5次	第6次	第7次	第8次	第9次	第10次
标准棒1	仪器值	1054	1054	1053	1054	1053	1054	1054	1055	1054	1054
	压差计	1053	1053	1053	1053	1053	1053	1053	1053	1053	1053
标准棒2	仪器值	1876	1876	1874	1876	1875	1876	1876	1877	1876	1875
	压差计	1875	1875	1875	1875	1875	1875	1875	1875	1875	1875
标准棒3	仪器值	2989	2990	2989	2989	2990	2989	2989	2990	2989	2989
	压差计	2988	2988	2988	2988	2988	2988	2988	2988	2988	2988
标准棒4	仪器值	3895	3896	3895	3895	3895	3895	3895	3894	3895	3895
	压差计	3894	3894	3894	3894	3894	3894	3894	3894	3894	3894

卷烟通风测试单元　　　　　　　　　　　　　　　　　　　单位：%

通风率棒	第1次	第2次	第3次	第4次	第5次	第6次	第7次	第8次	第9次	第10次	均值
18.09	18.40	18.50	18.50	18.40	18.50	18.50	18.40	18.40	18.50	18.50	18.46
49.71	50.20	50.20	50.20	50.20	50.20	50.20	50.20	50.20	50.20	50.20	50.20
77.72	78.90	78.94	78.90	78.90	78.94	78.90	78.90	78.90	78.94	78.90	78.91

长度测试单元　　　　　　　　　　　　　　　　　　　　　单位：mm

长度棒	第1次	第2次	第3次	第4次	第5次	第6次	第7次	第8次	第9次	第10次	均值
82.000	82.000	82.010	82.010	82.000	82.010	82.000	82.010	82.000	82.010	82.010	82.006
83.500	83.500	83.490	83.500	83.500	83.490	83.500	83.490	83.500	83.490	83.500	83.496
84.000	83.970	83.970	83.970	83.970	83.970	83.970	83.970	83.970	83.970	83.970	83.970
84.500	84.490	84.490	84.490	84.490	84.490	84.490	84.490	84.490	84.490	84.490	84.490
86.000	86.000	86.000	86.000	86.000	86.000	86.000	86.000	86.000	86.000	86.000	86.000

硬度测试单元　　　　　　　　　　　　　　　　　　　　　单位：mm

硬度棒	第1次	第2次	第3次	第4次	第5次	第6次	第7次	第8次	第9次	第10次	均值
6.000	5.980	5.980	5.980	5.980	5.980	5.980	5.980	5.980	5.980	5.980	5.980
6.500	6.480	6.480	6.480	6.480	6.480	6.480	6.480	6.480	6.480	6.480	6.480
8.000	8.000	8.000	8.000	8.000	8.000	8.000	8.000	8.000	8.000	8.000	8.000
9.000	8.990	8.990	8.990	8.990	8.990	8.990	8.990	8.990	8.990	8.990	8.990
	第1次	第2次	第3次	第4次	第5次	第6次	第7次	第8次	第9次	第10次	均值
预压力/g	5.8	5.8	5.9	5.8	5.8	5.8	5.9	5.8	5.9	5.8	5.8
	第1次	第2次	第3次	第4次	第5次	第6次	第7次	第8次	第9次	第10次	均值
施压负荷/g	300.4	300.4	300.4	300.4	300.5	300.5	300.5	300.4	300.5	300.3	300.4

表 3-10　综合测试台 10 的试验数据

卷烟质量测试单元											单位:g
砝码	第1次	第2次	第3次	第4次	第5次	第6次	第7次	第8次	第9次	第10次	均值
0.500	0.501	0.500	0.500	0.500	0.501	0.501	0.501	0.501	0.501	0.501	0.501
1.000	1.001	1.000	1.000	1.000	1.001	1.000	1.000	1.000	1.000	0.999	1.000
2.000	2.000	2.000	2.000	2.000	2.000	2.000	1.999	1.999	1.999	1.999	2.000

圆周和滤棒圆度测试单元											单位:mm
圆周棒	第1次	第2次	第3次	第4次	第5次	第6次	第7次	第8次	第9次	第10次	均值
7.000	7.002	7.002	7.002	7.002	7.002	7.002	7.002	7.002	7.002	7.002	7.002
8.000	8.000	8.000	8.000	8.000	8.000	7.999	7.999	7.999	8.000	7.999	8.000
9.000	8.998	8.998	8.998	8.998	8.998	8.998	8.998	8.998	8.997	8.997	8.998

卷烟吸阻和滤棒压降测试单元											单位:Pa
		第1次	第2次	第3次	第4次	第5次	第6次	第7次	第8次	第9次	第10次
标准棒1	仪器值	1152	1152	1152	1149	1151	1152	1149	1151	1150	1152
	压差计	1146	1146	1146	1146	1146	1146	1146	1146	1146	1146
标准棒2	仪器值	1894	1893	1893	1894	1893	1892	1894	1893	1892	1891
	压差计	1889	1889	1889	1889	1889	1889	1889	1889	1889	1889
标准棒3	仪器值	2946	2948	2947	2947	2947	2947	2947	2947	2947	2946
	压差计	2948	2948	2948	2948	2948	2948	2948	2948	2948	2948
标准棒4	仪器值	3860	3862	3860	3859	3862	3860	3859	3860	3860	3862
	压差计	3859	3859	3859	3859	3859	3859	3859	3859	3859	3859

卷烟通风测试单元											单位:%
通风率棒	第1次	第2次	第3次	第4次	第5次	第6次	第7次	第8次	第9次	第10次	均值
18.09	18.09	18.12	18.11	18.11	18.11	18.11	18.10	18.10	18.13	18.10	18.11
49.71	50.15	50.15	50.17	50.21	50.18	50.16	50.14	50.16	50.18	50.15	50.17
77.72	76.81	76.79	76.80	76.79	76.81	76.76	76.80	76.79	76.78	76.78	76.79

长度测试单元											单位:mm
长度棒	第1次	第2次	第3次	第4次	第5次	第6次	第7次	第8次	第9次	第10次	均值
82.000	81.983	81.986	81.986	81.986	81.986	81.986	81.986	81.986	81.986	81.986	81.986
83.500	83.470	83.477	83.472	83.470	83.470	83.470	83.470	83.470	83.470	83.470	83.471
84.000	83.984	83.984	83.984	83.984	83.984	83.984	83.984	83.984	83.984	83.984	83.984
84.500	84.494	84.494	84.494	84.496	84.496	84.496	84.496	84.496	84.496	84.496	84.495
86.000	85.972	85.972	85.972	85.972	85.972	85.972	85.972	85.975	85.972	85.972	85.972

硬度测试单元											单位:mm
硬度棒	第1次	第2次	第3次	第4次	第5次	第6次	第7次	第8次	第9次	第10次	均值
6.000	5.998	5.998	5.997	5.997	5.997	5.999	5.997	5.998	5.998	5.997	5.998
6.500	7.001	7.001	7.001	7.001	7.001	7.001	7.001	7.001	7.001	7.001	7.001
8.000	7.999	7.999	7.999	7.999	7.999	7.999	7.998	7.998	7.998	7.999	7.999
9.000	9.001	9.001	9.002	9.001	9.002	9.002	9.002	9.002	9.002	9.002	9.002
	第1次	第2次	第3次	第4次	第5次	第6次	第7次	第8次	第9次	第10次	均值
预压力/g	22.6	22.7	22.5	23.1	22.8	22.6	23.4	22.7	23.7	23.5	23.0
	第1次	第2次	第3次	第4次	第5次	第6次	第7次	第8次	第9次	第10次	均值
施压负荷/g	284.3	284.5	286.5	284.7	283.9	284.1	284.6	283.5	283.2	284.5	284.4

3.2.2.5 试验数据分析及结论

依据拟定检定规程中的要求对试验结果进行判定,具体结论见表3-11。关于硬度测试单元的检定,检定过程中对预压时间和施压时间都进行了记录,结果显示各家都不一致,但预压时间都远大于1 s,施压时间也都大于15 s,经过探讨我们发现各家仪器都可以利用软件准确地采集预压1 s和全压15 s时测试结果,因此预压时间和施压时间无必要进行单独测量。

表3-11 综合测试台试验验证结论

卷烟质量测试单元										单位:g	
	第1台	第2台	第3台	第4台	第5台	第6台	第7台	第8台	第9台	第10台	备注
要求	±0.005 g										
结论	合格	合格	合格	合格	合格	合格	合格	合格	合格	合格	
圆周和滤棒圆度测试单元										单位:mm	
	第1台	第2台	第3台	第4台	第5台	第6台	第7台	第8台	第9台	第10台	备注
直径	±0.01 mm										
结论	合格	合格	合格	合格	合格	合格	合格	合格	合格	合格	
卷烟吸阻和滤棒压降测试单元										单位:Pa	
	第1台	第2台	第3台	第4台	第5台	第6台	第7台	第8台	第9台	第10台	备注
吸阻	测量最大允差:标准值的±1%,标准值为校准用高精度数字压差计读数										
结论	不合格	合格	合格	—	合格	不合格	合格	合格	合格	合格	
卷烟通风测试单元										单位:%	
	第1台	第2台	第3台	第4台	第5台	第6台	第7台	第8台	第9台	第10台	备注
通风率	±2.0%										
结论	合格	—	合格	合格	合格	合格	合格	合格	合格	合格	
长度测试单元										单位:mm	
	第1台	第2台	第3台	第4台	第5台	第6台	第7台	第8台	第9台	第10台	备注
长度	±0.05 mm										
结论	—	合格	合格	合格	合格	—	合格	合格	合格	合格	
硬度测试单元										单位:mm	
	第1台	第2台	第3台	第4台	第5台	第6台	第7台	第8台	第9台	第10台	备注
位移	±0.02 mm										
结论	合格	合格	合格	合格	—	合格	合格	合格	合格	合格	
	第1台	第2台	第3台	第4台	第5台	第6台	第7台	第8台	第9台	第10台	备注
预压力	(0.10±0.01)N										
结论	合格	合格	不合格	合格	—	不合格	不合格	不合格	不合格	不合格	
	第1台	第2台	第3台	第4台	第5台	第6台	第7台	第8台	第9台	第10台	备注
施压负荷	(2.94±0.03)N										
结论	合格	不合格	合格	合格	—	不合格	不合格	不合格	不合格	不合格	

4 卷烟和滤棒物理性能综合测试台计量标准

4.1 计量标准概述

4.1.1 计量标准及计量标准考核

计量是实现单位统一、量值准确可靠的活动。量值是否准确可靠取决于一个国家计量标准体系的技术水平和管理水平。目前,我国确保量值准确可靠是通过逐级量值传递来实现的,将计量基准所复现的单位量值,通过国家计量基准、副基准、工作基准、各级工作标准到各领域、各行业现场使用的工作计量器具,或通过其逆过程——量值溯源,确保工作计量器具量值的准确可靠,确保全国计量单位制和量值的统一。在这个量值传递或溯源的环节中,各级计量标准具有十分重要的作用。

为了保证量值的溯源性,我国依法对计量标准进行强制管理,其措施是实行计量标准考核制度。按《计量法》规定,县级以上计量行政部门建立的社会公用计量标准和部门、企事业单位建立的各项最高计量标准,都要依法考核合格,才有资格进行量值传递。这是保障全国量值准确一致的必要手段。计量标准考核是国家主管部门对计量标准测量能力的评定和利用该标准开展量值传递资格的确认。被考核的计量标准不仅要满足相应的技术要求,还必须满足国家法制管理的有关要求。计量标准考核既是计量监督的一项基本内容,也是实施《计量法》和保障全国量值一致的重要技术基础。

4.1.2 计量标准的命名与分类编码

4.1.2.1 计量标准命名原则及方法

我国各种类型的计量标准应按 JJF 1022—2014《计量标准命名与分类编码》统一规范命名。根据该规范,计量标准命名的基本类型分为如下四类:标准装置、检定装置、校准装置、工作基准装置。其命名原则与方法见表 4-1。

表 4-1 计量标准命名原则与方法

类型	命名标识	项目	命名内容	
标准装置	"计量标准器"（或反映的"参量"）	名称	[主标准器或参量的名称]+标准装置	[计量标准器名称]+标准器 [计量标准器名称]+标准器组
		命名规则	1.同一计量标准可开展多项检定或校准项目（多种被检计量器具或参量） 2.计量标准中，主要计量标准器（或其参量）与被检定或被校准计量器具（或其参量）名称一致的场合	1.计量标准（由单一实物量具或一组实物量具构成）可开展多项检定或校准项目（多种被检计量器具或参数） 2.计量标准中，主要计量标准器（或其参量）与被检定或被校准计量器具（或其参量）名称一致的场合
		构成	1.计量仪器（单件或多件） 2.实物量具+计量仪器 3.实物量具+计量仪器+配套设备	1.实物量具 2.实物量具+配套设备
		范例	二等量块标准装置 E_1等级公斤组砝码标准装置 贝克曼温度计标准装置	显微标尺标准器 高频电容标准器组 Q 值线圈标准器组
检定装置、校准装置	被检定"计量器具"（或其"参量"）、被校准"计量器具"（或其"参量"）	名称	[被检计量器具或参量的名称]+检定装置 [被校计量器具或参量的名称]+校准装置	检定+[被检计量标准器名称]+标准器组 校准+[被校计量标准器名称]+标准器组
		命名原则	1.同一被检定或被校准计量器具（或其参量）需要多种计量标准器 2.计量标准中，主标准器与被检定或被校准计量器具名称不一致	1.同一被检定或被校准计量器具（或其参量）需要（仅由实物量具构成的）多种计量标准器 2.计量标准中，主标准器与被检定或被校准计量器具名称不一致
		构成	1.计量仪器（单件或多件） 2.实物量具+计量仪器 3.实物量具+计量仪器+配套设备	1.实物量具 2.实物量具+配套设备
		范例	千分表检定装置 移液器检定装置 水表检定装置 专用工作测力机校准装置 环境测试设备温度温度校准装置	检定V棱镜折射仪标准器组 检定阿贝折射仪标准器组

续表 4-1

类型	命名标识	项目	命名内容
工作基准装置	"计量标准器"（或其反映的"参量"）	名称	［标准器或参量的名称］+工作基准装置
		命名原则	以"计量标准器"（或其"参量"）名称作为命名标识，并在名称后面加后缀"工作基准装置"
		构成	1. 计量仪器（单件或多件） 2. 实物量具+计量仪器 3. 实物量具+计量仪器+配套设备
		范例	量块工作基准装置 布氏硬度工作基准装置 电容工作基准装置

4.1.2.2 计量标准命名使用原则

（1）根据计量标准的特点，在计量标准的计量标准器、被检定或被校准计量器具名称或参量前可以用测量范围、等别或级别、原理以及状态、材料、形状、类型等基本特种词加以描述。如：静态质量法液体流量标准装置，立式金属罐容积检定装置，超声波测厚仪校准装置，0.02级活塞式压力真空计标准装置。

（2）当同一计量标准有多个计量标准器，可开展多项检定或校准项目时，应遵循更能反映计量标准特征的原则进行命名。优先考虑以计量标准器名称作为命名标识。

1）用最具代表性的计量标准器或被检定、被校准计量器具或其反映的参量名称作为命名标识。

2）以主要计量标准器、被检定或被校准计量器具或其反映的参量类别名称作为命名标识。

3）计量标准命名在遵循命名原则的同时，还可兼顾沿用习惯。

4.1.2.3 计量标准分类及编码原则

（1）计量标准分类

计量标准代码分四个层次。

第一层体现计量标准所属计量专业大类及专用计量器具应用领域，如01 几何量、04 热学、12 力学、15 电磁学、23 无线电、25 时间频率、28 光学、33 声学、37 电离辐射、46 物理化学、51 纺织、53 铁路、55 气象、57 海洋、59 邮电、61 交通运输、63 建材、65 农林牧渔等。

第二、第三、第四层次体现计量标准的计量标准器或被检定、被校准计量器具具有相同原理、功能用途或可测同一参量的计量标准大类、项目及子项目，下一层次为上一层次计量标准的进一步细分。

(2)计量标准编码原则

1)计量标准的代码用八位数字表示,每个层次使用两位阿拉伯数字。

2)各层次均留有空码,以备收录新的计量标准。

3)对 JJF 1022—2014《计量标准命名与分类编码》发布后新增的计量标准,规范在代码的第一、第二、第三层次均设有收容类目,代码为"90"或"91"。

国家和各省级计量行政部门可依据规范规定的命名和编码原则确定临时计量标准的名称和代码,以方便使用。如计量标准代码"01219000",对应计量标准名称为"其他线纹类计量标准",有关单位可对 JJF 1022—2014 未收录的线纹类计量标准进行收容,自行编码为012190××。待将来 JJF 1022—2014 修订时统一确定后四位编码。

4.1.3 计量标准的分级分类

4.1.3.1 计量标准的分级

目前,我国计量标准的类型主要有社会公用计量标准、部门计量标准、企(事)业单位计量标准。

社会公用计量标准是指县级以上地方人民政府计量行政部门组织建立的,作为统一本地区量值的依据,并对社会实施计量监督具有公证作用的各项计量标准。

部门的各项计量标准是指省级以上人民政府有关主管部门,根据本部门的专业特点或生产上使用的特殊情况建立,在部门内部开展计量检定,作为统一本部门量值依据的各项计量标准。

企(事)业单位计量标准是指企业、事业单位根据生产、科研和经营管理的需要建立的,在本单位开展计量检定,作为统一本单位量值依据的各项计量标准。

按照我国计量法律法规的规定,计量标准可以分为最高等级计量标准和其他等级计量标准。最高等级计量标准有3类,分别是最高社会公用计量标准、部门最高计量标准和企事业单位最高计量标准。其他等级计量标准也有3类,分别是其他等级社会公用计量标准、部门次级计量标准和企事业单位其他等级计量标准。

在给定地区或在给定组织内,其他等级计量标准的准确度等级要比同类的最高计量标准低,其他等级计量标准的量值一般可以溯源到相应的最高计量标准。对于一个计量技术机构而言,如果一项计量标准器具需要外送到其他计量技术机构溯源,而不能由本机构溯源,一般将该项计量标准认为是最高计量标准。

我国对最高计量标准和其他等级计量标准的管理方式不同。最高社会公用计量标准应当由上一级计量行政部门考核,其他等级社会公用计量标准则由本级计量行政部门考核,部门最高计量标准和企事业单位最高计量标准应当由有关计量行政部门考核,而部门和企事业单位的其他等级计量标准则不需要计量行政部门考核。

4.1.3.2 计量标准的分类

计量标准可按照不同的指标进行分类。

(1)按精度等级分类

1)在某特定领域内具有最高计量学特性的基准。

2)通过与基准比较来定值的副基准。

3)具有不同精度的各等级标准。高等级的计量标准器具可检定或校准低等级的计量标准。

(2)按组成结构分类

1)单个标准器。

2)由一组相同的标准器组成的,通过联合使用而起标准器作用的集合标准器。

3)由一组具有不同特定值的标准器组成的,通过单个或组合提供给定范围内的一系列量值的标准器组。

(3)按适用范围分类

1)经国际协议承认,在国际上用以对有关量的其他标准器定值的国际标准器。

2)经国家官方决定承认,在国内用以对有关量的其他标准器定值的国家标准器。

3)具有在给定地点所能得到的最高计量学特性的参考标准器。

(4)按工作性质分类

1)日常用以校准或检定测量器具的工作标准器。

2)用作中介物以比较计量标准或测量器具的传递标准器。

3)具有特殊结构,可供运输的搬运式标准器。

(5)按工作原理分类

1)由物质成分、尺寸等来确定其量值的实物标准。

2)由物理规律确定其量值的自然标准。

需要说明的是,上述几种分类方式不是排他性的。例如,一个计量标准可以同时是国家标准器和自然标准。

4.1.4　计量标准的计量特性

4.1.4.1　计量标准的测量范围

测量范围用该计量标准所复现的量值或量值范围来表示。对于可以测量多种参数的计量标准,应当分别给出每种参数的测量范围。计量标准的测量范围应当满足开展检定或校准工作的需要。

4.1.4.2　计量标准的不确定度或准确度等级或最大允许误差

计量标准的不确定度或准确度等级或最大允许误差应当根据计量标准的具体情况,按本专业的规定或习惯进行明确表述。对于可以测量多种参数的计量标准,应当分别给出每种参数的不确定度或准确度等级或最大允许误差。计量标准的不确定度或准确度等级或最大允许误差应当满足开展检定或校准工作的需要。

4.1.4.3　计量标准的重复性

计量标准的重复性通常用测量结果的分散性来定量表示,即用单次测量结果的实验标准偏差来表示。计量标准的重复性通常是检定或校准结果的一个不确定度来源。新建计量标准应当开展重复性试验，并提供试验的数据。已建计量标准一般每年至少进行一次重复性试验，测定的重复性应满足检定规程或技术规范对测量不确定度的要求。

4.1.4.4　计量标准的稳定性

计量标准的稳定性通常用计量标准的计量特性在规定时间间隔内发生的变化量表示。新建计量标准一般应当经过半年以上的稳定性考核，证明其所复现的量值稳定可靠后，方能申请计量标准考核。已建计量标准一般每年至少进行一次稳定性考核，并保存历年的稳定性考核记录，以证明计量标准计量特性的持续稳定。若计量标准在使用过程中采用标称值或示值，则计量标准的稳定性应当小于计量标准最大允许误差的绝对值；若计量标准需要加修正值使用，则计量标准的稳定性应当小于修正值的扩展不确定度。

4.1.4.5　计量标准的其他计量特性

计量标准的其他计量特性，如计量标准的灵敏度、分辨力、漂移、响应特性、动态特性等，也应当满足相应计量检定规程或计量校准规范的要求。

4.2　计量标准的建立

4.2.1　建立计量标准的依据和步骤

4.2.1.1　建立计量标准的依据

（1）法律法规依据

我国颁布的与建立计量标准相关的法律法规主要有：

1)《中华人民共和国计量法》第六条、第七条、第八条及第九条。

2)《中华人民共和国计量法实施细则》第七条、第八条、第九条及第十条。

3)《计量标准考核办法》。

（2）技术依据

除了法律法规依据外，建立计量标准相关的技术依据主要有：

1) 国家计量校准规范 JJF 1033—2023《计量标准考核规范》。

2) 相应的国家计量检定系统表。

3) 相应的计量检定规程或计量校准规范。

4.2.1.2　计量标准的建立步骤

从建立计量标准到获得量值传递资质一般由以下3个步骤组成。

（1）确定依据的计量检定规程或计量校准规范，开展相关准备工作

确定检定的"计量检定规程"或校准的"计量校准规范"，根据计量检定规程或计量

校准规范的规定,开展准备工作并具备相应条件:
1) 配备计量标准器具及配套的计量设备;
2) 满足开展检定/校准的环境条件与场所;
3) 配备具有注册计量工程师职业资格或工程师以上技术职称并能够履行职责的计量标准负责人;
4) 具备检定/校准人员的资质(培训,每项不少于2名);
5) 设计开展计量检定/校准的检定/校准记录、检定/校准证书(内页)等。

（2）计量标准试运行

计量标准试运行一般不少于半年,并开展以下工作:
1) 检定或校准结果的重复性试验;
2) 计量标准稳定性考核;
3) 计量标准检定/校准结果的验证;
4) 计量标准技术文件准备,编写《计量标准技术报告》,计量标准操作程序等。

（3）提交计量标准考核申请,通过考核后获批

提交建立计量标准的相关材料,申请计量标准考核。按照计量标准考核程序,考核合格通过审批后,获得计量标准考核证书,正式具备量值传递资质。

4.2.2 计量标准建立准备工作

4.2.2.1 建立计量标准的策划

建立计量标准要从烟草行业实际需求出发,科学决策,讲究实效,减少建立计量标准的盲目性。

（1）策划时应综合考虑的要素
1) 进行需求分析,研究计量标准对烟草经济和科技发展的重要性和迫切程度,尤其分析被测对象的测量范围、测量准确度和需要检定或校准的工作量;
2) 需建立的基础设施与条件,如实验室面积、恒温恒湿条件及能源消耗等;
3) 建立计量标准应当购置的标准器、配套设备及其技术指标;
4) 是否具有或需要培养使用、维护及操作计量标准的技术人员;
5) 计量标准的考核、使用、维护及量值传递保证条件;
6) 建立计量标准的物质、经济、法律保障等基础条件。

（2）计量资源评估

建立烟草部门最高计量标准前,应当对国内计量资源进行调研评估,当社会公用计量标准不能覆盖或满足不了烟草行业的特殊需求时,可根据烟草部门的特殊需要建立烟草行业内部使用的计量标准。建立烟草企业计量标准前,应当对行政辖区内的计量资源进行调研评估,当社会公用计量标准不能覆盖或不能满足烟草行业的需求时,可根据企业的特殊需要建立烟草企业内部使用的计量标准。

（3）社会效益和经济效益分析

只有具有良好的社会效益或经济效益的计量标准,才有必要建立。烟草行业企事业

单位建立计量标准应当根据烟草行业和本单位的实际情况,重点建立生产、科研等需要的计量标准,主要考虑社会效益和经济效益。

4.2.2.2 建立计量标准的技术准备

申请新建计量标准的单位,应当按照 JJF 1033—2023《计量标准考核规范》的要求进行准备,并按照以下 7 个方面的要求做好准备工作。

1)科学合理配置计量标准器及配套设备。
2)计量标准器及配套的计量设备进行有效溯源,并取得有效检定或校准证书。
3)新建计量标准应当经过半年或至少半年的试运行,在此期间考察计量标准的重复性和稳定性。
4)申请考核单位应当撰写完成《计量标准考核(复查)申请书》和《计量标准技术报告》。
5)环境条件及设施应当满足开展检定或校准工作的要求,并按要求对环境条件进行有效检测和控制。
6)每个项目配备至少两名具备资质的检定或校准人员和一名计量标准负责人。
7)建立计量标准的文件集。

4.3 计量标准的考核

《中华人民共和国行政许可法》的颁布、《计量标准考核办法》的发布,以及我国市场经济的不断发展,都对计量标准考核工作提出了新的要求;国际法制计量组织也对计量标准的批准、使用、保存、文件集及管理等提出了许多新的要求。在此背景下,国家原质量监督检验检疫总局组织专家对 JJF 1033—2016《计量标准考核规范》作了进一步的修改、补充和完善,修订后的 JJF 1033—2023《计量标准考核规范》已于 2023 年 9 月 15 日正式实施。

JJF 1033—2023《计量标准考核规范》中计量标准的考核要求包括计量标准器及配套设备、计量标准的主要计量特性、环境条件及设施、人员、文件集以及计量标准测量能力的确认等 6 个方面共 30 项内容,其中有 10 项内容是重点考评项目。它既是对建标单位建立计量标准的要求,也是计量标准的考评内容。

4.3.1 计量标准的考核要求

4.3.1.1 计量标准器及配套设备

(1)计量标准器及配套设备的配置
1)《计量标准考核规范》条文内容
建立计量标准的单位(以下简称"建标单位")应当按照计量检定规程或计量校准规范的要求,科学合理、完整齐全地配置计量标准器及配套设备(包括计算机及软件,下同),并能满足开展检定或校准工作的需要。

2)理解要点

计量标准器及配套设备是保证建标单位正常开展检定或校准工作,并取得准确可靠测量数据的最重要装备,因此 JJF 1033—2023《计量标准考核规范》对计量标准器及配套设备的配置提出了详细和严格的要求,并列入重点考评项目。

计量标准器及配套设备的配置要求如下:

①计量标准器及配套设备的配置依据是相应的计量检定规程或计量校准规范。

②计量标准器及配套设备不仅包括硬件部分,也包括用于测量和数据处理的各种软件。

③配置计量标准器及配套设备的基本原则是科学合理、完整齐全。科学合理是指应当严格按照相应计量检定规程或计量校准规范的要求,合理配置计量标准器及配套设备,把握合理的性价比,不能低配,也不要求高配,要求做到科学合理、经济实用。完整齐全是指按照相应计量检定规程或计量校准规范的要求,既要配齐计量标准器,也要配齐配套的计量设备,还要配齐开展检定或校准工作所需要的各种配件、工具和易耗品。

④对计量标准器及配套设备配置的最终要求是满足开展检定或校准工作的需要。

(2)计量标准器及主要配套设备的计量特性

1)《计量标准考核规范》条文内容

建标单位配置的计量标准器及主要配套设备的计量特性,应当符合相应计量检定规程或计量校准规范的规定,并能满足开展检定或校准工作的需要。

2)理解要点

①计量标准的计量特性主要由计量标准器及主要配套设备的计量特性决定,因此《计量标准考核规范》对计量标准器及主要配套设备的计量特性提出了要求,并列入重点考评项目。

②计量标准器及主要配套设备的计量特性包括测量范围、不确定度、准确度等级或最大允许误差、稳定性、灵敏度、鉴别阈、分辨力等。

③计量标准器及主要配套设备计量特性需满足相应计量检定规程或技术规范的规定。

④计量标准器及主要配套设备的计量特性应当满足开展检定或校准工作的需要。

(3)计量标准的溯源性

1)《计量标准考核规范》条文内容

计量标准的量值应当溯源至计量基准或社会公用计量标准;当不能采用检定或校准方式溯源时,应当通过计量比对的方式确保计量标准量值的一致性;计量标准器及配套的计量设备均应当有连续、有效的检定或校准证书(包括符合要求的溯源性证明文件,下同)。

计量标准的溯源性应当符合如下要求:

①计量标准器应当定点定期经法定计量检定机构或县级以上人民政府计量行政部门授权的计量技术机构建立的社会公用计量标准检定合格或校准来保证其溯源性;配套的计量设备应当经检定合格或校准来保证其溯源性。

②有计量检定规程的计量标准器及配套的计量设备,应当按照计量检定规程的规定进行检定。

③没有计量检定规程的计量标准器及配套的计量设备,应当依据国家计量校准规范进行校准。如无国家计量校准规范,可以依据有效的校准方法进行校准。校准的项目和主要技术指标应当满足其开展检定或校准工作的需要,并参照 JJF 1139—2005《计量器具检定周期确定原则和方法》的要求,确定合理的复校时间间隔。

④计量标准中使用的标准物质应当是处于有效期内的有证标准物质。

⑤当计量基准和社会公用计量标准无法满足计量标准器及配套的计量设备量值溯源需要时,建标单位应当经国务院计量行政部门同意后,方可溯源至国际计量组织或其他国家具备相应测量能力的计量标准。

2)理解要点

①计量标准的溯源性是指通过文件规定的不间断的比较链,将计量标准所提供的标准量值与规定的参照对象,通常是与(国家)计量基准或国际测量标准联系起来的特性。这里,不间断的比较链是指不确定度不间断。

计量标准的溯源性是计量标准考核的关键环节之一,是保证检定或校准结果准确可靠的基础,因此《计量标准考核规范》将其列入重点考评项目。

②计量标准的量值应当溯源至计量基准或社会公用计量标准。溯源的方式可以采用检定或校准,当不能采用检定或校准方式溯源时,应当通过计量比对的方式确保计量标准量值的一致性。

③计量标准溯源性的证明文件包括所有计量标准器及配套的计量设备的检定证书、校准证书或符合要求的其他溯源性证明文件。溯源性证明文件应当连续、有效。"连续"的含义是时间上的连续不间断。"有效"的含义见以下各条。

④计量标准器和配套的计量设备的有效溯源机构:计量标准器应当向法定计量检定机构或县级以上人民政府计量行政部门授权的计量技术机构建立的计量基准或社会公用计量标准溯源;配套的计量设备可以向具有相应测量能力的计量技术机构溯源。

计量标准的计量特性一般主要由计量标准器确定,为了保证计量标准的量值准确统一,计量标准器应当定点定期溯源。《计量法》第九条规定:县级以上人民政府计量行政部门对社会公用计量标准器具,部门和企业、事业单位使用的最高计量标准器具,以及用于贸易结算、安全防护、医疗卫生、环境监测方面的列入强制检定目录的工作计量器具,实行强制检定。未按照规定申请检定或者检定不合格的,不得使用。实行强制检定的工作计量器具的目录和管理办法,由国务院制定。《中华人民共和国计量法条文解释》第九条进一步说明,社会公用计量标准,部门和企业、事业单位使用的最高计量标准,为强制检定的计量标准。强制检定是指由县级以上人民政府计量行政部门指定的法定计量检定机构或授权的计量检定机构,对强制检定的计量器具实行的定点定期检定。检定周期由执行强制检定的计量检定机构根据计量检定规程,结合实际使用情况确定。因此,《计量标准考核规范》规定计量标准器应当定点定期溯源。

"定期"的含义是指如果是通过检定溯源,检定周期不得超过计量检定规程规定的周期;如果是通过校准溯源,复校时间间隔不得超过国家计量校准规范的规定;如果国家计量校准规范或者其他技术规范没有明确规定复校时间间隔,当校准机构给出了复校时间间隔,应当按照校准机构给出的复校时间间隔定期校准,当校准机构没有给出复校时间间隔,建标单位应当按照 JJF 1139—2005《计量器具检定周期确定原则和方法》的要求制定合理的复校时间间隔并定期校准;当不可能采用计量检定或校准方式溯源时,则应当定期参加实验室之间的比对,以确保计量标准量值的可靠性和一致性。

⑤计量标准器和配套的计量设备的检定溯源要求:凡是有计量检定规程的计量标准器及配套的计量设备,应当按照计量标准器及配套的计量设备对应的计量检定规程的要求进行周期检定。检定项目必须齐全,检定周期不得超过计量检定规程的规定。有计量检定规程的计量标准器及配套的计量设备应当以检定方式溯源,不能以校准方式溯源。

⑥计量标准器和配套的计量设备的校准溯源要求:没有计量检定规程的计量标准器及配套的计量设备,或者有计量检定规程,但不能完全覆盖其测量范围的,应当依据国家计量校准规范或参照相应的计量检定规程进行校准。如果无国家计量校准规范或相应的计量检定规程,可以依据有效的校准方法进行校准。校准的项目和主要技术参数应当满足其开展检定或校准工作的需要。校准的参数应当齐全。国家计量校准规范或计量检定规程对复校时间间隔有规定的应从其规定;如果没有规定,则应参照 JJF 1139—2005《计量器具检定周期确定原则和方法》的要求,确定合理的复校时间间隔。

JJF 1139—2005《计量器具检定周期确定原则和方法》适用于制定或者修订计量检定规程对计量器具检定周期的确定,同时,可作为在用计量器具检定时间间隔的调整与在用计量器具校准时间间隔确定的参考。

JJF 1139—2005《计量器具检定周期确定原则和方法》给出了确定计量器具检定周期或者校准时间间隔的三个基本原则:一是制定或修订计量器具检定规程时,应当根据所适用计量器具的本身特征(如计量器具的工作原理、结构及所用材质等)、计量器具的性能要求(如最大允许误差及稳定性等)以及计量器具使用情况(如环境条件、使用频率与维护状况等)来确定其检定周期;二是确定计量器具检定周期时,应当明确所适用计量器具的测量可靠性目标 R(一般计量器具的测量可靠性目标 $R \geq 90\%$);三是计量器具检定周期的确定应当恰当地选用反应法或最大似然估计法中某一种或某几种合适的方法进行分析测算。

JJF 1139—2005《计量器具检定周期确定原则和方法》给出了确定计量器具检定周期或者校准时间间隔的方法,包括反应法和最大似然估计法两种方法。反应法是指通过响应最近获得的检定结果,采用简单直接的方式或最简便的算法,对计量器具检定周期或者校准时间间隔进行调整与确定的方法。反应法具体主要包括固定阶梯调整法、增量反应调整法与间隔测试法三种。最大似然估计法是指通过对似然函数的概率分布来研究评价被检计量器具超出允许误差的状况,最终确定计量器具检定周期或者校准时间间隔的方法,最大似然估计法是建立在数理统计和大量数据分析的基础上的。最大似然估计法也包括三种具体的计算方法:经典法、二项式法与更新时间法。在确定计量器具检定周期或者校准时间间隔时,应当选择上述合适方法进行可靠性分析和数理测算。

⑦采用比对的原则:只有当不能以检定或校准方式溯源时,才可以采用比对方式来保证计量标准量值的一致性。比对也应当定期进行,以保证计量标准量值持续一致。

⑧计量标准中的标准物质的溯源要求:应当使用处于有效期内的国家一级标准物质或国家二级标准物质进行溯源。

⑨对溯源到国际计量组织或其他国家具备相应能力的计量标准的规定:当(国家)计量基准不能满足计量标准器及配套的计量设备量值溯源的需要时,应当按照有关规定向国务院计量行政部门提出申请,经国务院计量行政部门同意后方可溯源到计量组织或其他国家具备相应能力的计量标准。

溯源到国际计量组织或其他国家具备相应能力的计量标准时,有效的溯源性证明文件可以是校准证书,也可以是标明了溯源结果、不确定度等信息的校准报告。

⑩溯源结果的使用。当计量标准器及配套的计量设备溯源后,如果给出修正因子或修正值时,则应当确保其所有备份(例如计算机软件中的备份)得到及时正确的更新。

4.3.1.2 计量标准的主要计量特性

(1)计量标准的测量范围

1)《计量标准考核规范》条文内容

计量标准的测量范围应当用计量标准能够测量出的一组量值来表示,对于可以测量多种参数的计量标准,应当分别给出每种参数的测量范围。计量标准的测量范围应当满足开展检定或校准工作的需要。

2)理解要点

①计量标准的测量范围应当用计量标准能够测量出的一组量值来表示。例如:烟草专用气体压力标准装置的测量范围为 0 Pa ~ 10000 Pa,三等量块标准装置的测量范围为 0.5 mm ~ 100 mm。

②对于可以测量多种参数的计量标准,应当分别给出每种参数的量值或量值范围。例如,卷烟和滤棒物理性能综合测试台检定装置的测量范围:质量为 0.5 g ~ 2 g,圆周为 15 mm ~ 30 mm,吸阻为 0 kPa ~ 15 kPa,通风率为 10% ~ 90%,长度为 80 mm ~ 120 mm,位移为 5 mm ~ 9 mm,压力为 0 N ~ 10 N。

③计量标准的测量范围应当满足所开展检定或校准工作的需要。

(2)计量标准的不确定度或准确度等级或最大允许误差

1)《计量标准考核规范》条文内容

计量标准的不确定度或准确度等级或最大允许误差应当根据计量标准的具体情况,按照本专业规定或约定俗成进行表述。对于可以测量多种参数的计量标准,应当分别给出每种参数的不确定度或准确度等级或最大允许误差。计量标准的不确定度或准确度等级或最大允许误差应当满足开展检定或校准工作的需要。

2)理解要点

①不确定度、准确度等级和最大允许误差三个计量特性都与计量标准所提供的标准量值的准确程度有关,它们的含义各不相同,分别用于不同的场合。

计量标准的不确定度是指计量标准所复现的标准量值的不确定度,或者说是在测量结果中由计量标准所引入的不确定度分量。它适用于在测量中采用计量标准的实际值,或加修正值使用的情况。

准确度等级是指符合一定的计量要求,并使不确定度或误差保持在规定极限以内的计量标准的等别或级别。准确度等级通常采用约定的数字或符号来表示,并称为等级指标。注意术语"准确度"和"准确度等级"之间的区别,准确度是一个定性的概念。

最大允许误差是指对给定的计量标准,由规范、规程、仪器说明书等文件所给出的允许的误差极限值。有时也称计量标准的允许误差限。

②计量标准不确定度或准确度等级或最大允许误差应当满足开展检定或校准的需要。

③计量标准中的计量标准器和配套设备可能有各自的不确定度,或准确度等级,或最大允许误差。

④应当根据计量标准在使用中是否采用修正值、是否有等别或级别的划分等具体情况,选用不确定度或准确度等级或最大允许误差中的一种来表述,表述时应当用明确的通用符号指明所给出数值的含义。

⑤对于可以测量多种参数的计量标准,应当分别给出每种参数对应的不确定度或准确度等级或最大允许误差。

⑥判断某项目计量标准给出的不确定度或准确度等级或最大允许误差是否合适,要看能否满足开展检定或校准工作的需要。

(3)计量标准的稳定性

1)《计量标准考核规范》条文内容

计量标准的稳定性用计量标准的计量特性在规定时间间隔内发生的变化量表示。新建计量标准一般应当经过半年以上的稳定性考核,证明其所复现的量值稳定可靠后,方可申请计量标准考核;已建计量标准一般每年至少进行一次稳定性考核,并通过历年的稳定性考核记录数据比较,以证明其计量特性的持续稳定。

若计量标准在使用中采用标称值或示值,则计量标准的稳定性应当小于计量标准的最大允许误差的绝对值;若计量标准需要加修正值使用,则计量标准的稳定性应当小于修正值的扩展不确定度(U_{95} 或 $U,k=2$)。当计量检定规程或计量校准规范对计量标准的稳定性有规定时,则可以依据其规定判断稳定性是否合格。

2)理解要点

①在计量标准考核中,计量标准的稳定性用计量标准的计量特性在规定时间间隔内发生的变化量来表示。《计量标准考核规范》将其列入重点考评项目。

②新建计量标准一般应当经过半年以上的稳定性考核,证明其所复现的量值稳定可靠后,方能申请计量标准考核;已建计量标准一般每年至少进行一次稳定性考核,并通过历年的稳定性考核记录数据比较,以证明其计量特性的长期持续稳定。

③计量标准的稳定性考核方法按照《计量标准考核规范》附录 C.2 的要求进行。《计量标准考核规范》将计量标准的稳定性考核方法归纳为"采用核查标准进行考核""采用高等级的计量标准进行考核""采用控制图法进行考核""采用计量检定规程或计量校准规范规定的方法进行考核"和"采用计量标准器的稳定性考核结果进行考核"等 5 种,建标单位应当根据计量标准的具体情况选用适当的考核方法。

④计量标准稳定性考核的通用判定标准:若计量标准在使用中采用标称值或示值,

则稳定性应当小于计量标准的最大允许误差的绝对值;若计量标准需要加修正值使用,则稳定性应当小于修正值的扩展不确定度($U, k=2$ 或 U_{95})。

当计量检定规程或计量校准规范对计量标准的稳定性有规定时,则可以依据其规定判断稳定性是否合格。

⑤对于有效期内的有证标准物质,可以不进行稳定性考核。

(4) 计量标准的其他计量特性

1)《计量标准考核规范》条文内容

计量标准的灵敏度、分辨力、鉴别阈、漂移、死区及响应特性等计量特性应当满足相应计量检定规程或计量校准规范的要求。

2) 理解要点

①计量标准的其他计量特性包括灵敏度、分辨力、鉴别阈、漂移、死区、响应特性等。具体定义和要求参照 JJF 1001—2011《通用计量术语及定义》和 JJF 1094—2002《测量仪器特性评定》。

②不同的计量标准所要求的计量特性可能不同。

③计量标准的其他计量特性应当满足相应计量检定规程或计量校准规范的要求。

4.3.1.3 环境条件及设施

(1) 环境条件

1)《计量标准考核规范》条文内容

温度、湿度、洁净度、声音、振动、电磁干扰、辐射、照明及供电等环境条件应当满足计量检定规程或计量校准规范的要求。

2) 理解要点

①《计量标准考核规范》对环境条件所提出的要求是保证检定或校准工作正常进行,并确保检定或校准结果的有效性和准确性所必需的。因此《计量标准考核规范》将其列入重点考评项目。

②环境条件包括大气环境条件(例如:温度、湿度等)、机械环境条件(例如:振动、冲击等)、电磁兼容(例如:电磁屏蔽、电磁干扰、辐射等)、供电条件(例如:电源电压、频率、功率稳定性等)和照明条件(例如:照度、光源色温度、均匀度等)等。对环境条件的要求由所开展检定或校准的技术文件(例如:计量检定规程、计量校准规范及使用说明书等)给出。

(2) 设施

1)《计量标准考核规范》条文内容

建标单位应当根据计量检定规程或计量校准规范的要求和实际工作需要,配置必要的设施,并对检定或校准工作场所内互不相容的区域进行有效隔离,防止相互影响。

2) 理解要点

①设施包括空调系统、消声室、暗室、屏蔽室、隔离电源、防振动、防辐射等设施,设施的配置应当满足开展检定或校准所依据的技术文件的要求。

②应当对检定或校准工作场所内互不相容的区域进行有效隔离,防止相互干扰,防

止相互影响。比如实验室恒温工作区和非恒温工作区隔离,高压区域一般以"警示牌"方式如"高压危险"等标明。对于影响计量检定或校准工作安全和计量检定或校准结果的其他因素,也应当加以控制,并根据具体情况确定控制的范围。

(3)环境条件监控

1)《计量标准考核规范》条文内容

建标单位应当根据计量检定规程或计量校准规范的要求和实际工作需要,配置监控设备,对温度、湿度等参数进行监测和记录。

2)理解要点

①只有当计量检定规程或计量校准规范有明确要求或实际检定或校准工作有需要时,建标单位才需要配置必要的监控设备。

②监控设备监测和记录的主要环境条件一般是温度、湿度,也可以包括其他环境参数。

③当环境条件可能危及计量检定或校准结果时,应当停止计量检定或校准工作。

④当"环境条件及设施发生重大变化"时,《计量标准考核规范》增加了对于建标单位在计量标准环境条件及设施发生变化后应当进行自查和评估的要求。

4.3.1.4 人员

(1)计量标准负责人

1)《计量标准考核规范》条文内容

建标单位应当配备具有注册计量师职业资格或工程师以上技术职称并能够履行职责的计量标准负责人,计量标准负责人应当对计量标准的建立、使用、维护、溯源和文件集的更新等工作负责。

2)理解要点

①人力是最宝贵的资源之一,建标单位的计量标准能否正常运行,很大程度上取决于人员的素质与水平,特别是关键岗位的人员素质与水平。因此人员对于计量标准是至关重要的,《计量标准考核规范》对计量标准负责人和检定或校准人员的能力和资格提出了要求。

②计量标准负责人应当具有注册计量师职业资格或工程师以上技术职称,并具有能够履行职责的能力,且熟悉计量标准的组成、结构、工作原理和主要计量特性,掌握相应计量检定规程或计量校准规范以及计量标准的使用、维护和溯源等规定,具备对检定或校准结果进行测量不确定度评定的能力。计量标准负责人应当对计量标准的日常使用管理、维护、量值溯源及文件集的更新等事宜总负责。

(2)检定或校准人员

1)《计量标准考核规范》条文内容

建标单位应当为每项计量标准配备至少两名具有相应能力,并满足有关计量法律法规要求的检定或校准人员。

2)理解要点

①检定或校准人员的技术能力决定了检定或校准结果的正确性,因此《计量标准考

核规范》将其列入重点考评项目,要求每项计量标准应当配备至少两名具有开展本项目检定或校准工作能力的人员。

②检定或校准人员的资格应当满足有关计量法律法规要求。建标单位应当为每项计量标准配备至少两名具有相应能力,并满足有关计量法律法规要求的检定或校准人员。

对于法定计量检定机构和人民政府计量行政部门授权的计量机构的检定或校准人员,应当持有相应等级的注册计量师资格证书和人民政府计量行政部门颁发的具有相应项目的注册计量师注册证,或持有人民政府计量行政部门颁发的具有相应项目的有效计量检定员证,或持有当地省级人民政府计量行政部门或其规定的市(地)级人民政府计量行政部门颁发的具有相应项目的"计量专业项目考核合格证明"。

对于其他企、事业单位的检定或校准人员,不要求必须持有人民政府计量行政部门颁发的注册计量师注册证,但是应当经过计量专业理论和实际操作培训或考核合格,确保具有从事检定或校准工作的相应能力。其能力证明可以是培训合格证明,也可以是其他能够证明具有相应能力的计量证件。

4.3.1.5 文件集

(1)文件集的管理

1)《计量标准考核规范》条文内容

每项计量标准应当建立一个文件集,文件集目录中应当注明各种文件的保存地点、方式和保存期限。建标单位应当确保所有文件完整、真实、正确和有效。

文件集应当包含以下文件:

①计量标准考核证书(如果适用);

②社会公用计量标准证书(如果适用);

③计量标准考核(复查)申请书;

④计量标准技术报告;

⑤检定或校准结果的重复性试验记录;

⑥计量标准的稳定性考核记录;

⑦计量标准更换申报表(如果适用);

⑧计量标准封存(或注销)申报表(如果适用);

⑨计量标准履历书;

⑩国家计量检定系统表(如果适用);

⑪计量检定规程或计量校准规范;

⑫计量标准操作程序(如果适用);

⑬计量标准器及配套的计量设备使用说明书(如果适用);

⑭计量标准器及配套的计量设备的检定或校准证书;

⑮计量标准负责人及检定或校准人员能力证件;

⑯实验室的相关管理制度;

⑰开展检定或校准工作的原始记录及相应的检定或校准证书副本;

⑱计量标准环境条件及设施发生重大变化自我声明(如果适用);

⑲其他文件(如果适用),如检定或校准结果的不确定度评定报告、计量比对报告、研制或改造计量标准的技术鉴定或验收材料等。

2)理解要点

①计量标准文件集是关于计量标准的选择、批准、使用和维护等方面的文件集合。为了满足计量标准的选择、使用、保存、考核及管理等工作的需要,应当建立计量标准文件集。文件集是原来计量标准档案的延伸,是国际上对于计量标准文件集合的总称。

②每项计量标准都应当建立一个文件集,建标单位应当对文件的完整性、真实性、正确性和有效性负责。计量标准负责人对计量标准文件集中数据的完整性和真实性负责,对计量标准文件集保存和正确处理负责。文件的正式批准、发布、更改、评价等均应当受控。计量标准的文件应当为有效的版本,应当便于有关人员取用。

③计量标准文件集包括上述19方面的文件,当有些文件对于某项计量标准不适用时,可不包含这些文件。

④每项计量标准都应当建立文件集目录,并在文件集目录中注明各种文件保存的地点和方式。文件集可以承载在各种载体上,如硬的拷贝或电子媒体。文件集可以是数字的、模拟的、照相的或者纸质的形式。

⑤建标单位自己编写文件的要求:文字表述应当做到结构严谨、层次分明、用词确切、叙述清楚,不致产生不同的理解;所用的术语、符号、代号要统一,同一术语应当始终表达同一概念,并与有关技术规范协调一致;按国家规定表述量的名称、单位和符号,测量不确定度的表述与符号也应当符合国家的相关规定;数据、公式、图样、表格及其他内容应当真实可靠、准确无误地按有关要求表述;应当使用规范汉字书写。

(2)计量检定规程或计量校准规范

1)《计量标准考核规范》条文内容

建标单位应当备有开展检定或校准工作所依据的有效计量检定规程或计量校准规范。如果没有国家计量检定规程或国家计量校准规范,可以选用部门、地方计量检定规程或计量校准规范。

对于国民经济和社会发展急需的计量标准,如果没有计量检定规程或国家计量校准规范,建标单位可以根据国际、区域、国家、军用或行业标准编制相应的校准方法,经过同行专家审定后,连同所依据的技术文件和实验验证结果,报主持考核的人民政府计量行政部门同意后,方可作为建立计量标准和考核的依据。

2)理解要点

①计量检定规程或计量校准规范是重点考评项目,是建立计量标准、开展检定或校准工作的必备技术文件,建标单位应使用符合规定要求的计量检定规程或计量校准规范。

②开展计量检定时,应当使用与检定项目对应的、现行有效的国家计量检定规程,如无国家计量检定规程,则可使用部门或地方计量检定规程。

③开展计量校准时,应当使用与校准项目对应的、现行有效的国家计量校准规范或参考相应的国家计量检定规程,在没有国家计量校准规范或相应的国家计量检定规程

时,可以使用部门或地方计量检定规程。

④对于国民经济和社会发展急需的计量标准,当无国家计量校准规范或相应的计量检定规程时,建标单位可以根据国际、区域、国家、军用或行业标准编制满足校准需要的校准方法作为校准的依据,编制的校准方法应当经建标单位组织同行专家审定后,连同所依据的技术规范和实验验证结果,报主持考核的人民政府计量行政部门同意后,方可作为建立计量标准和考核的依据。

(3)计量标准技术报告

1)《计量标准考核规范》条文内容

①总体要求。新建计量标准,应当撰写《计量标准技术报告》,报告内容应当完整、正确;已建计量标准,如果计量标准器及主要配套设备、环境条件及设施、计量检定规程或计量校准规范等发生变化,引起计量标准主要计量特性发生变化时,应当修订《计量标准技术报告》。

建标单位在《计量标准技术报告》中应当准确描述建立计量标准的目的、计量标准的工作原理及其组成、计量标准的稳定性考核、结论及附加说明等内容。

②计量标准器及主要配套设备。计量标准器及主要配套设备的名称、型号、测量范围、不确定度或准确度等级或最大允许误差、制造厂及出厂编号、检定周期或复校间隔以及检定或校准机构等栏目信息应当填写完整、正确。

③计量标准的主要技术指标及环境条件。计量标准的测量范围、不确定度或准确度等级或最大允许误差及计量标准的稳定性等主要技术指标,以及温度、湿度等环境条件应当填写完整、正确。对于可以测量多种参数的计量标准,应当给出对应于每种参数的主要技术指标。

④计量标准的量值溯源和传递框图。根据相应的国家计量检定系统表、计量检定规程或计量校准规范,正确画出所建计量标准溯源到上一级计量器具和传递到下一级计量器具的量值溯源和传递框图。

⑤检定或校准结果的重复性试验。按照附录C.1的要求进行检定或校准结果的重复性试验。新建计量标准应当进行重复性试验,并将得到的重复性用于检定或校准结果的不确定度评定;已建计量标准,每年至少进行一次重复性试验,测得的重复性应当满足检定或校准结果的不确定度的要求。

⑥检定或校准结果的不确定度评定。按照附录C.3的要求进行检定或校准结果的不确定度评定,评定步骤、方法应当正确,评定结果应当合理。必要时,可以形成独立的《检定或校准结果的不确定度评定报告》。

⑦检定或校准结果的验证。按照附录C.4的要求进行检定或校准结果的验证,验证的方法应当正确,验证结果应当符合要求。

2)理解要点

①《计量标准技术报告》全面反映了计量标准的技术状况。《计量标准技术报告》编写得好坏反映了建标单位该项目计量人员的技术水平和能力。《计量标准技术报告》的审查是计量标准考评的重要工作之一。《计量标准技术报告》共涉及7个考评项目,其中检定或校准结果的测量不确定度评定是重点考评项目。

②新建计量标准应当撰写《计量标准技术报告》,报告内容应当完整、正确;建立计量标准后,如果计量标准器及配套的计量设备、环境条件及设施、计量检定规程或计量校准规范等发生变化,引起计量标准主要计量特性发生变化时,应当重新修订《计量标准技术报告》。

③《计量标准技术报告》一般由计量标准负责人撰写。《计量标准技术报告》用计算机打印,要求字迹工整清晰。

④对检定或校准结果的重复性试验和计量标准的稳定性考核的编写要求参见《计量标准考核规范》附录 C.1 和 C.2 条。

(4)检定或校准的原始记录

1)《计量标准考核规范》条文内容

①检定或校准的原始记录应当格式规范、信息齐全,填写、更改、签名及保存等应当符合有关规定的要求。

②原始数据应当真实、完整,数据处理应当正确。

2)理解要点

①检定或校准的原始记录的格式应当符合计量检定规程或计量校准规范的要求,每份原始记录应当包含足够的信息量,以保证该检定或校准结果能在尽可能与原来接近的条件下复现;原始记录应当包括检定或校准人员和核验人员的签名。

②当在记录中发生错误时,对每一错误应当划改,不可擦涂掉,以免字迹模糊或丢失,应当将正确值填在其旁边。对记录的所有改动应当有改动人的签名或签名缩写。对电子存储的记录也应当采取同等的措施,以避免原始数据的丢失或者更改。

③原始记录中的观测结果、数据和计算应当在检定或校准时准确及时予以记录。

④数据处理应当正确,离群值的剔除、数据修约和有效数字处理应当符合有关规定。

(5)检定或校准证书

1)《计量标准考核规范》条文内容

①检定或校准证书的格式、签名、印章及副本保存等应当符合有关规定的要求。

②检定或校准证书结果应当正确,内容应当符合计量检定规程或计量校准规范的要求。

2)理解要点

①检定或校准证书的格式应当适用于所进行的计量检定或校准,并尽量减少产生误解或误用的可能性。检定证书和检定结果通知书的格式应当按人民政府计量行政部门规定的统一格式和计量检定规程的要求设计,校准证书的格式按有关的规定执行。

②检定或校准证书应当能准确、清晰和客观地报告每一项计量检定或校准结果,检定结论或校准数据准确,并符合计量检定规程或计量校准规范等技术文件的要求。在证书中,应当包含顾客必需的和所用方法要求的全部信息。

③检定或校准证书应当实行三级签名制,即检定人员或校准人员、核验人员和批准人员均应当签名。

④开展计量检定工作,必须按照《计量检定印、证管理办法》的规定,出具检定证书或加盖检定印,结论准确,内容符合要求。开展计量校准工作,必须出具符合相关计量校准

规范的校准证书。若对校准结果做符合性判断,应当在校准证书中指明符合或不符合相应校准规范的具体条款;若对被校准的仪器进行了调整或修理,在证书中应当给出该仪器在调整或修理前后的校准结果。

⑤检定证书中计量器具检定周期应当严格按照计量检定规程执行;校准证书一般不给出计量器具校准时间间隔;若对法制管理的计量标准器具进行校准,应当给出复校时间间隔的建议。复校时间间隔可按 JJF 1139—2005《计量器具检验周期确定原则和方法》的要求进行确定。

⑥调整计量器具检定周期或计量器具校准时间间隔也可以参考 2000 年 10 月 23 日国家原质量技术监督局发布的《关于加强调整强制检定工作计量器具检定周期管理工作的通知》(质技监局量发〔2000〕182 号)的要求。该通知的目标是为了加强法定(含授权)计量检定机构调整强制检定工作计量器具检定周期的管理,规范调整强制检定周期的行为,保证强制检定工作科学、公正、有效,该通知对计量器具的检定周期作了四点规定:

a)国家计量检定规程或部门、地方计量检定规程(以下简称"规程")中规定的检定周期是常规条件下的最长检定周期,普遍适用于强制检定的工作计量器具,法定(含授权)计量检定机构要严格执行,一般情况不需要进行调整。

b)凡连续两个检定周期检定合格率低于 95%(计量器具主要计量性能指标)或某台(件)计量器具连续两个检定周期主要计量性能指标不合格的,法定(含授权)计量检定机构可以根据相关的规程,结合实际使用情况适当缩短其检定周期,但缩短后的检定周期不得低于规程规定的检定周期的 50%;缩短检定周期的工作计量器具,若连续两个检定周期检定合格率在 97% 以上(含 97%)或三次检定合格,应当恢复执行规程规定的检定周期。

c)在调整强制检定周期前,法定(含授权)计量检定机构必须向当地省级质量技术监督局提出调整检定周期的申请方案,报送检定原始记录及数据统计分析表等资料的复印件,经审核批准备案后,方可调整强制检定周期。

d)各省级质量技术监督局要加强对法定(含授权)计量检定机构强制检定工作的监督,严格审核调整强制检定周期的申请方案,必要时可聘请技术专家评议。对任意或未经批准备案调整强制检定周期的,要及时纠正,严重的要撤销对该项目进行强制检定的授权。

(6)管理制度

1)《计量标准考核规范》条文内容

建标单位应当建立并执行下列管理制度,以保证计量标准处于正常运行状态。

①实验室岗位管理制度;
②计量标准保存、使用、维护管理制度;
③量值溯源管理制度;
④环境条件及设施管理制度;
⑤计量检定规程或计量校准规范管理制度;
⑥原始记录及证书管理制度;
⑦事故报告管理制度;

⑧计量标准文件集管理制度。

2)理解要点

①建标单位应当建立上述 8 项计量标准的管理制度,并保持其持续有效运行;各项管理制度可以单独制订,也可以包含在建标单位的管理体系文件中。

②实验室岗位管理制度应当明确实验室管理人员、计量标准负责人和检定或校准、核验人员的具体分工和职责。

③计量标准使用维护管理制度应当明确计量标准的保存、运输、维护、使用、修理、更换、改造、封存及注销以及恢复使用等工作的具体要求和程序。应当包括:计量标准器及配套设备在使用前的检查和(或)校准,唯一性标识和检定或校准状态,出现故障的处置方法,计量标准器及配套设备的使用限制和保护措施等。

④量值溯源管理制度应当明确计量标准器及配套的计量设备的周期检定或定期校准计划和执行程序,包括偏离程序应当采取的措施。

⑤环境条件及设施管理制度应当确保实验室的设施和环境条件适合计量标准的保存和使用,同时应当满足所开展计量检定或校准项目的计量检定规程或校准规范的要求。应当对温度、湿度等环境条件进行监测和记录,对实验室互不相容的活动区域进行有效隔离。

⑥计量检定规程或计量校准规范管理制度应当能确保开展计量检定或校准时采用符合规定的计量检定规程或校准规范。

⑦原始记录及证书管理制度应当明确计量检定或校准过程原始记录、数据处理、证书填写、数据核验和证书签发等环节的工作程序及要求。

⑧事故报告管理制度应当明确仪器设备、人员安全和工作责任事故的分类和界定,以及各种事故的发现、报告和处理的程序规定。

⑨计量标准文件集管理制度应当明确计量标准文件集的管理内容和要求,对文件的起草、批准、发布、使用、更改、评价、存档及作废等做出明确规定,设置专人负责,确定文件借阅、保存等方面的具体要求。

4.3.1.6 计量标准测量能力的确认

(1)技术资料的审查

1)《计量标准考核规范》条文内容

通过建标单位提供的计量标准的稳定性考核、检定或校准结果的重复性试验、检定或校准结果的不确定度评定、检定或校准结果的验证,以及计量比对等技术资料,综合判断计量标准测量能力是否满足开展检定或校准工作的需要,以及计量标准是否处于正常工作状态。

2)理解要点

①计量标准测量能力的确认是对于计量标准器及配套设备、计量标准的主要计量特性、环境条件及设施、人员、文件集等方面的全面检查,综合判断该计量标准是否具有相应的测量能力并处于正常工作状态。

②考评员通过审查建标单位提供的计量标准的稳定性考核、检定或校准结果的重复

性试验、检定或校准结果的测量不确定度评定、检定或校准结果的验证、计量比对等技术资料中的数据，综合判断该计量标准是否具有相应的测量能力并处于正常工作状态。

③计量标准复查时，考评员可以通过建标单位提供的技术资料来判断计量标准的实际工作状态和真实测量能力。考评员还应当特别关注那些未获得满意结果的计量比对、测量能力验证活动。检查建标单位是否进行整改，整改的效果如何，是否能保持其原来的测量能力。

（2）现场实验

1)《计量标准考核规范》条文内容

通过检定或校准人员实际操作、回答问题和检定或校准结果，判断计量标准测量能力是否满足开展检定或校准工作的需要，以及计量标准是否处于正常工作状态。现场实验应满足以下要求：

①实际操作。检定或校准人员采用的检定或校准方法、操作程序以及操作过程等应当符合计量检定规程或计量校准规范的要求。

②回答问题。计量标准负责人及检定或校准人员应当能正确回答有关本专业基本理论方面的问题、计量检定规程或计量校准规范中有关问题、操作技能方面的问题，以及考评中发现的问题。

③检定或校准结果。检定或校准人员数据处理正确，检定或校准的结果应当符合附录C.5的有关要求。

2）理解要点

①本条是通过现场实验判断计量标准是否具有相应的测量能力，是现场考评时的重点。

②现场实验是确认计量标准测量能力的主要方法之一。它包括实际操作、回答问题、检定或校准结果等三个项目，其中实际操作、检定或校准结果两个项目为重点考评项目。

③现场实验最好的方法是采用盲样作为测量对象。在无法得到盲样的情况下，可以使用建标单位的核查标准作为测量对象。如无核查标准，也可以挑选近期经检定或校准过的计量器具作为测量对象。

④现场实验时，考评员应当观察检定或校准方法是否正确、操作过程是否规范、操作是否熟练等内容。考评员应当在实验现场观察、记录检定或校准人员的实验过程，并确定是否能满足计量检定规程或计量校准规范的要求。

⑤现场实验时，考评员应当检查检定或校准人员的数据处理是否正确，并根据测量结果和参考值之差的大小来判断测量结果是否处于合理范围内。

⑥现场考评时，考评员通过提问的方式确认检定或校准人员的技术水平和能力。提问的问题包括本专业基本理论方面的问题、计量检定规程或计量校准规范中的有关问题、操作技能方面的问题、书面审查发现的问题以及现场实验中发现的问题。

4.3.2 计量标准考核的程序

计量标准考核是国家行政许可项目，名称为"计量标准器具核准"。计量标准器具核准行政许可实行分级许可,即由国务院计量行政部门和省、市(地)及县级地方人民政府计量行政部门对其职责范围内的计量标准实施行政许可。其行政许可事项应当按照《行政许可法》的要求和规定的程序办理。

计量标准考核的程序主要包括以下几个步骤:计量标准考核的申请、计量标准考核的受理、计量标准考核的组织与实施(包含计量标准考核的组织、计量标准的考评)、计量标准考核的审批。

4.3.2.1 计量标准考核的申请

(1)申请计量标准考核前的准备

1)《计量标准考核规范》条文内容

①申请新建计量标准考核,建标单位应当按本规范第 4 章的要求进行准备,并完成以下工作:

a)科学合理、完整齐全地配置计量标准器及配套设备。

b)计量标准器及配套的计量设备应当取得有效的检定或校准证书。

c)计量标准应当经过试运行,考察计量标准的稳定性等计量特性,并确认其符合要求。

d)环境条件及设施应当符合计量检定规程或计量校准规范规定的要求,并对环境条件进行有效监控。

e)每个项目配备至少两名具有相应能力的检定或校准人员,并指定一名计量标准负责人。

f)建立计量标准的文件集。文件集中的计量标准的稳定性考核、检定或校准结果的重复性试验、检定或校准结果的不确定度评定以及检定或校准结果的验证等内容应当符合附录 C 的有关要求。

注:对于研制或改造的计量标准,应当经过技术鉴定或验收后方可申请考核。

②申请计量标准复查考核,建标单位应当确认计量标准持续处于正常工作状态,并完成以下工作:

a)保证计量标准器及配套的计量设备的连续、有效溯源;

b)按规定进行检定或校准结果的重复性试验;

c)按规定进行计量标准的稳定性考核;

d)及时更新计量标准文件集中的有关文件。

2)理解要点

①计量标准考核分为新建计量标准考核和计量标准复查考核,两者需要做的前期准备工作有所不同。

②申请新建计量标准考核的单位,在提交《计量标准考核(复查)申请书》之前,须按照《计量标准考核规范》规定的 6 个方面要求做好前期准备工作,这些准备工作是申请计量标准考核的必要条件。

a)建标单位应当根据相应计量检定规程或计量校准规范的要求,配齐计量标准器及配套设备,包括必需的计算机及软件。配置应当做到科学合理,经济实用。

b）计量标准器及配套的计量设备应当溯源至计量基准或社会公用计量标准。对于社会公用计量标准及部门、企事业单位的最高计量标准，其计量标准器应当经法定计量检定机构或人民政府计量行政部门授权的计量技术机构建立的社会公用计量标准检定合格或校准来保证溯源性。主要配套计量设备可由本单位建立的计量标准或由有权进行计量检定或校准的计量技术机构检定合格或校准，并取得有效检定或校准证书。

注：在计量标准考核中，计量标准器是指在量值传递中对提供量值起主要作用并需要溯源的那些计量器具，有时也称为主标准器。

c）新建计量标准应当经过试运行，考察计量标准的稳定性等计量特性。试运行时间一般在半年左右。在此期间进行计量标准的稳定性考核和检定或校准结果的重复性试验。具体方法按照《计量标准考核规范》附录 C 的要求进行。

d）计量标准的环境条件应当满足相应计量检定规程或计量校准规范的要求，并具有有效的监控措施和相应的记录。

e）建标单位应当为每项计量标准配备至少两名具有相应能力，并满足有关计量法律法规要求的检定或校准人员，并指定一名计量标准负责人。

f）每项计量标准应当建立一个文件集，文件集包括了 19 个方面的文件。建标单位应当保持文件的完整性、真实性、正确性和有效性。建标单位应当完成《计量标准考核（复查）申请书》和《计量标准技术报告》的填写。《计量标准技术报告》中计量标准的稳定性考核、检定或校准结果的重复性试验、测量不确定度评定以及检定或校准结果的验证等内容的填写应当符合《计量标准考核规范》附录 C 的有关要求。

g）对于新研制或重新改造后的计量标准，应当经过技术鉴定或验收，必要时应当进行量值溯源，符合要求后方可申请计量标准考核。

③申请计量标准复查考核的单位，应当按照《计量标准考核规范》规定的 4 个方面要求做好计量标准日常维护工作，保证计量标准始终处于正常工作状态。

建标单位在计量标准考核证书有效期内应当有计划地进行连续、有效的溯源，进行重复性试验和稳定性考核，并积极参加由主持考核的人民政府计量行政部门组织或其认可的实验室之间的比对等测量能力的验证活动，妥善保存有关测量数据及技术资料。通过这些技术保障，使计量标准能持续维持在良好的运行状态，并为计量标准复查考核提供技术依据。

a）在计量标准考核证书有效期内应当保证计量标准器和配套的计量设备的连续、有效溯源。

b）计量标准在运行中应当定期进行检定或校准结果的重复性试验并保存相关数据。检定或校准结果的重复性试验至少每年进行一次，方法参见《计量标准考核规范》附录 C.1 的要求。

c）计量标准在运行中应当定期进行计量标准稳定性考核并保存相关数据。稳定性考核至少每年进行一次，其方法参见《计量标准考核规范》附录 C.2 的要求。

d）及时更新计量标准文件集中的有关文件。

（2）申请资料的提交

1）《计量标准考核规范》条文内容

①申请新建计量标准考核,建标单位应当向主持考核的人民政府计量行政部门递交以下申请资料:

a)计量标准考核(复查)申请书和计量标准技术报告;

b)计量标准器及配套的主要计量设备的有效检定或校准证书,以及可以证明计量标准具有相应测量能力的其他技术资料复印件各1份。

注:可以证明计量标准具有相应测量能力的其他技术资料包括开展检定或校准工作的原始记录及相应的模拟检定或校准证书复印件2套,计量标准负责人、检定或校准人员能力证件复印件1套,以及计量比对报告(如果适用)复印件1套等。

②申请计量标准复查考核,建标单位应当在计量标准考核证书有效期届满前6个月向主持考核的人民政府计量行政部门提出申请,并递交以下申请资料:

a)计量标准考核(复查)申请书和计量标准技术报告各1份;

b)计量标准考核证书有效期内计量标准器及配套的计量设备的有效检定或校准证书,以及可以证明计量标准具有相应测量能力的其他技术资料复印件各1份;

c)计量标准封存、注销、更换等相关申请材料(如果适用)复印件1份。

注:可以证明计量标准具有相应测量能力的其他技术资料包括持有计量标准考核证书自我声明或者计量标准考核证书复印件1套,计量标准考核证书有效期内计量标准器及配套的主要计量设备连续的检定或者校准证书、检定或者校准结果的重复性试验记录、计量标准的稳定性考核记录复印件各1套,计量标准负责人、检定或校准人员能力证件复印件1套,近期开展检定或者校准工作的原始记录及相应检定或者校准证书复印件2套,以及计量比对报告(如果适用)复印件1套等。

2)理解要点

①申请计量标准考核的规定

《计量法》第六、七、八条,《中华人民共和国计量法实施细则》第八、九、十条以及《计量标准考核办法》对下述4类不同情况计量标准的考核申请做出了规定。

a)国务院计量行政部门组织建立的社会公用计量标准以及省级人民政府计量行政部门组织建立的本行政区域内最高等级的社会公用计量标准,应当向国务院计量行政部门申请考核。市(地)、县级人民政府计量行政部门组织建立的本行政区域内各项最高等级的社会公用计量标准,应当向上一级人民政府计量行政部门申请考核;各级地方人民政府计量行政部门组织建立的其他等级的社会公用计量标准,应当向组织建立计量标准的人民政府计量行政部门申请考核。即县级以上人民政府计量行政部门建立的本行政区域内的各项最高等级的社会公用计量标准,应当向上一级人民政府计量行政部门申请考核;其他等级的社会公用计量标准,应当向当地人民政府计量行政部门申请考核。

注:社会公用计量标准是指经过人民政府计量行政部门考核、批准,在社会上实施计量监督具有公证作用的计量标准。最高等级的社会公用计量标准作为统一本地区量值的依据,必须经上级人民政府计量行政部门考核合格才能使用。其他等级的社会公用计量标准即次级社会公用计量标准应向当地人民政府计量行政部门申请考核。

b)国务院有关主管部门和省、自治区、直辖市人民政府有关主管部门组织建立本部门的各项最高计量标准,应当向同级人民政府计量行政部门申请考核。

国务院有关主管部门是指国务院下属的部级有关行业主管部门；省、自治区、直辖市人民政府有关主管部门是指省、自治区、直辖市人民政府下属的厅(局)级有关行业主管部门。

国务院有关主管部门建立的本部门的各项最高计量标准应当向国务院计量行政部门申请考核；省级人民政府有关主管部门建立本部门的各项最高计量标准，应当向省级人民政府计量行政部门申请考核。

注：国务院有关主管部门建立本部门的各项最高计量标准，须经同级人民政府计量行政部门主持考核合格后，才能在本部门内部开展计量检定。省级以上人民政府有关主管部门根据本部门的特殊需要建立的各项最高计量标准，在本部门内使用，作为统一本部门量值的依据。

c)企业、事业单位建立的本单位的各项最高计量标准，应当向与其主管部门同级的人民政府计量行政部门申请考核。

有主管部门的企业、事业单位的计量标准，无论是用于检定还是校准，其各项最高计量标准，都应当经与其主管部门同级的人民政府计量行政部门主持考核合格后，才能开展检定或校准工作。

无主管部门的企业单位建立的本单位内部使用的各项最高计量标准，应当向该单位工商注册地的人民政府计量行政部门申请考核。民营、私营和三资企业单位一般都属于无主管部门的单位，这些单位在建立计量标准时，其各项最高计量标准应当向本单位工商注册地所在地的人民政府计量行政部门申请考核。

d)承担人民政府计量行政部门计量授权任务的单位建立的相关计量标准，应当向授权的人民政府计量行政部门申请考核。

对社会开展强制检定、非强制检定或对内部执行强制检定应当按照《计量授权管理办法》的规定向有关人民政府计量行政部门申请计量授权。其计量标准应当向受理计量授权的人民政府计量行政部门申请考核。

注：计量授权是指县级以上人民政府计量行政部门依法授权予其他部门或单位的计量检定机构或技术机构，执行计量法规定的强制检定和其他检定、测试任务。

②申请新建计量标准，提交资料注意事项

申请新建计量标准考核的单位，应当向主持考核的人民政府计量行政部门提供6个方面的资料，同时应注意以下事项。

a)《计量标准考核(复查)申请书》的所有栏目应当详尽填写。原件应当在"建标单位意见"和"建标单位主管部门意见"栏目加盖公章，电子版的内容应当与原件一致。

b)《计量标准技术报告》的所有栏目应当详尽填写。

c)关于"计量标准器及配套的计量设备有效检定证书"的理解详见《计量标准考核规范》4.1.3条款。

d)开展检定项目的原始记录及相应的模拟检定各2套(复印件)；如开展校准，应当提交开展校准项目的原始记录和模拟校准证书各2套(复印件)。

e)提供《计量标准考核(复查)申请书》中列出的所有检定或校准人员能力证件复印件1套。

f)如果有可以证明计量标准具有相应测量能力的其他技术资料，建标单位也应当提供。证明计量标准具有相应测量能力的其他技术资料包括检定或校准结果的测量不确定度评定报告、计量比对报告、研制或改造计量标准的技术鉴定或验收资料等。

③申请新建计量标准,其他注意事项

申请新建计量标准考核的单位除了提交上述6个方面的资料外,还需要注意以下两点:

a)如采用国家计量检定规程或国家计量校准规范以外的技术规范,应当提供相应技术规范文件原件1套。

b)在《计量标准技术报告》中的"检定或校准结果的重复性试验"和"计量标准的稳定性考核"中提供《检定或校准结果的重复性试验记录》和《计量标准的稳定性考核记录》。

④建标单位应当在计量标准考核证书有效期届满前6个月向主持考核的人民政府计量行政部门提出计量标准复查考核申请。未按规定期限提交复查考核申请,建标单位应当承担不能按期考核、计量标准超过有效期使用、不具备法律效力的责任;超过计量标准考核证书有效期的,建标单位应当按照新建计量标准重新申请考核。

⑤申请计量标准复查考核,提交资料注意事项

申请计量标准复查考核的单位,应当向主持考核的人民政府计量行政部门提供11个方面的资料,同时应注意以下事项:

a)《计量标准考核(复查)申请书》的所有栏目应详尽填写,其填写方法详见"《计量标准考核(复查)申请书》的填写与使用说明"。原件应当在"建标单位意见"和"建标单位主管部门意见"栏目加盖公章,电子版的内容应当与原件一致。

b)申请计量标准复查考核应当交回计量标准考核证书的原件。

c)计量标准考核证书有效期内计量标准器及配套的计量设备的连续、有效的检定或校准证书复印件1套,"连续"是指计量标准自上一次考核以来计量标准器及配套的计量设备历年的所有检定或校准证书,有效期要保持连续,不应中断。

d)建标单位每年至少进行一次检定或校准结果的重复性试验,因此应提交计量标准考核证书有效期内连续的《检定或校准结果的重复性试验记录》复印件1套。

e)建标单位每年应当至少进行一次稳定性考核,因此应提交计量标准考核证书有效期内连续的《计量标准的稳定性考核记录》复印件1套。

f)在计量标准考核证书有效期内计量标准器或配套的计量设备如有更换,申请计量标准复查考核时,应当提供《计量标准更换申报表》复印件1份。同时《计量标准考核(复查)申请书》中的计量标准器及配套的计量设备按更换后填写。

g)如果在计量标准考核证书有效期内发生了封存(或注销),申请计量标准复查考核时应当提供计量标准封存(或注销)申报表复印件1份。

h)申请计量标准复查考核时还应提供其他可以证明计量标准具有相应测量能力的技术资料。

4.3.2.2　计量标准考核的受理

(1)《计量标准考核规范》条文内容

主持考核的人民政府计量行政部门收到建标单位递交的申请资料后,应当对申请资

料进行初审,确定是否受理。

初审的内容主要包括:

1)申请考核的计量标准是否属于受理范围;

2)申请资料是否齐全,内容是否完整,所用表格是否采用本规范规定的格式;

3)计量标准器及配套的计量设备是否具有有效的检定或校准证书;

4)开展的检定或校准项目是否具有计量检定规程或计量校准规范;

5)是否配备至少两名具有相应能力的检定或校准人员和一名计量标准负责人。

申请资料齐全并符合本规范要求的,受理申请,发送受理决定书。

申请资料不符合本规范要求的:

1)可以立即更正的,应当允许建标单位更正。更正后符合本规范要求的,应当受理申请,发送受理决定书。

2)申请资料不齐全或不符合本规范要求的,应当在5个工作日内一次告知建标单位需要补正的全部内容,经补充符合要求的予以受理;逾期未告知的,视为受理。

3)不属于受理范围的,发送不予受理决定书,并将有关申请资料退回建标单位。

(2)理解要点

1)初审是一种形式审查

受理考核申请的人民政府计量行政部门应当对建标单位申报的技术资料进行审查,称作"初审"。初审是一种形式审查,初审的主要内容是检查申报的资料是否齐全、完整和规范,是否符合考核的基本要求,其目的是确定是否受理该计量标准考核的申请。

2)初审的主要内容

初审的主要内容有如下五项:

①申请考核的计量标准是否属于受理范围。申请建立的计量标准是否符合国家计量法律、法规及《计量标准考核规范》的有关规定,是否属于本级人民政府计量行政部门的受理范围。

②建标单位提供的技术资料是否齐全、完整和规范。"齐全"是指提交的申请材料种类、数量与要求应当相符;"完整"是指申报的每一份技术资料均应当按要求填写,所有表格均应当填写完整;"规范"是指申报的技术资料所用表格应当符合《计量标准考核规范》附录中规定的格式。

对于建标单位提交的《计量标准考核(复查)申请书》和《计量标准技术报告》的内容是否完整并符合《计量标准考核规范》的规定,初审要求如下:

a)所有栏目是否均按照填写要求详尽填写;

b)"建标单位意见"栏目中建标单位是否签署意见并加盖单位公章;

c)有主管部门的建标单位,"建标单位主管部门意见"栏目中主管部门是否明确意见并加盖公章。

③计量标准器的检定或校准证书是不是国家法定计量检定机构或授权计量技术机构出具的有效期内的检定或校准证书,主要配套计量设备是否具有有效检定或校准证书。

④拟开展的检定或校准项目,是否具有相对应的有效计量检定规程或计量校准

规范。

⑤审查建标单位是否拥有至少两名具备相应能力的检定或校准人员和一名计量标准负责人。

3）初审结果的处理

①申请资料符合《计量标准考核规范》要求的处理：申请资料齐全并符合《计量标准考核规范》要求的，受理申请，发送《行政许可受理决定书》。

②申请资料不符合《计量标准考核规范》要求的处理：

a）可以立即更正的，应当允许申请人更正。更正后符合《计量标准考核规范》要求的，受理申请，发送《行政许可受理决定书》。

b）申请资料不齐全或不符合《计量标准考核规范》要求的，应当在5个工作日内一次告知申请人需要补正的全部内容，发送《行政许可申请材料补正告知书》，经补正符合要求的予以受理。逾期未告知的，视为受理。

c）申请不属于受理范围的，发送《行政许可申请不予受理决定书》，并将有关申请资料退回建标单位。

4.3.2.3　计量标准考核的组织与实施

（1）计量标准考核的组织

1）《计量标准考核规范》条文内容

①主持考核的人民政府计量行政部门受理考核申请后，应当及时确定组织考核的人民政府计量行政部门。主持考核的人民政府计量行政部门所辖区域内的计量技术机构具有与被考核计量标准相同或更高等级的计量标准，并有该项目的计量标准考评员（以下简称考评员）的，应当自行组织考核；不具备上述条件的，应当报上一级人民政府计量行政部门组织考核。

②组织考核的人民政府计量行政部门应当及时委托具有相应能力的单位（即考评单位）或组成考评组承担计量标准考核的考评任务，并下达计量标准考核计划。计量标准考核的组织工作应当在10个工作日内完成。

2）理解要点

本条明确了计量标准考核的组织原则和实施要求。按照我国计量法律、法规的规定，主持考核的人民政府计量行政部门有国家、省级、市（地）及县四级。

①主持考核的人民政府计量行政部门根据申报计量标准的准确度等级组织考核。有考核能力的应当自行组织考核；不具备考核能力的，应当报上一级人民政府计量行政部门组织考核。因此要求主持考核的人民政府计量行政部门在初审工作完成后，还要根据申请考核的计量标准的准确度等级，以及本地区的考评能力确定组织考核的人民政府计量行政部门。具体实施如下：

a）如主持考核的人民政府计量行政部门所辖区域内的计量技术机构具有与被考核的计量标准相同或更高等级的计量标准，并有该项目的持证计量标准考评员，主持考核的人民政府计量行政部门应当自行组织考核，考核合格的签发计量标准考核证书。

b）如主持考核的人民政府计量行政部门所辖区域内的计量技术机构没有相应的计

量标准考评员或没有相应的计量标准,也就是说不具备对申请考核的计量标准进行考评的能力,该项目应当呈报上一级人民政府计量行政部门组织考核,考核合格后由主持考核的人民政府计量行政部门签发计量标准考核证书。

注:如果上一级人民政府计量行政部门也不具备考核能力,应当逐级上报。

②组织考核的人民政府计量行政部门应当制订考核计划,把考评任务以下达计量标准考评任务书的方式委派给具有相应能力的单位或考评组承担考评任务。此处"具有相应能力的单位"即考评单位,是指有能力承担并完成考评任务的计量技术机构,该单位应当具有与被考核的计量标准相同或更高级的计量标准并有相应项目的持证计量标准考评员。通常情况下,计量标准考核由组织考核的人民政府计量行政部门委派给有能力的计量检定机构或有关的计量技术机构承担,或由组织考核的人民政府计量行政部门根据需要聘请计量标准考评员,组成考评组执行考评任务。

③主持考核的人民政府计量行政部门应当将组织考核的人民政府计量行政部门、考评单位以及考核计划等考核相关事宜告知建标单位,以便建标单位做好考评前的准备工作。为了和建标单位沟通以及是否启动实行考评员回避制度,必要时,主持考核的人民政府计量行政部门也可征询建标单位意见后再确定考核计划。如果是现场考评,考评组组长确定考评日期时应当同建标单位联系,共同协商具体的考评事宜。

④计量标准考核的组织工作应当在10个工作日内完成。

(2)考评员的聘请及考评组的组成

1)《计量标准考核规范》条文内容

计量标准考评实行考评员负责制,每项计量标准一般由1~2名考评员执行考评任务。

组织考核的人民政府计量行政部门一般聘用本行政区内的考评员执行考评任务,需要跨行政区域聘用考评员的,聘用时应当通过考评员所在地的人民政府计量行政部门认可。安排考评任务时,委托考评项目应当与考评员所取得的考评项目一致。如果考评员所持考评项目不足以覆盖被考评项目,组织考核的人民政府计量行政部门可以聘请有关技术专家和相近专业项目的考评员组成考评组执行考评任务。

考评单位应当根据有关人民政府计量行政部门下达的计量标准考核计划,聘请本单位的考评员执行考评任务。

如果是现场考评,组织考核的人民政府计量行政部门或考评单位应当组成考评组,并指派其中一名考评员担任考评组组长。

2)理解要点

①考评员的聘用原则。计量标准考核实行考评员考评制度,这是计量标准考核的基本原则之一。每项计量标准一般由1~2名考评员执行考评任务。

国务院计量行政部门在主持考核聘用考评员时,原则上应当聘用国家计量标准一级考评员。国务院计量行政部门在下达计量标准考核计划给考评单位后,由考评单位根据考核计划聘用本单位的国家计量标准一级考评员执行考评任务。

省级及以下各级人民政府计量行政部门在组织考核时,可聘用本行政区内的国家计量标准一级或二级考评员执行考评任务。考评单位根据有关人民政府计量行政部门下达的计量标准考核计划聘用本单位的国家计量标准一级或二级考评员执行考评任务。

注：计量标准考评员是指经省级以上人民政府计量行政部门培训考核合格并备案，具有承担计量标准考评资格的计量技术专家。

②跨行政区域聘用考评员一般适用于执行次级计量标准的考评。如果需要跨行政区域聘用考评员执行考评任务时，组织考核的人民政府计量行政部门应当与考评员所在地的省级人民政府计量行政部门协商后聘用。

③聘用计量标准考评员时，其考评项目应当与考评员所取得的考评项目相同。如果考评员所取得的考评项目不足以覆盖被考评项目时，组织考核的人民政府计量行政部门可聘请有关技术专家和相近专业项目的考评员组成考评组共同执行考评任务。

④考评单位应当根据有关人民政府计量行政部门下达的计量标准考评任务，聘请本单位的考评员承担考评工作，如果个别项目本单位的考评员不能覆盖时，考评单位应当向组织考核的人民政府计量行政部门及时反映，并由组织考核的人民政府计量行政部门聘用其他单位的考评员执行考评任务。

⑤如果现场考评的考评员为2名或2名以上时，组织考核的人民政府计量行政部门或考评单位应当组成考评组，并指派其中一名考评员担任考评组组长。如果只有1名考评员，则由该名考评员负责整个考评工作。

⑥考评员应严格遵守考评纪律，并认真履行考评职责。

（3）计量标准的考评

1）《计量标准考核规范》条文内容

考评组及考评员应当按照本规范第6章的要求实施考评。

2）理解要点

①计量标准的考评是计量标准考核的技术审查环节。

②计量标准的考评由考评组及考评员负责实施。

③考评组或考评员实施考评应当按照《计量标准考核规范》第6章的要求进行。

4.3.2.4　计量标准考核的审批

（1）《计量标准考核规范》条文内容

主持考核的人民政府计量行政部门对组织考核的人民政府计量行政部门、考评单位或考评组上报的考评资料及考评员的考评结果进行审核，批准考核合格的计量标准，确认考核不合格的计量标准。审批工作一般应当在20个工作日内完成。

主持考核的人民政府计量行政部门应当根据审批结果，在10个工作日内，向考核合格的建标单位下达准予行政许可决定书，颁发计量标准考核证书，退回《计量标准考核（复查）申请书》和《计量标准技术报告》原件各1份；向考核不合格的建标单位发送不予行政许可决定书或计量标准考核结果通知书。主持考核的人民政府计量行政部门保存《计量标准考核（复查）申请书》1份和《计量标准考核报告》（格式见附录J）1份,建标单位保存《计量标准考核（复查）申请书》1份。

计量标准考核证书的有效期为5年。

(2) 理解要点

1) 主持考核的人民政府计量行政部门对考评单位或考评组上报的《计量标准考核报告》等考核材料进行审核。审核的重点为：

①计量标准的技术指标满足量值传递工作的需要；

②开展的检定或校准项目栏填写正确；

③考评意见明确，有考评员的签字；

④考评单位意见明确，有负责人签字并加盖公章。

2) 考核合格的，由主持考核的人民政府计量行政部门发给建标单位准予行政许可决定书，并签发计量标准考核证书。

3) 考核不合格的、由主持考核的人民政府计量行政部门向建标单位发送不予行政许可决定书或计量标准考核结果通知书，说明其不合格的主要原因，并退回有关申请资料。

4) 计量标准考核的审批时间为 20 个工作日。主持考核的人民政府计量行政部门应当在 20 个工作日内完成计量标准考核的审批工作。

5) 计量标准考核的发证时间为 10 个工作日。主持考核的人民政府计量行政部门应当在 10 个工作日内完成计量标准考核证书的签发。

6) 计量标准考核证书的有效期为 5 年。例如：发证时间为 2023 年 10 月 16 日，有效期至 2028 年 10 月 15 日。

4.4 卷烟和滤棒物理性能综合测试台计量标准的建立

4.4.1 卷烟和滤棒物理性能综合测试台计量标准建立的背景及历史

4.4.1.1 卷烟和滤棒物理性能综合测试台计量标准建立的背景

卷烟和滤棒物理性能综合测试台属于烟草专用检测设备，主要用于检测卷烟和滤棒长度、质量、圆周、吸阻（压降）、通风率、硬度等多项物理性能指标。在烟草行业，卷烟和滤棒物理性能综合测试台广泛应用于卷包车间、成型车间等生产现场以及制品检验室、成品检验室和技术研究实验室等工作场所，发挥着生产过程监控、出厂产品质量把关和产品研发支持等重要作用，是卷烟产品质量监测和质量保障的关键设备。卷烟和滤棒物理性能综合测试台检测结果的量值准确性对保障卷烟产品质量具有十分重要的意义。因此，为保证卷烟和滤棒物理性能综合测试台检测结果的准确性，有必要建立卷烟和滤棒物理性能综合测试台计量标准，开展卷烟和滤棒物理性能综合测试台的检定和校准，以实现对烟草专用计量器具统一规范的量值传递溯源。

4.4.1.2 卷烟和滤棒物理性能综合测试台计量标准建立的历史

20 世纪 90 年代，烟草行业的卷烟和滤棒物理性能综合测试台主要是进口仪器，如英国斯茹林、法国索定、德国博格瓦特、美国 KC 等国外公司的综合测试台。这些测试仪器和配套工作计量标准器具在国内找不到适合的计量标准,无法在国内开展量值溯源工作。2002年,中国烟草标准化研究中心针对卷烟和滤棒物理性能综合测试台配套使用的烟草专用吸阻标准棒、烟草专用标准恒流孔、烟草专用通风率标准棒等工作计量器具制定了JJG(烟草)15—2002《烟草专用吸阻标准棒检定规程》、JJG(烟草)16—2002《烟草专用标准恒流孔检定规程》、JJG(烟草)17—2002《烟草专用通风率标准棒检定规程》等多项烟草行业计量检定规程,为建立烟草专用计量标准提供了技术依据。同年,经过全国计量标准考核委员会组织的建标考核,2002年卷烟和滤棒物理性能综合测试台标准装置、烟草专用气体压力标准装置获国家原质检总局批准,计量标准考核证书号分别为〔2002〕国量标烟证字001号、〔2002〕国量标烟证字002号。随后,国家烟草专卖局正式发文(国烟科监〔2002〕53号)批准针对烟草专用吸阻标准棒、烟草专用标准恒流孔、烟草专用通风率标准棒的计量标准正式启用,并授权中国烟草标准化研究中心依托上述计量标准在行业内开展烟草专用吸阻标准棒、烟草专用标准恒流孔(CFO)、烟草专用通风率标准棒等专用计量器具的量值传递工作。不过,烟草行业专用计量器具的计量工作局限在卷烟和滤棒物理性能综合测试台等整机配套工作计量器具的计量,无法实现整机现场计量工作,难以满足行业内对卷烟和滤棒物理性能综合测试台整机计量溯源的需求。

鉴于上述背景,2010年国家烟草专卖局以国烟科〔2010〕91号文件下达了《卷烟和滤棒物理性能综合测试台检定规程》的修订任务,由中国烟草标准化研究中心牵头承担。2012年,《卷烟和滤棒物理性能综合测试台检定规程》修订完成,并由国家烟草专卖局批准发布,为建立卷烟和滤棒物理性能综合测试台的计量标准提供了技术依据。2013年,中国烟草标准化研究中心建立的卷烟和滤棒物理性能综合测试台检定装置,经过全国计量标准考核委员会组织的建标考核,获国家原质检总局批准,计量标准考核证书号为:〔2012〕国量标烟证字007号。同年,国家烟草专卖局正式发文(国烟科〔2013〕436号)批准卷烟和滤棒物理性能综合测试台检定装置作为部门最高计量标准正式启用,并授权中国烟草标准化研究中心依托该计量标准在行业内开展卷烟和滤棒物理性能综合测试台的量值传递工作。由此开始,我国烟草行业实现了卷烟和滤棒物理性能综合测试台的整机现场计量。

目前,卷烟和滤棒物理性能综合测试台检定装置自2013年首次建立以来,共经历了2次计量标准复查考核,分别于2017年、2022年通过全国计量标准考核委员会组织的复查考核后获得换发新计量标准考核证书。

4.4.2 建立卷烟和滤棒物理性能综合测试台计量标准的准备工作

4.4.2.1 卷烟和滤棒物理性能综合测试台计量标准技术依据的准备

建立卷烟和滤棒物理性能综合测试台计量标准,需要具备建立计量标准所依据的技术文件,因此中国烟草标准化研究中心申报了《卷烟和滤棒物理性能综合测试台计量检定规程》的行业标准项目,分析确定了卷烟和滤棒物理性能综合测试台的各项检定指标和计量性能要求,研究了卷烟和滤棒物理性能综合测试台卷烟质量、长度、圆周、卷烟吸阻和滤棒压降、硬度、通风率等测试单元的检定项目及检定方法,在试验验证的基础上完成了计量检定规程(草案),经过广泛征求意见,并审定通过后,由国家烟草专卖局批准发布为JJG(烟草)01—2012《卷烟和滤棒物理性能综合测试台检定规程》,由此完成了卷烟和滤棒物理性能综合测试台计量标准技术依据的准备工作。

4.4.2.2 建立卷烟和滤棒物理性能综合测试台计量标准的申请

建立卷烟和滤棒物理性能综合测试台检定装置计量标准,按照计量标准申请的要求,完成了前期相应的准备工作,主要准备工作如下:

1)科学合理、完整齐全地配置计量标准器及配套设备。
2)计量标准器及配套的计量设备取得有效的检定或校准证书。
3)计量标准经过试运行6个月。
4)计量标准的稳定性等计量特性得到充分验证。
5)环境条件及设施满足计量检定规程的要求并进行了有效监控。
6)指定了计量标准负责人,并配备了具有相应能力的检定或校准人员。
7)在计量标准文件中,对计量标准的稳定性考核、检定或校准结果的重复性试验、检定或校准结果的不确定度评定以及检定或校准结果的验证等相关文件严格按照计量标准考核要求逐一核查。

在上述准备工作的基础上,撰写完成《计量标准考核(复查)申请书》《计量标准技术报告》等计量标准申请材料,于2013年正式提交全国计量标准考核委员会,申请新建计量标准考核。

4.4.3 卷烟和滤棒物理性能综合测试台计量标准的考评与启用

4.4.3.1 卷烟和滤棒物理性能综合测试台检定装置的工作原理及组成

(1)工作原理

卷烟和滤棒物理性能综合测试台是用于测量卷烟和滤棒物理性能指标的仪器,其指标主要包括卷烟质量、卷烟和滤棒圆周、滤棒圆度、卷烟和滤棒长度、卷烟吸阻和滤棒压降、卷烟通风率、卷烟和滤棒硬度。卷烟和滤棒物理性能综合测试台质量测试单元采用的是与电子天平类似的装置,直接对试样的质量进行称量;圆周和滤棒圆度测试单元采用的是激光或光电投影传感器装置,直接对试样的圆周(圆度)进行测量;长度测试单元采用激光或光电投影传感器装置直接测量试样的长度;卷烟吸阻和滤棒压降测试单元是在通过试样气体体积流量稳定在17.5 mL/s时,测量试样两端的压力差,从而得到试样的吸阻或压降;通风率测试单元是在通过试样气体体积流量稳定在17.5 mL/s时,通过计算得出试样的通风率;硬度测试单元采用点压法,在规定时间内试样的径向受到一定压力,计算试样受力前后直径百分比得出试样的硬度。

利用砝码检测质量测试单元,用质量测试单元对砝码进行测量,测量值与砝码标定值相比较；利用圆周标准棒检测圆周和滤棒圆度测试单元，用圆周和滤棒圆度测试单元对圆周标准棒进行测量，测量值与圆周棒标定值相比较；利用数字压差计和吸阻标准棒检测卷烟吸阻和滤棒压降测试单元，用卷烟吸阻和滤棒压降测试单元和数字压差计同时测量吸阻标准棒，吸阻测试单元测量值和数字压差计示值相比较；利用通风率标准棒检测通风率测试单元，用通风率测试单元对通风率标准棒进行测量，测量值与通风率标准棒标定值相比较；利用长度标准棒检测长度测试单元，用长度测试单元测量长度标准棒，测量值与长度棒标定值相比较；利用硬度标准棒和测力仪检测硬度测试单元，用硬度测试单元测量硬度标准棒，测量值与硬度标准棒相比较，用测力仪直接测量硬度测试单元的预压力和施压负荷；从而对卷烟和滤棒物理性能综合测试台进行检定或校准。

（2）卷烟和滤棒物理性能综合测试台计量标准装置的组成

本计量标准装置主要由砝码、圆周标准棒、数字压差计、通风率标准棒、长度标准棒、硬度标准棒和测力仪组成，如图4-1所示。

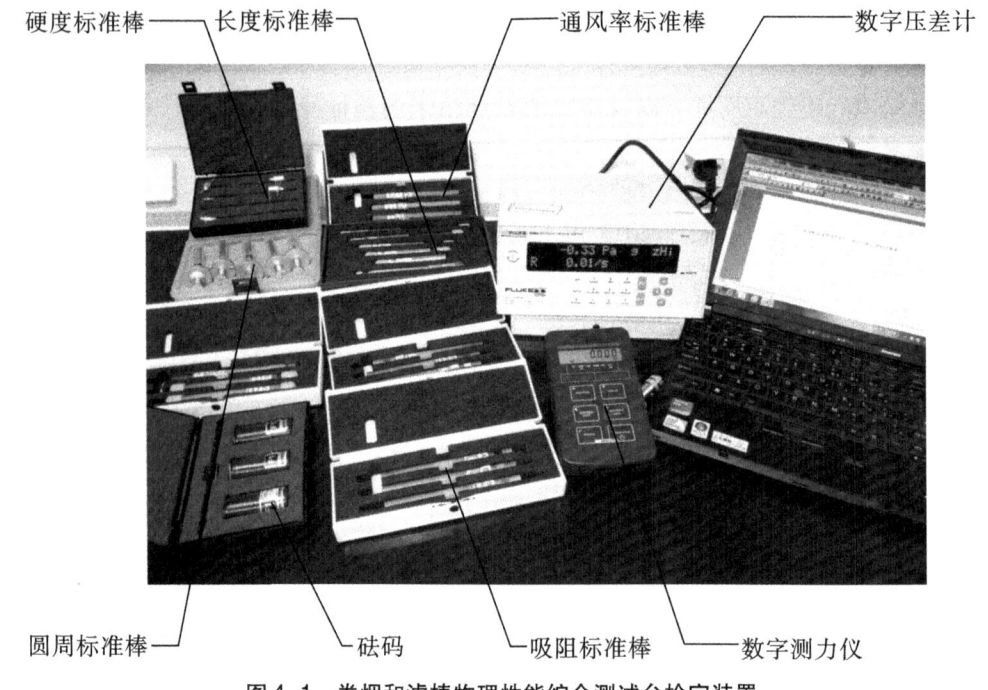

图4-1 卷烟和滤棒物理性能综合测试台检定装置

4.4.3.2 卷烟和滤棒物理性能综合测试台检定装置的量值溯源和传递情况

卷烟和滤棒物理性能综合测试台检定装置的量值溯源和传递情况见图4-2。

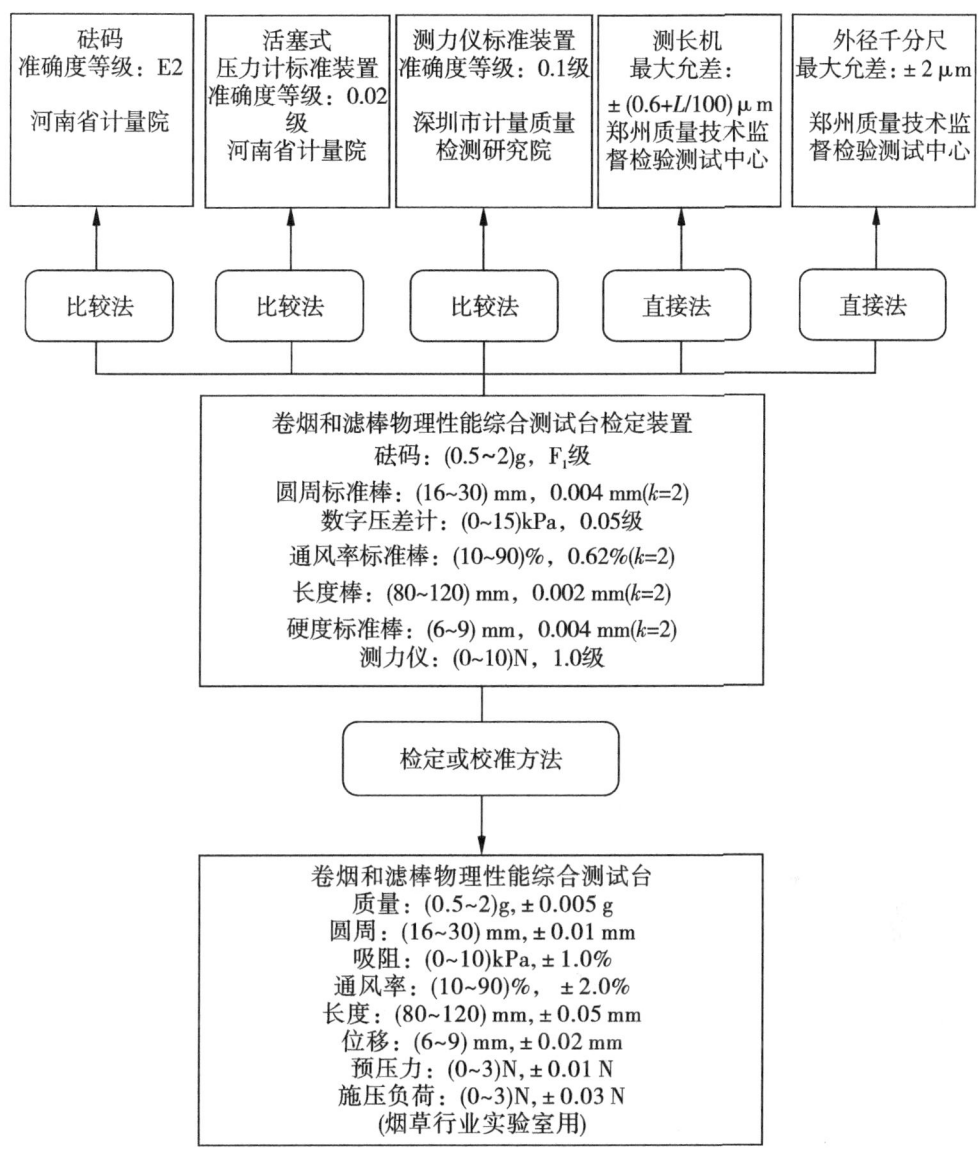

图4-2 卷烟和滤棒物理性能综合测试台检定装置的量值溯源和传递图

4.4.3.3 卷烟和滤棒物理性能综合测试台计量标准的考评

(1)卷烟和滤棒物理性能综合测试台计量标准的考评方式、内容和要求

1)《计量标准考核规范》条文内容

计量标准的考评分为书面审查和现场考评。新建计量标准的考评首先进行书面审查,如果基本符合条件,再进行现场考评。复查计量标准的考评一般采用书面审查,当建标单位所提供的技术资料不能证明计量标准具有相应的测量能力,或计量检定规程或计量校准规范发生变更时,其技术要求或方法发生实质性变化,以及计量标准的环境条件

及设施发生重大变化可能影响计量标准计量特性的保持时,应当进行现场考评;对于一个单位多项计量标准同时进行复查考核的,在书面审查的基础上,可以采用抽查的方式安排现场考评。

计量标准的考评内容包括计量标准器及配套设备、计量标准的主要计量特性、环境条件及设施、人员、文件集以及计量标准测量能力的确认等6个方面共30项要求(见《计量标准考核规范》附录J《计量标准考核报告》中的"计量标准考评表")。其中重点考评项目(带*号的项目)有10项;书面审查项目(带△号的项目)有20项。考评时,如果有重点考评项目不符合要求,则为考评不合格,如果重点考评项目有缺陷,或其他项目不符合或有缺陷时,则可以限期整改,整改时间一般不超过15个工作日。越过整改期限仍未改正者,视为考评不合格。

计量标准的考评应当在80个工作日内(包括整改时间及考评结果复核、审核时间)完成。

2)考评方式、内容和要求

卷烟和滤棒物理性能综合测试台计量标准属于新建计量标准,故全国计量标准考核委员会对该计量标准首先进行了书面审查,在基本符合条件情况下,又组织考评组进行了现场考评。

计量标准考评专家组针对计量标准器及配套设备、计量标准的主要计量特性、环境条件及设施、人员、文件集以及计量标准测量能力的确认等6个方面共30项内容按照《计量标准考核规范》的要求开展了全要素考评。

(2)建立卷烟和滤棒物理性能综合测试台检定装置的书面审查

1)《计量标准考核规范》条文内容

①书面审查是考评员通过查阅建标单位提供的资料,确认所建计量标准是否满足法制和技术的要求,是否符合有关考核要求,并具有相应测量能力。如果考评员对建标单位提供的资料存有疑问时,应当与建标单位进行沟通。

②书面审查的内容见"计量标准考评表"带"△"的项目。重点审查的内容为:

a)计量标准器及配套的计量设备的配置是否完整齐全,是否符合计量检定规程或计量校准规范的要求,并满足开展检定或校准工作的需要;

b)计量标准的溯源性是否符合规定要求,计量标准器及配套的计量设备是否具有有效的检定或校准证书;

c)计量标准的主要计量特性是否符合要求;

d)是否采用有效的计量检定规程或计量校准规范;

e)原始记录、数据处理以及检定或校准证书是否符合要求;

f)《计量标准技术报告》填写内容是否齐全、正确,并及时更新,重点关注计量标准的稳定性考核、检定或校准结果的重复性试验、检定或校准结果的不确定度评定以及检定或校准结果的验证等内容是否符合要求;

g)是否配备至少两名本项目具有相应能力的检定或校准人员;

h)计量标准具有相应测量能力的其他技术资料是否符合要求。

2)建立卷烟和滤棒物理性能综合测试台计量标准的书面审查总体情况

卷烟和滤棒物理性能综合测试台计量标准考评专家组对中国烟草标准化研究中心提交的申请资料开展了书面审查工作,认为提供的申请资料符合考核要求,具体情况如下:

①计量标准器及配套的计量设备的配置完整齐全,符合JJG(烟草)01—2012《卷烟和滤棒物理性能综合测试台检定规程》的要求,满足开展检定工作的需要;

②计量标准的溯源性符合规定要求,计量标准器及配套的计量设备具有有效的检定或校准证书;

③计量标准的主要计量特性符合要求;

④采用了有效的计量检定规程;

⑤原始记录、数据处理以及检定证书符合要求;

⑥《计量标准技术报告》填写内容齐全、正确,计量标准的稳定性考核、检定结果的重复性试验、检定结果的不确定度评定以及检定结果的验证等内容符合要求;

⑦配备了6名本项目具有相应能力的检定人员。

根据书面审查情况,卷烟和滤棒物理性能综合测试台计量标准考评专家组与中国烟草标准化研究中心协商确定了现场考评具体时间及有关要求等现场考评事宜。

(3)建立卷烟和滤棒物理性能综合测试台计量标准的现场考评

1)《计量标准考核规范》条文内容

①现场考评是考评员通过现场观察、资料核查、现场实验和现场提问等方法,对计量标准是否符合考核要求进行判断,并对计量标准测量能力进行确认。现场考评以现场实验和现场提问作为考评重点,现场考评的时间一般为1~2天。

②现场考评的内容为6个方面共30项要求。进行现场考评时,考评员应当按照"计量标准考评表"的内容(见表4-2)逐项进行审查和确认。在考评过程中,考评员应当对发现的问题与建标单位有关人员交换意见,确认不符合项或缺陷项,下达"计量标准整改工作单"。

表4-2 计量标准现场考评的内容

序号	6个方面	《计量标准考核规范》条款号及评审内容(30项)
1	4.1 计量标准器及配套设备	*△4.1.1 计量标准器及配套设备配置科学合理、完整齐全,并满足开展检定或校准工作的需要
2		*△4.1.2 计量标准器及配套的计量设备的计量特性符合相应计量检定规程或计量校准规范的规定,并满足开展检定或校准工作的需要
3		*△4.1.3 计量标准的溯源性符合要求,计量标准器及配套的计量设备均有连续、有效的检定或校准证书
4	4.2 计量标准的主要计量特性	△4.2.1 测量范围表述正确
5		△4.2.2 不确定度或准确度等级或最大允许误差表述正确
6		*△○4.2.3 计量标准的稳定性合格
7		△4.2.4 计量标准的其他计量特性符合要求

续表 4-2

序号	6个方面		《计量标准考核规范》条款号及评审内容(30项)
8	4.3 环境条件及设施		*4.3.1 温度、湿度、照明、供电等环境条件符合要求
9			4.3.2 设施的配置符合要求;互不相容的区域进行了有效隔离
10			4.3.3 环境条件进行了有效的监控
11	4.4 人员		4.4.1 有能够履行职责的计量标准负责人
12			*△4.4.2 配备了两名以上具有相应能力的检定或校准人员
13	4.5 文件集	4.5.1 文件集的管理	4.5.1 文件集的管理符合要求
14		4.5.2 计量检定规程或计量校准规范	*4.5.2 有有效的计量检定规程或计量校准规范
15		4.5.3 计量标准技术报告	△4.5.3.1 计量标准技术报告更新及时,有关内容填写齐全、表述清晰
16			△4.5.3.2 计量标准器及配套的计量设备信息填写正确
17			△4.5.3.3 计量标准的主要技术指标和环境条件填写正确
18			△4.5.3.4 计量标准的量值溯源和传递框图正确
19			△○4.5.3.5 检定或校准结果的重复性试验符合要求
20			*△○4.5.3.6 检定或校准结果的不确定度评定的步骤、方法正确,评定结果合理
21			△○4.5.3.7 检定或校准结果的验证方法正确,验证结果符合要求
22		4.5.4 检定或校准原始记录	△4.5.4.1 原始记录格式规范、信息齐全,填写、更改、签名及保存等符合要求
23			△4.5.4.2 原始记录数据真实、完整,数据处理正确
24		4.5.5 检定或校准证书	△4.5.5.1 证书的格式、签名、印章及副本保存等符合要求
25			△4.5.5.2 检定或校准证书结果正确,内容符合要求
26		4.5.6 管理制度	4.5.6 制订并执行相关管理制度
27	4.6 计量标准测量能力的确认	4.6.1 技术资料审查	△4.6.1 通过对技术资料审查确认计量标准具有相应测量能力
28		4.6.2 现场实验	*4.6.2.1 检定或校准方法、操作程序、操作过程等符合计量检定规程或计量校准规范的要求
29			*4.6.2.2 检定或校准结果正确
30			4.6.2.3 回答问题正确

③现场考评的程序

a）首次会议。首次会议的主要内容为考评组组长宣布考评的项目和考评员分工,明确考核的依据、现场考评日程安排和要求;建标单位主管人员介绍本单位概况和计量标准考核准备工作情况。

b）现场观察。考评员在建标单位有关人员的陪同下,对考评项目的相关场所进行现场观察。通过观察,了解计量标准器及配套设备、环境条件及设施等方面的情况,为进入考评作好准备。

c）资料核查。考评员应当按照"计量标准考评表"的内容对申请资料的真实性进行现场核查,核查时应当对重点考评项目以及书面审查未涉及的项目予以关注。

d）现场实验和现场提问。现场实验由检定或校准人员用被考核的计量标准对考评员指定的测量对象进行检定或校准。根据实际情况可以选择盲样、建标单位的核查标准或近期已检定或校准过的计量器具作为测量对象。现场实验时,考评员应当对检定或校准的操作程序、操作过程以及采用的检定或校准方法等内容进行考评,并按照《计量标准考核规范》附录 C.5 的要求将现场试验数据与已知参考数据进行比较,对现场试验结果进行评价,确认计量标准测量能力是否符合考核要求。

现场提问的内容包括:本专业基本理论方面的问题、计量检定规程或计量校准规范中的有关问题、操作技能方面的问题以及考评中发现的问题。

e）末次会议。末次会议由考评组组长或考评员报告考评情况,宣布现场考评结论;需要整改的,应当确认不符合项或缺陷项,提出整改要求和期限;建标单位有关人员表达意见。

2）建立卷烟和滤棒物理性能综合测试台计量标准的现场考评总体情况

考评专家组对中国烟草标准化研究中心建立卷烟和滤棒物理性能综合测试台检定装置开展了现场考评工作,经过了首次会议、现场观察、资料核查、现场实验和现场提问等程序,考评组组长在末次会议上当场宣布了现场考评通过的结论。

4.4.3.4 卷烟和滤棒物理性能综合测试台计量标准的批准和启用

经过书面审查和现场考评的环节,2013 年中国烟草标准化研究中心获得国家原质检总局下发的计量标准考核证书（2022 年中国烟草标准化研究中心计量标准复查考核通过后,获得卷烟和滤棒物理性能综合测试台检定装置的计量标准考核证书,现行有效证书见图 4-3）。

2013 年 11 月国家烟草专卖局批准卷烟和滤棒物理性能综合测试台检定装置正式启用后,中国烟草标准化研究中心在烟草行业正式开展卷烟和滤棒物理性能综合测试台的计量工作。卷烟和滤棒物理性能综合测试台检定装置计量标准的建立,为烟草行业专用测量仪器卷烟和滤棒物理性能综合测试台提供了质量基础设施计量保障,为烟草行业产品生产、质量控制提供了计量技术保障。

计量标准考核证书
Certificate for Examination of Measurement Standard

〔2022〕 国 量 标 烟 证字 第 010 号

根据《中华人民共和国计量法》，按照《计量标准考核规范》的要求，考核合格，特发此证。

This is to certify that the measurement standard conforms with the requirements of the "Rule for the Examination of Measurement Standards" according to "the Law on Metrology of the People's Republic of China".

建标单位名称 中国烟草标准化研究中心（中国烟草总公司郑州烟草研究院）
Possessor of the Measurement Standard

计量标准名称 卷烟和滤棒物理性能综合测试台检定装置　　**代码** 92100200
Name of Measurement Standard　　　　　　　　　　　　　　　Code

测量范围　　(0.5~2)g ；(15~30)mm；(0~15)kPa；
Measuring Range　(10~90)% ；(80~120)mm；(5~9)mm ；(0.09~3.1)N

不确定度或准确度等级　　F_1 级；MPE: $\pm 3\times 10^{-3}$mm；0.05 级；0.62%（$k=2$）；
或最大允许误差　　　　　MPE: $\pm 5\times 10^{-3}$mm；MPE: $\pm 5\times 10^{-3}$mm；0.3(%FS)级
Uncertainty or Accuracy Class or
Maximum Permissible Error

保存地点　河南省郑州市高新区枫杨街 2 号
Installed in

发证　　　　（印章）
The Issuing Authority

发证日期　2022 年 06 月 30 日
Date of Issue

有效期至　2027 年 06 月 29 日
Date of Expiry

(a)正面

4 卷烟和滤棒物理性能综合测试台计量标准

〔2022〕国量标烟证字第 010 号

	名 称 Name	型 号 Model/Type	测量范围 Measuring Range	不确定度或准确度等级或最大允许误差 Uncertainty/Accuracy Class/Maximum Permissible Error	制造厂及出厂编号 Manufacturer and Series Number
计量标准器 Measurement Standard	砝码	/	(0.5~2)g	F_1 级	/
	圆周标准棒	/	(15~30)mm	0.002mm（$k=2$）	/
	数字压差计	RPM4	(0~15) kPa	0.05 级	FLUKE 1459
	通风率标准棒	/	(10~90)%	0.62%（$k=2$）	/
	长度标准棒	/	(80~120)mm	0.002mm（$k=2$）	/
	硬度标准棒	/	(5~9)mm	0.002mm（$k=2$）	JHD0412-0416
	工作测力仪	PSD232-NB	(0.09~3.1)N	0.3（%FS）级	Hony well 16891697
主要配套设备 Main Auxiliary Equipment	吸阻标准棒	/	(1~8) kPa	1.2%（$k=2$）	Cerulean /

	名 称 Name	测量范围 Measuring Range	不确定度或准确度等级或最大允许误差 Uncertainty/Accuracy Class/Maximum Permissible Error	依据的计量检定规程或技术规范的代号及名称 Verification Regulation or Technical Specification and Its Code
可开展的检定或校准项目 Verification or Calibration Items	卷烟和滤棒物理性能综合测试台	质量，(0.5~2) g 圆周，(15~30) mm 吸阻，(0.2~10) kPa 通风率，(10~90) % 长度，(80~120) mm 位移，(5~9) mm 预压力，(0.09~0.3) N 施压负荷，(0.09~3.1) N	±0.005 g ±0.01 mm ±1.0 % ±2.0 % ±0.05 mm ±0.02 mm 1.0（%FS）级 1.0（%FS）级	JJG（烟草）01—2012 卷烟和滤棒物理性能综合测试台检定规程

(b)背面

图 4-3 卷烟和滤棒物理性能综合测试台检定装置计量标准考核证书(2022 年—2027 年)

5 卷烟和滤棒物理性能综合测试台计量技术应用

5.1 卷烟和滤棒物理性能综合测试台主要测试单元简介

5.1.1 吸阻测试单元

5.1.1.1 吸阻测试单元的计量特性

吸阻测试单元主要用于卷烟吸阻或滤棒压降的检测,目前行业在用的卷烟和滤棒物理性能综合测试台吸阻测试单元,国内生产厂家有成都瑞拓科技实业有限责任公司、北京欧美利华科技有限公司和郑州海意科技有限公司,国外生产厂家主要有英国斯茹林公司、法国索定公司、博瓦特公司。各厂家主要品牌仪器吸阻测试单元的计量特性如表5-1~表5-7所示。

(1)仪器 A 的计量特性

表5-1 仪器 A 的计量特性

测量方法	通过 CFO 产生 17.5 mL/s 流量经过样品产生压差
测量单位	mmH_2O
测量范围	$0 \sim 500 \ mmH_2O$
分辨率	$1 \ mmH_2O$
精度	0.5% F.S.D
重复性	$2 \ mmH_2O$
复现性	$3 \ mmH_2O$
空气消耗	≤25 L/min

注:$1 \ mmH_2O = 9.80665 \ Pa$

(2) 仪器 B 的计量特性

表 5-2　仪器 B 的计量特性

测量单位	mmH_2O
测量范围	$0 \sim 500$ mmH_2O
分辨率	1 mmH_2O
精度	0.5% F.S.D
重复性	2 mmH_2O
复现性	3 mmH_2O
空气消耗	≤25 L/min

(3) 仪器 C 的计量特性

表 5-3　仪器 C 的计量特性

测量方法	通过 CFO 产生 17.5 mL/s 流量经过样品产生压差
测量单位	mmH_2O
单机样品规格	小测量管:16 mm ~ 23 mm 大测量管:22 mm ~ 28 mm
测量范围	(0 ~ 1500) mmH_2O
分辨率	1 mmH_2O
精度	(0 ~ 500) mmH_2O:1.0% 读数值 (500 ~ 1500) mmH_2O:0.5% F.S.D
重复性	3 mmH_2O
复现性	4 mmH_2O

(4) 仪器 D 的计量特性

表 5-4　仪器 D 的计量特性

测量方法	真空泵,17.5 mL/s
测量单位	mmH_2O
测量范围	(0 ~ 1000) mmH_2O
分辨率	1 mmH_2O
精度	1% F.S.D
重复性	±1 mmH_2O
复现性	±2 mmH_2O

(5) 仪器 E 的计量特性

表 5-5 仪器 E 的计量特性

压缩空气	≥5 bar
测量单位	Pa
量程	(0~6500) Pa
分辨率	1 Pa
精度	0.5% F.S.D
重复性	1 mmH$_2$O
复现性	2 mmH$_2$O

(6) 仪器 F 的计量特性

表 5-6 仪器 F 的计量特性

测量方法	真空泵,17.5 mL/s
气源	最小值 5 bar,干空气
量程	(0~1500) mmH$_2$O
分辨率	1 mmH$_2$O
重复性	±1 mmH$_2$O

(7) 仪器 G 的计量特性

表 5-7 仪器 G 的计量特性

压缩气源	最小值 5 bar,50 L/min
量程	(0~8000) Pa
分辨率	10 Pa
精度	1% F.S.D
测量速度	10 支/min

5.1.1.2 吸阻测试单元的现状分析

目前,国内外卷烟和滤棒物理性能综合测试台吸阻测试单元均采用 CFO 作为其恒流发生装置,采用微差压传感器检测样品的吸阻;然而,各厂家气路结构、测试头结构不同,电磁阀、过滤器以及气管的长短、管径也不一样,因此造成各仪器实际测量卷烟吸阻或滤棒压降时,与卷烟吸阻或滤棒压降测量原理存在一定的差异,进而会影响测量结果的准确性和稳定性。

5.1.2 通风率测试单元

烟草行业中使用到的卷烟和滤棒物理性能综合测试台卷烟通风率测试单元涉及品牌型号较多,如:英国斯茹林公司的 QTM5(C)、QTM5U(C)测试单元和 C2 综合测试台通风率测量单元,法国索定公司的 SODIMAX 综合测试台 PDV 通风率检测单元,博瓦特公司 DT-PV+通风率单机测量仪,欧美利华 OM-VL 综合测试台的通风率检测量单元,瑞拓 DR 通风率检测量单元,郑州海意通风率检测量单元,深圳鸿捷源通风率检测量单元等。

通风率测试单元通过测头中部乳胶管闭合可以将烟支分隔在不同的独立通风室,底部接抽吸管路,CFO 产生恒定 17.5 mL/s 的抽吸流量作用在烟支滤嘴端,测头中通风室产生一个气流经层流元件,通过测量管路和压力传感器测得压力值,通过校准换算就可以得到相应的通风率值,如图 5-1 所示。

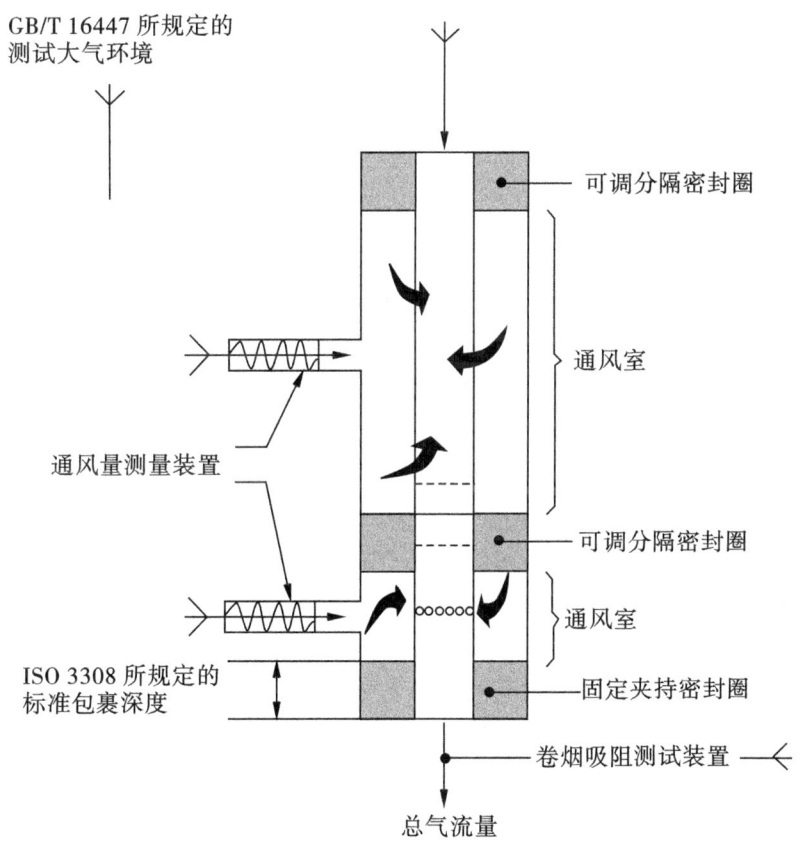

图 5-1 通风率测试原理

通风率测试单元主要由测头、抽吸管路、通风率测量管路、层流元件和压力传感器组成。烟草行业现有卷烟通风率测试单元,所使用的层流元件包括多孔介质和层流管两种类型。其中英国斯茹林公司的 QTM5（C）、QTM5U（C）和 C2 综合测试台以及瑞拓 PV 通风率检测量单元使用多孔介质层流元件，法国索定公司 SODIMAX 综合测试台、博瓦特公司的 DT-PV 通风率测量仪、欧美利华的 OM-VL 综合测试台使用层流管层流元件。测头方面除英国斯茹林公司的 QTM5（C）使用的为双乳胶管单通道结构外，其他均为三乳胶管双通道结构，如表 5-8 所示。

表 5-8　通风率测试单元仪器现状总结

仪器	测头类型	层流元件	单独测通风状态
仪器 A	三乳胶管	多孔介质	嘴通风、纸通风
仪器 B	三乳胶管	层流管	嘴通风、纸通风
仪器 C	三乳胶管	层流管	嘴通风、纸通风
仪器 D	三乳胶管	层流管	嘴通风、纸通风
仪器 E	双乳胶管	多孔介质	总通风、嘴通风
仪器 F	三乳胶管	多孔介质	嘴通风、纸通风、总通风

5.1.3　圆周测试单元

目前行业在用的卷烟和滤棒物理性能综合测试台圆周测试单元主要有英国斯茹林公司的 QTM3 圆周检测单元和 C2 综合测试台的圆周检测单元，法国索定公司的 74D 圆周检测单元，博格瓦特公司的 DT-S 圆周单机测量仪，欧美利华的 OM-VL 综合测试台的圆周检测单元和瑞拓的 CR 圆周检测单元。

卷烟和滤棒圆周检测设备所采用的测径仪的原理主要分为扫描激光测径、CCD 光电测径和照相机视觉图像处理测径。现有行业在用的圆周检测设备中，斯茹林公司的 QTM3，索定公司的 SODIMAX 圆周检测单元，博瓦特公司的 DT-S 采用的是扫描激光测径原理；欧美利华的 OM-VL 和瑞拓的 CR 综合测试台圆周检测单元采用的是 CCD 光电测径原理；斯茹林公司的 C2 圆周检测单元采用照相机视觉图像处理测径原理。

扫描激光测径的测量原理如图 5-2 所示。由图 5-2 可以看出，扫描激光测径的测量原理是激光光源发射一条光束，通过高速旋转的棱镜反射、平面镜反射和凸透镜折射将光束由上往下匀速运动，通过凸透镜聚焦到光电感应器，CPU1 会记录时间，当有试样存在时，中间会有一段时间光束会被试样遮挡，遮挡的时间长短由试样直径决定，光电感应器和 CPU1 也会记录被遮挡的时间，通过标准棒的标定和 CPU2 的处理计算就可以测出试样的直径值。由此我们分析可以得到，影响这类测径仪精度的关键因素是光束的宽度和光束的匀速运动，而光束宽度是由激光光源决定的，光束匀速运动是由高速棱镜决定的。

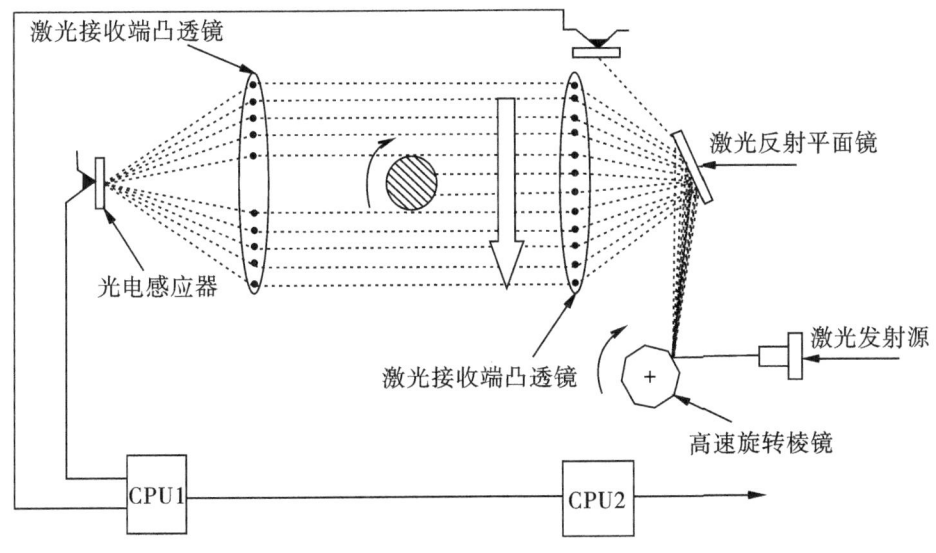

图 5-2 扫描激光测径原理

CCD 光电测径的测量原理如图 5-3 所示。由图 5-3 可以看出,CCD 光电测径的测量原理是 LED 光源发射一束光通过透镜折射形成个平行的光幕,再通过透镜折射后投射到 CCD 感光元件,CCD 感光元件将光信号转化成电信号,到 CUP1 进行处理,当光幕中有试样时,光幕会有一部分被遮挡,不能投射到 CCD 感光元件,遮挡的光线由试样直径决定,转化成的电信号由试样直径决定,通过标准棒的标定和 CPU2 的处理计算就可以测出试样的直径值。由此我们分析可以得到,影响这类测径仪精度的关键因素是 CCD 像素点的密度。

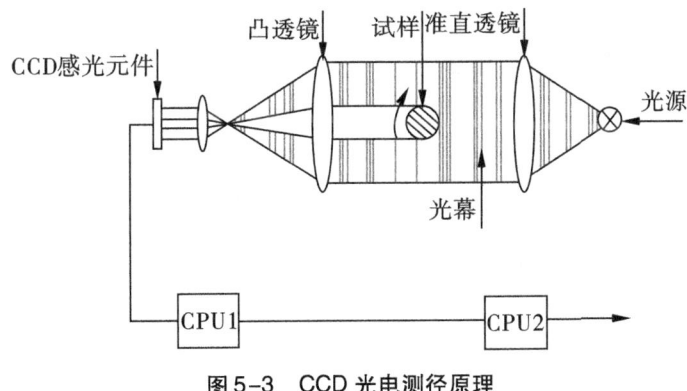

图 5-3 CCD 光电测径原理

照相机视觉图像处理测径原理如图 5-4 所示。由图 5-4 可以看出,照相机视觉图像处理测径的测量原理是光源在合适的角度和亮度照亮试样,照相机获取图片,通过数字成像系统,将图像信息转化成数字信息,再通过数字图像处理硬件和处理软件对图像进行分析、判断、测量。由此分析可以得到,影响这类测径仪精度的关键因素是拍摄图像的质量和图像处理的精度,而图像的质量是由照相机和光源共同决定的,图像处理的精度由数字图像处理硬件和软件决定。

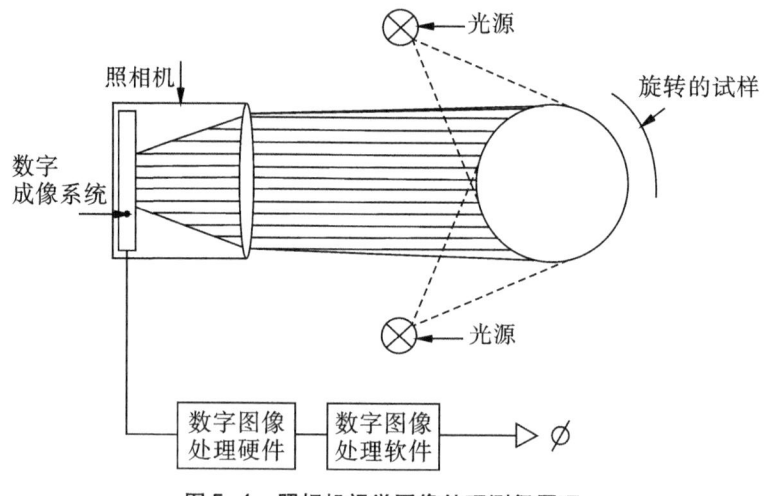

图 5-4　照相机视觉图像处理测径原理

5.1.4　长度测试单元

目前行业在用的卷烟和滤棒物理性能综合测试台长度测试单元主要有英国斯茹林公司的 QUANTUM-SOLO 长度测量单元和 C2 综合测试台的长度检测量单元,法国索定公司 SODIMAX 综合测试台的长度检测单元,博瓦特公司的 DT-L 长度单机测量仪,欧美利华的 OM-VL 综合测试台的长度检测量单元、瑞拓的 LH 长度检测量单元和江苏光学仪器厂的烟支投影仪。

目前卷烟和滤棒长度检测设备的原理主要分为 CCD 光电、视觉成像和投影三种检测方法。现有行业在用的长度检测设备中,采用 CCD 光电检测原理的有斯茹林公司的 QUANTUM-SOLO、索定公司的 SODIMAX 长度检测单元、博瓦特公司的 DT-L、欧美利华的 OM-H 和瑞拓的 LH 长度检测单元;采用视觉成像原理的有斯茹林公司 C2 长度检测单元;采用投影原理的只有江苏光学仪器厂的烟支投影仪。除烟支投影仪是手动放样,其他仪器都是自动进样。

经过调研,现行业烟支和滤棒长度检测绝大多数为 CCD 光电检测设备。烟草投影仪的测试精度为 0.1 mm,测试精度低,测量时需要手动放样人工读数记录,工作效率低,行业内均用自动化的长度检测设备替代投影仪,因此本项目不对烟支投影仪展开研究。视觉成像长度检测设备的结构一般包括光源、镜头、照相机、图像处理单元、图像处理软件等,原理是通过照相机获取试样图片,通过图像处理软件对图像进行处理得到试样长度值。成像清晰度和后期图像处理软件算法直接影响长度测量结果,而成像清晰度和图像处理软件算法没有量化指标。视觉成像长度检测设备在实际应用中,需要与 CCD 光电检测设备进行定期试样比对,通过调整照相机参数和图像处理软件算法,实现与 CCD 光电检测设备测试结果一致。因此本项目不对视觉成像长度检测设备展开研究。

CCD 光电检测的测量原理如图 5-5 所示。由图 5-5 可以看出,CCD 光电检测的测量原理是 LED 光源发射一束光通过透镜折射形成一个平行的光幕,再通过透镜折射后投射到 CCD 感光元件,CCD 感光元件将光信号转化成电信号,到 CPU1 进行处理,当光幕中有试样时,光幕会有一部分被遮挡住,不能投射到 CCD 感光元件,遮挡的光线由试样长度决定,转化成的电信号由试样长度决定,通过标准棒的标定和 CPU2 的处理计算就可以测出试样的长度值。由此可以分析得到,影响这类测微仪精度的关键因素是 CCD 像素点的密度。

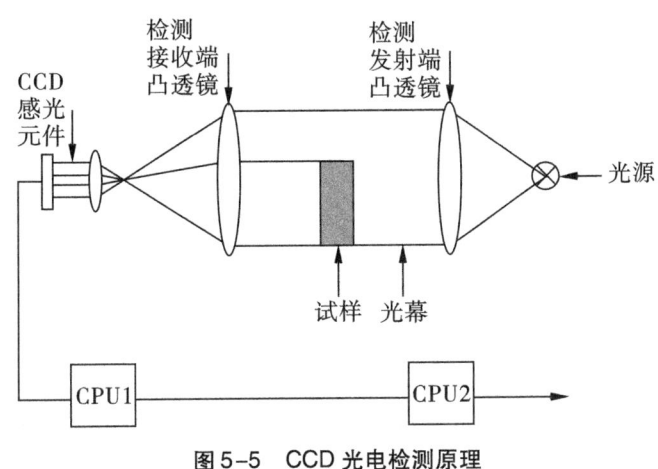

图 5-5 CCD 光电检测原理

5.1.5 硬度测试单元

目前行业在用的卷烟和滤棒物理性能综合测试台硬度测试单元主要生产厂家包括英国斯茹林公司、法国索定公司、德国博瓦特公司、北京欧美利华公司和成都瑞拓公司。

力的控制方式分为砝码控制和传感器控制,砝码控制是指硬度检测设备通过机械传递机构将砝码的重力转换为对样品施加的压力,而传感器控制是指通过测力传感器检测样品受到的压力。

位移测量方式分为直接测量和间接测量。直接测量方式采用位移传感器直接测量位移。间接测量方式主要分为两种,一种通过采集步进电机输出的脉冲,根据丝杆导程和细分数换算得到每个脉冲对应的位移,将该位移与脉冲数相乘即可得出测头位移;第二种将测头的水平位移转换为竖直位移,通过激光传感器测量并进行转换得到测头位移。

5.2 卷烟和滤棒物理性能综合测试台的检定技术原理

5.2.1 质量测试单元

质量测试单元采用砝码进行检定,图 5-6 为示例。由于综合测试台质量测试单元的测量方式与电子天平类似,因此采用 F1 级砝码进行量值传递,而砝码可溯源至质量国家基准。

图 5-6　质量测试单元的检定

5.2.2　圆周测试单元

圆周测试单元采用圆周标准棒进行检定,图 5-7 为示例。由于综合测试台圆周和滤棒圆度测试单元是采用激光或光电传感器直接对试样的圆周(圆度)进行测量,因此采用圆周标准棒进行量值传递,而圆周标准棒可溯源至长度国家基准。

图 5-7　圆周测试单元的检定

5.2.3　卷烟吸阻和滤棒压降测试单元

卷烟吸阻和滤棒压降测试单元采用数字压差计和吸阻标准棒进行检定(气体体积流量控制元件 CFO 首先应满足要求),图 5-8 为示例。由于综合测试台卷烟吸阻和滤棒压降测试单元是试样末端气体体积流量稳定在 17.5 mL/s 时采用压力传感器测量试样两端的压力差,因此采用数字压差计进行量值传递,而数字压差计最终可溯源至压力国家基准。

图 5-8 卷烟吸阻和滤棒压降测试单元的检定

5.2.4 卷烟通风率测试单元

卷烟通风率测试单元采用通风率标准棒进行检定,图 5-9 为示例。由于综合测试台通风率测试单元是试样末端气体体积流量稳定在 17.5 mL/s 时采用传感器测量试样不同位置的流量并计算出不同位置的通风率,因此采用通风率标准棒直接进行量值传递,而通风率标准棒最终可溯源至流量国家基准。

图 5-9 卷烟通风率测试单元的检定

5.2.5 长度测试单元

长度测试单元采用长度标准棒进行检定,图 5-10 为示例。由于综合测试台长度测试单元是采用激光或光电传感器直接测量试样的长度,因此用长度标准棒进行量值传递,而长度标准棒最终可溯源至长度国家基准。

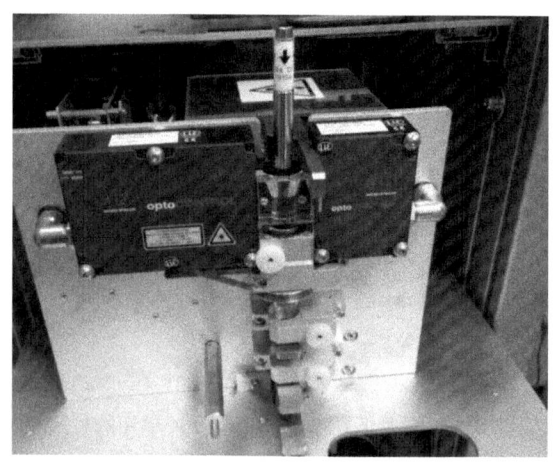

图5-10 长度测试单元的检定

5.2.6 硬度测试单元

硬度测试单元采用硬度标准棒和数字测力仪进行检定,图5-11为示例。由于综合测试台硬度测试单元是采用施压装置和位移传感器通过测量试样受固定压力前后直径变化而计算得到试样的硬度,因此用硬度标准棒和数字测力仪进行量值传递,而硬度标准棒和数字测力仪分别可溯源至长度国家基准和测力机国家基准。

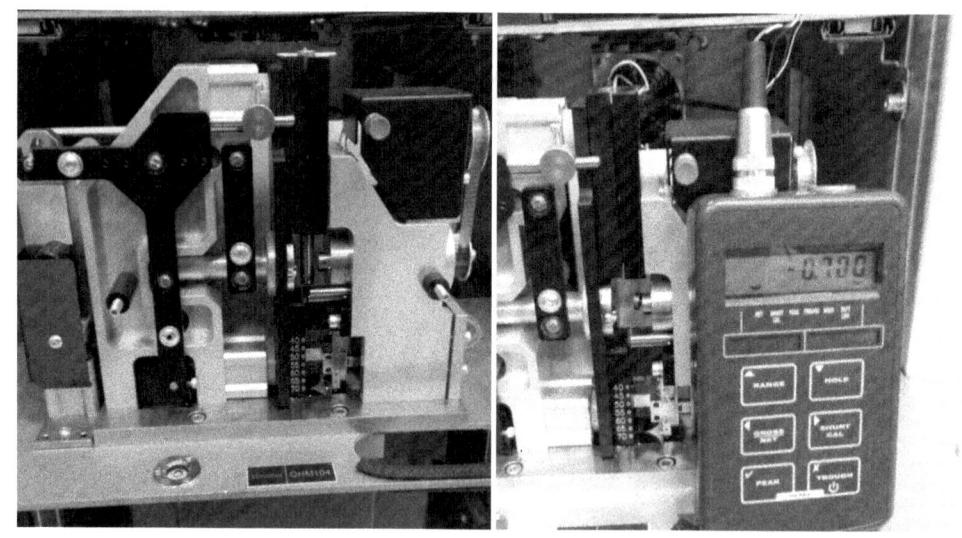

图5-11 硬度测试单元的检定

5.3 卷烟和滤棒物理性能综合测试台的检定

5.3.1 卷烟和滤棒物理性能综合测试台计量性能要求

5.3.1.1 卷烟质量测试单元

质量测量最大允差±0.001 g。

5.3.1.2 圆周和滤棒圆度测试单元

直径测量最大允差±0.01 mm。

5.3.1.3 卷烟吸阻和滤棒压降测试单元

(1)恒定流量孔满足(17.5±0.1) mL/s。
(2)吸阻测量最大允差为标准值的±1%。

5.3.1.4 卷烟通风率测试单元

通风率测量最大允差±2.0%。

5.3.1.5 长度测试单元

长度测量最大允差±0.05 mm。

5.3.1.6 硬度测试单元

(1)预压力满足(0.10±0.01)N。
(2)施压负荷满足(2.94±0.01)N。
(3)位移测量最大允差±0.02 mm。

5.3.2 卷烟和滤棒物理性能综合测试台通用技术要求

5.3.2.1 外观检查

卷烟和滤棒物理性能综合测试台外壳洁净无污损,铭牌标注清晰,技术文件齐全,附件完整,各连接件和接头接触良好,显示器显示正常。

5.3.2.2 工作状态检查

卷烟和滤棒物理性能综合测试台的各个测试单元可正常进行工作。

5.3.3 卷烟和滤棒物理性能综合测试台检定环境条件

检定环境要求:温度(20~24)℃;相对湿度(55~65)%;气压(86~106)kPa。

5.3.4 卷烟和滤棒物理性能综合测试台检定用仪器设备

5.3.4.1 砝码

准确度等级满足 F1 级,质量为 0.5 g、1 g、2 g 的 3 个砝码。

5.3.4.2 圆周(圆度)标准棒

直径最大允差满足±0.003 mm,圆周符合(10~30)mm 的 5 根圆周(圆度)标准棒。

5.3.4.3 吸阻标准棒

吸阻值符合(0.5~8.0)kPa 的 4 根不同标准棒,通常应至少包括 1.0 kPa 和 4.0 kPa。

5.3.4.4 数字压差计

测量量程满足(0~10)kPa,压力测量最大允差满足±3 Pa。

5.3.4.5 通风率标准棒

最大允差满足±1.5%,通风率值位于 10%~90% 区间的 3 根不同标准棒,通常为 20%、50% 和 80% 左右。

5.3.4.6 长度标准棒

最大允差满足±0.005 mm,长度符合(50~150)mm 的 5 根标准棒,中间标准棒长度应在 84 mm 左右。

5.3.4.7 硬度标准棒

直径最大允差满足±0.005 mm,直径符合(5~9)mm 的 5 根硬度标准棒。

5.3.4.8 压力测量装置

压力传感器能够放入综合测试台硬度测试单元,压力测量最大允差度满足±0.01 N,压力测量量程满足(0~3)N。

5.3.5 卷烟和滤棒物理性能综合测试台检定方法

5.3.5.1 通用技术条件的检定

(1)对卷烟和滤棒物理性能综合测试台的外观和电气性能进行检查,确认卷烟和滤棒物理性能综合测试台符合开机要求。

(2)打开卷烟和滤棒物理性能综合测试台电源后,根据操作手册的要求对卷烟和滤棒物理性能综合测试台进行工作前准备和预热,确认卷烟和滤棒物理性能综合测试台的各个测试单元可正常进行工作。

5.3.5.2　卷烟质量测试单元的检定

（1）选取 3 个砝码，其技术指标应符合 5.3.4.1 的要求。

（2）用卷烟质量测试单元对每个砝码重复测 10 次，10 次测量的平均值与砝码标定值之间的差值应符合 5.3.1.1 的要求，10 次测量的标准偏差应小于 5.3.1.1 所规定最大允差的绝对值。

5.3.5.3　圆周和滤棒圆度测试单元的检定

（1）选取 5 根圆周（圆度）标准棒，其技术指标应符合 5.3.4.2 的要求。

（2）用圆周和滤棒圆度测试单元对每根标准棒重复测 10 次，10 次测量的平均值与标准棒标定值之间的差值应符合 5.3.1.2 的要求，10 次测量的标准偏差应小于 5.3.1.2 所规定最大允差的绝对值。

5.3.5.4　卷烟吸阻和滤棒压降测试单元的检定

（1）测试单元的气路体积流量由恒定流量孔产生，因此恒定流量孔应送检并按照 JJG（烟草）16—2002《烟草专用标准恒流孔检定规程》的方法进行检定，其检定结果应符合该检定规程要求。

（2）选取 4 根吸阻标准棒，其技术指标应符合 5.3.4.3 的要求。

（3）将符合 5.3.4.4 要求的数字压差计连接至综合测试台卷烟吸阻和滤棒压降测试单元的压力传感器处。

（4）用卷烟吸阻和滤棒压降测试单元对每根吸阻标准棒重复测 10 次，每次测量以数字压差计读数作为标准值，卷烟吸阻和滤棒压降测试单元读数与标准值之间的差值应符合 5.3.1.3 的要求。

5.3.5.5　卷烟通风率测试单元的检定

（1）选取 3 根通风率标准棒，其技术指标应符合 5.3.4.5 的要求。

（2）用卷烟通风率测试单元对每根标准棒重复测 10 次，10 次测量值的平均值与标准棒标定值之间的差值应符合 5.3.1.4 的要求，10 次测量的标准偏差应小于 5.3.1.4 所规定最大允差的绝对值。

5.3.5.6　长度测试单元的检定

（1）选取 5 根长度标准棒，其技术指标应符合 5.3.4.6 的要求。

（2）用长度测试单元对每根标准棒测 10 次，10 次测量值的平均值与标准棒标定值之间的差值应符合 5.3.1.5 的要求，10 次测量的标准偏差应小于 5.3.1.5 所规定最大允差的绝对值。

5.3.5.7　硬度测试单元的检定

（1）选取 5 根硬度标准棒，其技术指标应符合 5.3.4.7 的要求。

（2）每根标准棒硬度测试单元测10次，10次测量值的平均值与标准棒标定值之间的差值应符合5.3.1.6的要求，10次测量的标准偏差应小于5.3.1.6所规定最大允差的绝对值。

（3）将技术指标符合5.3.4.8要求的压力测量装置的压力传感器探头放置于综合测试台硬度测试单元中。

（4）硬度测试单元的压头中心应与压力测量装置的压力传感器探头中心保持一致。

（5）重复进行5次硬度测试过程，用压力测量装置采集数据。

（6）每次测试采集到的预压力数据，从连续10个数据变化量不超过0.005 N开始算起，取1 s内采集数据的平均值作为预压力结果，应符合5.3.1.6的要求。

（7）每次测试采集到的施压负荷数据，从连续10个数据变化量不超过0.005 N开始算起，取15 s内采集数据的平均值作为施压负荷结果，应符合5.3.1.6的要求。

6 卷烟和滤棒物理性能综合测试台通用技术条件研究

6.1 概述

卷烟和滤棒物理性能综合测试台在烟草行业应用广泛,品牌型号较多,主要测试单元结构原理各异。

卷烟吸阻和滤棒压降测试单元(设备)由于测头结构、CFO等关键计量元件、气路结构等有差异,造成不同品牌型号设备实际测量卷烟吸阻或滤棒压降时,与卷烟吸阻或滤棒压降规定的测量原理存在一定的差异,这些差异会影响仪器测量结果的准确性和稳定性。

卷烟和滤棒圆周测试单元(设备)主要采用了扫描激光测径、CCD光电测径和照相机视觉图像处理测径等3种测试原理,且所用标准棒、测头(夹持方式和负压)、数据处理、旋转角度、多点测量、测径时间和试样转速关系等方面存在差异,这些差异会影响卷烟和滤棒圆周检测的准确性、稳定性和检测设备之间的一致性。

卷烟和滤棒长度测试单元(设备)的测试原理主要分为CCD光电、视觉成像和投影三种方法,且所用标准棒、测头(夹持方式和负压)、数据处理等方面存在差异,这些差异也会影响卷烟和滤棒长度检测的准确性、稳定性和检测设备之间的一致性。

卷烟通风率测试单元(设备)由于结构原理的差异,不同品牌型号的设备在相同实验室环境下检测相同试样,测试结果会出现差异,同一通风率检测设备的重复性也不好。

卷烟和滤棒硬度测试单元(设备)由于力的控制方式和位移测量方式等方面的差异,造成不同品牌的硬度检测设备在相同的实验室环境下检测相同样品,测试结果会出现系统性差异。这些都可能影响到卷烟产品生产质量控制水平。

为系统解决上述问题,烟草行业先后下达了4项标准或标准预研项目任务,系统开展了卷烟吸阻和滤棒压降、卷烟和滤棒圆周、卷烟和滤棒长度、卷烟通风率、卷烟和滤棒硬度等5类测试设备的通用技术条件,制定了YC/T 446—2012《卷烟吸阻和滤棒压降检测设备通用技术条件》、YC/T 544—2016《卷烟和滤棒硬度检测设备通用技术条件》、YC/T 545—2016《卷烟和滤棒长度、圆周检测设备通用技术条件》、YC/T 546—2016《卷烟通风率检测设备通用技术条件》等4项行业标准。

6.2 卷烟吸阻和滤棒压降测试设备的通用技术条件研究

6.2.1 卷烟吸阻和滤棒压降影响因素分析

6.2.1.1 相关定义

(1) 保留时间

试样或吸阻标准棒留在仪器中开始测量直到仪器读数所需的时间。

(2) 测量管路

从测头(含测头)到压力传感器之间的管路。

(3) 抽吸管路

从测头(含测头)到标准恒流孔 CFO 之间的管路。

(4) 零点

测头底部密封后,在空载抽吸状态下压力传感器的输出值。

(5) 测量管路压降

空载抽吸状态下,测量管路产生的压降。

(6) 抽吸管路压降

空载抽吸状态下,抽吸管路产生的压降。

6.2.1.2 流量分析

根据吸阻的定义要求,样品输出端气体体积流量为 17.5 mL/s,目前吸阻仪及吸阻标准棒检定设备均采用 CFO 作为其恒流发生装置,因此 CFO 的准确性直接影响吸阻压降的测量值。影响样品输出端气体体积流量的因素主要有以下几点:

(1) CFO 特性

CFO 的孔径直接决定了其流量的大小,对 CFO 的收缩曲线、孔壁光滑度和出口圆度也有一定的影响。

(2) 负压发生装置产生的负压

根据理论值,只要滞止压力与出口处外部压力的比值(即背压比),等于或低于 0.528 时,CFO 的流量即可达到最大值,因此只有负压发生器产生足够的负压,CFO 才能产生 17.5 mL/s 的流量。

(3) 抽吸管路压降

由于仪器管路中会串联电磁阀、过滤器等阻尼元件,气流流过气管和阻尼元件时会产生一定的压降,因此样品输出端流量将受到抽吸管路压降的影响。

6.2.1.3 样品两端压差分析

根据吸阻和压降的定义要求,样品输出端气体体积流量为 17.5 mL/s 时样品两端的

压差,目前吸阻仪均用压力传感器测量样品两端的压差,因此影响样品两端压差的因素主要有以下几点:

(1) 测量管路压降

目前仪器压力传感器测得的压降均为样品和测量管路压降之和,而吸阻定义为样品两端的压差,因此测量管路的压降大小直接影响吸阻测量结果的准确性。

(2) 压力传感器的准确度

压力传感器是吸阻仪的关键计量元件之一,其准确度直接影响测量结果的准确性。

(3) 零点测量

零点测量与否以及零点测量时测头密封状态和气流流动状态会影响样品两端压差的测量。

(4) 保留时间

由于抽吸过程中样品两端的压差在时刻变化,因此保留时间会影响样品两端压差的测量。

6.2.1.4 仪器结构对样品的影响

(1) 滤棒乳胶管对滤棒吸阻测量的影响

由于各厂家生产的乳胶管材质尺寸不相同,因此对滤棒吸阻测量的影响也不相同。

(2) 烟支乳胶管对烟支测量的影响

烟支乳胶管包裹卷烟位置的差异对烟支吸阻测量有一定影响。

(3) 通风管路结构对卷烟吸阻测量的影响

卷烟吸阻定义要求除底部乳胶管密封外,其他烟支部分以及通风区域应暴露于大气中,目前所有烟支吸阻仪上下乳胶管测量吸阻时均密封,其他部分通过通风管路连到大气中,因此需要研究通风管路结构是否会影响卷烟吸阻的测量。

6.2.2 实验验证

通过对仪器进行研究,结合现有的标准,分析吸阻测量的准确性和稳定性的影响因素,针对英国斯茹林公司、法国索定公司、德国博格瓦特公司、成都瑞拓科技实业有限责任公司、北京欧美利华科技有限公司和中国科学院沈阳科学仪器研制中心有限公司研制的 7 款典型吸阻检测设备,围绕以下 9 个因素展开实验验证:

1) 抽吸管路压降对吸阻测量影响;
2) 测量管路压降对吸阻测量影响;
3) 保留时间对吸阻测量影响;
4) 零点对吸阻测量影响;
5) 压力传感器对吸阻测量影响;
6) 滤棒乳胶管对滤棒吸阻测量影响;
7) 烟支乳胶管对烟支开吸阻测量影响;
8) 通风度管路对烟支开吸阻测量影响;
9) 负压发生装置产生的负压变化对吸阻测量影响。

6.2.2.1 抽吸管路压降对吸阻测量影响

（1）实验目的

1）在空载状态下，测出各仪器改造前、后的抽吸管路压降；

2）对仪器进行标准件及样品测试，记录改造前后的测试结果，评定抽吸管路压降对吸阻测量的影响。

（2）实验样品

1）标准棒：标定值分别为 100 mmH$_2$O、200 mmH$_2$O、300 mmH$_2$O、400 mmH$_2$O、700 mmH$_2$O 左右标准棒各若干根。

2）卷烟：一般规格卷烟三种（CZLQ、XBLQ、XS）。

3）卷烟：打孔卷烟两种（LQ-45% 和 LQ-35%）。

4）滤棒：滤棒规格两种（250 mmH$_2$O、380 mmH$_2$O 左右）。

（3）实验步骤

1）对仪器 A、B、C 在 CFO 基座上开孔，连接精密数显压力计，测试改造前抽吸管路的压降；用气管连接 CFO 和测头，进行改造后抽吸管路的压降测试。

2）在仪器 D、E、F、G 的 CFO 出口端连上三通，连接精密数显压力计，测试仪器改造前抽吸管路的压降；用气管连接 CFO 和测头，进行改造后抽吸管路的压降测试。

3）样品测试前，记录环境温湿度以及大气压值。

4）仪器改造前，对一组标准棒或 5 根同规格样品的吸阻进行测试。

5）一台仪器测试完后，立即进行改造，依次对标准棒/样品进行测试。

6）各仪器重复步骤 3）~5），对标准棒/样品进行测试。

（4）实验数据

仪器改造前后抽吸管路压降测试数据如表 6-1 所示。

表 6-1 仪器改造前后抽吸管路压降记录表

仪器		仪器 A	仪器 B	仪器 C	仪器 D	仪器 E	仪器 F	仪器 G
改造前抽吸管路压降/Pa		628	627	469	175	73	34	437
改造后抽吸管路压降/Pa		10	12	16	14	8	10	43
改造前环境	温度/℃	22.6	22.7	22.6	22.7	22.4	22.4	22.5
	湿度/%	57	59	58	59	56	58	58
	大气压/hPa	100.36	100.5	100.36	100.28	100.35	100.36	100.26
改造后环境	温度/℃	22.7	22.5	22.6	22.6	22.4	22.3	22.5
	湿度/%	56	58	58	60	56	56	57
	大气压/hPa	100.35	100.47	100.4	100.27	100.35	100.34	100.26

（5）实验结论

根据表 6-1 实验数据可知：

1）仪器 A 和 B 抽吸管路压降均大于 600 Pa，影响吸阻测量结果大于 0.6%；

2)仪器 C 和 G 抽吸管路压降均大于 400 Pa,影响吸阻测量结果大于 0.4%;

3)仪器 D 抽吸管路压降为 175 Pa,影响吸阻测量结果约为 0.15%,其他仪器抽吸管路压降均小于 100 Pa,影响吸阻测量结果均小于 0.1%。

项目组根据实验结果,进行了讨论分析,征求了行业专家意见,提出了卷烟吸阻和滤棒压降检测设备抽吸管路压降不大于 200 Pa 的技术条件。

6.2.2.2 测量管路压降对吸阻测量影响

(1)实验目的

1)研究现有各吸阻仪的测量管路,测出其空载时的压降;

2)对需要改造的仪器进行测量管路改造,测出其空载时的压降。

(2)实验步骤

1)断开压力传感器连接气管,连接数显压力计;

2)仪器空载,测头不密封且没有流量时,记录数显压力计读数稳定值;

3)仪器空载,测头不密封且有流量时,记录数显压力计读数稳定值;

4)仪器空载,测头密封且有流量时,记录数显压力计读数稳定值;

5)对需要改造的仪器进行测量管路改造;

6)重复步骤 1)~5),记录改造后的测量管路压降。

(3)实验数据

测量管路的压降测试数据如表 6-2 所示。仪器改造后其测量管路的压降测试数据如表 6-3 所示。

表 6-2 测量管路的压降测试

仪器属性		不同测试状态下的测量管路压降/Pa		
仪器	测试样品	不密封+没流量	不密封+流量	密封+流量
仪器 A	烟支	0	2	3
仪器 B	滤棒	0	0	0
仪器 C	烟支	0	2	3
	滤棒	0	2	3
仪器 D	烟支	0	6	7
	滤棒	0	6	8
仪器 E	烟支	0	0	0
	滤棒	0	0	0
仪器 F	烟支	0	56	57
	滤棒	0	56	57
仪器 G	烟支	0	67	67
	滤棒	0	67	68

表 6-3 改造后仪器测量管路的压降测试

仪器属性		改造后的测量管路压降/Pa		
仪器	测试样品	不密封+没流量	不密封+流量	密封+流量
仪器 F	烟支	0	7	7
	滤棒	0	7	7
仪器 G	烟支	0	31	31
	滤棒	0	31	31

（4）实验结论

测量管路压降是压力传感器前端的管路引入的吸阻测量误差，应尽可能越小越好。实验数据表明：仪器 A、B、C、D、E 的测量管路压降均小于 10 Pa，对测量吸阻的测量影响较小。而仪器 F、G 的测量管路压降分别为 57 Pa 和 67 Pa，对吸阻的测量影响较大。

项目组根据实验结果，进行了讨论分析，征求了行业专家意见，并与仪器生产厂家进行了交流，提出了卷烟吸阻和滤棒压降检测设备测量管路压降不大于 10 Pa 的技术条件。

6.2.2.3 保留时间对吸阻测量影响

（1）实验目的

1）分别建立标准棒、卷烟和滤棒保留时间研究模型；
2）研究保留时间的长短对标准棒、卷烟以及滤棒测试结果的影响；
3）研究标准棒在长时间抽吸状态下的阻值变化。

（2）实验样品

1）标准棒：标定值 100 mmH_2O、200 mmH_2O、300 mmH_2O、400 mmH_2O 左右标准棒各三根，标定值 800 mmH_2O 左右标准棒一根。
2）卷烟：一般规格卷烟两种（LQ、XS）。
3）卷烟：打孔卷烟两种（LQ-45% 和 LQ-35%）。
4）滤棒：滤棒规格三种（250 mmH_2O、380 mmH_2O 和 410 mmH_2O 左右）。

（3）实验步骤

1）按照结构示意图进行连接，所有管路、元件完好，气管接头以及测头确保不漏气。
2）清零：空载状态下进行抽吸，数显压力计读数稳定后清零。
3）放入标准棒或样品：切断电磁阀，使测头没有气流流过，放入标准件或样品。
4）数据采集设置：采集软件设定阈值为 10 Pa，采集时间标准棒设定为 30 s，样品不小于 10 s。
5）测试：对标准棒或样品进行测试，记录测试数据。
6）重复步骤 3）~5）对所有标准件和样品进行测试。
7）研究标准棒在长时间抽吸状态下吸阻值的变化情况，设定采集时间为 30 min。

（4）实验数据

各样品保留时间测试结果如图 6-1~图 6-12 所示，吸阻标准棒在长时间抽吸状态下其吸阻值的变化情况如图 6-13 所示。

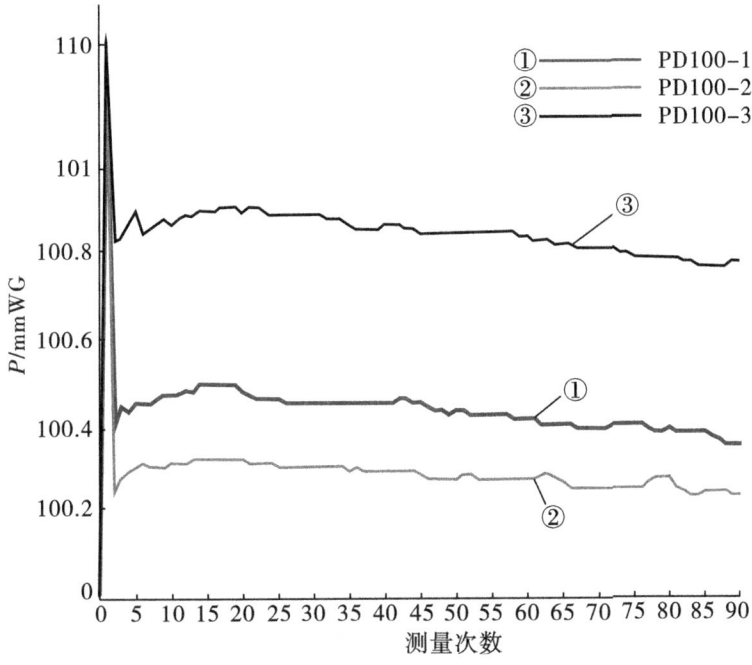

图 6-1　100 mmH$_2$O 左右标准棒保留时间

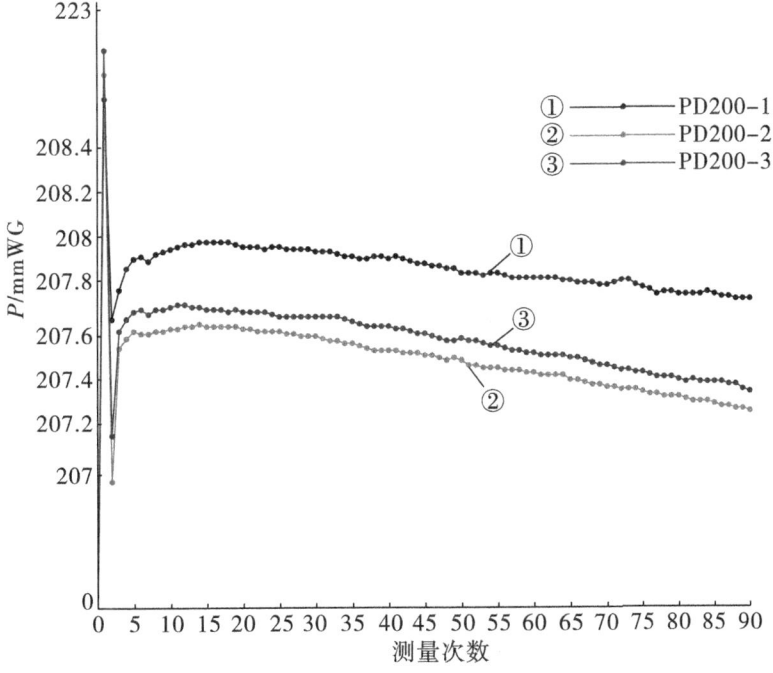

图 6-2　200 mmH$_2$O 左右标准棒保留时间

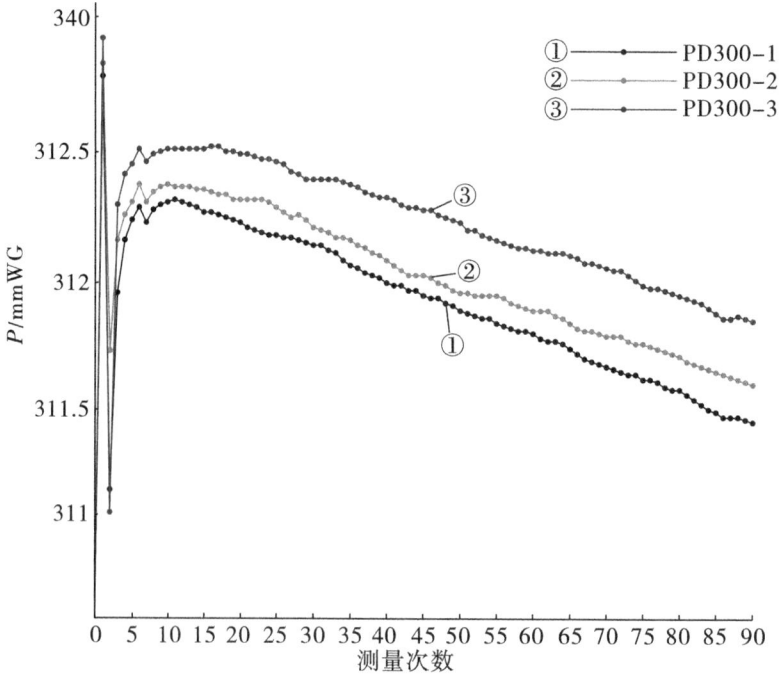

图 6-3　300 mmH$_2$O 左右标准棒保留时间

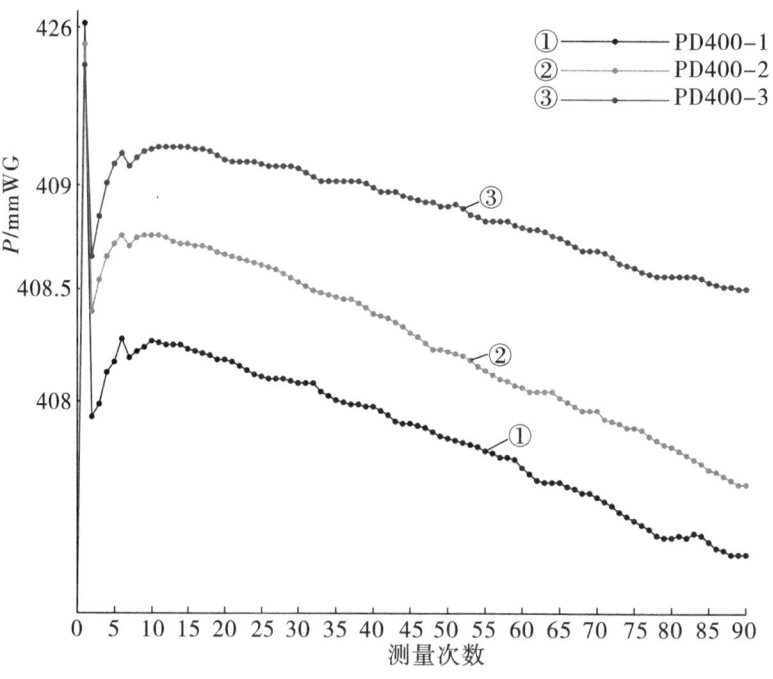

图 6-4　400 mmH$_2$O 左右标准棒保留时间

6 卷烟和滤棒物理性能综合测试台通用技术条件研究

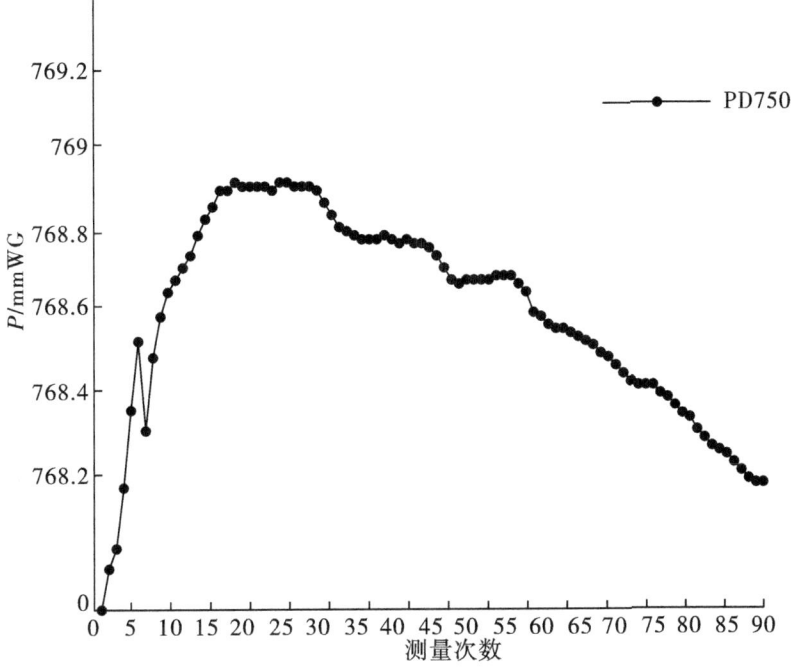

图 6-5　750 mmH$_2$O 左右标准棒保留时间

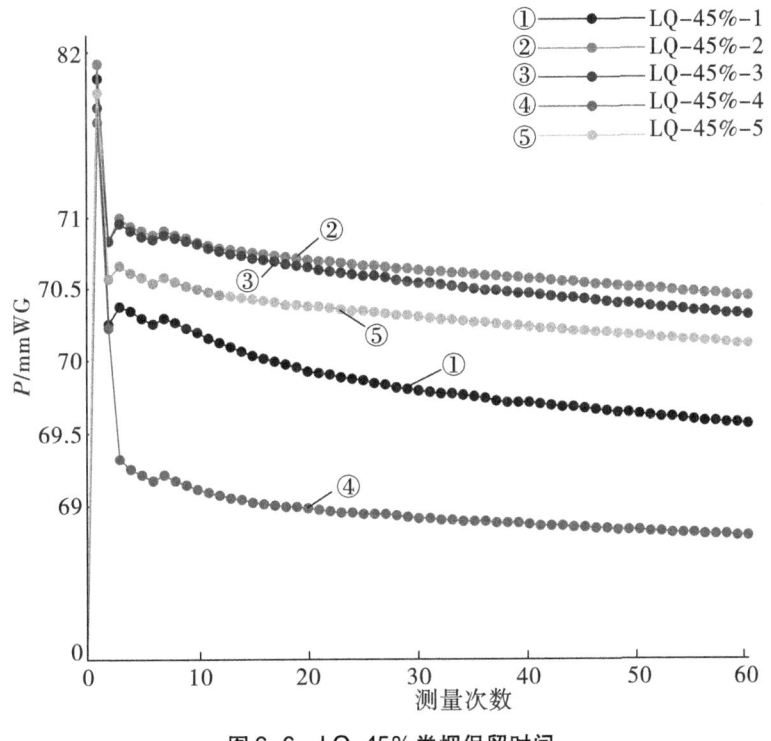

图 6-6　LQ-45％卷烟保留时间

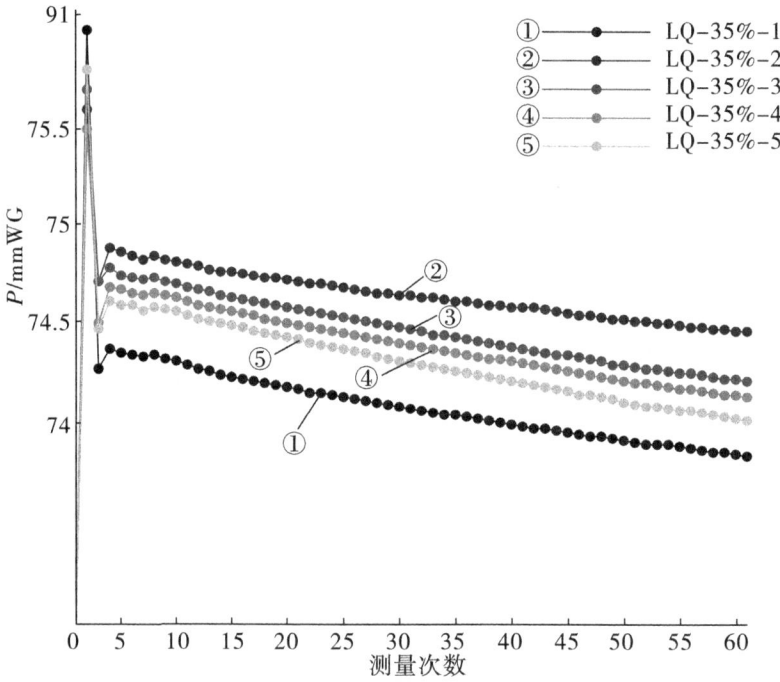

图 6-7　LQ-35% 卷烟保留时间

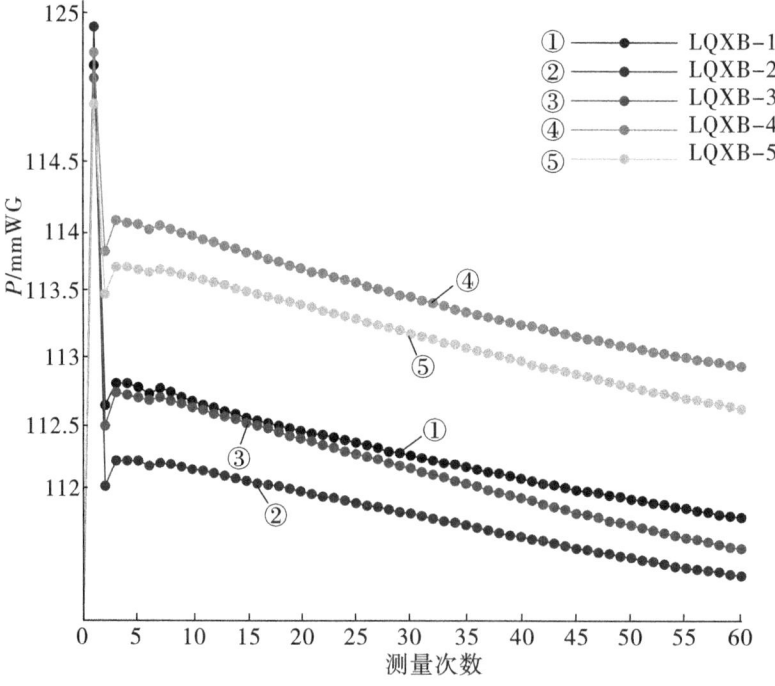

图 6-8　XBLQ 卷烟保留时间

6 卷烟和滤棒物理性能综合测试台通用技术条件研究

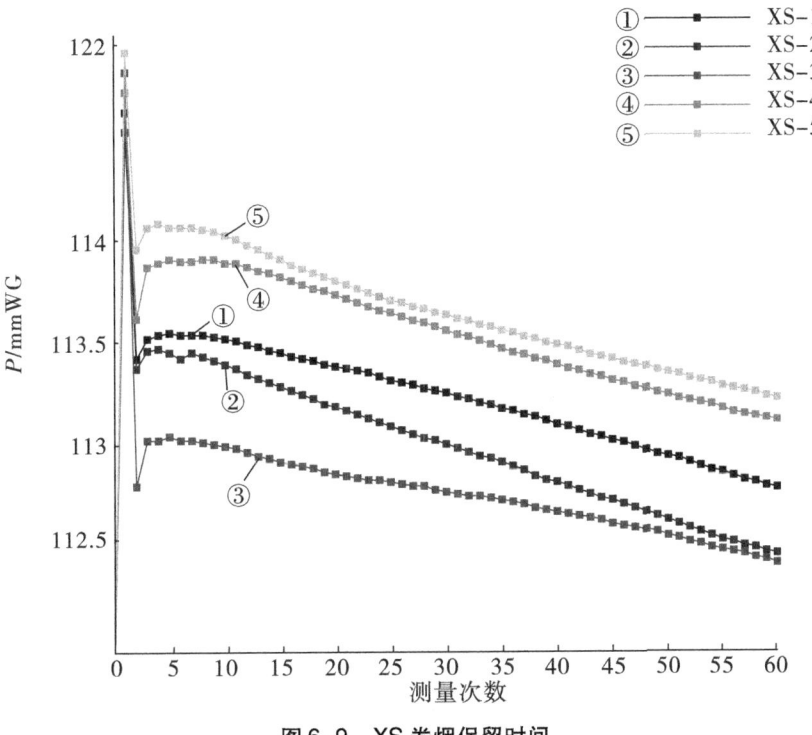

图 6-9　XS 卷烟保留时间

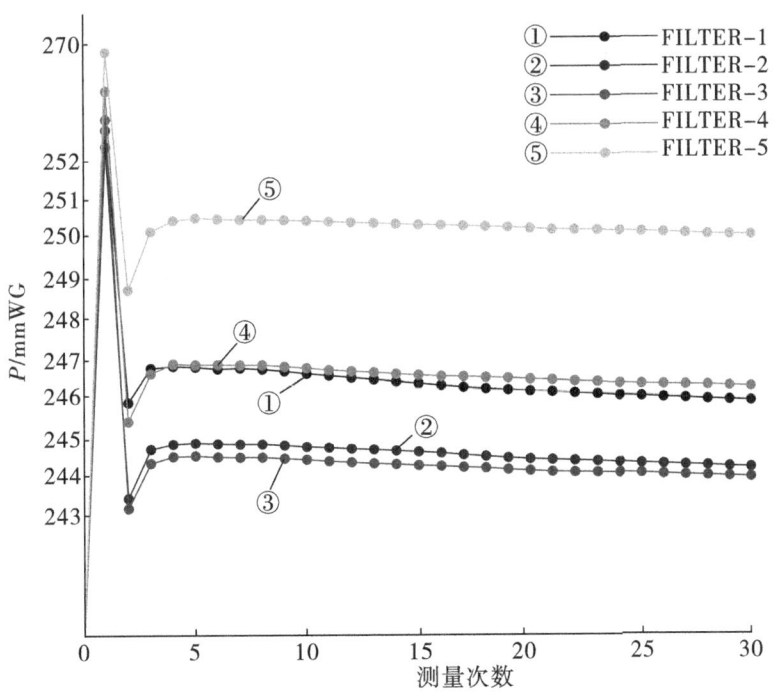

图 6-10　250 mmH$_2$O 左右滤棒保留时间

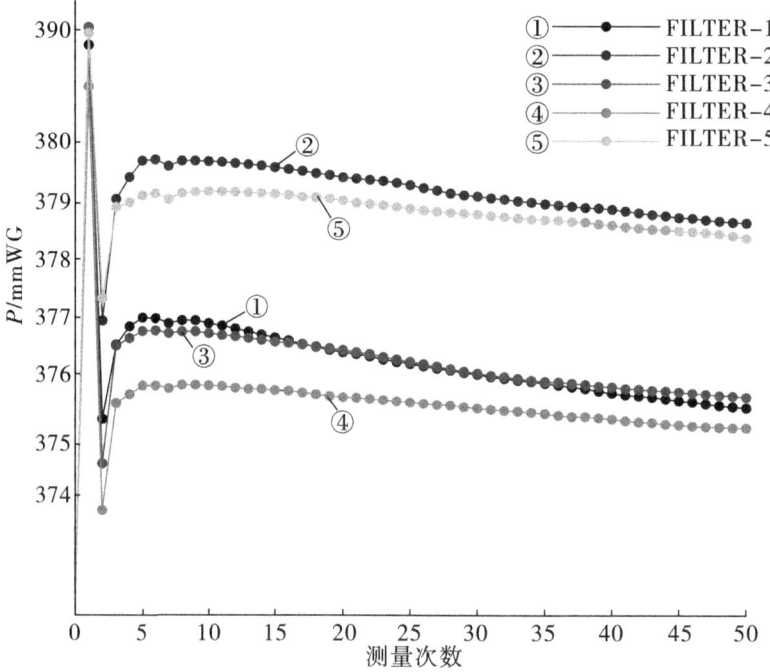

图6-11　380 mmH$_2$O左右滤棒保留时间

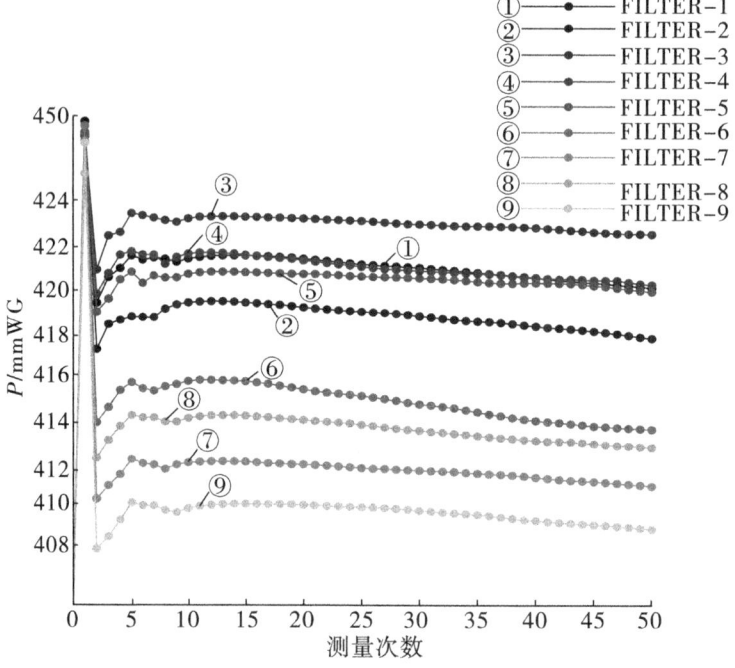

图6-12　410 mmH$_2$O左右滤棒保留时间

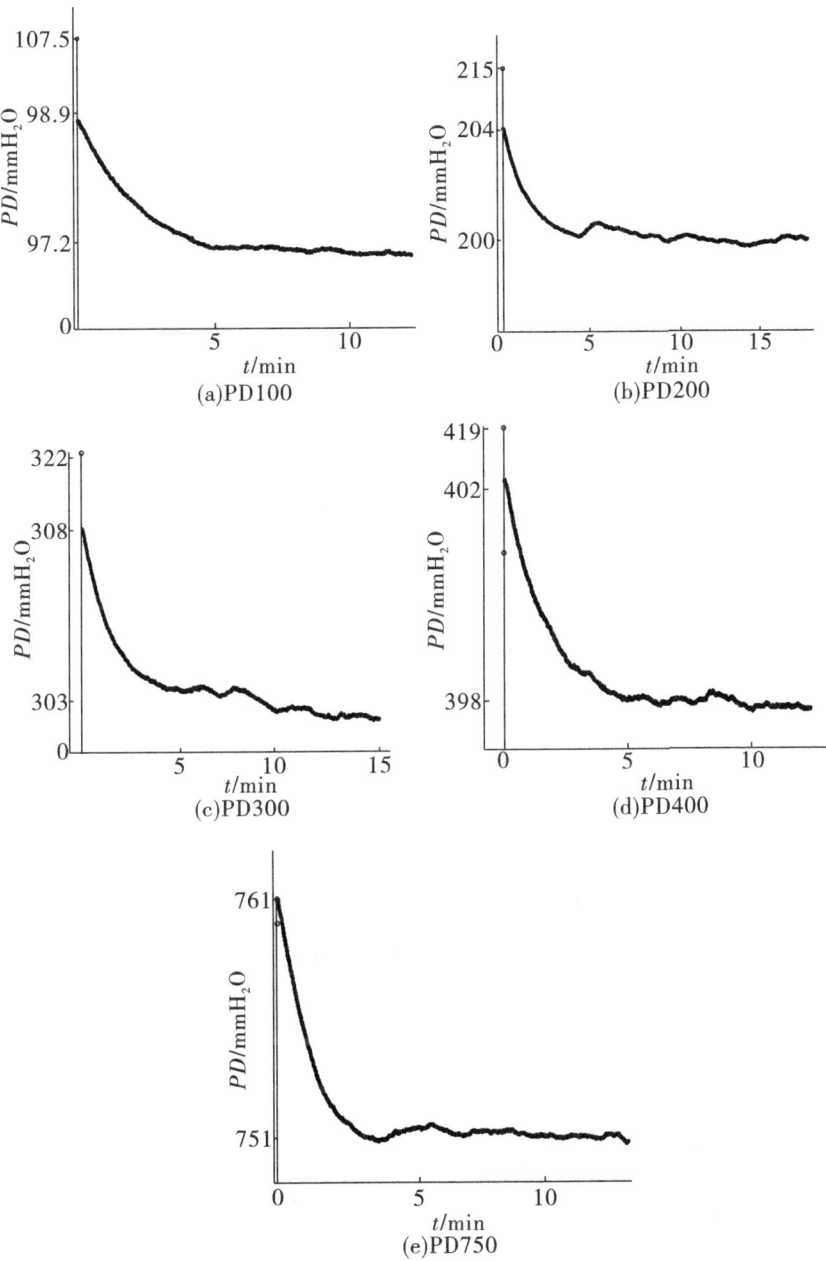

图6-13 标准棒在长时间抽吸状态下的阻值变化

(5)实验结论

项目组根据实验结果,进行了讨论分析,征求了行业专家意见,并与仪器生产厂家进行了交流,提出了卷烟吸阻和滤棒压降检测设备保留时间技术条件:

1)低于4000 Pa的样品吸阻或压降,保留时间为2~3 s;
2)不低于4000 Pa的样品吸阻或压降,保留时间为4~6 s;
3)吸阻标准棒校准与验证保留时间应一致,保留时间为5~7 s。

6.2.2.4 零点对吸阻测量影响

(1) 实验目的

1) 确认现有各种卷烟吸阻和滤棒压降检测设备采集零点时的工作状态;
2) 分析现有各种仪器零点采集对检测结果的影响。

(2) 实验步骤

1) 确认仪器校准和每批样品测试前是否采集零点,记录结果;
2) 确认仪器校准和每批样品测试前测头底部是否密封,有无气流通过,记录结果。

(3) 实验数据

各仪器的零点状态如表6-4所示。

表6-4 各仪器零点状态

仪器	仪器A	仪器B	仪器C	仪器D	仪器E	仪器F	仪器G
校准前是否读零点	是	是	是	是	是	是	是
每批样品测试前是否读零点	是	是	是	是	是	选择	是
测头底部是否密封	否	是	否	是	是	否	是
测头底部有无气流通过	无	无	无	无	无	无	无

项目组根据现有仪器零点工作状态进行了详细分析,仪器采集零点主要目的:

1) 消除环境变化(主要温度变化)对传感器产生的影响;
2) 尽可能消除测量管路压降对测试结果的影响。

目前仪器零点工作状态能够消除环境变化(主要温度变化)对传感器产生的影响。但由于在零点采集时各种仪器均没有气流通过,此时测量管路压降均为零,而在实际测量以及校准时气流为(17.5 ± 0.3) mL/s,测量管路压降不为零,此时仪器测得的吸阻为试样以及测量管路压降和。

(4) 实验结论

项目组根据上述实验及分析讨论,征求了行业专家意见,并与仪器生产厂家进行了交流,首先提出了零点的定义,即测头底部密封后,在空载抽吸状态下压力传感器的输出值,同时提出了仪器在下述三种状态应该采集零点:

1) 每次校准前应采集零点;
2) 仪器验证前应采集零点;
3) 每批试样测试前应采集零点。

6.2.2.5 压力传感器对吸阻测量影响

(1) 实验目的

研究各吸阻仪压力传感器的计量特性,验证压力传感器准确度是否满足0.1级的要求。

(2) 实验设备

各种类型压力传感器,如表6-5所示。

表6-5 各种类型压力传感器参数

传感器制造商	型号	满量程电压	满量程压差
MKS(1 V)	223B	1000 mV	500 mmH_2O
ASHCROFT	DXLdp	5000 mV	40 inH_2O
HM	HM30-3-V2-F1-W1	5000 mV	5000 Pa
MKS(5 V)	225 A	5000 mV	50 torr
HONEYWELL	DCXL30DS	20 mV	30 inH_2O

1) 数显压力计:准确度等级为0.05级,显示分辨率为0.1 Pa。
2) 台式精密微压泵:最小微调刻度为0.01 Pa。
3) Fluke台式数字万用表:精度为0.000001 V。
4) 稳压电源。

(3) 实验步骤

1) 打开微压泵泄气阀,使微压泵的输出压力为零,然后对精密数显压力计清零,通过电脑采集软件采集压力传感器输出电压,再关闭气压泵泄气阀;

2) 通过粗调阀门使精密数显压力计达到490 Pa左右,切换至微调阀门,直到精密数显压力计显示为500 Pa,同步采集精密数显压力计读数和压力传感器输出电压;

3) 从1000 Pa开始至5000 Pa以500 Pa为梯度重复步骤3)依次进行数据采集;

4) 继续调整粗调阀门超过5000 Pa,再通过粗调和细调阀门使精密数显压力计显示回到5000 Pa,同步采集精密数显压力计读数和压力传感器输出电压;

5) 从4500 Pa开始至5000 Pa以500 Pa为梯度重复步骤3)依次进行数据采集;

6) 打开微压泵泄气阀,使得微压泵的输出负压为0,同步采集精密数显压力计读数和压力传感器输出电压;

7) 更换其他厂家压力传感器,重复步骤1)~7)完成各压力传感器数据的采集。

(4) 数据处理方法

通过压力传感器的输入压力和输出电压确定压力传感器的特征曲线:

$$U = SP + B \quad (6-1)$$

式中：U——输出电压；

S——灵敏度,等于输入电压和输出压力最小二乘法拟合曲线的斜率。

$$S = \frac{\left(\frac{1}{n}\sum P_i\right)\left(\frac{1}{n}\sum U_i\right) - \left(\frac{1}{n}\sum P_i U_i\right)}{\left(\frac{1}{n}\sum P_i\right)^2 - \left(\frac{1}{n}\sum P_i^2\right)} \quad (6-2)$$

式中：P——输入压力；

B——零点输出电压,等于输入电压和输出压力最小二乘法拟合曲线的截距。

$$B = \frac{(\sum P_i^2)(\sum U_i) - (\sum P_i)(\sum P_i U_i)}{n(\sum P_i^2) - (\sum P_i)^2} \quad (6-3)$$

将输入压力代入特征方程,得到对应的理想输出电压。

$$U_{理想i} = SP_i + B \quad (6-4)$$

理想输出电压与输出电压的偏差为

$$\Delta U_i = U_i - U_{理想i} = U_i - (SP_i + B) \quad (6-5)$$

各压力点的精度为

$$A = \frac{|\Delta U_i|}{U_{max}} \quad (6-6)$$

式中:U_{max}——满量程输出电压。

测量偏差为

$$\Delta P = \frac{U_i - B}{S} - U_i \quad (6-7)$$

(5)实验数据

各压力传感器的测量数据如表6-6~表6-10所示,升程和降程特征曲线如图6-14~图6-18所示。

表6-6 MKS(1V)传感器测量数据

序号	压力/Pa	上行					下行				
		电压/mV	理想电压/mV	偏差/mV	精度/%	测量误差/Pa	电压/mV	理想电压/mV	偏差/mV	精度/%	测量误差/Pa
1	0	0.2	-0.1909	0.3909	0.039	—	0.6	-0.1	0.7	0.070	—
2	500	101.5	101.7091	-0.2091	0.021	-2.94	101.4	101.8	-0.4	0.040	-5.40
3	1000	203.6	203.6091	-0.0091	0.001	-1.96	203.3	203.7	-0.4	0.040	-5.40
4	1500	305.5	305.5091	-0.0091	0.001	-1.96	305.6	305.6	0	0.000	-3.43
5	2000	407.1	407.4091	-0.3091	0.031	-3.43	407.2	407.5	-0.3	0.030	-4.91
6	2500	509.2	509.3091	-0.1091	0.011	-2.45	509.4	509.4	0	0.000	-3.43
7	3000	611.3	611.2091	0.0909	0.009	-1.47	611.5	611.3	0.2	0.020	-2.45
8	3500	713	713.1091	-0.1091	0.011	-2.45	713.3	713.2	0.1	0.010	-2.94
9	4000	815.1	815.0091	0.0909	0.009	-1.47	815.1	815.1	0	0.000	-3.43
10	4500	917.2	916.9091	0.2909	0.029	-0.49	917.2	917	0.2	0.020	-2.45
11	5000	1018.7	1018.8091	-0.1091	0.011	-2.45	1018.7	1018.9	-0.2	0.020	-4.42
特征曲线		$y = 0.2038x - 0.1909$					$y = 0.2038x - 0.1$				

6 卷烟和滤棒物理性能综合测试台通用技术条件研究

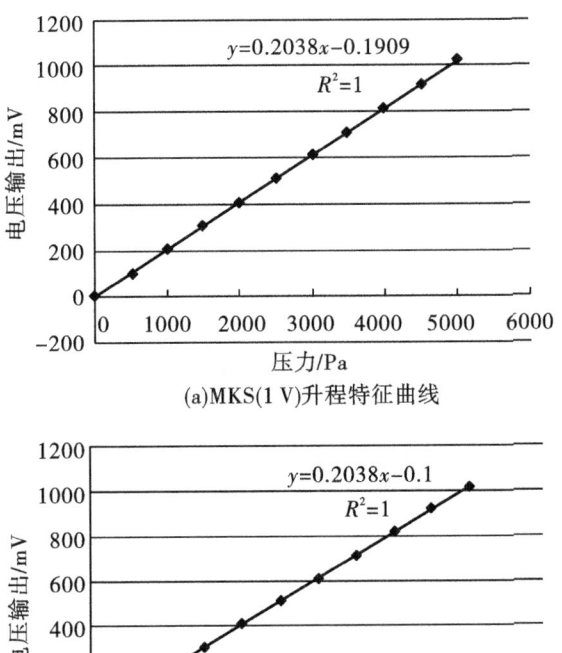

(a) MKS(1 V)升程特征曲线

(b) MKS(1 V)降程特征曲线

图 6-14 MKS(1 V)传感器特征曲线

表 6-7 ASHCROFT 传感器测量数据

序号	压力 /Pa	上行					下行				
		电压 /mV	理想电压 /mV	偏差 /mV	精度 /%	测量误差 /Pa	电压 /mV	理想电压 /mV	偏差 /mV	精度 /%	测量误差 /Pa
1	0	406.5	407.61	−1.11	0.022	—	406.2	407.51	−1.31	0.026	—
2	500	658.1	658.51	−0.41	0.008	1.39	657.9	658.46	−0.56	0.011	1.49
3	1000	909.9	909.41	0.49	0.010	3.19	909.9	909.41	0.49	0.010	3.59
4	1500	1160.9	1160.31	0.59	0.012	3.39	1161.1	1160.36	0.74	0.015	4.08
5	2000	1412.1	1411.21	0.89	0.018	3.99	1412.4	1411.31	1.09	0.022	4.78
6	2500	1662.3	1662.11	0.19	0.004	2.59	1662.4	1662.26	0.14	0.003	2.89
7	3000	1913.7	1913.01	0.69	0.014	3.59	1913.2	1913.21	−0.01	0.000	2.59
8	3500	2164.1	2163.91	0.19	0.004	2.59	2164.2	2164.16	0.04	0.001	2.69
9	4000	2415.2	2414.81	0.39	0.008	2.99	2415.2	2415.11	0.09	0.002	2.79
10	4500	2665.3	2665.71	−0.41	0.008	1.39	2665.4	2666.06	−0.66	0.013	1.30
11	5000	2916.2	2916.61	−0.41	0.008	1.39	2916.2	2917.01	−0.81	0.016	1.00
特征曲线		$y=0.5018x+407.61$					$y=0.5019x+407.51$				

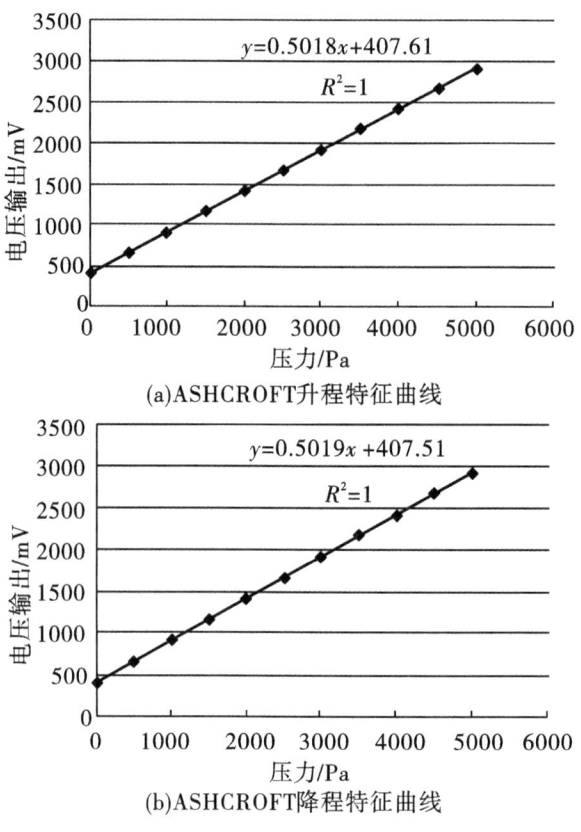

(a) ASHCROFT升程特征曲线

(b) ASHCROFT降程特征曲线

图 6-15 ASHCROFT 传感器特征曲线

表 6-8 HM 传感器测量数据

序号	压力/Pa	上行					下行				
		电压/mV	理想电压/mV	偏差/mV	精度/%	测量误差/Pa	电压/mV	理想电压/mV	偏差/mV	精度/%	测量误差/Pa
1	0	−11.9	−12.264	0.364	0.007	—	−11.8	−12.532	0.732	0.015	—
2	500	488.1	487.586	0.514	0.010	0.15	488.2	487.368	0.832	0.017	0.10
3	1000	987.5	987.436	0.064	0.001	−0.30	987.6	987.268	0.332	0.007	−0.40
4	1500	1487.5	1487.286	0.214	0.004	−0.15	1486.3	1487.168	−0.868	0.017	−1.60
5	2000	1987.3	1987.136	0.164	0.003	−0.20	1986	1987.068	−1.068	0.021	−1.80
6	2500	2485.3	2486.986	−1.686	0.034	−2.05	2485.9	2486.968	−1.068	0.021	−1.80
7	3000	2985.6	2986.836	−1.236	0.025	−1.60	2986.7	2986.868	−0.168	0.003	−0.90
8	3500	3486.1	3486.686	−0.586	0.012	−0.95	3487.1	3486.768	0.332	0.007	−0.40
9	4000	3987.4	3986.536	0.864	0.017	0.50	3987.1	3986.668	0.432	0.009	−0.30
10	4500	4486.3	4486.386	−0.086	0.002	−0.45	4487.1	4486.568	0.532	0.011	−0.20
11	5000	4986.9	4986.236	0.664	0.013	0.30	4986.9	4986.468	0.432	0.009	−0.30
特征曲线		$y=0.9997x-12.264$					$y=0.9998x-12.532$				

6 卷烟和滤棒物理性能综合测试台通用技术条件研究

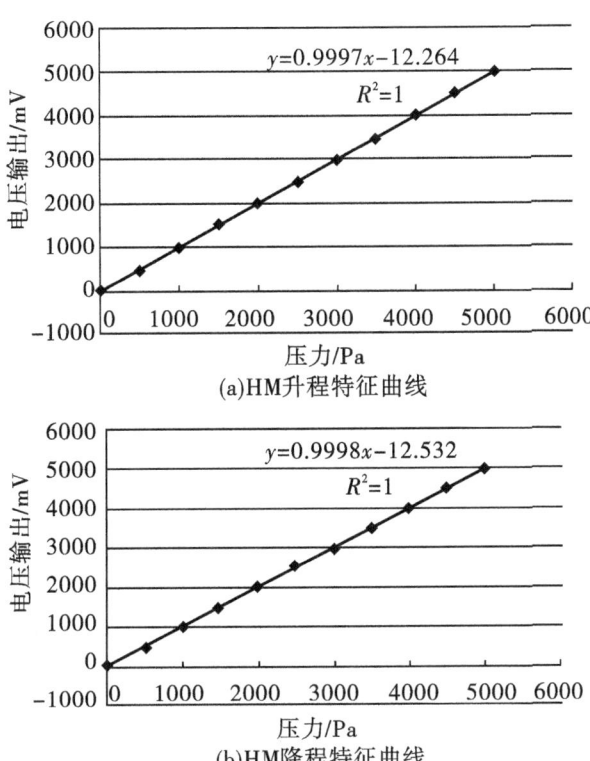

(a)HM升程特征曲线

(b)HM降程特征曲线

图 6-16 HM 传感器特征曲线

表 6-9 HONEYWELL 传感器测量数据

序号	压力 /Pa	上行					下行				
		电压 /mV	理想电压 /mV	偏差 /mV	精度 /%	测量误差 /Pa	电压 /mV	理想电压 /mV	偏差 /mV	精度 /%	测量误差 /Pa
1	0	0.023	0.0242	-0.0012	0.006	—	0.023	0.0243	-0.0013	0.006	—
2	500	1.663	1.6642	-0.0012	0.006	0.00	1.663	1.6648	-0.0018	0.009	-0.15
3	1000	3.307	3.3042	0.0028	0.013	1.22	3.304	3.3053	-0.0013	0.006	0.00
4	1500	4.944	4.9442	-0.0002	0.001	0.30	4.947	4.9458	0.0012	0.006	0.76
5	2000	6.585	6.5842	0.0008	0.004	0.61	6.589	6.5863	0.0027	0.013	1.22
6	2500	8.226	8.2242	0.0018	0.009	0.91	8.23	8.2268	0.0032	0.015	1.37
7	3000	9.867	9.8642	0.0028	0.013	1.22	9.87	9.8673	0.0027	0.013	1.22
8	3500	11.507	11.5042	0.0028	0.013	1.22	11.509	11.5078	0.0012	0.006	0.76
9	4000	13.146	13.1442	0.0018	0.009	0.91	13.151	13.1483	0.0027	0.013	1.22
10	4500	14.784	14.7842	-0.0002	0.001	0.30	14.79	14.7888	0.0012	0.006	0.76
11	5000	16.426	16.4242	0.0018	0.009	0.91	16.426	16.4293	-0.0033	0.016	-0.61
特征曲线		$y=0.0033x+0.0242$					$y=0.0033x+0.0243$				

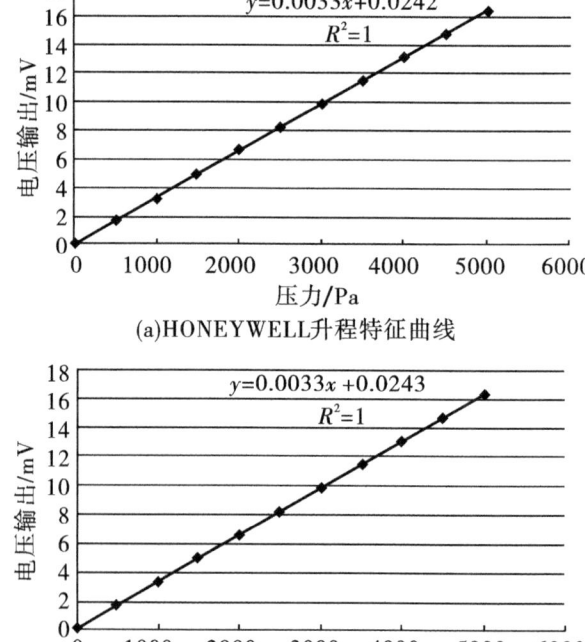

(a) HONEYWELL升程特征曲线

(b) HONEYWELL降程特征曲线

图6-17 HONEYWELL传感器特征曲线

表6-10 MKS(5 V)传感器测量数据

序号	压力/Pa	上行					下行				
		电压/mV	理想电压/mV	偏差/mV	精度/%	测量误差/Pa	电压/mV	理想电压/mV	偏差/mV	精度/%	测量误差/Pa
1	0	62	63.068	−1.068	0.021	—	61	61.195	−0.195	0.004	—
2	500	438	438.018	−0.018	0.000	1.40	436.1	436.345	−0.245	0.005	−0.07
3	1000	813.1	812.968	0.132	0.003	1.60	811	811.495	−0.495	0.010	−0.40
4	1500	1188.3	1187.918	0.382	0.008	1.93	1187.1	1186.645	0.455	0.009	0.87
5	2000	1563.7	1562.868	0.832	0.017	2.53	1562.4	1561.795	0.605	0.012	1.07
6	2500	1938	1937.818	0.182	0.004	1.67	1936.8	1936.945	−0.145	0.003	0.07
7	3000	2313.4	2312.768	0.632	0.013	2.27	2312.8	2312.095	0.705	0.014	1.20
8	3500	2688	2687.718	0.282	0.006	1.80	2688	2687.245	0.755	0.015	1.27
9	4000	3063.1	3062.668	0.432	0.009	2.00	3062.5	3062.395	0.105	0.002	0.40
10	4500	3437.3	3437.618	−0.318	0.006	1.00	3437.9	3437.545	0.355	0.007	0.73
11	5000	3812	3812.568	−0.568	0.011	0.67	3812	3812.695	−0.695	0.014	−0.67
特征曲线		$y=0.7499x+63.068$					$y=0.7503x+61.195$				

6 卷烟和滤棒物理性能综合测试台通用技术条件研究

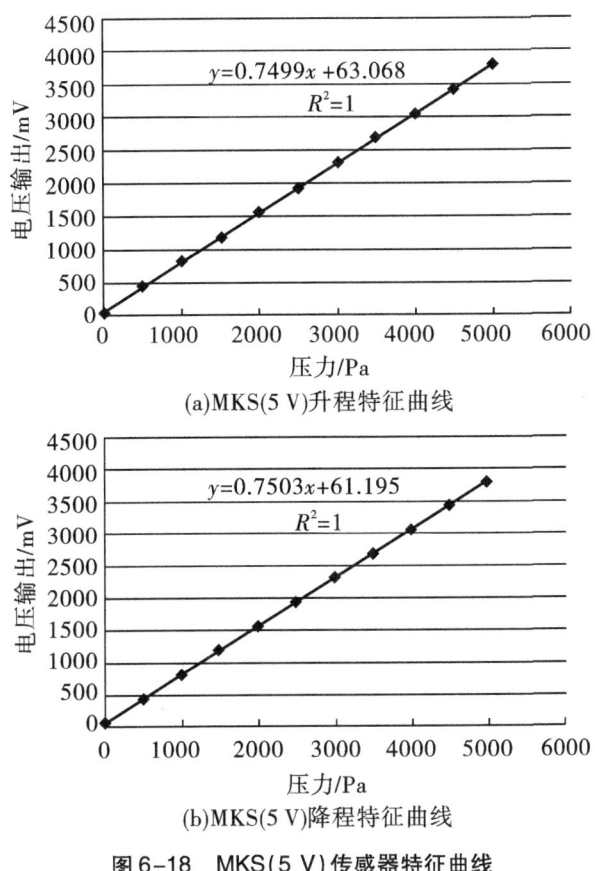

图 6-18 MKS(5 V)传感器特征曲线

压力传感器升程和降程各点精度的最大值汇总如表 6-11 所示。

表 6-11 各压力传感器升程和降程各点精度的最大值汇总

传感器型号	升程精度/%	降程精度/%
MKS(1 V)	0.04	0.07
ASHCRO	0.02	0.03
HM	0.03	0.02
HONEYWELL	0.01	0.02
MKS(5 V)	0.02	0.02

(6)实验结论

通过本实验验证分析,目前各吸阻仪所用的压力传感器从 0 Pa 到 5000 Pa 上各点的准确度均高于 0.1 级,由压力传感器引入的吸阻/压降测量误差均小于 0.5 mmH$_2$O,远高于压力传感器生产厂家标示的 0.5% F.S. 精度,能够有效保证吸阻的检测准确性。

项目组根据实验结果,进行了讨论分析,征求了行业专家意见,并与仪器生产厂家进行了交流,提出了卷烟吸阻和滤棒压降检测设备压力传感器的技术条件为:实际检测准确度等级满足0.1级。

6.2.2.6 滤棒乳胶管对滤棒吸阻测量影响

(1)实验目的

验证滤棒乳胶管对滤棒压降的影响。

(2)实验样品

滤棒:两种规格($260\ mmH_2O$ 和 $390\ mmH_2O$)。

(3)实验步骤

1)首先对样品进行分选,现有 $260\ mmH_2O$ 和 $390\ mmH_2O$ 两种规格样品,分选的范围是设定值$±2\ mmH_2O$,SD 在 $1.60\ mmH_2O \sim 1.90\ mmH_2O$ 之间;

2)选择仪器 E 作为测试仪器,按实验原理图进行连接,所有管路、元件完好,气管接头以及测头确保不漏气;

3)分别安装 5 种规格的长乳胶管,测量吸阻标准棒和两个规格的样品并记录数据。

(4)实验数据

各厂家生产的乳胶管对样品测试数据的影响如表 6-12 所示。

表 6-12 实验数据　　　　　　　　　单位:mmH_2O

温、湿度	22.5 ℃,52%	22.5 ℃,53%	22.6 ℃,53%	22.6 ℃,51%	22.5 ℃,50%
低标准棒	204.93	204.99	204.71	205.5	205.69
高标准棒	306.07	306.25	306.08	307.02	306.77
乳胶管来源	厂家1	厂家2	厂家3	厂家4	厂家5
低滤棒1	258.7	259.89	258.07	259.34	257.08
低滤棒2	257.91	260.33	258.86	258.18	258.04
低滤棒3	261.27	258.92	262.43	260.81	256.25
低滤棒4	258.1	261.9	261.16	257.28	258.92
低滤棒5	258.99	259.8	258.28	259.17	260.3
低滤棒6	257.36	259.9	263.04	258.31	255.46
低滤棒7	263.08	257.4	259.04	257.66	260.4
低滤棒8	257.59	261.49	262.02	257.19	257.64
低滤棒9	261.68	261.14	257.72	259.68	260.43
低滤棒10	256.86	256.72	256.76	256.89	258.27
低滤棒11	260.34	260.33	256.8	257.32	258.25
低滤棒12	257.19	259.74	260.85	258.17	256.9

续表 6-12

温、湿度	22.5 ℃,52%	22.5 ℃,53%	22.6 ℃,53%	22.6 ℃,51%	22.5 ℃,50%
低滤棒 13	257.9	261.27	259.57	260.81	259.37
低滤棒 14	256.49	260.19	258.75	262.04	254.87
低滤棒 15	259.34	261.74	260.4	261.06	258.28
低滤棒 16	261.76	261.06	258.91	257.09	256.1
低滤棒 17	258.22	258.05	261.06	258.56	260.43
低滤棒 18	258.87	262.1	257.17	261.21	256.01
低滤棒 19	259.89	258.32	260.06	255.62	256.35
低滤棒 20	256.79	262.43	258.75	259.54	260.44
平均值	258.92	260.14	259.49	258.80	257.99
SD	1.88	1.60	1.84	1.74	1.83
高滤棒 1	394.2	390.37	389.56	391.52	391.18
高滤棒 2	391.89	390.94	389.76	393.78	390.64
高滤棒 3	392.38	391.38	390.03	390.15	389.32
高滤棒 4	389.32	391.52	391.66	389.57	393.43
高滤棒 5	392.12	391.85	391.71	391.61	386.55
高滤棒 6	388.67	392.1	388.79	390.11	388.53
高滤棒 7	390.15	392.12	391.84	391.7	391.93
高滤棒 8	392.02	393.1	392.21	392.41	390.15
高滤棒 9	392.04	393.38	392.64	388.64	391.05
高滤棒 10	394.83	394.25	392.72	391.82	390.67
高滤棒 11	393.22	394.52	392.73	393.94	388.5
高滤棒 12	392.98	394.65	393.01	394.79	389.22
高滤棒 13	392.26	394.72	393.1	393.69	392.15
高滤棒 14	393.43	394.83	393.33	389.28	392.03
高滤棒 15	394.29	395.01	393.5	391.32	387.99
高滤棒 16	392.51	395.03	394.13	394.77	392.18
高滤棒 17	389.86	395.18	394.35	392.93	391.41
高滤棒 18	389.66	395.46	394.41	389.82	389.4
高滤棒 19	394.85	396.11	394.5	390.9	389.12
高滤棒 20	393.6	396.24	394.55	391.02	392.79
平均值	392.21	393.64	392.43	391.69	390.41
SD	1.84	1.82	1.75	1.83	1.80

（5）实验结论

测量结果表明,不同滤棒乳胶管测试相同滤棒压降,存在一定的差异。项目组进行了讨论分析,主要原因为各种乳胶管弹性以及内径尺寸差异,由于乳胶管弹性难以实现标准的统一,项目组征求了行业专家意见,并与仪器生产厂家进行了交流,提出了滤棒压降检测设备乳胶管的技术条件为：

1）乳(硅)胶管与试样、吸阻标准棒或吸阻标准棒的引导装置接触部分不漏气。

2）各种滤棒乳(硅)胶管内径应满足：滤棒目标直径(mm)-1.0 mm≤乳(硅)胶管内径≤滤棒目标直径(mm)-0.5 mm。

6.2.2.7　烟支乳胶管对烟支开吸阻测量影响

（1）实验目的

验证上、中乳胶管包裹位置对开吸阻的影响。

（2）实验设备

采用仪器C作为验证载体。图6-19为仪器C卷烟支测头乳胶管不同状态的示意图。其中图6-19（a）为下部乳胶管包裹深度9 mm；图6-19（b）为下部包裹乳胶管的同时上部乳胶管包裹输入端9 mm；图6-19（c）为下部包裹乳胶管的同时中部乳胶管包裹水松纸,且不堵塞通风度孔；图6-19（d）为下部包裹乳胶管的同时中部乳胶管包裹卷烟纸,水松纸处于密闭状态。

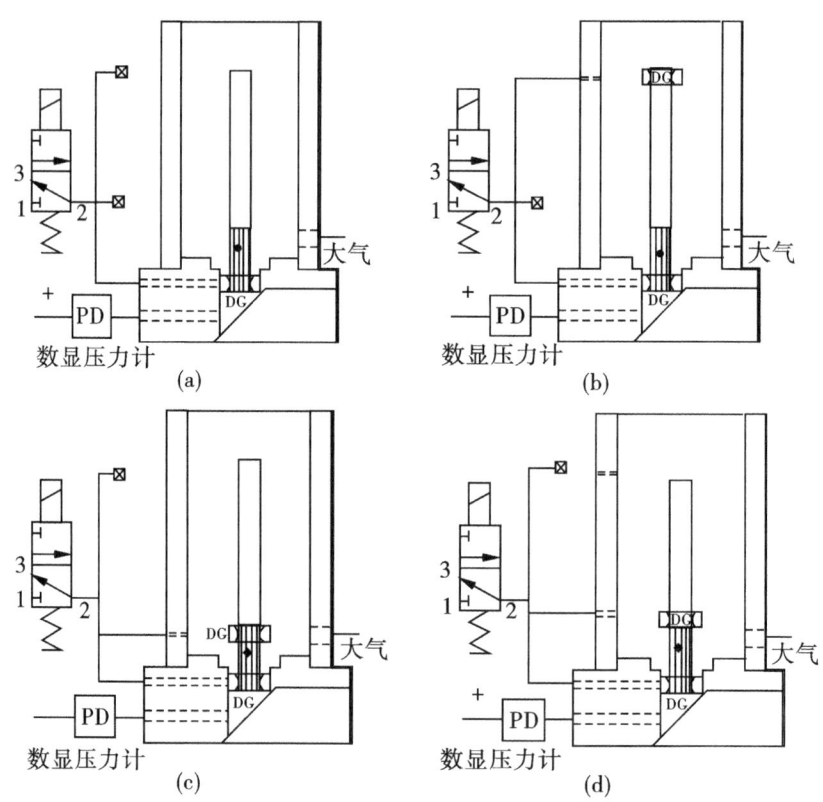

图6-19　烟支测头乳胶管不同状态的示意

(3)实验样品

1)无滤嘴通风度一般规格卷烟两种(LQ、XS);

2)不同规格通风度卷烟两种(LQ-45%、LQ-35%)。

(4)实验步骤

1)按图6-19(b)进行连接,记录上、下部乳胶管同时包裹状态下的开吸阻;

2)打开上部乳胶管,记录样品在下部乳胶管包裹状态下的开吸阻;

3)重复上述步骤完成所有样品在上、下部乳胶管同时包裹状态和仅在下部乳胶管包裹状态的开吸阻测试;

4)去除上部乳胶管,调整中部乳胶管高度如图6-19(c)所示,记录该状态下样品的开吸阻;

5)调整中部乳胶管高度如图6-19(d)所示,记录该状态下样品的开吸阻。

(5)实验数据

乳胶管对卷烟测试结果的影响实验数据如表6-13所示,温度为22.9 ℃,湿度为59%,大气压为101.5 hPa。

表6-13 实验数据　　　　　　　　　　　　　　　　　　　　　　　单位:mmH$_2$O

乳胶管状态	下	下→上	Δp_1	下	下→中(全包水松纸)	Δp_2	下	下→中(全包卷烟纸)	Δp_3
高度	—	80 mm	—	—	30 mm	—	—	36 mm	—
LQ	110.93	110.89	-0.04	109.82	110.14	0.32	105.80	106.66	0.86
	107.18	107.31	0.13	105.47	105.67	0.20	109.71	110.47	0.76
	111.74	112.16	0.42	104.38	104.65	0.27	103.40	103.67	0.27
	108.90	109.20	0.30	106.01	106.52	0.51	113.24	113.41	0.17
	109.51	109.66	0.15	102.34	102.58	0.24	111.76	112.25	0.49
	106.79	106.52	-0.27	103.32	103.62	0.30	102.08	102.54	0.46
	105.12	105.30	0.18	108.33	108.84	0.51	105.87	106.60	0.73
	102.25	102.43	0.18	105.12	105.49	0.37	110.53	111.09	0.56
	105.33	105.25	-0.08	103.05	103.43	0.38	113.25	113.95	0.70
	108.93	109.03	0.10	110.60	110.84	0.24	105.07	105.27	0.20
平均值	107.67	107.78	0.11	105.84	106.18	0.33	108.07	108.59	0.52
高度	—	80 mm	—	—	30 mm	—	—	36 mm	—

续表 6-13

乳胶管状态	下	下→上	Δp_1	下	下→中（全包水松纸）	Δp_2	下	下→中（全包卷烟纸）	Δp_3
XS	106.95	106.97	0.02	116.82	117.16	0.34	119.95	120.87	0.92
	114.74	114.69	-0.05	117.93	118.20	0.27	118.47	118.93	0.46
	120.07	120.28	0.21	121.50	122.47	0.97	116.90	117.53	0.63
	114.18	114.41	0.23	115.35	115.88	0.53	117.07	117.65	0.58
	113.15	112.97	-0.18	123.09	123.65	0.56	118.83	119.87	1.04
	115.58	115.99	0.41	110.12	110.46	0.34	120.93	122.06	1.13
	118.69	118.91	0.22	123.45	123.87	0.42	122.09	123.00	0.91
	116.69	116.59	-0.10	117.40	118.10	0.70	111.86	112.64	0.78
	112.49	112.53	0.04	115.01	114.40	-0.61	121.83	122.66	0.83
	116.62	116.67	0.05	112.27	112.63	0.36	114.33	114.86	0.53
平均值	114.92	115.00	0.08	117.29	117.68	0.39	118.23	119.01	0.78
高度	—	80 mm	—	—	36 mm	—	—	44 mm	—
LQ-35%	85.27	85.39	0.12	84.65	84.67	0.02	90.04	90.38	0.34
	81.89	81.94	0.05	89.11	89.41	0.30	83.84	84.07	0.23
	81.21	81.29	0.08	86.18	86.29	0.11	88.69	88.75	0.06
	80.62	80.71	0.09	90.37	90.63	0.26	83.43	83.78	0.35
	87.15	87.21	0.06	84.06	84.34	0.28	86.21	86.51	0.30
	86.30	86.48	0.18	89.33	89.68	0.35	86.98	87.25	0.27
	83.09	83.25	0.16	79.52	79.73	0.21	91.23	91.53	0.30
	87.39	87.43	0.04	87.54	87.86	0.32	83.40	83.64	0.24
	82.95	83.06	0.11	85.83	86.14	0.31	84.41	84.85	0.44
	85.25	85.36	0.11	78.45	78.72	0.27	86.19	86.60	0.41
平均值	84.11	84.21	0.10	85.50	85.75	0.24	86.44	86.74	0.29
高度	—	80 mm	—	—	36 mm	—	—	44 mm	—

续表 6-13

乳胶管状态	下	下→上	Δp_1	下	下→中(全包水松纸)	Δp_2	下	下→中(全包卷烟纸)	Δp_3
LQ-45%	69.17	69.18	0.01	69.20	69.18	-0.02	77.03	77.08	0.05
	69.93	69.86	-0.07	75.30	75.25	-0.05	71.11	71.13	0.02
	71.54	71.56	0.02	74.73	74.57	-0.16	71.09	71.13	0.04
	70.32	70.13	-0.19	71.40	71.32	-0.08	74.04	74.07	0.03
	70.10	70.11	0.01	73.06	73.02	-0.04	70.53	70.60	0.07
	73.28	73.23	-0.05	69.56	69.58	0.02	67.62	67.57	-0.05
	69.59	69.61	0.02	71.63	71.52	-0.11	71.16	71.23	0.07
	69.65	69.63	-0.02	68.74	68.57	-0.17	72.49	72.38	-0.11
	73.46	73.62	0.16	71.82	71.71	-0.11	75.36	75.19	-0.17
	69.22	69.18	-0.04	73.44	73.41	-0.03	71.65	71.64	-0.01
平均值	70.63	70.61	-0.01	71.89	71.81	-0.08	72.21	72.20	-0.01

(6)实验结论

由上述数据可得出如下结论:所有样品在上、下部乳胶管同时包裹状态和仅在下部乳胶管包裹状态的开吸阻平均值差值≤0.11 mmH₂O,因此认为上部乳胶管对开吸阻无影响。

1)对于常规样品,中部乳胶管包裹水松纸时,开吸阻平均值差值为 0.33 mmH₂O 和 0.39 mmH₂O;而中部乳胶管包裹卷烟纸时,开吸阻平均值差值为 0.52 mmH₂O 和 0.78 mmH₂O,因此中部乳胶管对常规烟支(无激光打孔)的开吸阻有一定影响,包裹卷烟纸比包裹水松纸影响更大。

2)对于激光打孔卷烟,中部乳胶管包裹水松纸时,开吸阻平均值差值为 0.24 mmH₂O 和-0.08 mmH₂O;而中部乳胶管包裹卷烟纸时,开吸阻平均值差值为 0.29 mmH₂O 和 -0.01 mmH₂O,因此中部乳胶管对激光打孔卷烟的开吸阻影响较小,且对高通风度卷烟比低通风度卷烟影响更小。

项目组根据上述分析结论,征求了行业专家意见,并与仪器生产厂家进行了交流,提出了卷烟吸阻乳胶管的技术条件:

1)卷烟测头,上部乳(硅)胶管上端面不应超过卷烟上端面;

2)卷烟测头,中部乳(硅)胶管测试不打孔卷烟不应包覆卷烟纸,测试接装纸打孔卷烟在不堵塞打孔位置下,尽可能包覆接装纸。

6.2.2.8 通风度管路对烟支开吸阻测量影响

(1)实验目的

根据改造前有通风度管路参与和改造后直接暴露于大气的测量数据,评估通风度管路对卷烟开吸阻测量影响。

（2）实验样品

1）无滤嘴通风度一般规格卷烟两种（LQ、XS）；

2）通风度卷烟一种（LQ-35%）。

（3）实验步骤

1）按图将数显压力计和电脑接入到离测头最近的测量管路中；

2）在稳定抽吸模式下取样品各10支作为测试样品，数显压力计读数稳定后记录数据；

3）拆掉通风度管路，再次测量样品，数显压力计读数稳定后记录数据。

（4）实验数据

有、无通风度管路条件下，测得的实验数据见表6-14。

表6-14 实验数据   单位：mmH$_2$O

牌号	XS		LQ		LQ-35%	
通风方式	有通风度管路	无通风度管路	有通风度管路	无通风度管路	有通风度管路	无通风度管路
环境温、湿度	21.3 ℃ 56%	21.1 ℃ 56%	21.1 ℃ 56%	21 ℃ 57%	21.1 ℃ 56%	21 ℃ 57%
1	106.2	107.0	102.7	102.6	81.8	81.6
2	111.5	111.9	105.1	105.6	80.1	79.6
3	103.4	103.5	108.7	109.6	84.7	84.3
4	114.7	114.5	100.5	101.6	83.8	83.3
5	104.4	104.9	104.9	104.6	83.8	83.2
6	110.2	110.3	104.0	104.8	86.5	86.6
7	118.2	117.8	104.6	104.9	80.7	80.4
8	115.2	114.6	103.5	103.9	88.6	88.2
9	115.7	116.0	106.2	106.7	85.9	85.5
10	118.5	118.8	111.1	112.4	85.9	85.3
平均值	111.8	111.9	105.1	105.7	84.2	83.8
偏差	0.1		0.6		0.4	

（5）实验结论

项目组根据实验结果，认为现有各种吸阻检测设备的通风管路结构对吸阻测量影响很小，可忽略不计。

6.2.2.9 负压发生装置产生的负压变化对吸阻测量影响

(1) 实验目的

1) 研究负压发生器输入空压变化后,输出负压的变化;
2) 研究负压变化后,标准棒测试结果的变化。

(2) 实验样品

标准棒标定值为 100 mmH$_2$O、200 mmH$_2$O、300 mmH$_2$O、400 mmH$_2$O、750 mmH$_2$O 左右规格各一根。

(3) 实验步骤

1) 按原理图进行连接,气管接头以及测头确保不漏气;
2) 空载下进行抽吸,调整减压阀使负压为-90 kPa,稳定后记录压力表值;
3) 用数显压力计分别测量 100 mmH$_2$O、200 mmH$_2$O、300 mmH$_2$O、400 mmH$_2$O、750 mmH$_2$O 左右标准棒的吸阻值;
4) 调整减压阀,重复步骤2)~3)完成负压为-80 kPa、-70 kPa、-65 kPa、-60 kPa、-55 kPa、-50 kPa、-45 kPa、-40 kPa、-30 kPa 时的测试。

(4) 实验数据

对样品进行测试,测量数据如表 6-15 所示。

表 6-15 实验数据

负压/kPa		标准棒测试值/mmH$_2$O					环境温、湿度
输出负压	输入空压	100	200	300	400	700	
-90	60	101.6	209.8	313.8	413.2	778.4	22.3 ℃,61%
-80	52	101.8	209.6	313.6	412.9	778.2	22.4 ℃,63%
-70	48	101.7	209.6	313.6	412.9	778.4	22.5 ℃,62%
-65	44	101.7	209.6	313.5	413	778.1	22.5 ℃,62%
-60	42	101.6	209.6	313.6	413.1	778.2	22.5 ℃,63%
-55	39	101.5	209.6	313.4	412.8	777	22.5 ℃,62%
-50	37	101.3	208.9	312.4	411.2	772.1	22.5 ℃,61%
-45	35	100.7	207.5	310.1	407.8	763.6	22.5 ℃,61%
-40	32	98.8	203.3	303.3	398.5	741.4	22.6 ℃,61%
-35	30	96.1	197.2	294	384.1	710	22.6 ℃,62%

(5) 实验结论

由表 6-15 可以得出:负压绝对值大于 60 kPa 时,吸阻测量结果基本不变;负压绝对值小于 55 kPa 时,标准棒测量结果急剧变小。

由于仪器的抽吸管路会产生一定的压降,为确保 CFO 能达到临界状态,项目组进行了讨论分析,征求了行业专家意见,并与仪器生产厂家进行了交流,提出了卷烟吸阻和滤棒压降检测设备负压发生装置的技术条件为:产生的负压绝对值不小于0.65 bar。

6.2.3 研究结论

通过对卷烟吸阻和滤棒压降检测设备进行深入研究,从仪器原理、结构设计、计量特性等方面进行了详细分析,项目系统研究分析了影响卷烟吸阻和滤棒压降测量的仪器各相关因素,逐一对这些因素进行原理分析、理论模型建立和实验验证,确定其对测试结果影响程度。

根据理论研究和实验验证,提出了卷烟吸阻和滤棒压降检测设备通用技术条件。

6.2.3.1 工作条件

1)环境温度:(22 ± 2) ℃。
2)相对湿度:$(60\pm5)\%$。
3)应对大气压进行测试,并记录。

6.2.3.2 外观要求

仪器表面不应有裂缝、变形现象;金属零件不应有锈蚀及机械损伤;接插件牢固可靠;气管及接头均不漏气;开关、按钮无失控现象;附属设备完好。

6.2.3.3 测头

1)卷烟的输出端插入测头包覆深度应为9 mm;
2)卷烟测头,上部乳(硅)胶管上端面不应超过卷烟上端面;
3)卷烟测头,中部乳(硅)胶管测试不打孔卷烟不应包覆卷烟纸,测试接装纸打孔卷烟在不堵塞打孔位置下,尽可能包覆接装纸;
4)滤棒应完全包覆于测头中;
5)测量过程中,测头应保证密封性良好。

6.2.3.4 乳(硅)胶管

1)乳(硅)胶管与试样、吸阻标准棒或吸阻标准棒的引导装置接触部分不漏气;
2)各种滤棒乳(硅)胶管内径应满足:滤棒目标直径(mm)-1.0 mm≤乳(硅)胶管内径≤滤棒目标直径(mm)-0.5 mm。

6.2.3.5 保留时间

1)低于4000 Pa的试样吸阻或压降,保留时间为2 s~3 s;
2)不低于4000 Pa的试样吸阻或压降,保留时间为4 s~6 s;
3)吸阻标准棒校准与验证保留时间应一致,保留时间为5 s~7 s。

6.2.3.6 零点

1)每次校准前应采集零点;

2)仪器验证前应采集零点;
3)每批试样测试前应采集零点。

6.2.3.7 压力传感器

实际检测准确度等级满足0.1级。

6.2.3.8 仪器量程

仪器的量程必须大于试样的吸阻值,且不低于5 kPa。

6.2.3.9 仪器分辨率

仪器分辨率:<10 Pa。

6.2.3.10 输出端气流体积流量

试样输出端的气流体积流量应满足:(17.5±0.3) mL/s。

6.2.3.11 测量管路压降

测量管路压降:≤10 Pa。

6.2.3.12 抽吸管路压降

抽吸管路压降:≤200 Pa。

6.2.3.13 压降测量点

仪器测量管路上应设置压降测量点。
注:测量点优选配置数显压力计。

6.2.3.14 负压发生装置

负压发生装置产生的负压绝对值:≥0.65 bar。
注:负压发生器负压端应配置真空表。

6.2.3.15 吸阻标准棒

1)不应破损、污染、堵塞、变形。
2)用两根吸阻标准棒进行校准的仪器,两标准棒的标称值相差不小于1 kPa。
3)吸阻标准棒应符合JJG(烟草)15—2010《烟草专用吸阻标准棒检定规程》标准规定的要求。
4)仪器除配置吸阻校准棒,还需另外配备吸阻检查棒,对仪器性能进行检查。

6.2.3.16 标准恒流孔(CFO)

1)标准恒流孔应符合JJG(烟草)16—2002《烟草专用恒流孔检定规程》标准规定的

要求。

2) 标准恒流孔临界状态下气流体积流量应满足:(17.5±0.1) mL/s。

6.2.3.17 过滤器

1) 负压管路过滤器需采用真空过滤器。
2) 过滤等级:≤50 μm。

6.2.3.18 具有自动校准功能的吸阻仪

仪器必须具备外校功能。

6.3 卷烟和滤棒圆周测试设备的通用技术条件研究

6.3.1 卷烟和滤棒圆周测试设备仪器结构和计量特性研究

6.3.1.1 仪器结构分析

对圆周检测设备的结构特征进行研究,主要包括试样旋转方式、负压孔数量、标准棒是否旋转、旋转角度、调节方式和挡位,如表6-16所示。

表6-16 圆周检测设备结构特征调研表

特征	仪器A	仪器B	仪器C	仪器D
试样旋转方式	夹持器夹持旋转	负压吸附皮带带动	皮带摩擦皮带带动	负压吸附皮带带动
负压孔数量	—	2	4	4
标准棒是否旋转	旋转	旋转	旋转	旋转
旋转角度/(°)	360	360	约360	360
调节方式	自动	手动	手动	手动
挡位	3挡	—	—	—

(1) 仪器A结构特征

仪器A圆周检测设备结构如图6-20所示。仪器A有一块垂直底面的背板,背板中间固定一块水平台,CCD测径仪固定在中间水平台上方,夹持器固定在水平台下方,工作时电机皮带驱动夹持器旋转,3个挡位的挡板通过旋转来调节,旋转挡板的转轴固定在底板上。测量时,试样置于挡板上,夹持器夹持试样中下部并由电机带动旋转,试样中部置于CCD测径仪的测量区域。根据仪器结构分析,为保证测量的准确性,安装时必须保证夹持器的轴线和平行光束垂直,夹持器夹持试样后不应引起试样倾斜,以确保CCD检测线与试样中心线垂直。

图 6-20　仪器 A 圆周检测设备结构

(2) 仪器 B 结构特征

仪器 B 圆周检测设备结构如图 6-21 所示。仪器 B 有一块固定于底面的背板,扫描激光测径仪固定在背板上,夹持器以负压吸附试样,固定在激光器上,工作时电机皮带驱动夹持器旋转,可调挡板固定在夹持器上。测量时,试样置于可调挡板上,夹持器吸附试样由电机带动旋转,试样中部置于扫描激光测径仪的测量区域。根据仪器结构分析,为保证测量的准确性,安装时必须保证夹持器的轴线和平行光束垂直,夹持器夹持试样后不应引起试样倾斜,以确保扫描激光与试样中心线垂直。

图 6-21　仪器 B 圆周检测设备结构

(3)仪器 C 结构特征

仪器 C 圆周检测设备结构如图 6-22 所示。仪器 C 有一块固定于底板的背板,背板中间固定一块水平台,扫描激光测径仪固定在水平台上方,平台下方夹持器固定在背板上,通过气缸推动弹性夹紧试样,电机带动皮带运动,皮带摩擦试样旋转,可调基准挡板固定在底板上。测量时,试样置于可调挡板上,夹持器皮带夹紧试样由电机带动旋转,试样中部置于扫描激光测径仪的测量区域。根据仪器结构分析,为保证测量的准确性,安装时必须保证夹持器的轴线和平行光束垂直,夹持器夹持试样后不应引起试样倾斜,以确保扫描激光与试样中心线垂直。

图 6-22 仪器 C 圆周检测设备结构

(4)仪器 D 结构特征

仪器 D 圆周检测设备结构如图 6-23 所示。仪器 D 的 CCD 测径仪固定于底板上方,夹持器以负压吸附试样,固定在底板下方,以电机皮带驱动夹持器旋转,可调基准挡板固定在底板下方。测量时,试样置于可调挡板上,夹持器吸附试样中下部并由电机带动旋转,试样中部置于 CCD 测径仪测量区域内。为保证测量的准确性,安装时必须保证夹持器的轴线和平行光束垂直,夹持器吸附试样后不应引起试样倾斜,以确保 CCD 检测线与试样中心线垂直。

图 6-23 仪器 D 圆周检测设备结构

6.3.1.2 计量性能测试

JJG(烟草)01—2012《卷烟和滤棒物理性能综合测试台检定规程》规定直径检测的最大允差为 0.01 mm，根据检定规程的方法，项目组对仪器 A、B、C、D 进行最大允许误差进行验证。首先取圆周标准棒对各仪器进行校准，然后用仪器 A、B、C、D 分别对每根标准棒测量 10 次，每次测量值和最大误差见表 6-17 所示。

表 6-17 不同仪器不同标准棒测量值及最大误差　　　　　　　　单位：mm

仪器 A					
圆周标准值	6.000	6.499	6.990	7.495	7.990
第 1 次测量值	5.990	6.499	6.995	7.490	7.987
第 2 次测量值	5.990	6.499	6.995	7.490	7.987
第 3 次测量值	5.990	6.499	6.995	7.490	7.987
第 4 次测量值	5.988	6.496	6.997	7.488	7.985
第 5 次测量值	5.988	6.496	6.995	7.488	7.985
第 6 次测量值	5.988	6.496	6.995	7.486	7.985
第 7 次测量值	5.966	6.496	6.990	7.486	7.980
第 8 次测量值	5.966	6.495	6.987	7.486	7.983
第 9 次测量值	5.966	6.495	6.990	7.484	7.980
第 10 次测量值	5.986	6.495	6.985	7.480	7.975
平均值	5.982	6.497	6.992	7.487	7.983
最大误差	0.008				
仪器 B					
圆周标准值	6.000	6.499	6.990	7.495	7.990
第 1 次测量值	6.000	6.500	6.990	7.503	7.990
第 2 次测量值	6.000	6.500	6.990	7.503	7.990
第 3 次测量值	6.000	6.500	6.990	7.503	7.990
第 4 次测量值	6.000	6.499	6.990	7.503	7.990
第 5 次测量值	5.999	6.499	6.990	7.502	7.990
第 6 次测量值	5.998	6.499	6.990	7.502	7.990
第 7 次测量值	5.998	6.498	6.990	7.502	7.989
第 8 次测量值	5.998	6.497	6.990	7.502	7.989
第 9 次测量值	5.997	6.497	6.988	7.502	7.989
第 10 次测量值	5.997	6.497	6.988	7.500	7.988
平均值	5.999	6.499	6.990	7.502	7.990
最大误差	0.002				

续表 6-17

仪器 C					
圆周标准值	6.000	6.499	6.990	7.495	7.990
第 1 次测量值	5.999	6.500	6.995	8.498	7.985
第 2 次测量值	5.997	6.495	6.993	8.498	7.985
第 3 次测量值	5.999	6.499	6.991	8.495	7.983
第 4 次测量值	5.995	6.491	6.989	8.494	7.985
第 5 次测量值	5.997	6.493	6.991	8.497	7.987
第 6 次测量值	5.995	6.497	6.993	8.498	7.985
第 7 次测量值	5.995	6.496	6.993	8.491	7.983
第 8 次测量值	5.993	6.489	6.991	8.490	7.980
第 9 次测量值	5.992	6.489	6.993	8.494	7.981
第 10 次测量值	5.990	6.485	6.990	8.491	7.977
平均值	5.995	6.493	6.992	8.495	7.983
最大误差	0.008				
仪器 D					
圆周标准值	6.000	6.499	6.990	7.495	7.990
第 1 次测量值	5.999	6.500	6.990	8.490	7.987
第 2 次测量值	5.997	6.498	6.994	8.495	7.990
第 3 次测量值	5.998	6.499	6.991	8.495	7.988
第 4 次测量值	5.995	6.501	6.984	8.497	7.985
第 5 次测量值	5.994	6.493	6.981	8.497	7.984
第 6 次测量值	5.995	6.487	6.983	8.498	7.985
第 7 次测量值	5.997	6.490	6.989	8.490	7.987
第 8 次测量值	5.993	6.485	6.991	8.490	7.982
第 9 次测量值	5.990	6.489	6.993	8.492	7.981
第 10 次测量值	5.990	6.485	6.990	8.495	7.979
平均值	5.995	6.493	6.989	8.494	7.985
最大误差	0.008				

根据表 6-17,各仪器的最大误差均符合 JJG(烟草)01—2012《卷烟和滤棒物理性能综合测试台检定规程》规定的直径检测的最大允差为 0.01 mm。

6.3.2 圆周测试设备过程信号采集研究

6.3.2.1 NI 多功能测量系统

根据圆周测试设备的特点,拟采用 NI 多功能测量系统对各仪器电机信号和激光器输出信号进行采集,进一步研究试样在检测过程中激光器输出的实时值。所用的功能模块主要包括 LebVIEW 开发软件、PXI 机箱、示波器模块、组隔离多功能数采模块、高速多功能数采模块、工业相机接口模块和图像采集处理模块。利用基于软件的模块化仪器，既实现仪器级别的高精高速测量，更为重要的是可以根据需要进行任意自定义的开发。

(1) LebVIEW 开发软件

LebVIEW 软件是 NI 设计平台的核心，也是开发测量系统的软件工具。LebVIEW 开发环境集成了测量系统快速构建各种应用所需的所有工具，是各模块组合应用的基础平台。

(2) PXI 机箱

包括 NI PXIe-8135 RT 处理模块和 NI PXIe-1085 机箱。NI PXIe-8135 RT 处理模块配置有高带宽 PXI Express 嵌入式控制器，具有高达 8 GB/s 的系统带宽和 2 GB/s 的插槽带宽；NI PXIe-1085 机箱带有 16 个混合插槽，1 个 PXI Express 系统定时插槽，每插槽高达 4 GB/s 的专用带宽，12 GB/s 的系统带宽。该机箱确保各检测模块和处理模块实现高速通信。

(3) 示波器模块

示波器模块采用的是 NI PXIe-5122 套件，可以实现 100 MS/s 的实时采样，2.0 GS/s 的等效时段采样，用于采集信号处理前激光器输出的模拟信号。

(4) 组隔离多功能数采模块

组隔离多功能数采模块采用的是 NI PXI-6528 套件，包含 24 路通道间光隔离漏极/源极输入（±60 V DC），用于采集实验过程中幅值高于 5 V 的电平信号。

(5) 高速多功能数采模块

高速多功能数采模块采用的是 NI PXIe-6368 套件，包含 48 条数字 I/O 线（其中 32 条为 10 MHz 硬件定时线），4 路 32 位计数器/定时器，针对 PWM、编码器、频率、事件计数。用于采集实验过程中的并口输出信号和记录脉冲个数。

(6) 工业相机接口模块和图像采集处理模块

工业相机接口模块和图像采集处理模块包括 NI 8234 模块和 BASLER 工业相机。主要用于拍摄各仪器测量过程中试样状态，并对图像进行处理分析。

6.3.2.2 仪器 A 数采系统主要组成

根据前文对于仪器 A 过程信号的分析，利用 NI 多功能测量系统采集仪器 A 过程数据所需要用到的模块为：LebVIEW 开发软件、PXI 机箱、高速多功能数采模块。步进电机信号为幅值为 5 V 的脉冲信号，可以通过高速多功能数采模块计数器功能实现采集，激光器输出信号可以通过 RS232 串口直接采集到 NI PXIe-8135 RT 处理模块，设置模块通信波特率为 115200；数据位为 8 位；停止位为 1 位；校验位无。通过 LebVIEW 软件设计开发可以同时采集电机信号和激光器输出信号。图 6-24 为仪器 A 数采模块组成。

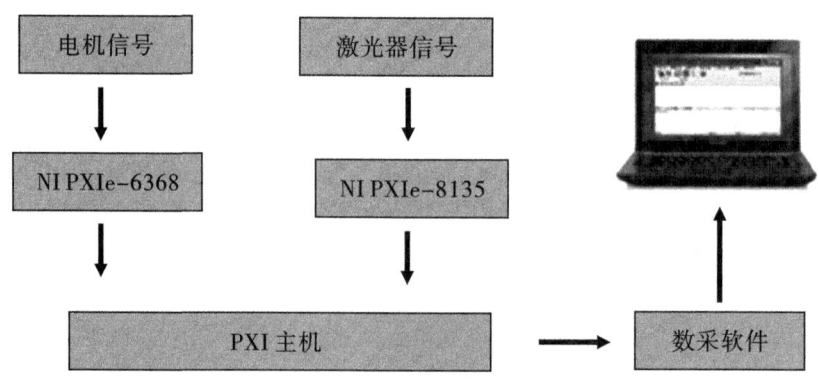

图 6-24　仪器 A 数采模块组成

6.3.2.3　仪器 B 数采系统主要组成

根据前文对于仪器 B 过程信号的分析,利用 NI 多功能测量系统采集仪器 B 过程数据所需要用到的模块为:LebVIEW 开发软件、PXI 机箱、组隔离多功能数采模块、示波器模块。与电机同步的信号为 24 V 的高电平信号,通过组隔离多功能数采模块采集;激光器输出的模拟信号可以通过示波器模块 NI PXIe-5122 实现采集,通过 LebVIEW 软件设计开发可以同时采集电机信号和激光器输出信号。图 6-25 为仪器 B 数采模块组成。

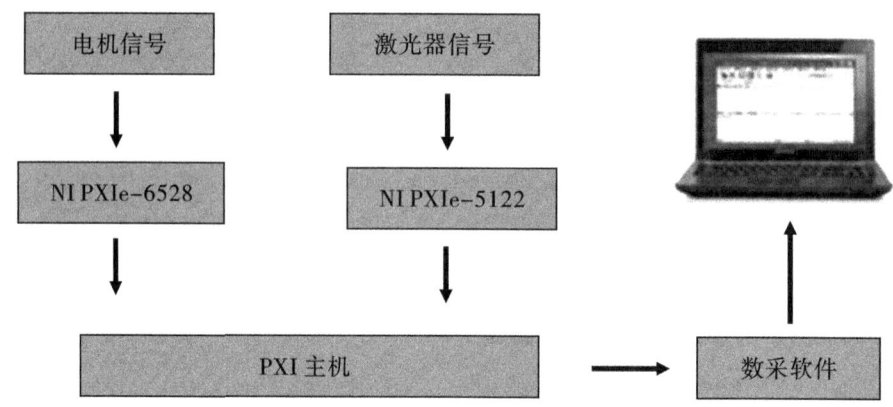

图 6-25　仪器 B 数采模块组成

6.3.2.4　仪器 C 数采系统主要组成

根据前文对于仪器 C 过程信号的分析,利用 NI 多功能测量系统采集仪器 C 过程数据所需要用到的模块为:LebVIEW 开发软件、PXI 机箱、高速多功能数采模块。与电机同步的信号为 24 V 的高电平信号,通过组隔离多功能数采模块采集;激光器输出的模拟信号可以通过示波器模块 NI PXIe-5122 实现采集,通过 LebVIEW 软件设计开发可以同时采集电机信号和激光器输出信号。图 6-26 为仪器 C 数采模块组成。

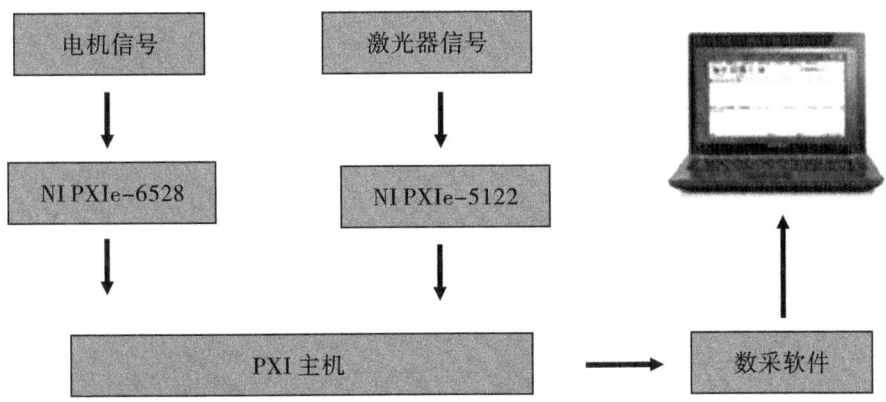

图 6-26　仪器 C 数采模块组成

6.3.2.5　仪器 D 数采系统主要组成

根据前文对于仪器 D 过程信号的分析,利用 NI 多功能测量系统采集仪器 D 过程数据所需要用到的模块为:LebVIEW 开发软件、PXI 机箱、组隔离多功能数采模块。与电机同步的信号为 24 V 的脉冲信号,通过组隔离多功能数采模块采集;激光器输出信号可以通过 RS232 串口直接采集到 NIPXIe-8135 RT 处理模块,设置模块通信波特率为 115 200;数据位为 8 位;停止位为 1 位;校验位无。通过 LebVIEW 软件设计开发可以同时采集电机信号和激光器输出信号。图 6-27 为仪器 D 数采模块组成。

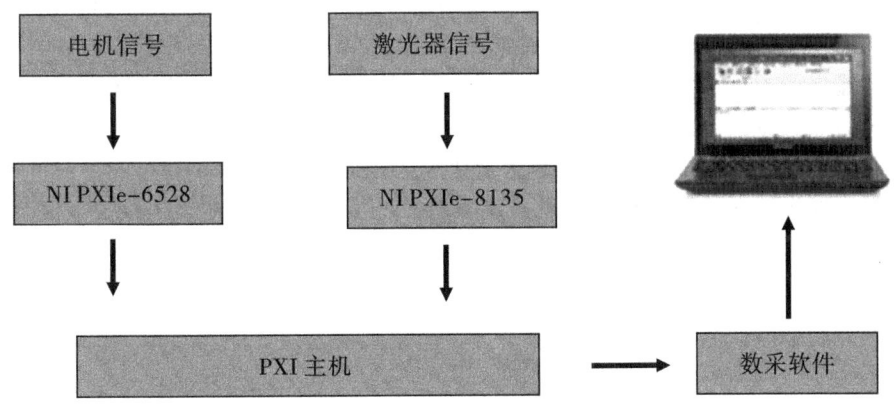

图 6-27　仪器 D 数采模块组成

6.3.3　圆周测试设备过程信号采集分析

6.3.3.1　仪器 A 过程信号采集

将试样放置在夹持器上,运行仪器 A,在重复性模式下进行测量,步进电机信号和激光器输出信号同时采集并传输至 NI PXIe-8135 RT 处理模块;通过软件设计使 PXI 从接收到第一个脉冲信号作为起点,开始计数并同时开始连续读取激光器输出值,直到脉冲信号终止。从而得到一个旋转周期激光器所测的过程数据,以及接收到的每个激光器信号之间的脉冲个数差值。据此判断激光器在试样旋转时是否均匀角度取值。一个测量周期激光器所测的过程数据曲线如图 6-28 所示。

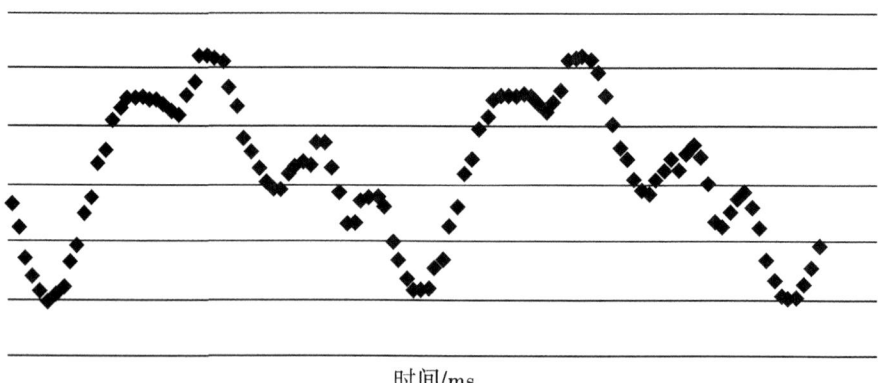

图 6-28　仪器 A 过程数据曲线

6.3.3.2　仪器 B 过程信号采集

将试样放置在夹持器上,运行仪器 B,在重复性模式下进行测量,电机信号和激光器输出信号同时采集并传输至 NI PXIe-8135 RT 处理模块;通过软件设计使 PXI 从接收到高电平作为起点,开始连续读取激光器输出信号,直到高电平信号终止。通过分析得到的激光器输出模拟信号的波形和每一个信号的间隔,推算每次扫描的试样直径和每次测得直径的时间间隔。从而得到一个测量周期激光器所测的过程数据,以及接收到的每个激光器信号之间的脉冲个数差值。据此判断激光器在试样旋转时是否均匀角度取值。一个测量周期激光器所测的过程数据曲线如图 6-29 所示。

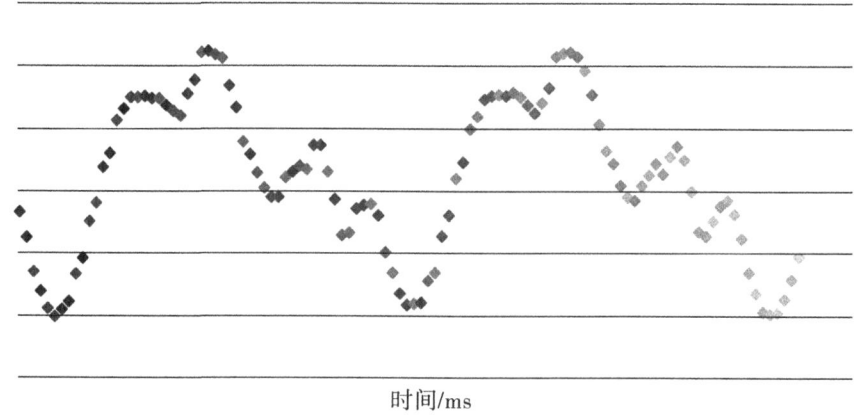

图 6-29　仪器 B 过程数据曲线

6.3.3.3 仪器 C 过程信号采集

将试样放置在夹持器上,运行仪器 C,在重复性模式下进行测量,电机信号和激光器输出信号同时采集并传输至 NI PXIe-8135 RT 处理模块;通过软件设计使 PXI 从接收到高电平作为起点,开始连续读取激光器输出信号,直到高电平信号终止。通过分析得到的激光器输出模拟信号的占空比和每一个信号的间隔,推算每次扫描的试样直径和每次测得直径的时间间隔。从而得到一个测量周期激光器所测的过程数据,以及接收到的每个激光器信号之间的脉冲个数差值。从而判断激光器在试样旋转时是否均匀角度取值。一个测量周期激光器所测的过程数据曲线如图 6-30 所示。

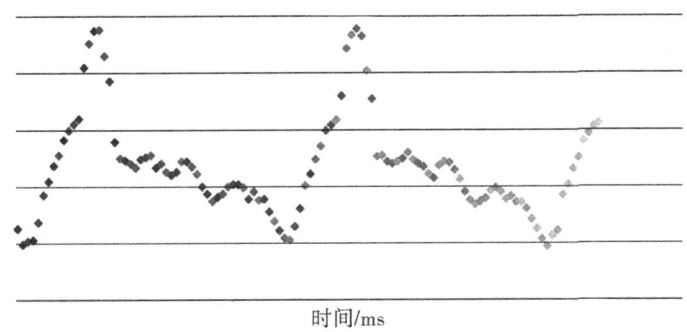

图 6-30　仪器 C 过程数据曲线

6.3.3.4 仪器 D 过程信号采集

将试样放置在夹持器,运行仪器 D,在重复性模式下进行测量,电机信号和激光器输出信号同时采集并传输至 NI PXIe-8135 RT 处理模块;通过软件设计使 PXI 从接收到高电平作为起点,开始连续读取激光器输出信号,直到高电平信号终止。因为仪器 D 激光器一次的采样周期为 0.42 ms,而 RS232 的最快传输速度远小于激光器的采样频率。从而整个过程只能得到一个测量周期激光器所测直径的部分过程数据。根据数据绘制图形也可以大致判断激光器在试样旋转时是否均匀角度取值。一个测量周期激光器所测的过程数据曲线如图 6-31 所示。

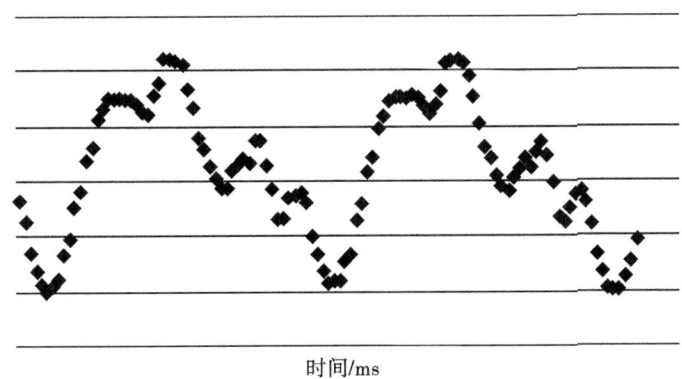

图 6-31　仪器 D 过程数据曲线

6.3.4 圆周测试设备测试比对

针对英国斯茹林公司的 QTM3 圆周测试单元、C2 综合测试台的圆周单元,博格瓦特公司的 74D,欧美利华的 OM-VL、瑞拓公司的 CR 圆周测试设备,首先通过大量的试品分析各圆周测试设备测量差异。

6.3.4.1 实验试样

连续生产的卷烟和滤棒(滤棒需经过固化),放入恒温恒湿环境平衡 48 h。
（1）卷烟
圆周标称值为 24.5 mm 的一类常规硬包、一类常规软包、二类常规硬包和圆周标准值为 17 mm 一类细支硬包。
（2）滤棒
圆周标称值为 24.2 mm 的普通滤棒。

6.3.4.2 实验方案

（1）调整或选择挡板位置尽可能使所有激光测量面位于同一高度。
（2）用 6.5 mm 和 8 mm 对各台仪器进行标定,并测量所有标准棒。
（3）在仪器 A、B、C、D 和 E 分别进行 6 组试样,每组 30 支。

6.3.4.3 实验数据

每台仪器连续测量 6 组,每组试样设定为 30 支,取各组的平均值进行统计分析。各组的平均值见表 6-18。各仪器测量各牌号试样的均值见图 6-32 和图 6-33。

表 6-18 不同仪器测量不同牌号试样的组测量平均值　　　　单位:mm

温度	22.1 ℃		湿度		59.8%
标棒1标定值	6.499		标棒2标定值		8.001
试样	一类常规软包	一类常规硬包	二类常规硬包	滤棒	一类细支硬包
仪器			仪器 A		
标准棒	6.000	6.499	6.990	7.495	7.990
标棒工前	5.990	6.499	6.995	7.490	7.990
标棒工后	5.986	6.495	6.985	7.480	7.970
第 1 次	24.420	24.463	24.544	24.268	17.004
第 2 次	24.412	24.442	24.523	24.270	17.040
第 3 次	24.423	24.460	24.531	24.266	17.042
第 4 次	24.417	24.456	24.552	24.251	17.032
第 5 次	24.442	24.461	24.543	24.275	16.972

续表 6-18

温度	22.1 ℃		湿度		59.8%
标棒1标定值	6.499		标棒2标定值		8.001
试样	一类常规软包	一类常规硬包	二类常规硬包	滤棒	一类细支硬包
第6次	24.398	24.466	24.515	24.261	17.024
平均值	24.419	24.458	24.535	24.265	17.019
仪器	仪器B				
标准棒	6.000	6.499	6.990	7.495	7.990
标棒工前	18.84	20.41	21.95	23.56	25.09
标棒工后	18.83	20.40	21.94	23.55	25.08
第1次	24.474	24.460	24.574	24.275	17.032
第2次	24.465	24.460	24.546	24.276	17.044
第3次	24.474	24.467	24.543	24.274	17.019
第4次	24.478	24.461	24.550	24.270	17.038
第5次	24.487	24.469	24.571	24.284	17.023
第6次	24.468	24.452	24.548	24.264	17.036
平均值	24.474	24.462	24.555	24.274	17.032
仪器	仪器C				
标准棒	6.000	6.499	6.990	7.495	7.990
标棒工前	5.999	6.500	7.001	8.498	7.995
标棒工后	5.990	6.485	6.990	8.491	7.977
第1次	24.456	24.464	24.525	24.271	17.146
第2次	24.453	24.459	24.522	24.276	16.935
第3次	24.438	24.466	24.539	24.262	16.939
第4次	24.450	24.453	24.527	24.273	17.019
第5次	24.452	24.454	24.539	24.271	16.996
第6次	24.506	24.462	24.524	24.273	17.048
平均值	24.459	24.460	24.529	24.271	17.014
仪器	仪器D				
标准棒	6.000	6.499	6.990	7.495	7.990
标棒工前	5.998	6.499	7.000	7.502	7.990
标棒工后	5.999	6.491	6.998	7.501	7.998
第1次	24.464	24.461	24.578	24.281	17.024

续表 6-18

温度	22.1 ℃		湿度	59.8%	
标棒1标定值	6.499		标棒2标定值	8.001	
试样	一类常规软包	一类常规硬包	二类常规硬包	滤棒	一类细支硬包
第2次	24.454	24.467	24.556	24.285	17.024
第3次	24.463	24.462	24.528	24.288	17.019
第4次	24.463	24.473	24.556	24.282	17.020
第5次	24.476	24.466	24.545	24.286	17.031
第6次	24.459	24.456	24.563	24.285	17.020
平均值	24.463	24.464	24.554	24.285	17.023
仪器	仪器 E				
标准棒	6.000	6.499	6.990	7.495	7.990
标棒工前	18.845	20.408	21.954	23.561	25.089
标棒工后	18.855	20.415	21.980	23.597	25.101
第1次	24.488	24.466	24.555	24.293	17.047
第2次	24.500	24.474	24.580	24.287	17.051
第3次	24.503	24.470	24.541	24.283	17.067
第4次	24.502	24.475	24.555	24.280	17.043
第5次	24.502	24.471	24.564	24.276	17.046
第6次	24.501	24.465	24.535	24.289	17.044
平均值	24.499	24.470	24.555	24.285	17.050

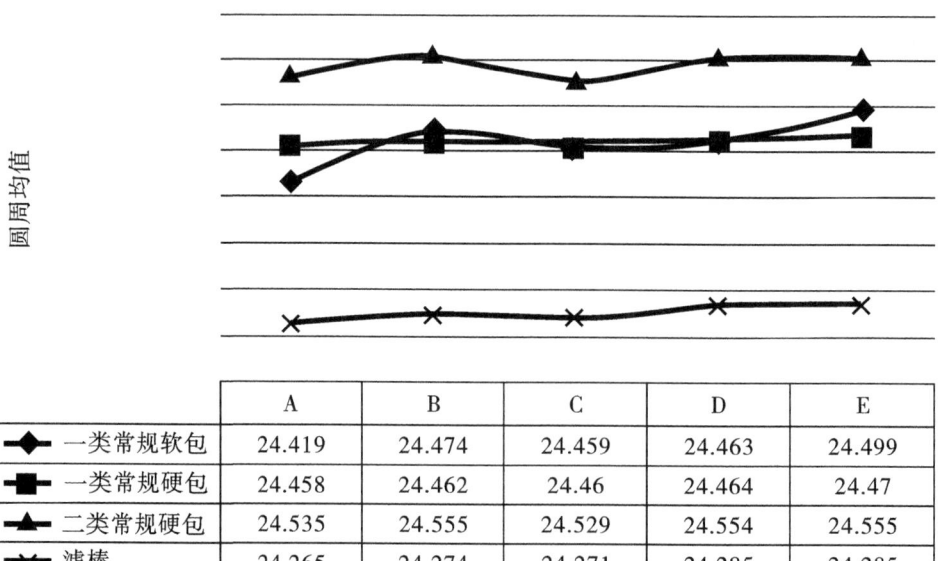

	A	B	C	D	E
◆ 一类常规软包	24.419	24.474	24.459	24.463	24.499
■ 一类常规硬包	24.458	24.462	24.46	24.464	24.47
▲ 二类常规硬包	24.535	24.555	24.529	24.554	24.555
✕ 滤棒	24.265	24.274	24.271	24.285	24.285

图 6-32 不同仪器测量的不同牌号常规卷烟圆周均值分布（单位：mm）

6 卷烟和滤棒物理性能综合测试台通用技术条件研究

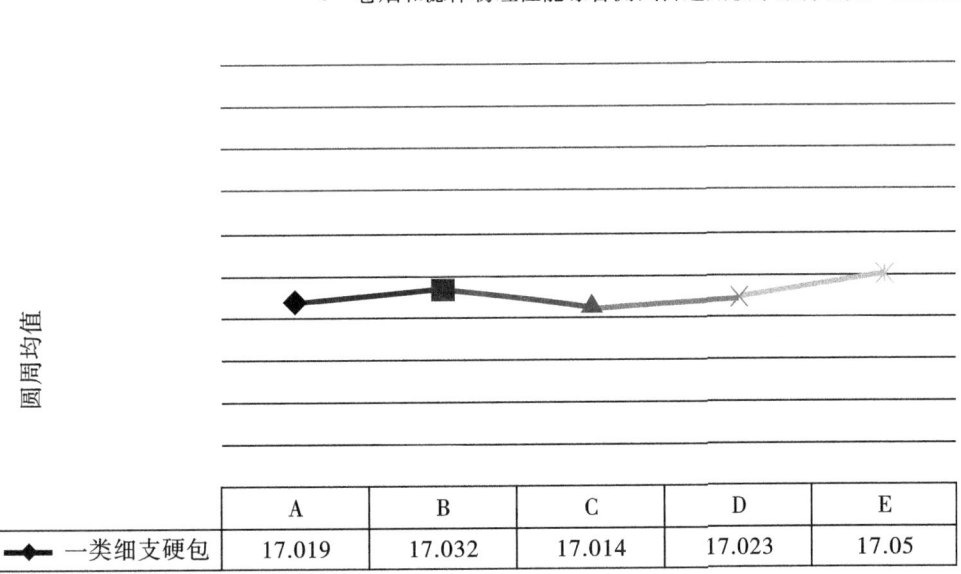

图6-33 不同仪器测量的细支烟圆周均值分布(单位:mm)

各仪器在圆周单元除圆周值外,同时还具备其他的测量功能,这些功能的名称、单位等如表6-19所示。将一支滤棒放入已校准的各仪器进行测量,测量结果见表6-19所示。

表6-19 不同仪器其他测量功能及测量值

仪器	显示名称	单位	样品测量值
仪器A	圆度	mm	0.22
仪器B	椭圆度	mm	0.23
	圆度	%	97.1
	形度	%	0.96
仪器C	圆度	mm	0.21
仪器D	圆度	mm	0.221
仪器E	椭圆度	mm	0.209
	圆度	%	97.283
	形度	%	0.865

GB/T 22838.3—2009《卷烟和滤棒物理性能的测定 第3部分:圆周 激光法》除对绝对椭圆度和相对椭圆度进行了定义外,并未给出各仪器厂家的其他功能定义,而且各仪器功能名称、单位也不统一,测量结果差异性较大,因此本项目对各仪器圆周单元的除圆周以外的其他功能不进行研究,但在标准平台时对圆周过程测量数据的极差展开研究。

6.3.4.4 实验结论

(1)仪器 A、B、C、D、E 测量各牌号的硬包卷烟时,圆周极差为 0.026 mm,没有显著差异;而检测软包卷烟时,圆周极差为 0.08 mm,各仪器间存在系统差异,检测滤棒时,圆周极差为 0.036 mm,没有显著差异。

(2)各仪器厂家的附加功能定义、单位、名称未能完全统一,导致测量结果存在差异。

6.3.5 圆周影响因素分析及研究

6.3.5.1 圆周影响因素分析

(1)圆周影响因素

GB/T 22838.3—2009《卷烟和滤棒物理性能的测定 第 3 部分:圆周 激光法》中对圆周的规定:按照测试方法测得某试样最少 n 个读数($n \geq 100$)的算术平均值。测试方法是使试样自身纵轴以恒定的角速度旋转半圈或一圈,同时,激光束在垂直于试样纵轴的平面上(扫描通道)以恒定的速度相对自身做平行移动。

$$D = \sum D_i \tag{6-8}$$

式中:D——圆周,mm;

D_i——参与计算的每一个测量点数据,mm。

可以从以下几个方面对圆周测量的影响因素展开分析:

1)标准棒:标准棒对仪器校准过程产生较大影响,可能引入误差。

2)测量系统误差:圆周检测设备的测量系统误差主要由传感器和试样与平行光束的垂直度等组成,分析主要误差的来源。

3)测头(夹持器结构、负压研究):测头决定了试样的夹持方式和测量位置,可能对测试结果会产生影响。

4)光强度:光强度会随着时间衰减,可能会影响直径测量结果。

5)数据处理:参与计算的数据处理方法,可能会影响直径测量结果。

6)旋转角度:试样旋转角度和起点会影响多点测量数据量,可能会影响直径测量结果。

7)多点测量:参与计算的数据量和数据取值区域的均匀性,可能会影响直径测量结果。

8)测径时间和试样转速关系:激光扫描速率和试样转速的关系会对试样测量的准确性造成影响。

9)偏心距离:偏心距离可能会影响直径测量结果。

10)偏摆角度:当旋转底面因为倾斜导致试样中心线与平行光束平面不垂直,旋转时试样做偏摆运动可能影响直径测量结果。

(2)标准平台搭建

根据对于圆周测量的影响因素的分析,对每一个因素单独展开研究,就需要设计一个平台可以独立控制,既符合测量原理,同时可以对每一个影响条件单独调节的平台。

实验平台结构如图 6-34 所示。

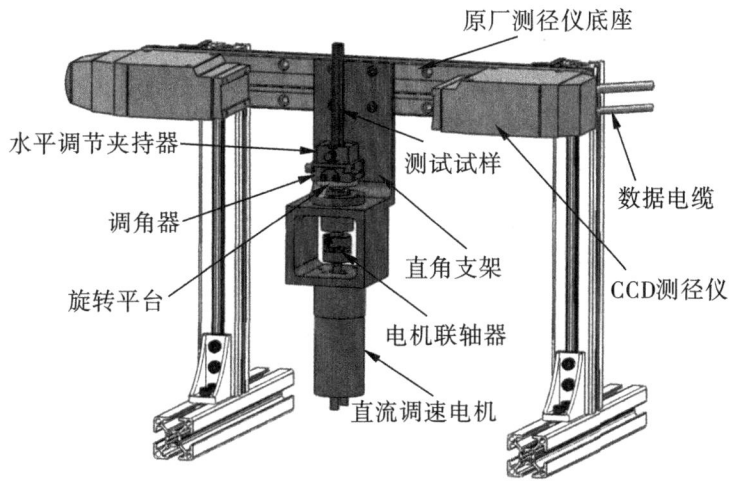

图 6-34　圆周实验平台示意图

这个实验平台采用基恩士 LS7001 系列的激光盒控制器和 LS7030 激光头测量直径。为确保测量精度,测径仪的光源发射端和接收端都固定在基恩士公司原厂提供的精加工的激光器底座上。其中直角支架和旋转平台需要精加工保证实验的顺利开展,直角支架和旋转平台的工程图纸见图 6-35 和图 6-36 所示。

图 6-35　直角支架的工程图　　图 6-36　旋转平台的工程图

将直角支架垂直固定于激光器底座,使直角支架的水平面与平行光束平行。直流调速电机固定在直角支架水平面下部,电机通过联轴器连接旋转平台,直角支架的水平面与平行光束平行,所以旋转平台也就和平行光束平行。旋转平台第一层固定调角器,可以调节 0°~5° 的偏摆角度。调角器上部固定水平调节夹持器,可以在水平方向调节试样夹持的偏心距离。最后测试数据通过数据电缆传输到激光盒控制器,再通过 RS232 传到电脑进行分析。本项目中,多点数据研究、旋转角度和偏摆角度都需要通过这个实验平台完成。

6.3.5.2 圆周影响因素研究

(1) 标准棒研究

标准棒是圆周检测设备的溯源件,标准棒的标定值将影响仪器校准过程。GB/T 22838.3—2009《卷烟和滤棒物理性能的测定 第3部分:圆周 激光法》规定标准棒的直径测定值的最小精度为 0.005 mm,表面粗糙度约为 0.5 μm,JJG(烟草)01—2012《卷烟和滤棒物理性能综合测试台检定规程》规定直径标准棒直径最大允差为 0.003 mm,目前在用的标准棒的加工精度都满足以上条件。法定计量部门能对标准棒进行计量确认。

(2) 测量系统误差分析

测量系统计量特性包括激光传感器的精度、试样的中心与扫描方向的垂直度引入的系统误差。

1) 实验目的

研究各仪器测量系统的基本误差。

2) 实验装置

① 各种类型 CCD 测径仪。各仪器采用的测径仪技术参数如表 6-20 所示。

表 6-20 各测径仪技术参数

特征	仪器 A	仪器 B	仪器 C	仪器 D
传感器型号	IG-028	FLM101	LS3032	Keyence LS-7030
测量原理	CCD	激光扫描	激光扫描	CCD
显示分辨力/μm	1	1	0.1	0.01
测量范围/mm	0~28	0.2~25.4	0.3~30	0.3~30
测量精度/μm	5	2	2	2
重现性/μm	—	3	0.3	0.15
采样频率/Hz	1100	100	400	2400
输出信号	数字信号	数字信号	数字信号	数字信号
输出方式	RS232	RS232	RS232	RS232

② 圆周标准棒。直径为 5.49 mm、6.00 mm、6.49 mm、6.99 mm、7.495 mm、7.99 mm、8.5 mm 和 9.00 mm 的标准棒。

③ NI 多功能测量系统。LebVIEW 开发软件、PXI 机箱、示波器模块、组隔离多功能数采模块、高速多功能数采模块。

3) 实验步骤

① 调整好挡板位置,依次对 5.49 mm、6.00 mm、6.49 mm、6.99 mm、7.495 mm、7.99 mm、8.5 mm 和 9.00 mm 标准棒进行测试,按顺序记录标准直径值 L_i 和各点输出

值 y_i；

②以正、反两个行程为一个循环,共测量 3 个循环。

4) 数据处理方法

对于直接以数字信号输出的传感器,其技术指标包括基本误差、回程误差和重复性,将上述技术指标引入测量系统,对测量系统的计量特性进行研究。

根据三个循环的测量结果,采用最小二乘法计算参比直线方程,如式(6-9)所示,斜率 K 和截距 Y_0 的计算公式如式(6-10)和式(6-11)所示。

$$Y_i = Y_0 + KL_i \tag{6-9}$$

$$K = \frac{\sum_{i=1}^{8}\sum_{j=1}^{6} L_{ij} y_{ij} - \bar{L}\sum_{i=1}^{8}\sum_{j=1}^{6} y_{ij}}{\sum_{i=1}^{8}\sum_{j=1}^{6} L_{ij}^2 - \bar{L}\sum_{i=1}^{8}\sum_{j=1}^{6} L_{ij}} \tag{6-10}$$

$$Y_0 = \frac{\bar{y}\sum_{i=1}^{8}\sum_{j=1}^{6} L_{ij}^2 - \bar{L}\sum_{i=1}^{8}\sum_{j=1}^{6} L_{ij} y_{ij}}{\sum_{i=1}^{8}\sum_{j=1}^{6} L_{ij}^2 - \bar{L}\sum_{i=1}^{8}\sum_{j=1}^{6} L_{ij}} \tag{6-11}$$

式中：Y_i——测径仪在第 i 个测试点输出量的拟合值；

Y_0——参比直线的截距；

K——参比直线的斜率；

y_{ij}——测径仪在第 j 次行程中第 i 个测试点的输出值；

$\bar{y}$——测径仪各测试点输出平均值；

L_{ij}——测径仪在第 j 次行程中第 i 个测试点的输入值；

$\bar{L}$——测径仪各测试点输入平均值；

i——第 i 个测试点, $i = 1, 2, \cdots, 8$；

j——第 j 次测量行程次序数, $j = 1, 2, \cdots, 6$。

①基本误差。根据参比直线求出第 i 个测试点的拟合输出值 Y_i,按式(6-12)计算第 j 次行程中第 i 个点的误差 δ_{ij},取三个循环正、反行程中绝对值最大的作为第 i 个点的误差,取各 i 点中绝对值最大值作为基本误差：

$$\delta_{ij} = \frac{y_{ij} - Y_i}{Y_{FS}} \times 100\% \tag{6-12}$$

$$Y_{FS} = Y_M - Y_N \tag{6-13}$$

式中：Y_M——直径至上限时三个循环正、反行程输出量的平均值；

Y_N——直径至下限时三个循环正、反行程输出量的平均值。

②线性度。根据参比直线求出第 i 个测试点的拟合输出值 Y_i,按式(6-14)计算各测试点的偏差 l_i,取各 i 点中绝对值最大的作为线性度测量结果：

$$l_i = \frac{\bar{y}_i - Y_i}{Y_{FS}} \times 100\% \tag{6-14}$$

式中：$\bar{y}_i$——测径仪在第 i 个测试点三个循环正、反行程输出量的平均值。

③回程误差。根据式(6-15)计算各测试点的回程差 h_i，取各 i 点中最大的作为回程误差测量结果：

$$h_i = \frac{\overline{g_i} - \overline{b_i}}{Y_{FS}} \times 100\% \qquad (6-15)$$

式中：$\overline{g_i}$——测径仪在第 i 个测试点三个循环正行程输出量的平均值；

$\overline{b_i}$——测径仪在第 i 个测试点三个循环反行程输出量的平均值。

④重复性。根据三个循环的测量数据，由正、反同向行程在第 i 个测试点三次测量输出值，求出同向行程中相互间的最大差值，取各点同向行程中最大的为 Δ_i，按式(6-16)计算重复性。

$$r_i = \frac{0.61\Delta_i}{Y_{FS}} \times 100\% \qquad (6-16)$$

5)实验数据

各测量系统的测试数据如表 6-21～表 6-24 所示，技术指标如表 6-25 所示。

表 6-21 仪器 A 测量系统测试数据

第1循环	标准值/mm	5.49	6	6.49	6.99	7.495	7.99	8.5	9
	输出值	5.493	5.984	6.506	6.997	7.507	8.008	8.494	8.994
	标准值/mm	5.49	6	6.49	6.99	7.495	7.99	8.5	9
	输出值	5.497	5.985	6.509	6.992	7.506	8.019	8.498	8.991
第2循环	标准值/mm	5.49	6	6.49	6.99	7.495	7.99	8.5	9
	输出值	5.493	5.985	6.502	7.003	7.502	8.015	8.5	8.997
	标准值/mm	5.49	6	6.49	6.99	7.495	7.99	8.5	9
	输出值	5.493	5.986	6.502	7.007	7.499	8.015	8.492	8.998
第3循环	标准值/mm	5.49	6	6.49	6.99	7.495	7.99	8.5	9
	输出值	5.494	5.981	6.51	6.999	7.505	8.019	8.497	8.999
	标准值/mm	5.49	6	6.49	6.99	7.495	7.99	8.5	9
	输出值	5.493	5.985	6.513	7.01	7.505	8.017	8.497	8.999
参比直线方程		$Y = 1.001L$							
$\delta_{ij\max}$		0.67%							
l_i		−0.58%							
h_i		−0.03%	−0.06%	−0.06%	−0.10%	0.04%	−0.09%	0.04%	0.02%
r_i		0.07%	0.07%	0.14%	0.26%	0.12%	0.19%	0.10%	0.12%

表6-22 仪器B测量系统测试数据

	标准值/mm	5.49	6	6.49	6.99	7.495	7.99	8.5	9
第1循环	输出值	17.16	18.77	20.38	21.96	23.52	25.13	26.69	28.28
	标准值/mm	5.49	6	6.49	6.99	7.495	7.99	8.5	9
	输出值	17.15	18.76	20.39	21.95	23.52	25.14	26.69	28.28
第2循环	标准值/mm	5.49	6	6.49	6.99	7.495	7.99	8.5	9
	输出值	17.15	18.76	20.39	21.94	23.55	25.14	26.69	28.24
	标准值/mm	5.49	6	6.49	6.99	7.495	7.99	8.5	9
	输出值	17.15	18.76	20.38	21.95	23.52	25.14	26.7	28.25
第3循环	标准值/mm	5.49	6	6.49	6.99	7.495	7.99	8.5	9
	输出值	17.16	18.77	20.38	21.96	23.53	25.14	26.71	28.25
	标准值/mm	5.49	6	6.49	6.99	7.495	7.99	8.5	9
	输出值	17.15	18.76	20.37	21.95	23.53	25.14	26.7	28.26
参比直线方程					$Y=3.167L-0.21$				
$\delta_{ij\max}$					0.49%				
l_i					0.38%				
h_i		0.06%	0.06%	0.03%	0.03%	0.09%	−0.03%	0.00%	−0.06%
r_i		0.05%	0.05%	0.05%	0.11%	0.16%	0.05%	0.11%	0.22%

表6-23 仪器C测量系统测试数据

	标准值/mm	5.49	6	6.49	6.99	7.495	7.99	8.5	9
第1循环	输出值	17.195	18.778	20.393	21.943	23.499	25.095	26.637	28.165
	标准值/mm	5.49	6	6.49	6.99	7.495	7.99	8.5	9
	输出值	17.221	18.784	20.397	21.945	23.501	25.096	26.626	28.168
第2循环	标准值/mm	5.49	6	6.49	6.99	7.495	7.99	8.5	9
	输出值	17.214	18.786	20.400	21.943	23.502	25.096	26.626	28.169
	标准值/mm	5.49	6	6.49	6.99	7.495	7.99	8.5	9
	输出值	17.223	18.771	20.397	21.943	23.500	25.099	26.629	28.166
第3循环	标准值/mm	5.49	6	6.49	6.99	7.495	7.99	8.5	9
	输出值	17.194	18.779	20.395	21.949	23.506	25.093	26.628	28.166
	标准值/mm	5.49	6	6.49	6.99	7.495	7.99	8.5	9
	输出值	17.194	18.767	20.393	21.943	23.502	25.096	26.625	28.165
参比直线方程					$Y=3.128L+0.052$				
$\delta_{ij\max}$					0.50%				
l_i					0.44%				
h_i		−0.11%	0.06%	0.00%	0.01%	0.01%	−0.02%	0.03%	0.00%
r_i		0.11%	0.07%	0.04%	0.03%	0.04%	0.02%	0.06%	0.02%

表6-24　仪器D测量系统测试数据

	标准值/mm	5.49	6	6.49	6.99	7.495	7.99	8.5	9
第1循环	输出值	5.495 5	5.997	6.512 05	7.005 7	7.503 1	8.012 2	8.503 45	8.989 75
	标准值/mm	5.49	6	6.49	6.99	7.495	7.99	8.5	9
	输出值	5.496 05	5.994 75	6.513 1	7.011 05	7.504 05	8.010 8	8.501 45	8.991 7
第2循环	标准值/mm	5.49	6	6.49	6.99	7.495	7.99	8.5	9
	输出值	5.495 8	5.993 4	6.513 4	7.005 65	7.506 35	8.012 6	8.502 65	8.994 3
	标准值/mm	5.49	6	6.49	6.99	7.495	7.99	8.5	9
	输出值	5.495 95	5.994 3	6.513 1	7.006 3	7.503 85	8.013 8	8.501 35	8.992 8
第3循环	标准值/mm	5.49	6	6.49	6.99	7.495	7.99	8.5	9
	输出值	5.497 65	5.998 8	6.514 65	7.006 2	7.504 5	8.012 05	8.502 8	8.992 5
	标准值/mm	5.49	6	6.49	6.99	7.495	7.99	8.5	9
	输出值	5.499 5	5.998 25	6.513 2	7.007 7	7.504 4	8.015 65	8.501 8	8.989 85
参比直线方程		\multicolumn{8}{c}{$Y=0.998L+0.023$}
δ_{ijmax}		\multicolumn{8}{c}{0.53%}
l_i		\multicolumn{8}{c}{0.45%}
h_i		−0.02%	0.02%	0.01%	−0.07%	0.02%	−0.03%	0.04%	0.02%
r_i		0.04%	0.09%	0.05%	0.08%	0.06%	0.05%	0.01%	0.08%

表6-25　各仪器测量系统的技术指标　　　　　　　　　　单位:%

项目	技术指标			
	测量系统A	测量系统B	测量系统C	测量系统D
基本误差	0.67	0.49	0.50	0.53
线性度	−0.58	0.38	0.44	0.45
回程误差	−0.10	0.09	−0.11	−0.07
重复性	0.19	0.22	0.11	0.09

6）小结

测量系统计量特性包括激光传感器的精度、试样的中心与扫描方向的垂直度引入的系统误差。根据表6-20可知，各激光传感器的精度一般在2 μm水平，但此次激光测量系统最小的基本误差也不小于0.49%，因此可以判断试样的中心与扫描方向的垂直度引入的系统误差与激光传感器的精度对测量系统精度影响的比重相当。

(3）测头结构研究

对各仪器的测头结构进行研究，测绘各仪器测头结构及尺寸，在保证烟支中端部位于激光接收段的区域时，设定或调整挡位和挡板，其中仪器D同时要兼顾能大致测量常规84 mm烟支长度，结果如表6-26所示。

表6-26　各仪器测头结构及尺寸

仪器	仪器A	仪器B	仪器C	仪器D
夹持方式	机械夹持	负压吸附	皮带摩擦夹持	负压吸附
试样旋转通道尺寸	—	10.5 mm	—	9.3 mm
产生的最大偏心距离	—	2.55 mm	0 mm	0.75 mm
负压孔数量	—	2	—	4
激光器接收与发射装置距离	40 mm	31 mm	94 mm	120 mm
限位器数量/可调	4	4	可调	可调
挡位调节方式	电机	气缸	手动	手动

1) 试样夹持方式研究

目前在用的圆周检测设备的夹持方式分为两种：负压吸附和机械夹持。其中仪器A和仪器C都属于机械夹持，仪器A采用的是夹持器夹持试样，仪器C采用皮带夹持试样，并通过摩擦带动试样旋转，由于各试样直径不一样，因此仪器C通过步进电机无法确保试样旋转360°，而仪器A电机控制夹头度并带动试样旋转360°；仪器B、D都采用负压吸附试样，电机控制吸附腔体并带动试样旋转360°。

仪器A、B、C、D综合测试台上圆周单元一般位于重量检测之后，吸阻、通风度和硬度之前，对于夹持器夹持方式的圆周检测设备需要确认经过夹持器夹持后试样是否发生形变并导致试样的吸阻、通风和硬度发生变化；对于负压吸附的圆周检测设备，各仪器负压或压空是否对圆周的测量产生影响。基于仪器A的夹持力比仪器C的摩擦力大，只需要考虑仪器A的影响即可，仪器A的测头结构和试样测量过程的中被吸附的俯视图如图6-37和图6-38所示。

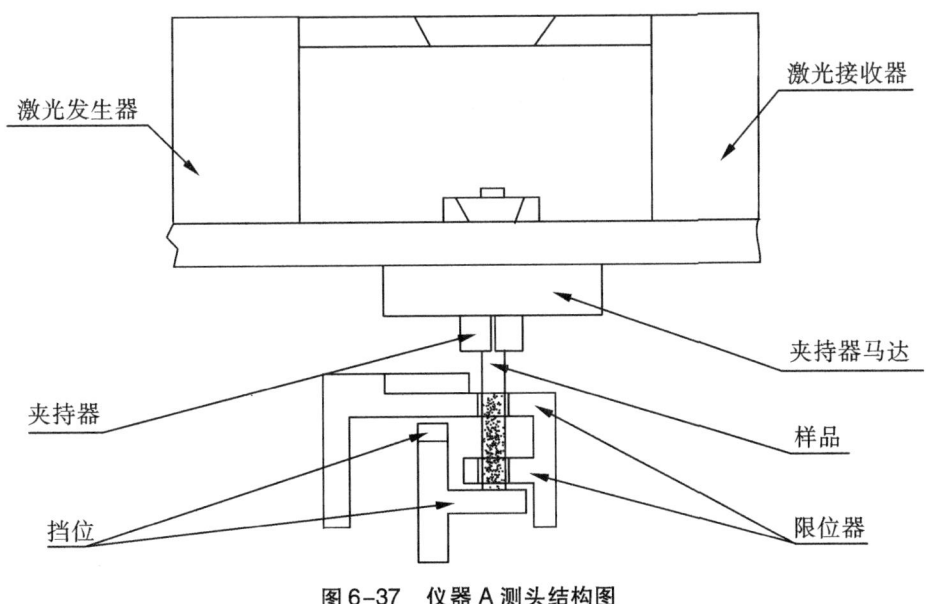

图6-37　仪器A测头结构图

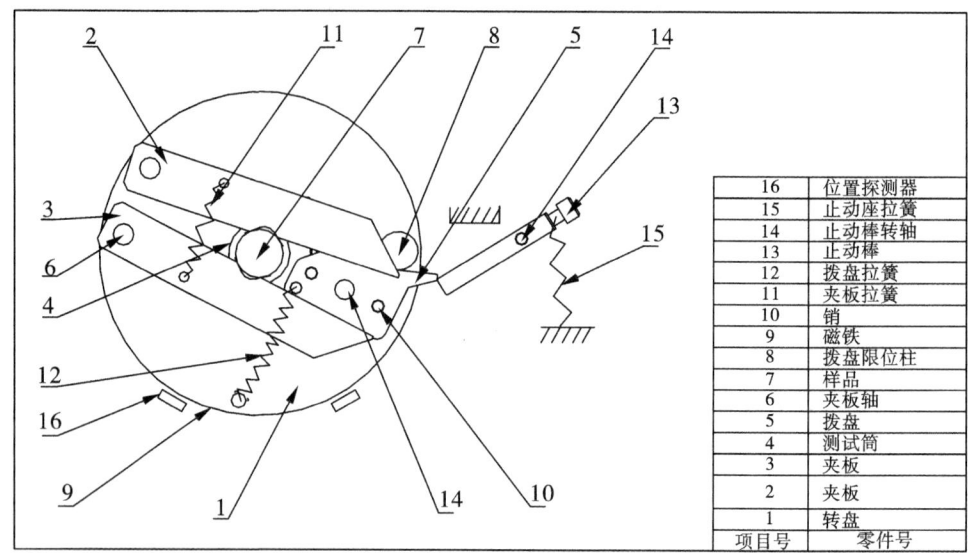

图 6-38 仪器 A 测头俯视图

对于仪器 A,取一包试样并对试样进行编号 1~20,首先测量 1~10 的吸阻、通风度和硬度,然后将 11~20 的试样经过圆周检测单元检测后,再次测量吸阻、通风度和硬度,测量结果如表 6-27 所示。

表 6-27 夹持器夹持前后试样吸阻、通风度、硬度测量数据

圆周检测前				圆周检测后			
序号	吸阻/Pa	通风度/%	硬度/%	序号	吸阻/Pa	通风度/%	硬度/%
1	1058	11.53	70.79	11	1042	10.13	72.82
2	1026	8.29	74.62	12	1005	8.11	77.1
3	1061	9.2	77.24	13	1042	8.19	72.97
4	993	8.59	71.02	14	1026	8.99	75.68
5	1048	8.42	74.57	15	1013	7.66	75.19
6	1029	8.68	75.09	16	1006	9.58	71.67
7	992	9.36	73.95	17	1051	9.37	79.53
8	1041	9.61	69.97	18	1032	9.07	71.62
9	1029	9.71	78.58	19	988	7.7	72.42
10	977	8.66	72.77	20	1008	8.97	69.86
均值	1026	9.21	73.86	均值	1021	8.78	73.89

由表 6-27 可见,经过仪器 A 夹持后,吸阻、通风度和硬度无明显影响,因此夹持器夹

持方式可适用于圆周测量。

经过调研,各仪器负压或压空情况如表6-28所示。

表6-28 各仪器负压及压空情况

仪器	负压或压空	作用	大小	是否可调	是否影响测量
仪器A	无	—	—	—	—
仪器B	负压	吸附试样	−40 kPa	—	是
	压空	排出试样	—	—	否
仪器C	负压	吸附试样	−49 kPa	—	是
	压空	排出试样	—	—	否
仪器D	负压	吸附试样	−83.7 kPa	可调	是
	压空	排出试样	—	—	否

负压的作用主要是吸附试样但不能改变试样形状,并随着负压壁一起旋转,如果负压过大,会造成试样部分形变,如果负压过小,就不能确保试样随着负压腔体旋转。项目组通过调整仪器D的负压,并测量不同负压下同一支试样的圆周值。测量数据如表6-29所示。

表6-29 不同负压下仪器D烟支测量值　　　　　　　　　单位:mm

负压大小	测量值1	测量值2	测量值3	测量值4	测量值5
−83.7 kPa	24.474	24.477	24.469	24.470	24.473
−40 kPa	24.472	24.464	24.473	24.468	24.475
−10 kPa	24.473	24.468	24.471	24.474	24.470
−1 kPa	24.480	24.471	24.476	24.473	24.485

据表6-29所示,负压对圆周测量不会产生影响。虽然−1 kPa也能吸附试样,但不代表−1 kPa负压合适所有的仪器。所有仪器最小负压值应由试样旋转的速度、负压孔的大小、试样和负压壁的直径共同决定。

2)试样在旋转过程中处于完全光电检测区域

由于试样旋转时做偏心运动,而激光接收端的宽度是有限的,因此必须保证试样在旋转过程中处于完全光电检测区域,示意图如图6-39所示。

(4)光强度研究

随着仪器的正常使用,激光在测量过程中都有出现衰减的现象。当激

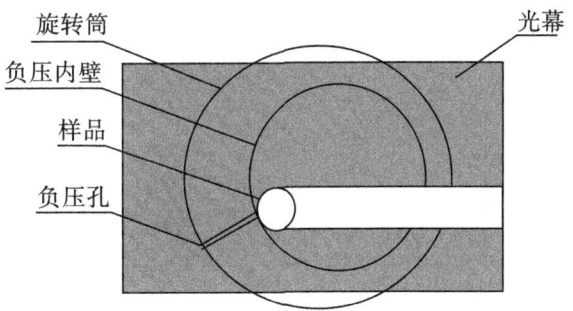

图6-39 试样在旋转过程中处于完全光电检测区域

光强度衰减到一定程度时,即使光敏接收装置或 CCD 能接收到平行光,也可能出现接收能量太弱导致外界干扰严重,从而影响测量结果的精度。由于仪器 C 和仪器 D 无电位器调节装置,本实验只能在仪器 A 和仪器 B 通过调节电位器改变光强度并完成相关实验。

1)实验目的:研究不同的激光强度对试样测量精度的影响。

2)实验试样:圆周标准棒一套。

3)实验步骤

①首先用标准棒对检测仪器进行标定,使用光能量计测量激光射出口的光强度。在该光强度下测量各标准棒的圆周值,并记录数据。

②调节电位器电压,然后用标准棒对检测仪器进行标定,再次测量光射出口的光强度。在该激光强度下测量各标准棒的圆周值,并记录数据。

③重复步骤②直至光能量无法往下调节。

4)实验数据

仪器 A 和仪器 B 在不同激光强度下标准棒的测量值如表 6-30 和表 6-31 所示。仪器 A 的激光强度调整从正常测量的 1090 cd 至 652 cd 时,标准棒测量误差都在 0.01 mm 以内,可以认为测量结果不存在系统误差。同时激光器无法继续往下调整。

表 6-30 仪器 A 圆周仪在不同激光强度下标准棒测量值　　　　单位:mm

标准棒规格	激光强度			
	1090 cd	910 cd	705 cd	652 cd
5.5	5.505	5.502	5.504	5.504
6	5.998	6.000	6.004	5.998
6.5	6.502	6.508	6.510	6.504
7	9.996	6.994	6.996	7.000
7.5	7.510	7.504	7.507	7.506
8	7.997	8.004	7.995	8.002
9	9.004	8.992	9.000	9.002
标准棒最大误差	0.01	0.008	0.01	0.006

仪器 B 的激光强度调整从正常测量的 1150 cd 至 600 cd 时,标准棒测量误差都在 0.01 mm 以内,可以认为测量结果不存在系统误差。但继续往下调整时,仪器显示试样不稳定,无法测量。

表6-31 仪器B圆周仪在不同激光强度下标准棒测量值　　　单位:mm

标准棒规格	激光强度			
	1150 cd	976 cd	750 cd	600 cd
5.5	5.502	5.503	5.504	5.505
6	6.002	6.001	5.998	5.998
6.5	6.508	6.509	6.509	6.510
7	6.994	6.995	7.000	9.996
7.5	7.505	7.505	7.506	7.510
8	7.993	8.005	8.002	7.997
9	8.496	8.507	8.504	8.501
标准棒最大误差	0.008	0.009	0.009	0.01

5)小结

①光强度对圆周的测量无影响。

②当仪器长时间使用导致激光强度变弱后,仪器采集的光强度不够时将无法完成正常的校准或测量,因此会自动报错。

(5)数据处理研究

经过查阅激光传感器的说明书,光电传感器分两个步骤处理圆周数据:第一步,对测量数据进行移动平均,将移动平均的测量结果存于内部缓存中;第二步,将内部缓存中的数据取出并取平均值给出圆周测量值。各仪器的中间过程测量值状态设置如表6-32所示。

表6-32 各仪器的中间过程测量值状态设置

仪器	仪器A	仪器B	仪器C	仪器D
移动平均	是	是	是	是
移动平均周期	16	1	1	512
移动平均周期是否可调	是	否	否	是
数据处理方法	均值保留	均值保留	均值保留	均值保留
数据处理方法是否可调	是	否	否	是

将激光控制器的移动平均周期分别设置了1和512时,采集过程测量数据,如图6-40所示,可知移动平均相当于低通滤波,对原序列有修匀或平滑的作用,使得原序列的上下波动被削弱了,而且平均的时距项数 N 越大,对数列的修匀作用越强。加大移动平均法的周期(即加大 n 值)会使平滑波动效果更好,但会使预测值对数据实际变动更不敏感。

该激光传感器采用移动平均作为中间过程测量值。移动平均数值数据项的数据以及据平均测量数目决定的目标更新周期如表6-33所示。目前在用的仪器设计的移动平均周期不一致,需要研究移动平均周期

图6-40 移动周期分别为1和512的过程测量数据

对圆周测量的影响。

表6-33 不同移动平均周期下的运动数据数目及周期

移动平均数目	1	2	4	8	16	32	64	128	256	512	1024	2048	4096
平均时间/ms	0.42	0.83	1.67	3.33	6.67	13.33	26.67	53.33	106.67	213.33	426.67	853.33	1706.67
运动数据量	1	2	2	2	2	2	2	2	4	8	16	32	64
更新周期/ms	0.42	0.83	0.83	0.83	0.83	0.83	0.83	0.83	1.67	3.33	6.67	13.33	26.67

如果移动平均数据周期为8时,激光器会输出如图6-41所示的数据。

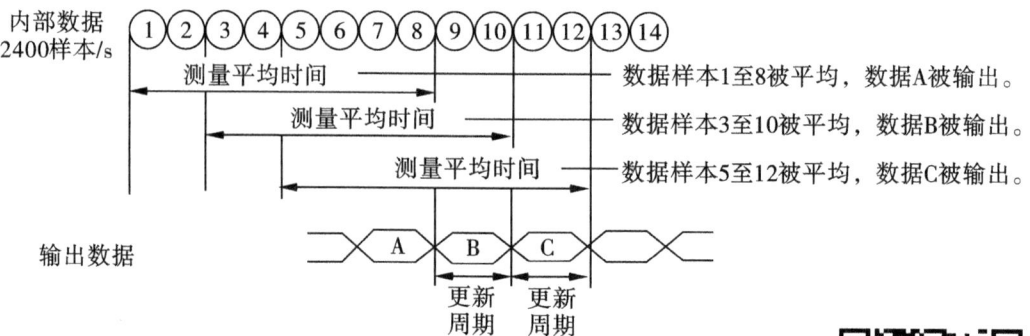

图6-41 移动平均数据周期为8时激光器输出数据

圆周采集的直径实时值如图6-42所示,将图6-42的试样测量值进行移动平均的理论计算,分别计算移动平均周期为512、256、64、16和1的圆周均值和多点测量数据量,结果如表6-34所示。

图6-42 圆周测量过程瞬时图

表6-34 不同移动平均周期的直径均值理论计算

移动平均周期	512	256	64	16	1
直径均值/mm	7.857	7.857	7.857	7.857	7.857
多点测量数据量	185	370	740	740	1480

由表6-34可知,不同移动平均周期下的圆周理论均值一致,因此移动平均周期对圆周测量无影响,根据GB/T 22838.3—2009《卷烟和滤棒物理性能的测定 第3部分:圆周 激光法》的规定,对试样按测量方法测得最少 n 个读数的算术平均值,移动平均周期应设置为1。

(6)旋转角度研究

GB/T 22838.3—2009《卷烟和滤棒物理性能的测定 第3部分:圆周 激光法》规定,试样自身纵轴以恒定的角速度旋转半圈或一圈。各检测仪器旋转原理、方式和旋转角度的说明如表6-35所示。

表6-35　各检测仪器旋转原理、方式和旋转角度

仪器	仪器 A	仪器 B	仪器 C	仪器 D
旋转方式	夹持旋转	负压吸附旋转	皮带夹持旋转	负压吸附旋转
角度控制原理	步进电机	步进电机	步进电机	光电检测
旋转角度	360°	360°	未知	360°

1）实验目的

本项目在标准平台上完成，研究旋转角度对圆周测量的影响。

2）实验试样

滤棒和烟支各一支。

3）实验步骤

①设定试样旋转速度为40 r/min，设置串口应答数据发送频率为10 ms；

②采集激光传感器的测量数据。

4）实验数据

①烟支。直径的瞬时值如图6-43所示。根据两个最高点（一个周期）内的数据量可知，旋转一周圆周过程测量数据为90个。由于试样落下的位置是随机的，假定激光测量的起点分别为最高点A，最低点C和AC数据样本量的中点B时，各统计旋转180°（45个数据量）和360°（90个数据量）的圆周均值。统计值见表6-36。

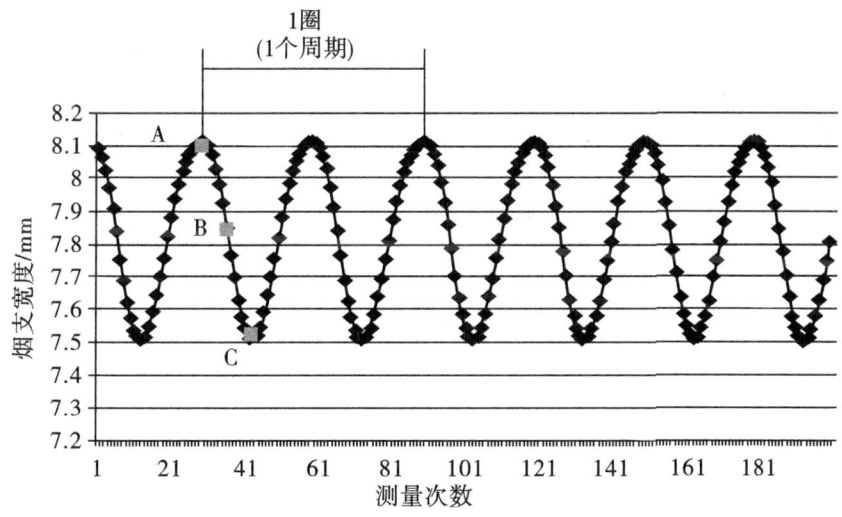

图6-43　烟支宽度的瞬时值

表 6-36 烟支不同起点下直径、圆周和形度均值统计表　　　　单位：mm

起点	旋转 180°					旋转 360°				
	均值	最大值	最小值	圆周	形度	均值	最大值	最小值	圆周	形度
A	7.847	8.115	7.509	24.641	0.608	7.841	8.115	7.507	24.620	0.608
B	7.838	8.114	7.509	24.610	0.607	7.837	8.114	7.507	24.608	0.607
C	7.836	8.114	7.509	24.606	0.607	7.832	8.114	7.507	24.592	0.607

由图 6-43 可看出，该试样旋转一圈有两个重复周期，这样的试样由表 6-36 可以看出，无论 180°还是旋转 360°时，最大值和最小值都保持不变，都能被激光传感器采集到；旋转 180°时，不同起点的圆周极差为 0.035 mm，而旋转 360°时不同起点的圆周极差为 0.028 mm，旋转 360°比 180°测量的圆周均值更接近。

②滤棒。直径的瞬时值如图 6-44 所示。根据两个最高点（一个周期）内的数据量可知旋转一周圆周过程测量数据为 90 个。由于试样落下的位置是随机的，假定激光测量的起点分别为最高点 A，最低点 C 和 AC 数据样本量的中点 B 时，各统计旋转 180°（45 个数据量）和 360°（90 个数据量）的圆周均值。统计值见表 6-37。

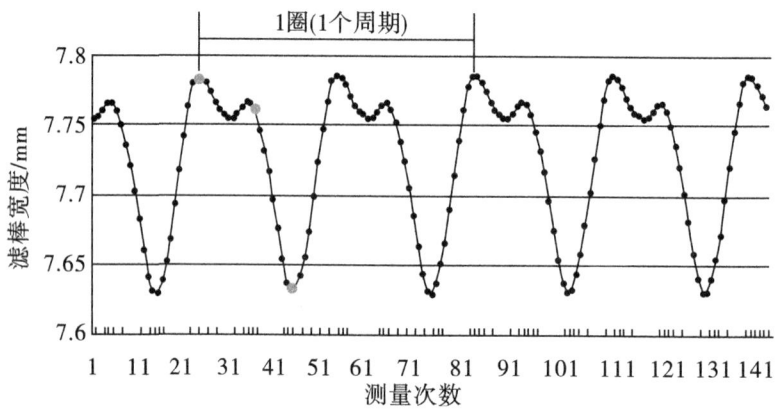

图 6-44　滤棒激光宽度的瞬时值

表 6-37　滤棒不同起点下直径、圆周和形度均值统计表　　　　单位：mm

起点	旋转 180°					旋转 360°				
	均值	最大值	最小值	圆周	形度	均值	最大值	最小值	圆周	形度
A	7.728	7.787	7.629	24.265	0.158	7.727	7.787	7.629	24.263	0.158
B	7.728	7.786	7.629	24.265	0.157	7.727	7.786	7.629	24.263	0.157
C	7.725	7.786	7.629	24.257	0.157	7.727	7.786	7.629	24.263	0.157

该滤棒试样的一个旋转周期也有 2 个重复周期，结论和烟支类似：无论 180°还是旋转 360°时，最大值和最小值都保持不变，都能被激光传感器采集到；旋转 360°比 180°测量

的圆周均值更接近。

5) 小结

当试样旋转一圈的测量数据里有两个重复周期时,无论旋转180°还是360°,试样的最大值和最小值都能被采集。

(7) 多点测量研究

GB/T 22838.3—2009《卷烟和滤棒物理性能的测定 第3部分:圆周 激光法》中规定,圆周是按照规定的测试方法测得某试样最少 n 个读数($n \geq 100$)的算术平均值。其中 n 的大小可能影响圆周测量值的精度。根据圆周检测仪的原理,n 是由测径仪本身的测径频率和样品的旋转速度决定的。

1) 实验目的

通过调整试样旋转周期和上位机应答周期,计算一个测量周期下圆周过程数据的试样量,并研究圆周过程数据多点测量数据量对圆周测量的影响。

2) 实验步骤

①固化试样旋转周期,设定串口上位机的应答数据周期为10 ms,采集圆周过程数据,重复采集10次,计算每一个测量周期的样本量;

②分别设置串口上位机的应答数据周期为20 ms、30 ms、35 ms、40 ms,重复步骤①。

3) 实验数据

图6-45~图6-49分别为应答周期是10 ms、20 ms、30 ms、35 ms、40 ms时的直径瞬时值图。

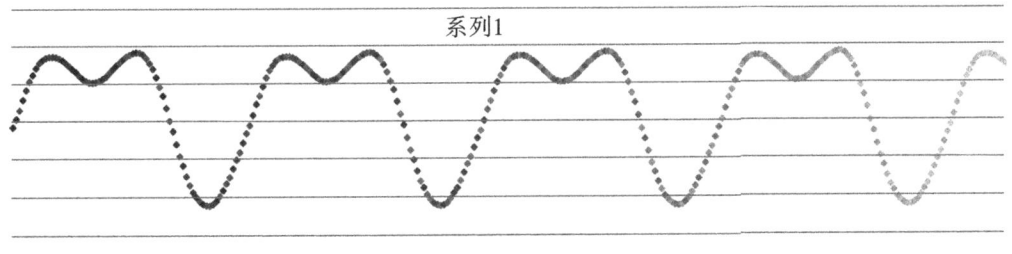

图6-45 应答周期为10 ms的直径瞬时值

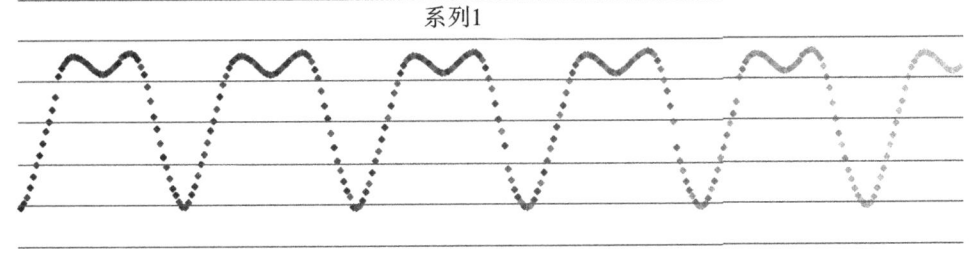

图6-46 应答周期为20 ms的直径瞬时值

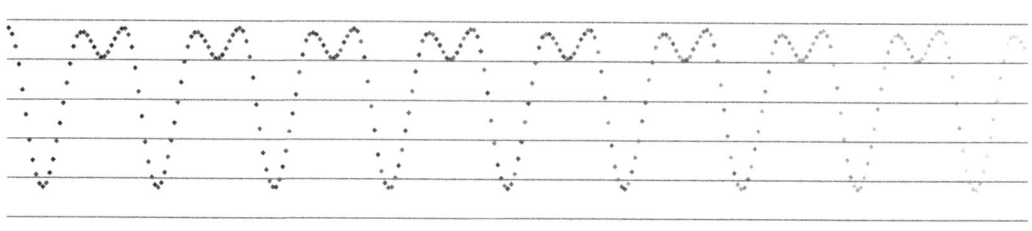

图 6-47 应答周期为 30 ms 的直径瞬时值

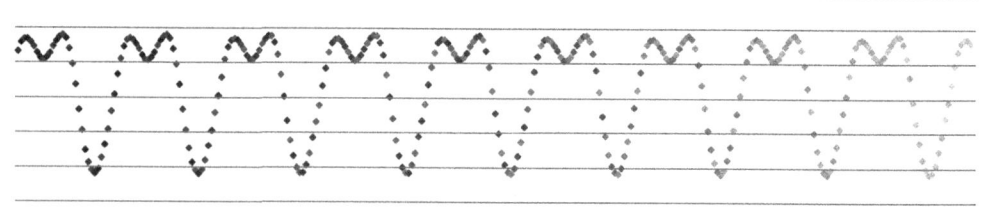

图 6-48 应答周期为 35 ms 的直径瞬时值

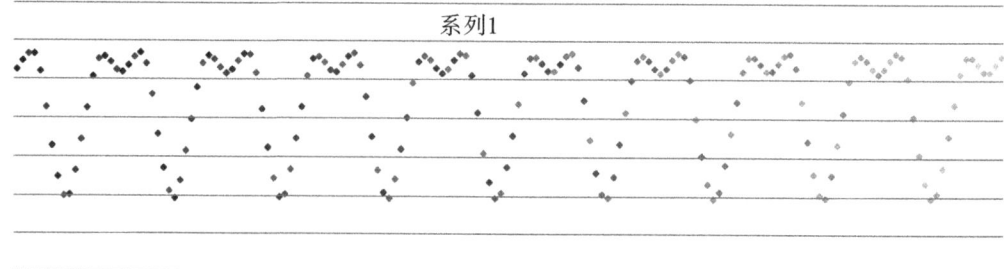

图 6-49 应答周期为 40 ms 的直径瞬时值

不同应答数据发送频率下的一个周期内圆周过程数据样本量趋势如图 6-50 所示，直径、圆周均值和一个周期内直径的极差汇总表如表 6-38 和表 6-39 所示。

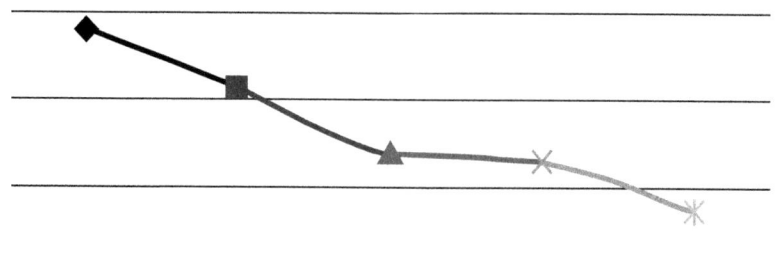

图 6-50 不同应答发送频率下的一个周期内圆周过程数据样本量趋势

由图 6-50 可知,试样转速固化后,应答数据发送周期越小,一个周期内圆周过程数据样本量越大,其变化随着应答数据发送周期越来越平缓。

表 6-38　不同应答发送频率下的一个周期内直径和圆周均值汇总表　　单位:mm

序号	应答周期								
	10 ms		20 ms		30 ms		35 ms		40 ms	
1	7.718	24.233	7.719	24.239	7.718	24.235	7.718	24.234	7.718	24.234
2	7.717	24.230	7.721	24.243	7.717	24.230	7.720	24.240	7.718	24.235
3	7.716	24.229	7.725	24.257	7.717	24.231	7.715	24.225	7.718	24.235
4	7.718	24.234	7.720	24.240	7.717	24.232	7.713	24.220	7.718	24.234
5	7.718	24.234	7.720	24.240	7.716	24.229	7.720	24.240	7.718	24.234
6	7.718	24.235	7.715	24.227	7.716	24.228	7.715	24.225	7.718	24.236
7	7.718	24.234	7.715	24.227	7.718	24.235	7.718	24.236	7.719	24.237
8	7.718	24.235	7.718	24.233	7.715	24.226	7.715	24.224	7.718	24.235
9	7.718	24.234	7.714	24.223	7.718	24.235	7.720	24.240	7.718	24.235
10	7.718	24.235	7.714	24.222	7.715	24.227	7.721	24.243	7.718	24.235
均值	7.718	24.233	7.718	24.235	7.717	24.231	7.717	24.233	7.718	24.235
样本量	140		107		69		65		37	

表 6-39　不同应答发送频率下的一个周期内直径的极差均值汇总表　　单位:mm

序号	应答周期				
	10 ms	20 ms	30 ms	35 ms	40 ms
1	0.203	0.202	0.202	0.200	0.188
2	0.203	0.202	0.203	0.200	0.189
3	0.203	0.203	0.202	0.199	0.190
4	0.203	0.202	0.202	0.198	0.189
5	0.203	0.202	0.202	0.199	0.189
6	0.202	0.202	0.202	0.199	0.189
7	0.203	0.202	0.202	0.200	0.190
8	0.203	0.202	0.201	0.200	0.189
9	0.203	0.203	0.202	0.199	0.189
10	0.203	0.202	0.201	0.200	0.190
均值	0.203	0.202	0.202	0.199	0.189
样本量	140	107	69	65	37

由表6-38和表6-39可知,圆周过程数据的样本量从140到37之间变化时,其圆周均值的极差为0.004 mm,因此样本量大小对圆周的测量基本无影响,一个测量周期下样本量达到30即可满足圆周测量的精度;但一个周期内直径的极差的影响却很大,随着样本量的减少,试样每转过一个更大的角度才能得到一个直径,因此有可能采集不到直径的最大值和最小值,虽然对平均值没有影响,但极差肯定是变小的。极差随样本量的变化如图6-51所示。样本量减小,极差是急剧减小的。试样量从140变到65时,极差变化量为0.0035 mm。

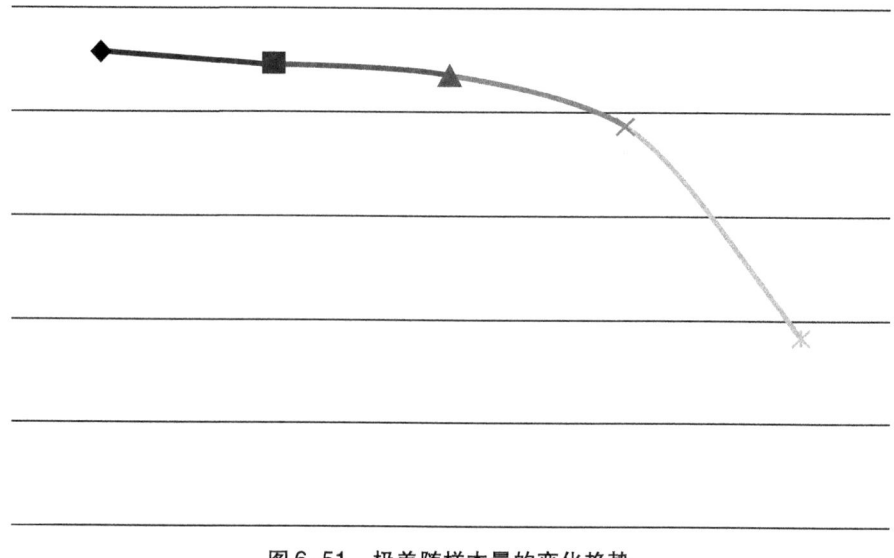

图6-51 极差随样本量的变化趋势

4)小结

①试样转速固定后,一个测量周期内的圆周过程样本量与应答数据发送周期有关,应答数据发送周期越小,一个周期内圆周多点测量数据量越大,其变化随着应答数据发送周期越来越平缓;

②一个测量周期下样本量达到30以上可满足圆周测量的精度;

③样本量大小对试样形度的测量影响较大,随着样本量减小,极差是急剧减小的。试样量从140变到65时,极差变化量为0.0035 mm。

(8)测径时间和试样转速关系研究

GB/T 22838.3—2009《卷烟和滤棒物理性能的测定 第3部分:圆周 激光法》中描述:"试样可能是椭圆形的,激光束扫描测定仪的扫描速率和试样的旋转速率之间的比率应该是恒定的和足够大的,以保证包括最小值和最大值在内的直径得到十分准确的测量。"

根据之前对于扫描激光测径原理和CCD光电检测原理的分析,根据图6-52,非绝对圆试样的实测直径并非目标直径,两者的差值由测径时间内样品旋转角度决定,测径时间是一次扫描过程中检测器感知样品存在的时间。所以要准确测量试样的最大值和最小值,需要一次测径时间内试样转过的角度α尽可能小。

6 卷烟和滤棒物理性能综合测试台通用技术条件研究

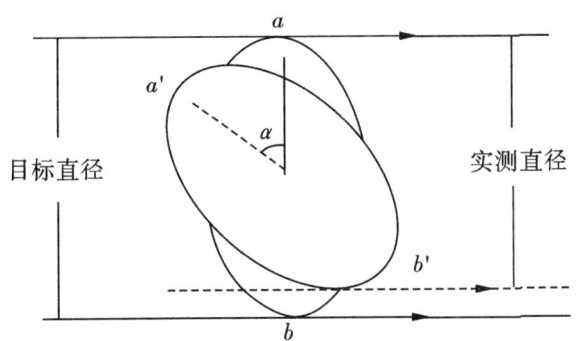

图 6-52 测径时间对直径测量影响示意

1)实验目的

研究试样完成一次测径时间内试样转过的角度 α 对圆周测量影响。

2)实验原理

本项目在标准实验平台上完成,主要通过调整试样转速大小,计算对应一次测径的时间内试样转过的角度 α,分析圆周测量结果的变化。

3)实验步骤

①在标准实验平台上随机测量一个样品,分析测量直径的测径时间为 0.112 ms;

②分别设置直流电机的旋转速度为 10 r/min、20 r/min、30 r/min、40 r/min、50 r/min,设置串口发送的应答数据的周期为 10 ms;

③分别记录各选择速度下试样旋转一周测得的直径值,并分析均值、最大值、最小值和极差;

④统计各家仪器数采的数据结果,分析试样测径绝对速度和试样转速对各自测量的影响。

4)实验数据

烟支不同转速下,一次测径时间内试样转过的角度,以及采集到的直径的均值、最大值、最小值和极差如表 6-40 所示。样品旋转角度与直径均值和极差变化曲线如图 6-53 和图 6-54 所示。

表 6-40 不同试样转速下试样转过角度、直径及其分析

试样转速/(r/min)	5	10	15	20	25	30	40
试样转过的绝对角度/(°)	0.0078	0.0157	0.0235	0.0313	0.0392	0.0470	0.0626
直径均值/mm	7.7842	7.7842	7.7848	7.7849	7.7851	7.7873	7.7900
直径最大值/mm	7.9538	7.9487	7.9456	7.9405	7.9373	7.8914	7.8614
直径最小值/mm	7.6085	7.6178	7.6207	7.6230	7.6258	7.6526	7.6982
极差/mm	0.3454	0.3309	0.3249	0.3175	0.3115	0.2388	0.1632

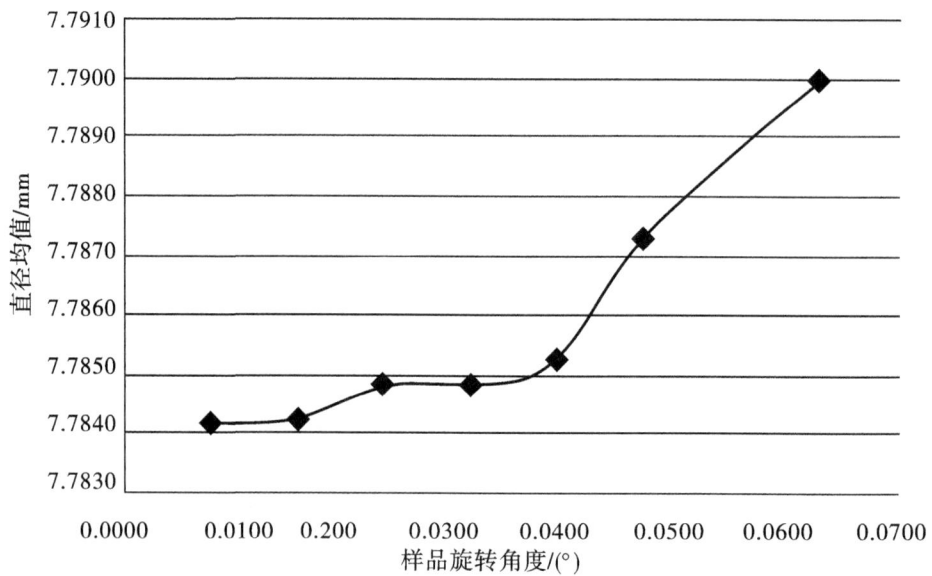

图 6-53　样品旋转角度与直径均值变化曲线

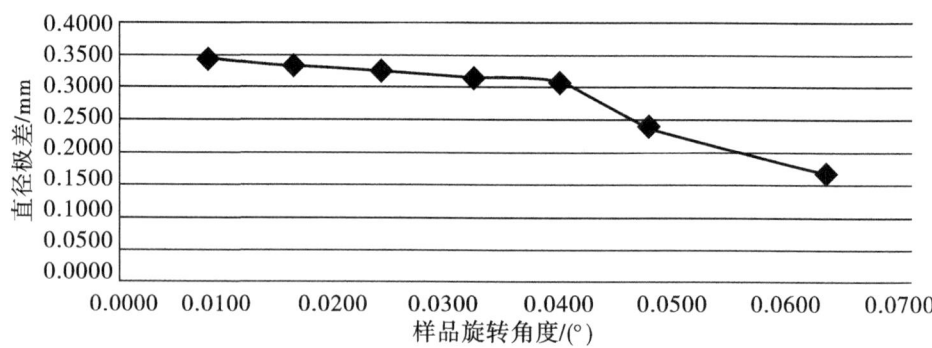

图 6-54　样品旋转角度与直径极差变化曲线

根据前期对四台仪器的信号采集研究,对各种仪器测径时间和试样旋转速率进行整理,如表 6-41 所示。可以计算出在激光扫过试样的时间内试样旋转的角度。(试样为 7.8 mm 直径标准棒时采集的时间)

表 6-41　各种仪器测径时间、试样旋转速率及角度

仪器	仪器 A	仪器 B	仪器 C	仪器 D
测径原理	CCD 光电测径	扫描激光测径	扫描激光测径	CCD 光电测径
测径时间/ms	0.261	0.084	0.12	0.112
试样旋转速率/ms	3220	1247	3120	1860
试样旋转角度/(°)	0.029	0.002	0.014	0.022

5)实验结论

根据上述实验数据,可得到如下结论:当一次测径的时间内试样转过的角度 α<0.04°,直径均值变化小于0.001 mm,直径极差变化小于0.35 mm 时,目前四种仪器均能满足。

(9)偏心距离研究

圆周测量时需要采集多点数据,而激光传感器固定在仪器上,因此试样旋转的同时才能采集多点数据,圆周检测设备通常采用夹持或负压方式旋转试样。为保证试样自由落下,通常夹持或负压内壁通常大于试样直径,因此旋转过程中不可避免地产生偏心运动。试样偏心运动的理论示意如图6-55所示。

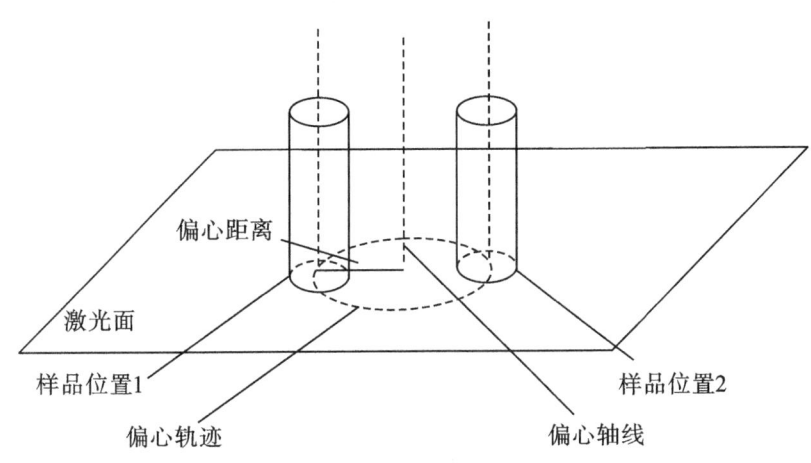

图 6-55 试样偏心运动示意

1)实验目的

研究试样在不同偏心距离运动对圆周测量影响。

2)实验原理

通过理论推导不同偏心距离运动,对圆周测量的影响量,再根据直径测量的最大允许误差和试样旋转的角度,计算出最大允许偏心距离。

3)理论推导

如图6-56所示,假设激光束的扫描方向是从上往下移动,样品逆时针旋转,样品直径是 D,在一次测径时间,当试样中心从 A 位置移动到了 A' 位置,转过了 α 角度,激光测径仪测出的直径是 D',样品直径变大;当试样中心从 B 位置移动到了 B' 位置,转过了 α 角度,激光测径仪测出的直径是 D'',样品直径变小,很明显两者存在差异。圆心以 A 点为例,样品直径变化量即圆心竖直方向上移动的距离 L。

根据几何原理,$L = L' \cdot \cos \beta$,$L' = 2 \cdot R \cdot \sin\left(\dfrac{\alpha}{2}\right)$,所以:

$$L = 2 \cdot R \cdot \sin\left(\dfrac{\alpha}{2}\right) \cdot \cos \beta \tag{6-17}$$

其中 α 是一个常数,β 是一个变量,其范围是 $0 \sim 360°$。

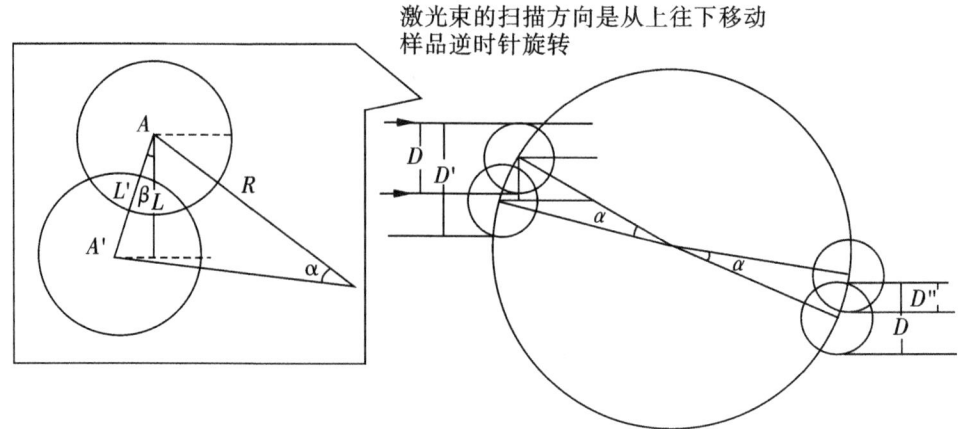

图 6-56 偏心距离对直径测量影响示意

因此圆周的变化量:

$$\int_0^{360} L = 2 \cdot R \cdot \sin\left(\frac{\alpha}{2}\right) \int_0^{360} \cos\beta = 2 \cdot R \cdot \sin\left(\frac{\alpha}{2}\right) \cdot \sin\beta \Big|_0^{360} = 0 \quad (6-18)$$

但是样品的直径的最大值和最小值是有变化的。

JJG(烟草)01—2012《卷烟和滤棒物理性能综合测试台检定规程》规定,直径测量最大允许误差±0.01 mm,即要求 $L \leq 0.01$,根据前文的结论 $\alpha \leq 0.04°$,当 $\beta = 0$ 时,代入式(6-17),得

$$R < 14 \text{ mm}$$

4)实验结论

在偏心距离不超过 14 mm 时,偏心运动对直径测量结果基本没有影响。

(10)偏摆角度研究

由于负压内壁通常大于试样直径,当试样自由落到挡板上与负压内壁成一定角度时,负压不能使试样边缘完全贴住负压内壁,试样旋转过程中不可避免会产生偏摆运动。试样偏摆运动的理论示意如图 6-57 所示。

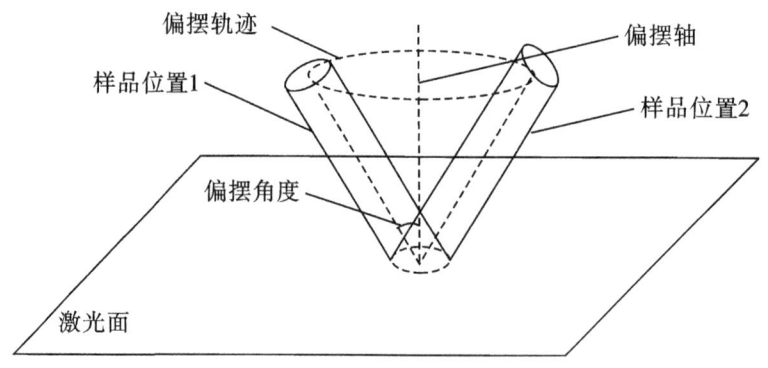

图 6-57 试样偏摆运动示意

1) 实验目的

研究试样在不同大小偏摆角度下的圆周测量影响。

2) 实验原理

本项目在标准实验平台上完成,主要通过调整夹持器与电机旋转中心的角度,设定不同的偏摆角度时,研究圆周测量的结果。由于仪器平台加工精度的影响,当设定为0°时,试样夹持后的中心不一定与旋转中心完全重合,但该角度不变,测量时偏摆角度只由夹持器中心与电机旋转的偏摆角度所决定。因此本实验是一个定量实验,可以定量给出实验的影响程度。

3) 实验步骤

①设置直流电机的旋转速度约为 40 r/min,设置串口发送的应答数据的周期为 10 ms;

②首先将夹持器上的偏摆角度调整为0°,将标准棒置于夹持器中部,尽可能减小夹持器中心的偏心,同时用直角规检查标准棒的垂直度,测量标准棒的圆周;

③将夹持器上的偏摆角度调整为1°,测量标准棒的圆周;

④将夹持器上的偏摆角度调整为2°,测量标准棒的圆周;

⑤将夹持器上的偏摆角度调整为3°,测量标准棒的圆周;

⑥将夹持器上的偏摆角度调整为4°,测量标准棒的圆周;

⑦将夹持器上的偏摆角度调整为5°,测量标准棒的圆周。

4) 实验数据

①标准棒。不同偏摆角度下标准棒直径的实时值如图6-58所示。不同偏摆角度下标准棒直径测量统计值见表6-42所示。

图6-58 不同偏摆角度下标准棒直径实时值

表6-42 不同偏摆角度下标准棒直径测量统计值　　单位:mm

角度	0°	1°	2°	3°	4°	5°
直径均值	8.993	8.994	8.995	8.998	9.002	9.009
最大值	0.001	0.001	0.002	0.004	0.006	0.010
最小值	8.994	8.997	8.999	9.005	9.012	9.024
直径极差	8.992	8.992	8.992	8.993	8.993	8.994
圆周	28.251	28.255	28.259	28.267	28.282	28.303

由图6-58可见,偏摆角度变化,但测量数据的周期是一致的,因此试样旋转一周的时间是固定的;随着偏摆角度的增大,直径的最大值在变小,最小值在变大,最大值比最小值变化的程度大,因此形度也是增大的。相对应的试样圆周随着偏摆角度的增大,圆周最小值在缓慢变大,而圆周最大值在剧烈变大,最终圆周的均值在变大。其变化趋势见图6-59所示,并以某一指数上升,根据表6-42统计结果显示,当试样偏摆角大于2°时,圆周均值将增大约0.01 mm。

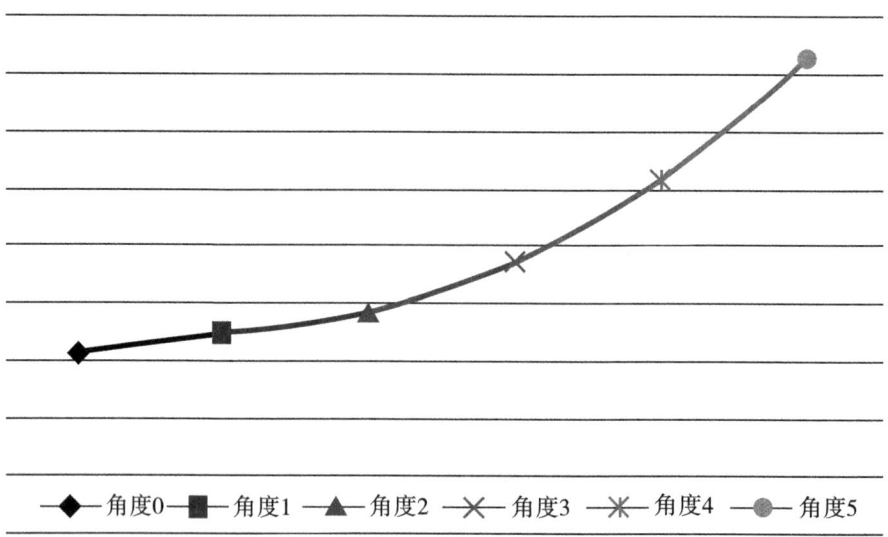

图6-59　不同偏摆角度下圆周变化趋势

②滤棒。不同偏摆角度下滤棒直径的实时值如图6-60所示。不同偏摆角度下滤棒直径测量统计值如表6-43所示。

图6-60　不同偏摆角度下滤棒直径实时值

表6-43　不同偏摆角度下滤棒直径测量统计值　　　单位：mm

角度	0°	1°	2°	3°	4°	5°
直径	7.727	7.728	7.729	7.732	7.735	7.740
最大值	7.787	7.790	7.790	7.794	7.799	7.806
最小值	7.629	7.630	7.631	7.631	7.632	7.632
直径极差	0.158	0.159	0.159	0.163	0.167	0.174
圆周	24.264	24.266	24.270	24.278	24.288	24.305

③烟支。不同偏摆角度下烟支直径的实时值如图6-61所示。不同偏摆角度下烟支直径测量统计值如表6-44所示。

图6-61　不同偏摆角度下烟支直径实时值

表6-44 不同偏摆角度下烟支直径测量统计值　　　　单位:mm

角度	0°	1°	2°	3°	4°	5°
直径	7.839	7.838	7.841	7.843	7.848	7.850
最大值	8.115	8.116	8.119	8.121	8.123	8.128
最小值	7.507	7.508	7.516	7.520	7.522	7.527
极差	0.608	0.608	0.603	0.601	0.600	0.601
圆周	24.614	24.612	24.620	24.626	24.642	24.649

5)小结

根据实验数据,可得到如下结论:

①随着偏摆角度的增大,试样圆周最小值在缓慢变大,而圆周最大值在剧烈变大,最终圆周的均值在变大,变化趋势接近于以某一指数上升。

②当试样偏摆角为2°时,圆周均值将增大约0.01 mm。

6.3.6　研究结论

通过对卷烟和滤棒圆周测试设备进行深入研究,从仪器原理、结构设计、计量特性等方面进行了详细分析,系统研究分析了仪器的计量特性和仪器结构或装配的各相关因素,逐一对这些因素进行实验验证,确定其对测试结果影响程度,提出卷烟吸阻和滤棒圆周检测设备通用技术条件如下:

(1)工作条件

仪器的使用环境应满足GB/T 16447—2004《烟草及烟草制品　调节和测试的大气环境》规定的测试大气条件。

(2)外观要求

仪器铭牌清晰、表面不应有裂缝、变形现象;金属零件不应有锈蚀及机械损伤;接插件应牢固可靠;气管及接头应均不漏气;开关、按钮应无失控现象,显示器等附属设备工作正常。

(3)测头

测头包括挡板和夹持器。

1)挡板应符合以下要求:

①挡板高度可调;

②挡板不能因试样或标准棒下落产生位移。

2)夹持器应符合以下要求:

①在试样测试过程中,试样和夹持器不能产生相对位移;

②夹持器固定试样旋转过程中,夹持器轴线与平行光束平面的角度应满足(90±2)°;

③夹持器为负压吸附的,应安装空气过滤器。

3)试样测试过程中,试样测试部位应完全处于光电检测区域。

(4)测量方式

实际测量过程中试样旋转180°或360°,每旋转180°时直径检测不少于50次。

(5)最小旋转角度

完成一次测径时间试样转过的角度不大于0.04°。

(6)偏心距离

试样被夹持器固定旋转过程中,偏心距离不大于14 mm。

(7)最大允许误差

直径测量最大允许误差为±0.01 mm。

(8)测量范围

直径测量范围应满足(5~9)mm。

(9)分辨力

仪器分辨力应满足0.001 mm。

(10)标准棒

1)标准棒不应有锈蚀及机械损伤。

2)用于校准和验证的圆周标准棒的最大允许误差为±0.003 mm。

3)仪器除配置用于校准的直径标准棒,还应另配用于验证的直径标准棒。

(11)水平装置

仪器应在易于观察的地方配置水平调节与指示装置。

6.4　卷烟和滤棒长度测试设备的通用技术条件研究

6.4.1　卷烟和滤棒长度测试设备结构和计量特性分析

6.4.1.1　仪器结构分析

对长度测试设备的结构特征进行研究,主要包括试样旋转方式、负压孔数量、不同状态是否旋转、旋转角度、调节方式和挡位,如表6-45所示。

表6-45　长度检测设备结构特征

特征	仪器A	仪器B	仪器C	仪器D
试样旋转方式	夹持器夹持旋转	负压吸附皮带带动	负压吸附不旋转	负压吸附皮带带动
负压孔数量	—	2	4	4
标定是否旋转	旋转	旋转	不旋转	旋转
验证是否旋转	不旋转	旋转	不旋转	旋转
测量是否旋转	旋转	旋转	不旋转	旋转
旋转角度	360°	360°	—	360°
调节方式	自动	自动	手动	手动
挡位	3挡	4挡	—	—

(1) 仪器 A 结构特征

仪器 A 长度检测设备结构如图 6-62 所示。仪器 A 有一块固定于底板的背板，背板中间固定一块水平台，CCD 测微仪固定在背板上，水平台紧贴测微仪底座，夹持器固定在平台下方，夹持器以机械夹持方式固定试样，工作时电机皮带驱动夹持器旋转，3 个挡位的基准挡位通过旋转来调节，旋转基准挡位的转轴固定在底板上。测量时，试样置于基准挡位上，夹持器夹持试样中部并由电机带动旋转，试样上端部置于 CCD 测微仪的测量区域。根据仪器结构分析，为保证测量的准确性，安装时必须保证夹持器轴线与光束平面平行，夹持器夹持试样后不应引起试样倾斜，以确保 CCD 检测线与试样中心线平行。

图 6-62　仪器 A 长度检测设备结构

(2) 仪器 B 结构特征

仪器 B 长度检测设备结构如图 6-63 所示。仪器 B 有一块固定于底板的背板，CCD 测微仪和夹持器固定在背板上，夹持器以负压吸附试样，工作时电机皮带驱动夹持器旋转，4 个挡位通过气缸推进不同距离来调节基准挡位的高度，气缸固定在底板上。测量时，试样置于基准挡位上，夹持器吸附试样中部并由电机带动旋转，试样上端部置于 CCD 测微仪的测量区域。根据仪器结构分析，为保证测量的准确性，安装时必须保证夹持器轴线与检测束平面平行，夹持器吸附试样后不应引起试样倾斜，以确保 CCD 检测线与试样中心线平行。

图6-63　仪器B长度检测设备结构

(3)仪器C结构特征

仪器C长度检测设备结构如图6-64所示。仪器C有一块固定于底板的背板,CCD测微仪和夹持器固定在背板上,夹持器以负压吸附试样,可调基准挡位固定在底板上方。测量时,试样置于可调基准挡位上,中间夹持器负压吸附扶正试样后放开试样,试样不旋转,滤棒端置于CCD测微仪测量区域。根据仪器结构分析,为保证测量的准确性,安装时必须保证夹持器轴线与检测束平面平行,夹持器吸附试样后不应引起试样倾斜,以确保CCD检测线与试样中心线平行。

图6-64　仪器C长度检测设备结构

(4) 仪器 D 结构特征

仪器 D 长度检测设备结构如图 6-65 所示。仪器 D 有一块固定于底板的支架, CCD 测微仪固定于支架上, 夹持器以负压吸附试样, 固定在底板下方, 工作时电机皮带驱动夹持器旋转, 可调基准挡位固定在底板下方。测量时, 试样置于可调基准挡位上, 夹持器吸附试样并由电机带动旋转, 试样上端面置于 CCD 测微仪测量区域内。根据仪器结构分析, 为保证测量的准确性, 安装时必须保证夹持器轴线与检测束平面平行, 夹持器吸附试样后不应引起试样倾斜, 以确保 CCD 检测线与试样中心线平行。

图 6-65 仪器 D 长度检测设备结构

6.4.1.2 计量特性分析

(1) 最大允许误差验证

JJG(烟草)01—2012《卷烟和滤棒物理性能综合测试台检定规程》规定长度检测的最大允差为 0.05 mm, 根据检定规程的方法项目组对仪器 A、B、C、D 的最大允许误差进行验证。首先取长度标准棒对各仪器进行校准, 然后用仪器 A、B、C、D 分别对每根标准棒测量 10 次, 每个测量值和最大误差见表 6-46。

表 6-46 不同仪器不同标准棒测量值及最大误差　　　　　　　　单位:mm

仪器 A					
长度标准值	81.997	83.499	84.001	84.498	98.000
第 1 次测量值	81.994	83.491	84.004	84.503	98.001
第 2 次测量值	81.992	83.487	84.000	84.492	97.889
第 3 次测量值	81.991	83.483	83.995	84.485	97.894
第 4 次测量值	81.994	83.477	83.990	84.488	97.887
第 5 次测量值	81.993	83.464	83.987	84.481	97.880

续表 6-46

第 6 次测量值	81.990	83.460	83.992	84.475	97.883
第 7 次测量值	81.995	83.465	83.989	84.482	97.887
第 8 次测量值	81.996	83.459	83.987	84.471	97.891
第 9 次测量值	81.990	83.456	83.983	84.477	97.882
第 10 次测量值	81.996	83.464	83.985	84.475	97.880
平均值	81.993	83.491	83.991	84.483	97.897
最大误差	0.035				
仪器 B					
长度标准值	81.997	83.499	84.001	84.498	98.000
第 1 次测量值	81.99	83.50	84.00	84.50	98.00
第 2 次测量值	81.99	83.50	84.01	84.49	97.98
第 3 次测量值	82.00	83.51	84.01	84.49	98.01
第 4 次测量值	81.98	83.51	84.02	84.49	97.99
第 5 次测量值	81.98	83.51	84.01	84.49	98.00
第 6 次测量值	81.98	83.50	84.02	84.49	97.97
第 7 次测量值	81.98	83.50	84.02	84.49	98.01
第 8 次测量值	81.99	83.49	84.02	84.50	97.98
第 9 次测量值	81.97	83.50	84.03	84.50	98.01
第 10 次测量值	82.01	83.51	84.03	84.51	98.01
平均值	81.99	83.50	84.02	84.49	98.00
最大误差	0.026				
仪器 C					
长度标准值	81.997	83.499	84.001	84.498	98.000
第 1 次测量值	81.989	83.500	84.001	84.495	97.980
第 2 次测量值	81.993	83.502	84.005	84.488	97.949
第 3 次测量值	81.994	83.509	84.012	84.482	97.964
第 4 次测量值	81.980	83.512	84.015	84.485	97.974
第 5 次测量值	81.975	83.512	84.008	84.487	97.999
第 6 次测量值	81.981	83.500	84.020	84.485	98.002
第 7 次测量值	81.983	83.495	84.017	84.489	98.009
第 8 次测量值	81.985	83.489	84.025	84.495	98.012
第 9 次测量值	81.972	83.505	84.035	84.499	98.022

续表 6-46

第10次测量值	82.010	83.515	84.030	84.505	98.025
平均值	81.986	83.504	84.017	84.491	97.994
最大误差	0.044				
仪器 D					
长度标准值	81.997	83.499	84.001	84.498	98.000
第1次测量值	81.998	83.490	84.021	84.488	97.998
第2次测量值	81.990	83.484	84.018	84.478	97.991
第3次测量值	82.002	83.477	84.012	84.475	97.988
第4次测量值	81.992	83.487	84.002	84.471	97.982
第5次测量值	81.985	83.478	83.999	84.470	97.978
第6次测量值	81.980	83.471	84.002	84.474	97.974
第7次测量值	81.993	83.474	83.995	84.467	97.970
第8次测量值	81.982	83.474	83.985	84.462	97.968
第9次测量值	81.978	83.470	83.987	84.459	97.966
第10次测量值	81.980	83.465	83.994	84.451	97.958
平均值	81.988	83.477	84.002	84.469	97.977
最大误差	0.021				

根据表6-46,各仪器的最大误差均符合JJG(烟草)01—2012《卷烟和滤棒物理性能综合测试台检定规程》的规定。

(2)准确性验证

取一包二类烟试样,取出前端5 mm以内的烟丝,保证所有仪器测量的均为卷烟纸的端部,然后一一对应分别在仪器A、B、C、D、E和投影仪上按顺序进行测量。其中仪器C的测量方式改变原厂设置,原厂设置为滤嘴端朝上检测。为方便比较,表格结果以投影仪第一次测量结果从小到大进行排序,测量结果如表6-47所示。

表6-47 不同长度检测设备的测量结果   单位:mm

序号	投影仪	仪器 A	仪器 B	仪器 C	仪器 D	仪器 E	投影仪
1	83.7	83.59	83.62	83.65	83.603	83.609	83.7
2	83.7	83.69	83.65	83.73	83.662	83.642	83.8
3	83.7	83.64	83.66	83.62	83.608	83.648	83.6
4	83.7	83.61	83.62	83.60	83.647	83.607	83.7
5	83.8	83.73	83.72	83.84	83.733	83.696	83.8

续表6-47

序号	投影仪	仪器 A	仪器 B	仪器 C	仪器 D	仪器 E	投影仪
6	83.8	83.77	83.80	83.71	83.765	83.77	83.8
7	83.9	83.84	83.84	83.77	83.749	83.805	83.9
8	83.9	83.83	83.84	83.85	83.781	83.819	83.9
9	83.9	83.92	83.90	83.88	83.842	83.852	83.9
10	83.9	83.82	83.84	83.74	83.815	83.818	83.9
11	84.1	84.13	84.13	84.12	84.113	84.115	84.1
12	84.1	84.08	84.14	84.08	84.073	84.122	84.1
13	84.2	84.19	84.20	84.17	84.164	84.188	84.2
14	84.2	84.04	84.18	84.11	84.050	84.161	84.1
15	84.3	84.34	84.36	84.33	84.398	84.34	84.3
16	84.3	84.4	84.42	84.4	84.426	84.403	84.3
17	84.3	84.31	84.30	84.22	84.281	84.286	84.2
18	84.3	84.31	84.36	84.25	84.313	84.329	84.3
19	84.3	84.36	84.30	84.34	84.264	84.318	84.2
20	84.4	84.46	84.35	84.33	84.398	84.337	84.4
平均值	84.025	84.003	84.012	83.987	83.984	83.993	84.010

首先比较两次投影仪的测量结果,确认烟支长度在测量长度过程中是否发生变化。两次投影仪的测量结果如图6-66所示。20支里有1支工毕测量比工前测量大0.1 mm,有4支要小0.1 mm,其余15支测量结果保持不变。由于投影仪受精度所限估读到0.1 mm,其中75%试样保持不变,20%的试样可能在传递过程中折损卷烟纸造成烟支长度变短,因此可以认为试样在所有仪器传递测量过程中基本保持不变。

根据表6-47测量数据,分别比较仪器A、B、C、D和E的测量平均值,都符合(84.00±0.02)mm,极差为0.04 mm,没有显著差异。

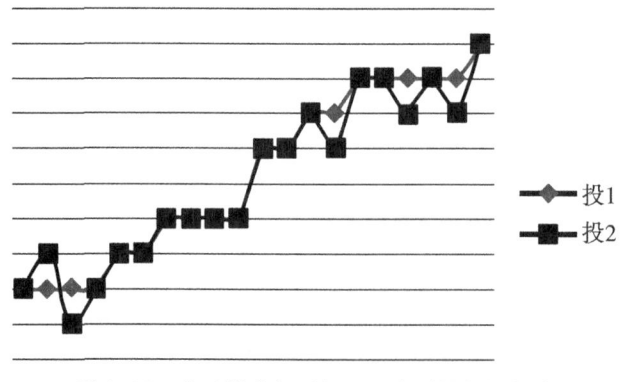

图6-66 各试样在投影仪上两次测量数据曲线

(3) 稳定性验证

1) 实验方案

①调整长度试样检测的基准面；

②用 84 mm 和 98 mm 的标准棒对各台仪器进行校准；

③对一支剔除烟丝出头的试样，针对不同仪器采用自动进样或手动进样，分别在仪器 A、B、C、D、E 进行 10 次重复性测量。

2) 实验数据

重复性比对是针对同一试样做比对，主要比较同一试样多次重复测量的 SD。由于仪器 C 测量时不旋转，仪器 A 在重复性验证时也不旋转，因此对仪器 A 和仪器 C 采用手动进样 10 次，而仪器 B、仪器 D 和仪器 E 上选择重复测量 10 次，在 5 台仪器上重复性测量 10 次的数据如表 6-48 所示。

表 6-48　同一试样在各仪器上 10 次重复性测量结果　　　　单位：mm

序号	仪器 A	仪器 B	仪器 C	仪器 D	仪器 E
1	84.25	84.24	84.21	84.19	84.235
2	84.25	84.25	84.15	84.187	84.256
3	84.26	84.26	84.20	84.160	84.254
4	84.25	84.25	84.20	84.152	84.259
5	84.27	84.26	84.18	84.142	84.249
6	84.25	84.24	84.25	84.146	84.235
7	84.25	84.24	84.21	84.153	84.240
8	84.25	84.23	84.14	84.163	84.236
9	84.26	84.24	84.23	84.156	84.239
10	84.26	84.25	84.27	84.189	84.241
平均值	84.255	84.246	84.204	84.164	84.244
方差/mm^2	0.007	0.010	0.041	0.018	0.009

由表 6-48 可知，对于同一试样，在仪器 A、B、D、E 上测得的 SD 都小于 0.02，重复性好，仪器 C 的 SD 值大于 0.04，重复性差，主要原因在于仪器 C 是单点测量。

6.4.2　长度检测设备过程信号分析及采集研究

6.4.2.1　仪器数采系统组成

根据对各检测设备过程信号的分析，采用 NI 多功能测量系统对各仪器电机信号和检测器输出信号进行采集，进一步研究试样在测量过程中检测器输出的实时值。所用的功能模块主要包括：LebVIEW 开发软件、PXI 机箱、示波器模块、组隔离多功能数采模块、高速多功能数采模块、工业相机接口模块和图像采集处理模块。利用基于软件的模块化仪器,既实现仪器级别的高精高速测量,更为重要的是可以根据需要进行任意自定义的开发。

(1)仪器 A 数采系统主要组成

根据前文对于仪器 A 过程信号的分析,利用 NI 多功能测量系统采集仪器 A 过程数据所需要用到的模块为:LebVIEW 开发软件、PXI 机箱、高速多功能数采模块、工业相机接口模块和图像采集处理模块。步进电机使能信号为 5 V 的低电平信号,检测器并口输出信号可以作 16 位 IO 信号,都可以通过高速多功能数采模块采集,通过 LebVIEW 软件设计开发,可以同时采集电机信号和检测器输出信号。仪器 A 在测量过程中夹持器夹持试样的状态可以通过工业相机接口模块和图像采集处理模块拍摄记录。图 6-67 为仪器 A 数采模块组成。

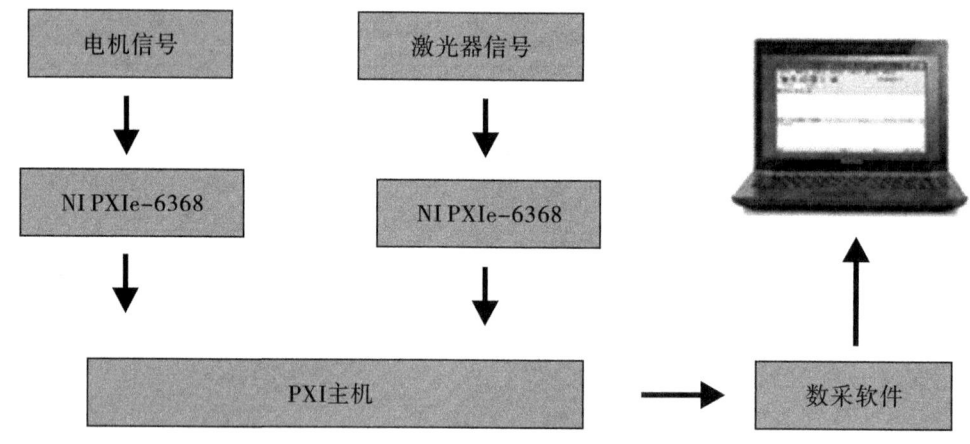

图 6-67　仪器 A 数采模块组成

(2)仪器 B 数采系统主要组成

根据前文对于仪器 B 过程信号的分析,利用 NI 多功能测量系统采集仪器 B 过程数据所需要用到的模块为:LebVIEW 开发软件、PXI 机箱、组隔离多功能数采模块、工业相机接口模块和图像采集处理模块。与电机同步的信号为 24 V 的高电平信号,通过组隔离多功能数采模块采集;检测器直接输出 RS232 串口信号可以用 NI PXIe-8135RT 处理模块直接读取,通过 LebVIEW 软件设计开发,可以同时采集电机信号和检测器输出信号。仪器 B 在测量过程中夹持器夹持试样的状态可以通过工业相机接口模块和图像采集处理模块拍摄记录。图 6-68 为仪器 B 数采模块组成。

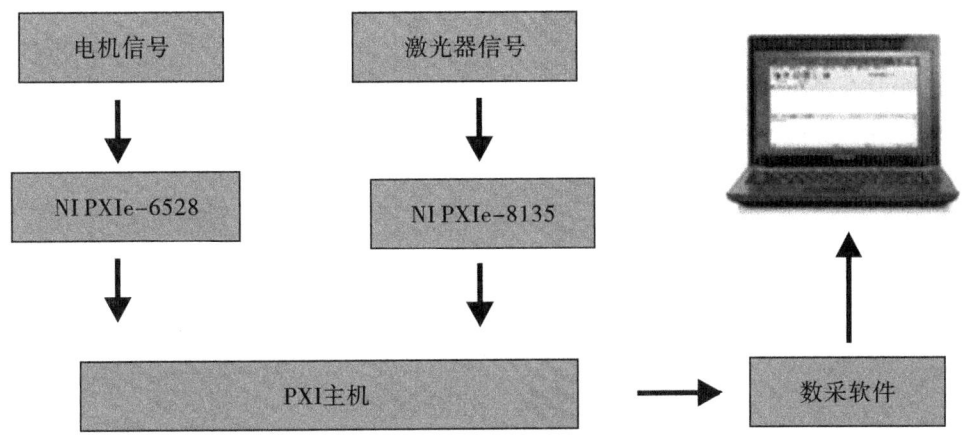

图6-68 仪器B数采模块组成

(3)仪器C数采系统主要组成

根据前文对于仪器C过程信号的分析,利用NI多功能测量系统采集仪器C过程数据所需要用到的模块为:LebVIEW开发软件、PXI机箱、高速多功能数采模块、工业相机接口模块和图像采集处理模块。与电机同步的信号为24 V的高电平信号,可以通过组隔离多功能数采模块采集,检测器并口输出信号可以作16位IO信号,可以通过高速多功能数采模块采集,通过LebVIEW软件设计开发,可以同时采集电机信号和检测器输出信号。仪器C在测量过程中夹持器夹持试样的状态可以通过工业相机接口模块和图像采集处理模块拍摄记录。图6-69为仪器C数采模块组成。

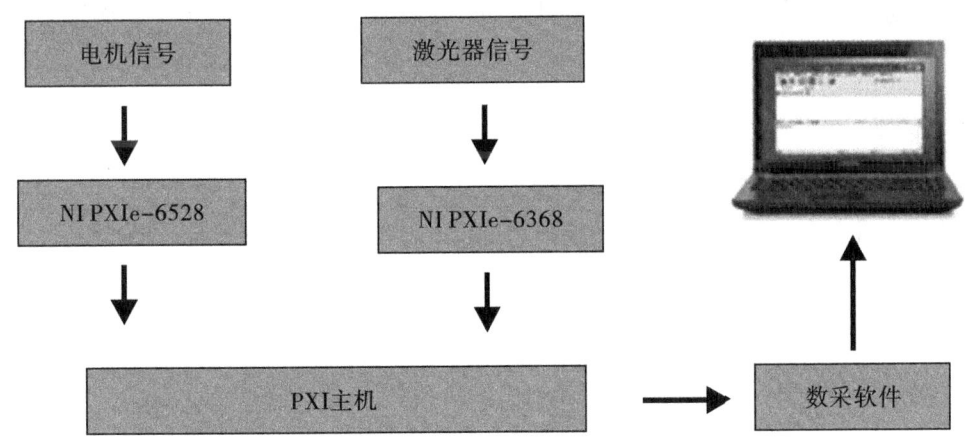

图6-69 仪器C数采模块组成

(4)仪器D数采系统主要组成

根据前文对于仪器D过程信号的分析,利用NI多功能测量系统采集仪器D过程数据所需要用到的模块为:LebVIEW开发软件、PXI机箱、组隔离多功能数采模块、工业相机接口模块和图像采集处理模块。与电机同步的信号为24 V的高电平信号,通过组隔离多功能数采模块采集；检测器直接输出 RS232 串口信号可以用 NI PXIe-8135RT 处理模块直接读取，通过 LebVIEW 软件设计开发，可以同时采集电机信号和检测器输出信号。仪器 D 在测量过程中夹持器夹持试样的状态可以通过工业相机接口模块和图像采集处理模块拍摄记录。图 6-70 为仪器 D 数采模块组成。

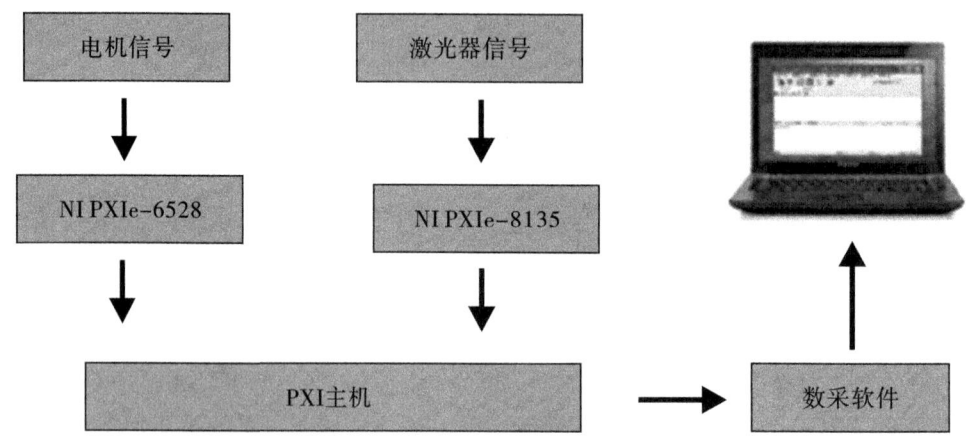

图 6-70　仪器 D 数采模块组成

6.4.2.2　长度测试设备过程信号采集分析

(1) 仪器 A 过程信号采集

将试样放置在夹持器上，运行仪器 A，在重复性模式下进行测量，步进电机使能信号和检测器输出信号同时采集并传输至 NI PXIe-8135RT 处理模块；一个测量周期检测器所测的过程数据曲线如图 6-71 所示。

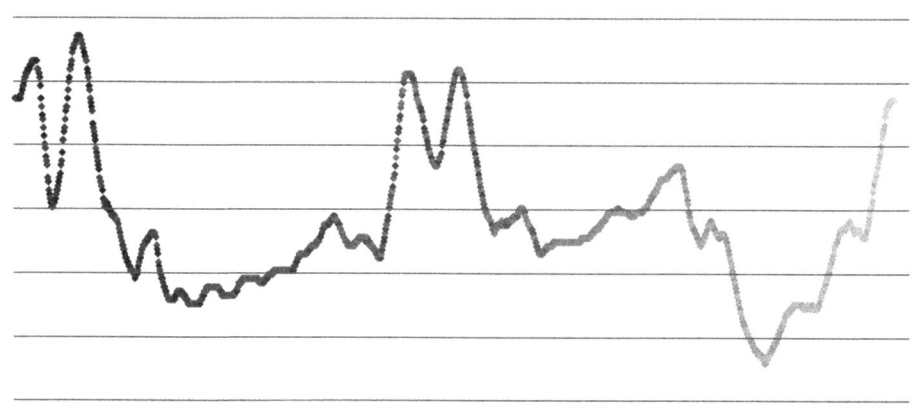

图 6-71　仪器 A 过程数据曲线

(2) 仪器 B 过程信号采集

将试样放置在夹持器上，运行仪器 B，在重复性模式下进行测量，电机信号和检测器输出信号同时采集并传输至 NI PXIe-8135RT 处理模块;一个测量周期检测器所测的过程数据曲线如图 6-72 所示。

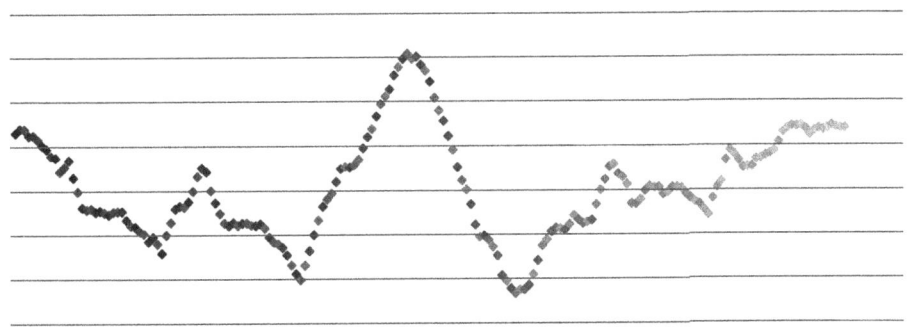

图 6-72　仪器 B 过程数据曲线

(3)仪器 C 过程信号采集

将试样放置在夹持器上,运行仪器 C,在重复性模式下进行测量,电机信号和检测器输出信号同时采集并传输至 NI PXIe-8135RT 处理模块;一个测量周期检测器所测的过程数据曲线如图 6-73 所示。

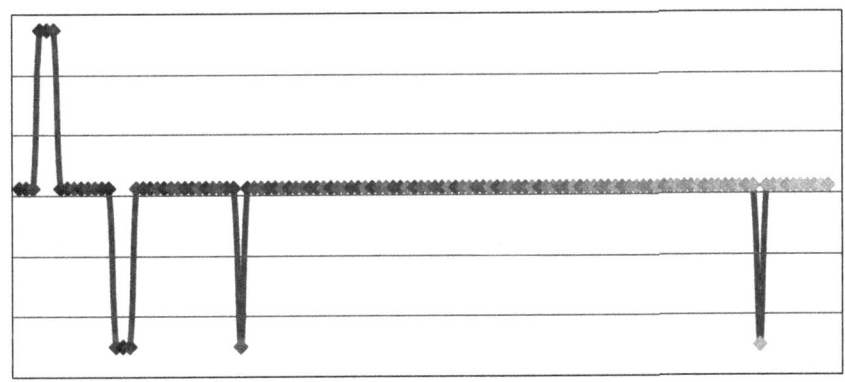

图 6-73　仪器 C 过程数据曲线

(4)仪器 D 过程信号采集

将试样放置在夹持器上,运行仪器 D,在重复性模式下进行测量,电机信号和检测器输出信号同时采集并传输至 NI PXIe-8135RT 处理模块;一个测量周期检测器所测的过程数据曲线如图 6-74 所示。

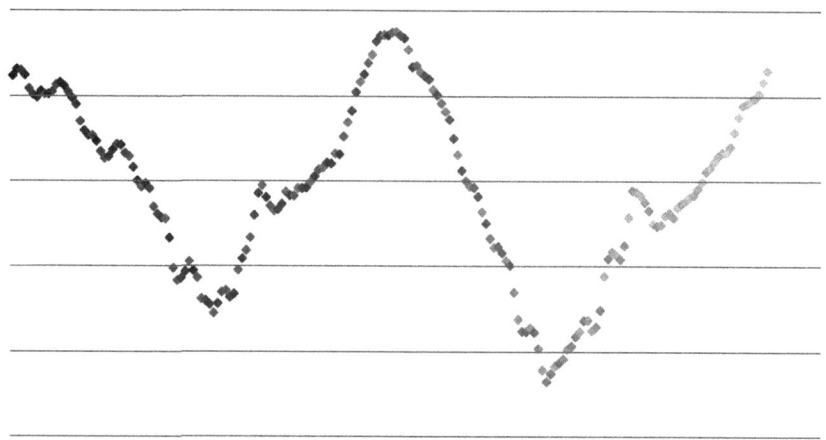

图 6-74　仪器 D 过程数据曲线

6.4.3　长度检测设备试样测试比对

针对英国斯茹林公司的 QUANTUM-SOLO 长度检测仪和 C2 综合测试台的长度单元、博格瓦特公司的 DT-L、欧美利华的 OM-VL、瑞拓公司的 LH 长度检测单元，通过大量的试品分析各长度检测设备测量差异。

6.4.3.1　实验试样

连续生产的卷烟和滤棒（滤棒需经过固化），放入恒温恒湿环境平衡 48 h。

（1）卷烟

长度标称值为 84 mm 的一类常规硬包、一类常规软包、一类细支硬包、二类常规硬包。

（2）滤棒

长度标称值为 100 mm 的普通滤棒。

6.4.3.2　实验方案

（1）调整或选择长度试样检测的基准面。

（2）用 84 mm 和 98 mm 的标准棒对各台仪器进行标定，并测量所有标准棒。

（3）在仪器 A、B、C、D 和 E 上分别测量 6 组试样，每组 30 支。

6.4.3.3　实验数据

每台仪器连续测量 6 组，每组试样设定为 30 支，取各组的平均值进行统计分析，各组的平均值见表 6-49。各仪器测量各牌号试样的均值如图 6-75 和图 6-76 所示。

表6-49　不同仪器测量不同牌号试样的组测量均值　　　　　单位:mm

温度	22.1 ℃		湿度		59.8%
标准棒1标定值	84.007		标准棒2标定值		98
试样	一类常规软包	一类常规硬包	二类常规硬包	一类细支硬包	滤棒
仪器	仪器A				
标准棒	81.997	83.499	84.001	84.498	86.001
标准棒工前	81.994	84.004	83.491	84.503	97.995
标准棒工后	81.99	83.985	83.477	84.482	97.88
1	84.143	84.127	84.088	84.427	99.937
2	84.068	84.145	84.193	84.341	99.94
3	84.058	84.211	84.109	84.422	99.939
4	84.128	84.128	84.168	84.365	99.885
5	84.105	84.101	84.127	84.39	99.959
6	84.088	84.092	84.125	84.384	99.928
平均值	84.098	84.134	84.135	84.388	99.931
仪器	仪器B				
标准棒	81.997	83.499	84.001	84.498	86.001
标准棒工前	81.98	84.00	83.50	84.48	97.99
标准棒工后	82.02	84.03	83.52	84.5	98.01
1	84.156	84.192	84.215	84.405	99.902
2	84.115	84.142	84.153	84.382	99.905
3	84.165	84.191	84.206	84.405	99.891
4	84.153	84.186	84.219	84.384	99.906
5	84.142	84.255	84.231	84.396	99.873
6	84.161	84.154	84.147	84.437	99.869
平均值	84.149	84.187	84.195	84.402	99.891
仪器	仪器C				
标准棒	81.997	83.499	84.001	84.498	86.001
标准棒工前	81.998	84.002	83.49	84.488	97.985
标准棒工后	81.98	83.994	83.487	84.478	97.988
1	84.10	84.103	84.212	84.349	99.969
2	84.02	84.11	84.153	84.395	99.936
3	83.89	84.018	84.107	84.392	99.897

续表 6-49

温度	22.1 ℃		湿度		59.8%
标准棒1标定值	84.007		标准棒2标定值		98
试样	一类常规软包	一类常规硬包	二类常规硬包	一类细支硬包	滤棒
4	83.98	84.064	84.09	84.387	99.865
5	84.04	83.948	84.014	84.429	99.781
6	83.92	84.031	83.963	84.398	99.89
平均值	83.992	84.046	84.09	84.392	99.89
仪器	仪器 D				
标准棒	81.997	83.499	84.001	84.498	86.001
标准棒工前	82.01	84.007	83.499	84.51	97.995
标准棒工后	81.778	83.836	83.288	84.274	97.873
1	84.043	84.153	84.159	84.353	99.97
2	84.068	84.121	84.113	84.414	99.898
3	84.098	84.097	84.167	84.413	99.891
4	84.228	84.121	84.105	84.399	99.835
5	84.091	84.092	84.166	84.383	99.873
6	84.058	84.088	84.106	84.339	99.913
平均值	84.098	84.112	84.136	84.384	99.897
仪器	仪器 E				
标准棒	81.997	83.499	84.001	84.498	86.001
标准棒工前	82.004	84.004	83.512	84.498	98.012
标准棒工后	81.998	83.998	83.504	84.494	98.008
1	84.061	84.079	84.197	84.345	99.923
2	84.078	84.095	84.062	84.388	99.869
3	84.108	84.125	84.130	84.246	99.867
4	84.014	84.035	84.068	84.406	99.848
5	84.037	84.086	84.071	84.368	99.862
6	84.061	84.248	84.155	84.385	99.951
平均值	84.060	84.111	84.114	84.356	99.887

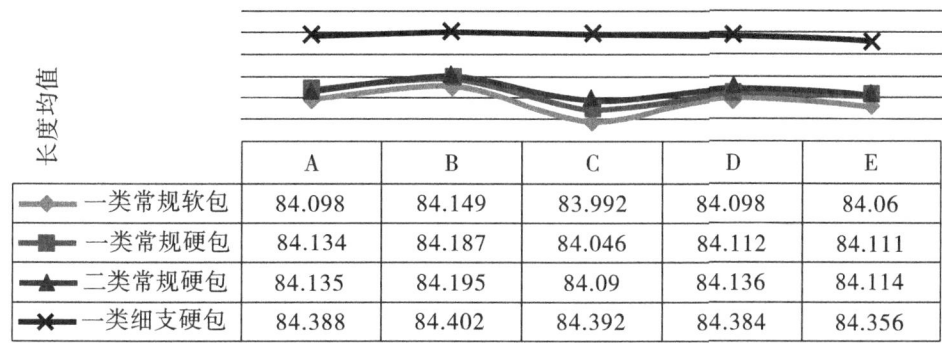

图 6-75　不同仪器测量的各种牌号试样均值分布(单位:mm)

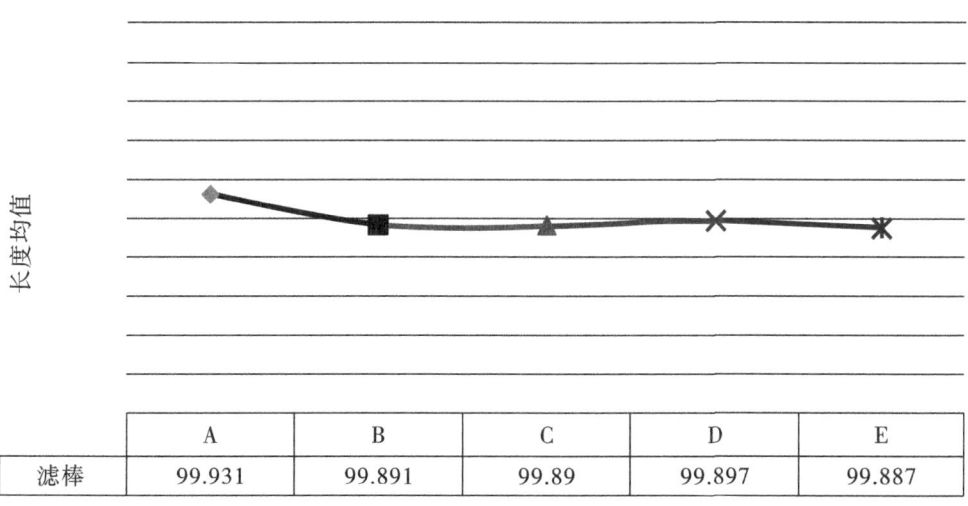

图 6-76　不同仪器测量的滤棒均值分布(单位:mm)

6.4.3.4　试验结论

(1)仪器 A、B、D、E 测量各不同牌号烟支的极差为 0.089 mm,没有显著差异,而仪器 C 与其他四台仪器的均值极差为 0.11 mm,与其他四台仪器存在系统误差。主要是因为仪器 C 测量时滤嘴端朝上,与其他仪器存在区别。

(2)仪器 A、B、C、D、E 测量滤棒的平均值均符合(99.91±0.02)mm,极差为 0.04 mm,没有显著差异。主要是因为仪器 C 测量滤棒时与其他仪器无异。

(3)软包烟 6 组测量平均值均小于硬包烟,其试样容易受包装的影响,卷烟纸折弯出现的可能性较大。

6.4.4 长度影响因素分析

6.4.4.1 长度影响因素分析

GB/T 22838.2—2009《卷烟和滤棒物理性能的测定 第 2 部分：长度 光电法》中对长度的规定：光源发生器产生平行光束，对卷烟和滤棒端部实施多点测量，并接收每个测量点数据，通过数据处理系统以算术平均值来给出试样长度值。

$$L = \sum L_i \tag{6-19}$$

式中：L——长度，mm；

L_i——参与计算的每一个测量点数据，mm。

GB/T 22838.2—2009《卷烟和滤棒物理性能的测定 第 2 部分：长度 光电法》规定：烟支长度测量是滤嘴端与卷烟纸切口端之间的距离。滤棒长度测量是指两成型纸切口端之间的距离。

可以从以下方面对长度测量的影响因素展开分析：

（1）标准棒

标准棒对仪器校准过程产生较大影响，可能引入误差。

（2）测量系统误差

长度检测设备的测量系统误差主要由传感器和基准面组成，分析主要误差的来源。

（3）测头（夹持器结构、基准面和负压研究）

测头决定了试样的夹持方式和测量位置，可能对测试结果会产生影响。

（4）光强度

光强度会随着时间衰减，可能会影响长度测量结果。

（5）数据处理

参与计算的数据处理方法，可能会影响长度测量结果。

（6）旋转角度

试样旋转角度和起点会影响多点测量数据量，可能影响长度测量结果。

（7）多点测量

参与计算的数据量和数据取值区域的均匀性，可能会影响长度测量结果。

（8）偏心距离

偏心距离可能会影响长度测量结果。

（9）偏摆角度

当旋转底面因为倾斜导致试样中心线与平行光束平面不平行，旋转时试样做偏摆运动可能影响长度测量结果。

6.4.4.2 标准平台搭建

根据对于长度测量的影响因素的分析，对每一个因素单独展开研究，就需要设计一个平台可以独立控制，既符合测量原理，又可以对每一个影响条件单独调节的平台。实验平台结构如图 6-77 所示。

6 卷烟和滤棒物理性能综合测试台通用技术条件研究

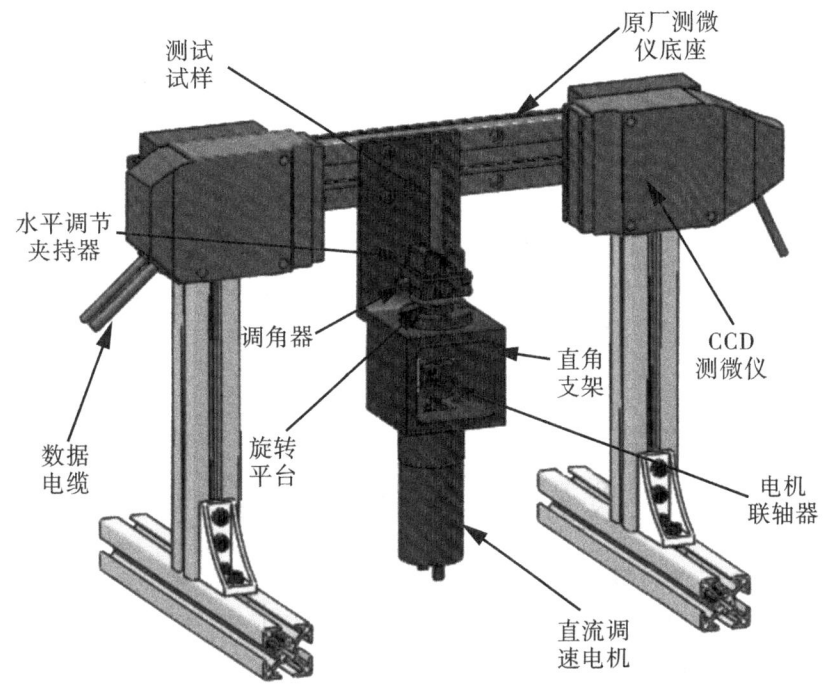

图 6-77　长度实验平台示意图

这个实验平台采用基恩士 LS7001 系列的光电检测控制器和 LS7030 光电检测仪测量长度。为确保测量精度，光电检测仪的光源发射端和接收端都固定在基恩士公司原厂提供的精加工的光电检测仪底座上。其中直角支架和旋转平台需要精加工确保实验的顺利开展，直角支架和旋转平台的工程图纸如图 6-78 和图 6-79 所示。

图 6-78　直角支架的工程图纸

图 6-79　旋转平台的工程图纸

将直角支架垂直固定于底座，使直角支架的水平面与平行光束垂直。直流调速电机固定在直角支架水平面下部，电机通过联轴器连接旋转平台，直角支架的水平面与平行光束垂直，所以旋转平台也和平行光束垂直。旋转平台第一层固定调角器，可以调节 0~5° 的偏摆角度。调角器上部固定水平调节夹持器，可以在水平方向调节试样夹持的偏心距。最后测试数据通过数据电缆传输到检测盒控制器，再通过 RS232 传到电脑进行分析。本项目中,旋转角度、偏心距离和偏摆角度的研究都需要通过此标准平台完成。

6.4.5 长度影响因素研究

6.4.5.1 标准棒研究

标准棒是长度检测设备的溯源件,标准棒的标定值将影响仪器校准过程。GB/T 22838.2—2009《卷烟和滤棒物理性能的测定 第2部分:长度 光电法》和JJG(烟草) 01—2012《卷烟和滤棒物理性能综合测试台检定规程》规定标准棒的准确度不小于 0.005 mm,目前在用的标准棒的加工精度都满足以上条件,法定计量部门能对标准棒进行计量确认。

6.4.5.2 测量系统误差分析

根据JJG(烟草)01—2012 规定烟支和滤棒长度检测的最大允许误差为 0.05 mm。通常仪器厂家是配置 84 mm 和 100 mm 的标准棒,校准棒和验证棒虽涵盖所有试样规格,但不利于对仪器标定和验证。相对于测微仪的 20 mm~30 mm 测量范围,测量试样时检测可用范围通常为以试样长度设计指标为基础的规格长度±2 mm,建议测量长度规格为 84 mm 的试样时,应配置 82 mm、84 mm 和 86 mm 的标准棒,测量长度规格为 100 mm 的试样时,应配置 98 mm、100 mm 和 102 mm 的标准棒,依此类推。

由于测微仪的测量范围 20 mm~30 mm 远小于烟支和滤棒的长度,因此基准面都不在测量范围内,测量系统通常以给定的长度标定值标定检测传感器,得到一个工作截距,并通过截距确认基准面的默认位置,但机械上要求挡板是活动的以保证试样的排出,因此测量系统的计量特性包含检测传感器精度和基准面的基本误差。

(1)实验目的

分析各仪器测量系统的基本误差。

(2)实验装置

1)各种 CCD 光电测微仪。各仪器采用的 CCD 光电测微仪技术参数如表 6-50 所示。

表 6-50 各光电测微仪技术参数

仪器	仪器 A	仪器 B	仪器 C	仪器 D
传感器型号	HZ. High-tech LBM-02	Micro-epsilon Optocontrol2500-36	Metralight RX07	Keyence LS-7030
测量原理	CCD	CCD	CCD	CCD
显示分辨力	2 μm	1 μm	2 μm	0.01 μm
测量范围	0.5 mm~30 mm	0.5 mm~34 mm	0.5 mm~30 mm	0.3 mm~30 mm
测量精度	5 μm	3 μm	3.5 μm	2 μm
重现性	2 μm	3 μm	1.4 μm	0.15 μm

续表6-50

仪器	仪器A	仪器B	仪器C	仪器D
采样频率	1050 Hz	2300 Hz	2500 Hz	2400 Hz
标定方法	单点标定	单点标定	两点标定	单点标定
输出信号	数字信号	数字信号	数字信号	数字信号
输出方式	并口	RS232	并口	RS232

2)长度标准棒。长度为 81.997 mm、83.499 mm、84.001 mm、84.498 mm 和 86.001 mm 的标准棒。

3)NI 多功能测量系统。LebVIEW 开发软件、PXI 机箱、示波器模块、组隔离多功能数采模块、高速多功能数采模块。

(3)实验步骤

1)调整好基准面,确保 82 mm 和 98 mm 的标准棒均能被检测,依次对 82 mm、83.5 mm、84 mm、84.5 mm、86 mm 和 98 mm 标准棒进行测试,按顺序记录标准长度值 L_i 和各点输出值 y_i;

2)以正、反两个行程为一个循环,共测量 3 个循环。

(4)数据处理方法

对于直接以数字信号输出的传感器,其技术指标包括基本误差、回程误差和重复性,将上述技术指标引入测量系统,对测量系统的计量特性进行研究。

根据 3 个循环的测量结果,采用最小二乘法计算参比直线方程,如式(6-20)所示,斜率 K 和截距 Y_0 的计算公式如式(6-21)和式(6-22)所示。

$$Y_i = Y_0 + KL_i \tag{6-20}$$

$$K = \frac{\sum_{i=1}^{6}\sum_{j=1}^{6} L_{ij} y_{ij} - \bar{L}\sum_{i=1}^{6}\sum_{j=1}^{6} y_{ij}}{\sum_{i=1}^{6}\sum_{j=1}^{6} L_{ij}^2 - \bar{L}\sum_{i=1}^{6}\sum_{j=1}^{6} L_{ij}} \tag{6-21}$$

$$Y_0 = \frac{\bar{y}\sum_{i=1}^{6}\sum_{j=1}^{6} L_{ij}^2 - \bar{L}\sum_{i=1}^{6}\sum_{j=1}^{6} L_{ij} y_{ij}}{\sum_{i=1}^{6}\sum_{j=1}^{6} L_{ij}^2 - \bar{L}\sum_{i=1}^{6}\sum_{j=1}^{6} L_{ij}} \tag{6-22}$$

式中:Y_i——测微仪在第 i 个测试点输出量的拟合值;

Y_0——参比直线的截距;

K——参比直线的斜率;

y_{ij}——测微仪在第 j 次行程中第 i 个测试点的输出值;

$\bar{y}$——测微仪各测试点输出平均值;

L_{ij}——测微仪在第 j 次行程中第 i 个测试点的输入值;

$\bar{L}$——测微仪各测试点输入平均值;

i——第 i 个测试点,$i=1,2,\cdots,6$；

j——第 j 次测量行程次序数,$j=1,2,\cdots,6$。

1) 基本误差。根据参比直线求出第 i 个测试点的拟合输出值 Y_i，按式(6-23)计算第 j 次行程中第 i 个点的误差 δ_{ij}，取 3 个循环正、反行程中绝对值最大的作为第 i 个点的误差，取各 i 点中绝对值的最大值作为基本误差，见式(6-24)。

$$\delta_{ij} = \frac{y_{ij} - Y_i}{Y_{FS}} \times 100\% \tag{6-23}$$

$$Y_{FS} = Y_M - Y_N \tag{6-24}$$

式中：Y_M——长度至上限时 3 个循环正反行程输出量的平均值；

Y_N——长度至下限时 3 个循环正反行程输出量的平均值。

2) 线性度。根据参比直线求出第 i 个测试点的拟合输出值 Y_i，按式(6-25)计算各测试点的偏差 l_i，取各 i 点中绝对值最大的作为线性度测量结果。

$$l_i = \frac{\bar{y_i} - Y_i}{Y_{FS}} \times 100\% \tag{6-25}$$

式中：$\bar{y_i}$——测微仪在第 i 个测试点 3 个循环正反行程输出量的平均值。

3) 回程误差。根据式(6-26)计算各测试点的回程差 h_i，取各 i 点中最大的作为回程误差测量结果。

$$h_i = \frac{\bar{g_i} - \bar{b_i}}{Y_{FS}} \times 100\% \tag{6-26}$$

式中：$\bar{g_i}$——测微仪在第 i 个测试点 3 个循环正行程输出量的平均值；

$\bar{b_i}$——测微仪在第 i 个测试点 3 个循环反行程输出量的平均值。

4) 重复性。根据 3 个循环的测量数据，由正、反同向行程在第 i 个测试点 3 次测量输出值，求出同向行程中相互间的最大差值，取各点同向行程中最大的为 Δ_i，按式(6-27)计算重复性。

$$r_i = \frac{0.61\Delta_i}{Y_{FS}} \times 100\% \tag{6-27}$$

(5) 实验数据

各测量系统的测试数据如表 6-51~表 6-54 所示，技术指标如表 6-55 所示。

表 6-51 仪器 A 测量系统测试数据

第 1 循环	标准值/mm	81.997	83.499	84.001	84.498	86.001	98
	输出值	1896	2443	2644	2830	3402	7974
	标准值/mm	81.997	83.499	84.001	84.498	86.001	98
	输出值	1882	2440	2644	2841	3409	7974

续表 6-51

第2循环	标准值/mm	81.997	83.499	84.001	84.498	86.001	98
	输出值	1885	2452	2642	2830	3409	7976
	标准值/mm	81.997	83.499	84.001	84.498	86.001	98
	输出值	1886	2440	2641	2830	3409	7976
第3循环	标准值/mm	81.997	83.499	84.001	84.498	86.001	98
	输出值	1886	2452	2641	2830	3410	7973
	标准值/mm	81.997	83.499	84.001	84.498	86.001	98
	输出值	1874	2443	2641	2830	3413	7972
参比直线方程		\multicolumn{6}{c}{$Y=380.8193 \times L - 29346$}
$\delta_{ij\max}$		\multicolumn{6}{c}{0.20%}
l_i		\multicolumn{6}{c}{0.115%}
h_i		0.08%	0.29%	0.04%	0.02%	-0.11%	0.00%
r_i		0.14%	0.13%	0.01%	-0.06%	-0.05%	0.01%

表 6-52 仪器 B 测量系统测试数据

第1循环	标准值/mm	81.997	83.499	84.001	84.498	86.001	98
	输出值/mm	81.96	83.47	83.96	84.48	85.97	97.98
	标准值/mm	81.997	83.499	84.001	84.498	86.001	98
	输出值/mm	81.96	83.46	83.96	84.47	85.97	97.96
第2循环	标准值/mm	81.997	83.499	84.001	84.498	86.001	98
	输出值/mm	81.95	83.46	83.96	84.47	85.97	97.97
	标准值/mm	81.997	83.499	84.001	84.498	86.001	98
	输出值/mm	81.96	83.47	83.96	84.47	85.97	97.96
第3循环	标准值/mm	81.997	83.499	84.001	84.498	86.001	98
	输出值/mm	81.96	83.46	83.96	84.46	85.96	97.96
	标准值/mm	81.997	83.499	84.001	84.498	86.001	98
	输出值/mm	81.96	83.46	83.96	84.47	85.96	97.96
参比直线方程		\multicolumn{6}{c}{$Y=1.0001089 \times L - 0.04484$}
$\delta_{ij\max}$		\multicolumn{6}{c}{0.11%}
l_i		\multicolumn{6}{c}{0.048%}
h_i		-0.02%	0.00%	0.01%	-0.01%	0.00%	0.00%
r_i		-0.02%	0.00%	0.00%	0.00%	0.00%	0.06%

表6-53 仪器C测量系统测试数据

第1循环	标准值/mm	81.997	83.499	84.001	84.498	86.001	98
	输出值/mm	81.990	83.570	83.980	84.460	85.970	98.000
	标准值/mm	81.997	83.499	84.001	84.498	86.001	98
	输出值/mm	82.010	83.490	83.980	84.460	85.960	98.010
第2循环	标准值/mm	81.997	83.499	84.001	84.498	86.001	98
	输出值/mm	82.010	83.510	83.970	84.440	86.010	98.000
	标准值/mm	81.997	83.499	84.001	84.498	86.001	98
	输出值/mm	81.960	83.450	84.040	84.420	85.930	97.990
第3循环	标准值/mm	81.997	83.499	84.001	84.498	86.001	98
	输出值/mm	81.960	83.430	83.980	84.410	85.910	97.990
	标准值/mm	81.997	83.499	84.001	84.498	86.001	98
	输出值/mm	81.990	83.470	84.040	84.450	86.010	98.050
参比直线方程		\multicolumn{6}{c}{$Y = 1.00164149 \times L - 0.160484$}
$\delta_{ij\max}$		\multicolumn{6}{c}{0.59%}
l_i		\multicolumn{6}{c}{0.23%}
h_i		0.10%	−0.01%	−0.02%	0.04%	0.02%	−0.01%
r_i		0.00%	0.21%	−0.27%	−0.04%	−0.02%	−0.12%

表6-54 仪器D测量系统测试数据

第1循环	标准值/mm	81.997	83.499	84.001	84.498	86.001	98
	输出值	26.52473	25.02528	24.51965	24.0198	22.52758	10.51689
	标准值/mm	81.997	83.499	84.001	84.498	86.001	98
	输出值	26.5255	25.02688	24.5269	24.02249	22.5205	10.51358
第2循环	标准值/mm	81.997	83.499	84.001	84.498	86.001	98
	输出值	26.63785	25.13385	24.63405	24.13185	22.63545	10.62215
	标准值/mm	81.997	83.499	84.001	84.498	86.001	98
	输出值	26.6366	25.14265	24.63875	24.13685	22.63425	10.5991
第3循环	标准值/mm	81.997	83.499	84.001	84.498	86.001	98
	输出值	26.64825	25.14065	24.63965	24.13765	22.63745	10.62515
	标准值/mm	81.997	83.499	84.001	84.498	86.001	98
	输出值	26.645	25.13085	24.63145	24.13785	22.63855	10.61458

续表6-54

参比直线方程	$Y=-1.00116\times L+108.696$					
$\delta_{ij\max}$	0.27%					
l_i	0.022%					
h_i	0.01%	0.00%	0.00%	0.01%	−0.02%	−0.08%
r_i	−0.01%	0.00%	0.01%	0.02%	−0.01%	0.09%

表6-55 各测量系统的技术指标

项目	技术指标			
	测量系统A	测量系统B	测量系统C	测量系统D
基本误差	0.20%	0.11%	0.59%	0.27%
线性度	0.115%	0.048%	0.23%	0.022%
回程误差	0.29%	0.06%	−0.27%	−0.08%
重复性	0.14%	0.08%	0.38%	0.09%

(6)小结

1)测量系统的误差主要包含检测传感器精度和基准面的基本误差。各检测传感器的精度一般在3 μm水平,但此次测量系统最小的基本误差也不小于0.11%,远大于检测传感器精度。因此基准面的基本误差占主要因素。

2)四台仪器的基本误差C和D比A和B略大一些,主要是因为仪器C和D的基准面是手动调节的,只是用螺母固定,而仪器A和B的基准面是机械调节。由此可以得出结论:手动调节的基准面比自动调节的误差大。

6.4.5.3 测头结构研究

对各仪器的测头结构进行研究,测绘各仪器测头结构及尺寸,在保证烟支上端部位于检测接收段的中部时,设定或调整挡位和挡板,其中仪器D同时要兼顾能大致测量常规84 mm烟支中部圆周,结果如表6-56所示。

表6-56 各仪器测头结构及尺寸

仪器	仪器A	仪器B	仪器C	仪器D
夹持方式	机械夹持	负压吸附	负压吸附	负压吸附
试样旋转通道尺寸	—	10.5 mm	—	9.3 mm
产生的最大偏心距离	—	2.55 mm	—	0.75 mm
负压孔数量	—	2	4	4
检测器接收与发射装置距离	40 mm	31 mm	94 mm	120 mm
限位器数量/可调	4	4	可调	可调
挡位调节方式	电机	气缸	手动	手动

(1) 试样夹持方式研究

目前在用的长度检测设备的夹持方式分为负压吸附和夹持器夹持两种。其中仪器 A 采用的是夹持器夹持试样,电机控制夹持器并带动试样旋转 360°;仪器 B、C、D 都采用负压吸附试样,电机控制负压吸附腔体并带动试样旋转 360°。

各仪器的测头结构和试样测量过程中被吸附的俯视图如图 6-80 ~ 图 6-87 所示。

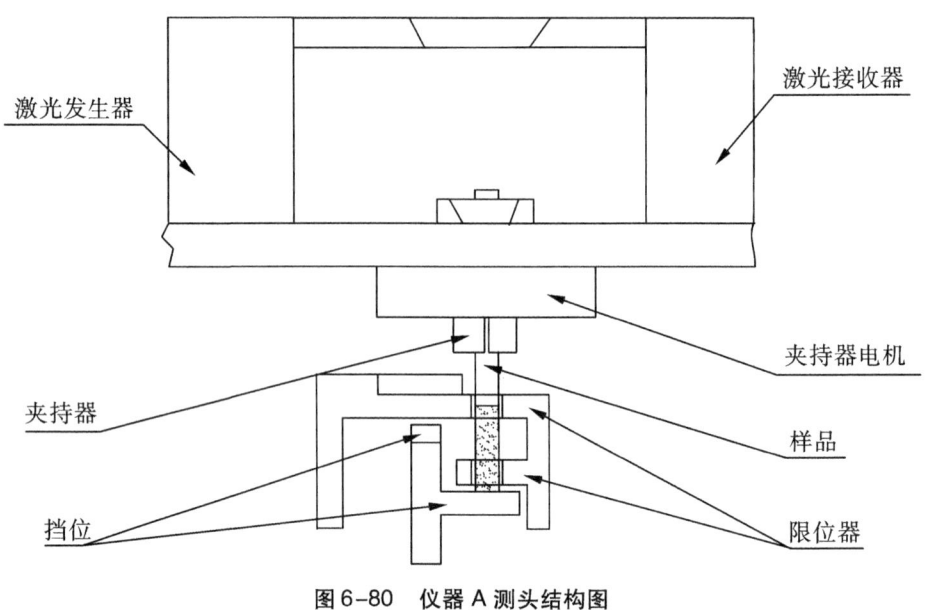

图 6-80 仪器 A 测头结构图

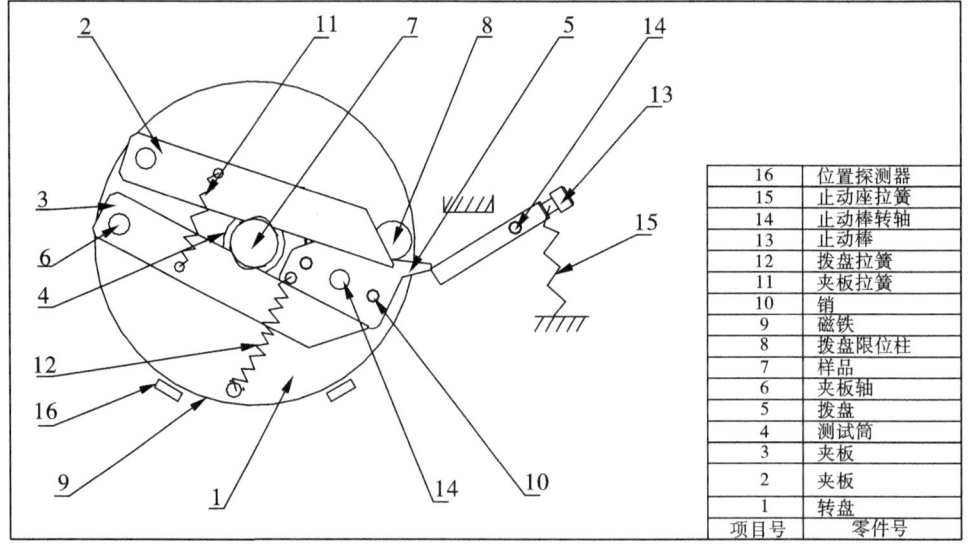

图 6-81 仪器 A 测头俯视图

仪器 A 可以用于对卷烟、滤嘴棒等轻质、易变形的物体的直径、圆周、长度等测量,其优点是造成被测量试样的变形小、能实现被测试样在测量状态下旋转 180°、360° 及其他任意准确角度,同时产生的偏心运动可以忽略。

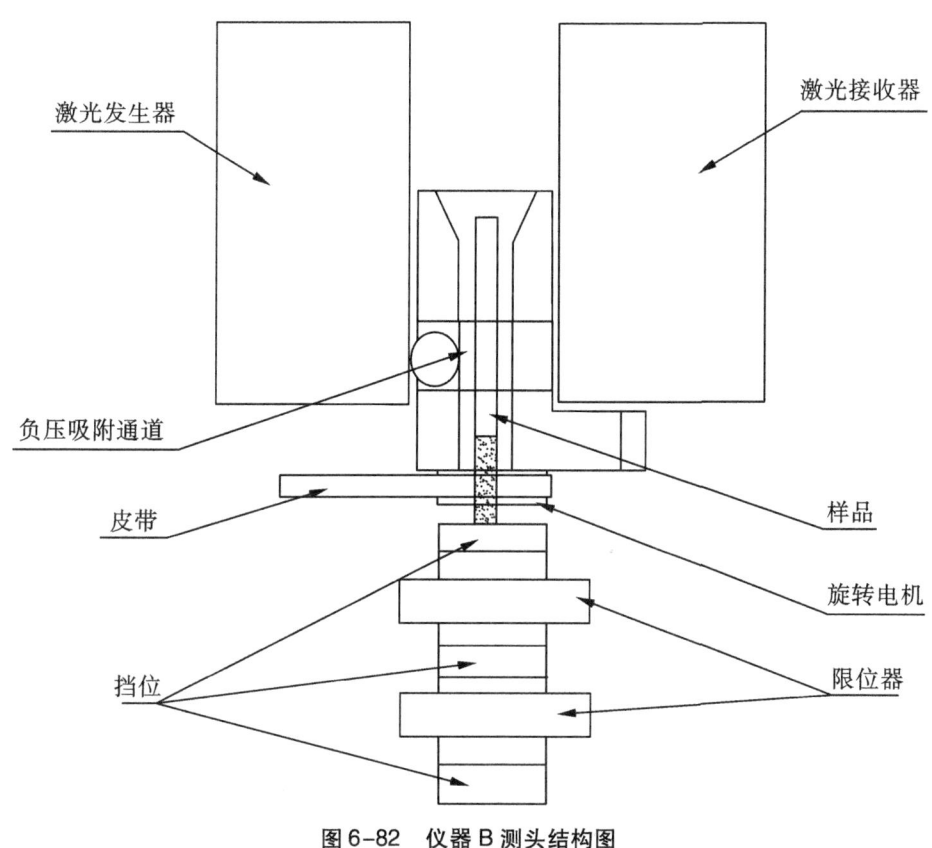

图 6-82 仪器 B 测头结构图

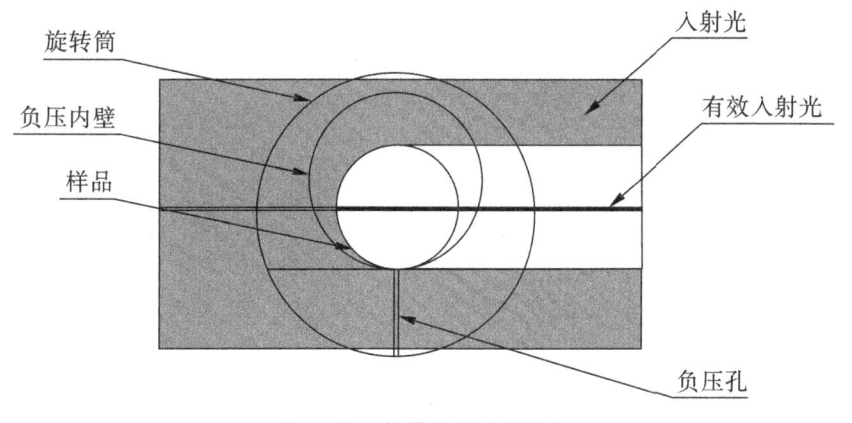

图 6-83 仪器 B 测头俯视图

仪器 B 的负压内壁相对于旋转筒而言非同心圆环，而是有一定的偏心，因此根据试样的半径可以对试样中心与旋转中心的偏心距离进行适当的修正。

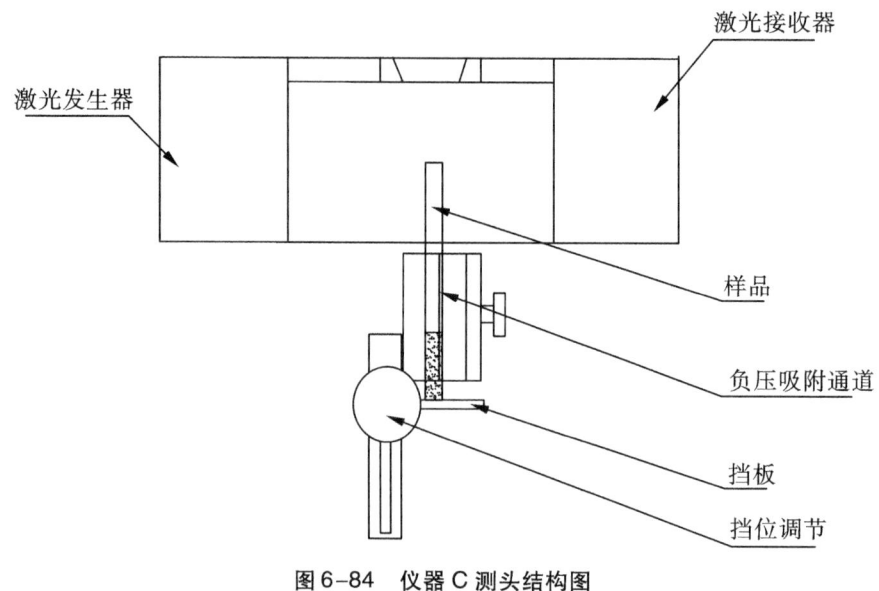

图 6-84　仪器 C 测头结构图

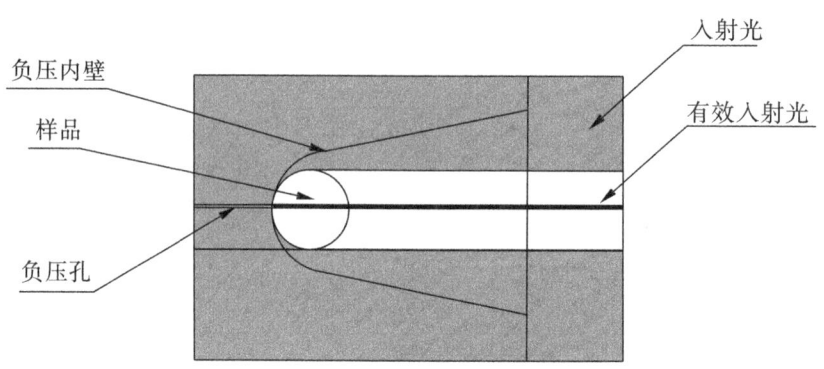

图 6-85　仪器 C 测头俯视图

仪器 C 测量不旋转，其负压内壁非圆环形，根据负压孔的位置，试样测量时被吸附到曲径最小的左侧，这样能保证试样在测量过程中尽可能保持在同一个位置。

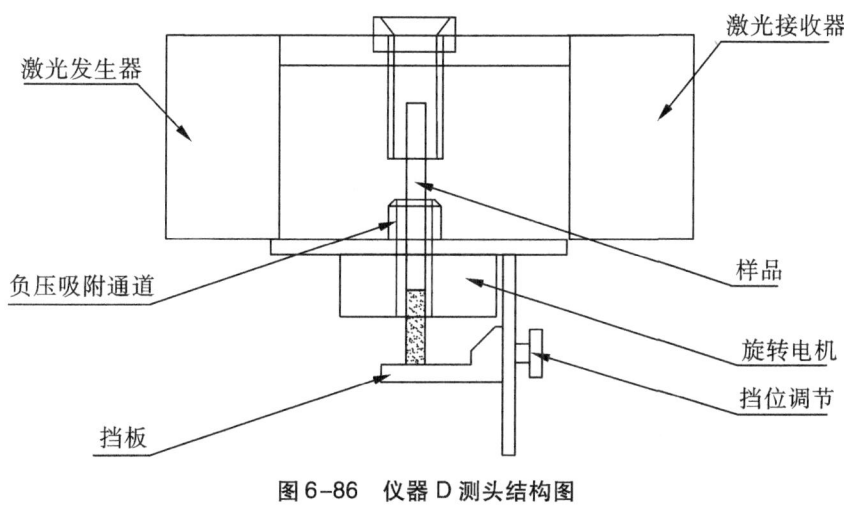

图 6-86　仪器 D 测头结构图

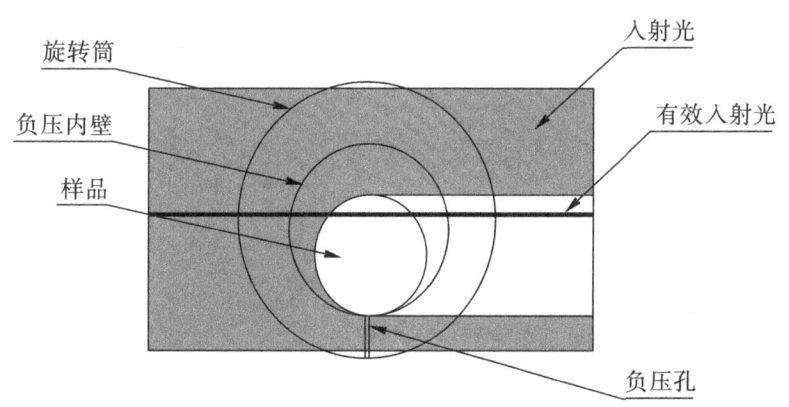

图 6-87　仪器 D 测头俯视图

仪器 D 的负压内壁与旋转筒属于同心圆环。根据试样的半径大小,当试样测量时试样中心和旋转中心会产生一定的偏心运动。偏心运动的大小由负压内壁的直径和试样直径决定。

综合测试台上长度单元一般位于质量、圆周检测之后,吸阻、通风度和硬度之前,对于夹持器夹持方式的长度检测设备,需要确认经过夹持器夹持后试样是否发生形变并导致试样的吸阻、通风和硬度发生变化;对于负压吸附夹持方式的长度检测设备,需要确认各仪器负压或压缩空气是否对长度的测量产生影响。

对于仪器 A,取一包试样并对试样进行编号 1～20,首先测量 1～10 的吸阻、通风度和硬度,然后将 11～20 的试样经过长度检测单元检测后,再次测量吸阻、通风度和硬度,测量结果如表 6-57 所示。

表6-57 夹持器夹持前后试样吸阻、通风度、硬度测量数据

长度检测前				长度检测后			
序号	吸阻/Pa	通风度/%	硬度/%	序号	吸阻/Pa	通风度/%	硬度/%
1	1058	11.53	70.79	11	1042	10.13	72.82
2	1026	8.29	74.62	12	1005	8.11	77.1
3	1061	9.2	77.24	13	1042	8.19	72.97
4	993	8.59	71.02	14	1026	8.99	75.68
5	1048	8.42	74.57	15	1013	7.66	75.19
6	1029	8.68	75.09	16	1006	9.58	71.67
7	992	9.36	73.95	17	1051	9.37	79.53
8	1041	9.61	69.97	18	1032	9.07	71.62
9	1029	9.71	78.58	19	988	7.7	72.42
10	977	8.66	72.77	20	1008	8.97	69.86
均值	1026	9.21	73.86	均值	1021	8.78	73.89

由表6-57可见，经过仪器A夹持后，对吸阻、通风度和硬度无明显影响，因此夹持器夹持方式可适用于长度测量。

经过调研，各仪器负压或压空情况如表6-58所示。

表6-58 各仪器负压或压空情况

仪器	负压或压空	作用	大小	是否可调	是否影响测量
仪器A	无	—	—	—	—
仪器B	负压	吸附试样	−40 kPa	—	是
	压空	排出试样	—	—	否
	压空	驱动气缸选择测量挡位	—	—	否
仪器C	负压	吸附试样	−49 kPa	—	是
	压空	排出试样	—	—	否
仪器D	负压	吸附试样	−83.7 kPa	可调	是
	压空	排出试样	—	—	否

负压的作用主要是吸附试样并随着负压壁一起旋转，但不能改变试样形状。如果负压过大，会造成试样部分形变；如果负压过小，就不能确保试样随着负压腔体旋转。项目组调整仪器D的负压，并测量不同负压下同一支试样的长度值。测量数据如表6-59所示。

6 卷烟和滤棒物理性能综合测试台通用技术条件研究

表6-59 不同负压下仪器D烟支测量值　　　　　　　　　　　　　单位:mm

负压大小	测量1	测量2	测量3	测量4	测量5
−83.7 kPa	84.274	84.277	84.269	84.270	84.273
−40 kPa	84.272	84.264	84.273	84.268	84.275
−10 kPa	84.273	84.268	84.271	84.274	84.270
−1 kPa	84.280	84.271	84.276	84.273	84.285

根据表6-59所示,负压对长度测量不会产生影响。虽然−1 kPa也能吸附试样,但不代表−1 kPa负压合适所有的仪器。所有仪器最小负压值应由试样旋转的速度、负压孔的大小、试样和负压壁的直径共同决定。

(2)负压引起的基准面变化

由于仪器检测器的接收范围较小,基准面通常不在测量范围内。标准棒校准时和试样测量时挡位是固定不变的,如果校准和测量的基准面发生变化,可能会影响测量结果。

由于标准棒较重,放下去基本上落在挡位上,而试样较轻,当试样通过自由落体掉落到挡板上时可能被弹起,此时负压吸附或通过夹持悬空旋转一周,因此试样的校准和标准棒的校准的基准面可能发生了变化。

经过观察,发现仪器B的长度无论是在标准棒校准时还是试样测量时的测量现象均包括以下过程:试样或标准棒落到挡位上,产生负压吸附并吸附试样,挡位往上提升一小段距离,在负压带动下进行旋转。而其他仪器没有相应的动作。所有仪器测量和校准设置如表6-60所示。

表6-60 所有仪器测量和校验设置

仪器	仪器A	仪器B	仪器C	仪器D
标准棒校准(验)时是否旋转	否	是	否	否
校准(验)时是否吸附	—	是	是	是
试样重复性测量是否旋转	否	是	否	否
重复性测量是否吸附	是	是	否	是
挡位是否向上提升	否	是	否	否

项目组针对试样被吸附后是否会被负压或夹接器提高一段距离进行了验证,并确认负压可能导致校准和测量过程的基准面发生变化。实验装置有NI视觉系统、可调背景光源、1 mm厚度片和游标卡尺。实验试样:84 mm卷烟样,质量约0.9 g;100 mm滤棒,质量约0.6 g;84 mm标准棒,质量约35 g。首先将试样或标准棒放在基准面上,固定背影光源,调整NI视觉系统的照相机的高度,使得相机焦点和基准挡位位于同一平面上,通过调整视觉系统相机垫圈厚度使焦点位于试样下端部位置,最后调整曝光率和背景光源强度,确保边界清晰可辨。

1）仪器 A 标准棒和试样

仪器 A 在测量过程中先逆时针关闭夹持器，然后反方向旋转 90°左右，打开夹持器调整试样，再次关闭夹持器后，逆时钟旋转一周，虽然试样底部未完全离开基准面，但旋转过程中会出现试样偏摆运动。图 6-88 为仪器 A 试样旋转时测量过程。标准棒和试样测量基本一致。

图 6-88　仪器 A 试样旋转时测量过程

2）仪器 B 滤棒

图 6-89 为试样吸附后 QTM 挡位提升前基准面变化。由图可知 QTM 仪器上试样吸附后产生了一段亮斑，而当挡位向上提升时，可适当缩小亮斑的宽度，说明试样较轻，容易被负压吸附且未落到基准面上，而是悬空在基准面上旋转一圈。图右侧为放置 1 mm 厚度片进行对比，1 mm 厚度对应为像素，而亮斑的变化为像素，因此基准面实际提高了 0.3 mm，对于 B 仪器而言，其试样标准棒校准和试样测试前都设置了挡位提升的功能，因此可以减少负压对试样基准面的影响。

图 6-89　仪器 B 试样吸附后挡位提升前基准面变化

3）仪器 B 标准棒

标准棒比试样重，如果只有较轻的上部被吸附时，标准棒与基准面将保持点接触，在测量过程中，标准棒做偏摆运动，因此校准和测量过程的基准面发生了变化。图 6-90 为标准棒被吸附后产生的偏摆运动。

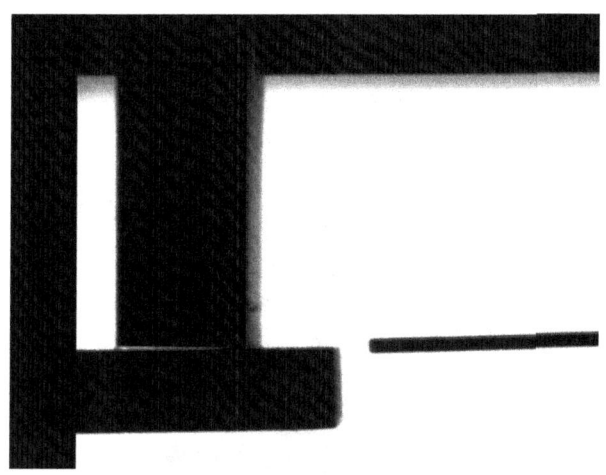

图 6-90　仪器 B 标准棒吸附后偏摆运动

4）仪器 C 烟支

仪器 C 在测量烟支时，烟支端朝下，由于烟支可能存在烟丝冒头的现象，当烟丝接触到挡位时卷烟纸并未接触到挡位，因此烟丝冒头采用烟支朝下可能比烟支朝上的测量结果略大；如果烟支端有空头现象，自由下落时容易造成卷烟纸变折，因此采用烟支朝下可能比烟支朝上的测量结果略小。图 6-91 为有烟丝出头的烟支朝下仪器 C 测量过程，但实验过程中，经常会有烟丝落在挡板上，因此经常需要清理挡板保证测量准确。测量过程中没有负压吸附，即使试样自由落体时存在倾斜状态，经过负压吸附过程调整后，在无负压的状态下

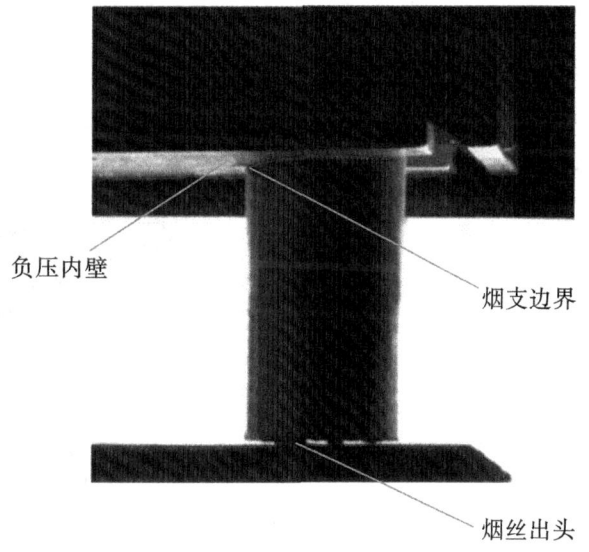

图 6-91　仪器 C 烟支测量过程

自由落在挡位上，也不会存在校准的基准面和测量基准面发生变化的现象。如果挡板平面与检测方向不平行，则试样中心线与检测不垂直，测量的长度应比实际长度大。

5)仪器 C 滤棒

仪器 C 在滤棒测量过程中没有吸附,即使试样自由落体时存在倾斜状态,经过负压吸附过程调整后,在无负压的状态下自由落在挡位上,不会存在校准的基准面和测量基准面发生变化的现象。但挡板平面与检测方向不平行时,同样会出现测量的长度比实际长度大的现象。图 6-92 为仪器 C 滤棒测量的过程。

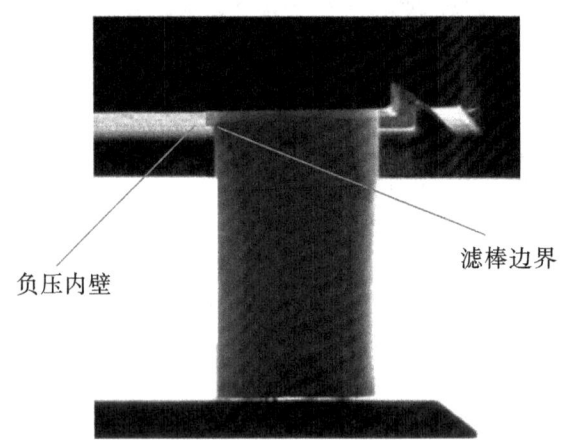

图 6-92　仪器 C 滤棒测量过程

6)仪器 C 标准棒

仪器 C 标准棒校准时负压是存在的,当标准棒自由落体并和负压孔内壁存在一定距离的时候,由于标准棒较重,下端面通常难以移动,校准过程中会负压吸附标准棒中上端,导致校准时标准棒的轴心与检测不垂直,可能存在测量值偏小的现象。图 6-93 为仪器 C 标准棒标定过程。

图 6-93　仪器 C 标准棒标定过程

结合仪器 C 校准测量结果偏小和测量过程烟支朝下时测量结果不确定的两种现象,同时仪器 C 测量时不旋转,受自由落体时搭口方向的影响,因此仪器 C 测量值与试样真实值的关系存在很大的不确定因素,该仪器测量方法和测量原理均需要修改。

7）仪器 D 试样

仪器 D 与仪器 B 相似,校准和重复性测试时都有负压吸附使试样旋转,因此也可能出现吸附的瞬间使试样抬高的现象,但由于其挡板是固定的,因此实际测量过程中其校准的基准面和测量基准面发生了变化。图 6-94 为仪器 D 试样吸附后旋转时的影像。

图 6-94　仪器 D 试样吸附后旋转时的影像

由以上分析可得出以下结论：

①仪器 A 在测量过程时先关闭夹持器,然后反方向旋转 90°左右,开夹持器调速试样,再次关闭夹持器后,再旋转一周,测量过程中试样底部未离开基准面。

②仪器 B 测量过程中为保证试样随着旋转的吸附有可能使试样的下端面未完全落到基准面上,但该仪器通过调整校准时刻和测量时刻的挡位,可消除负压吸附产生的校准时刻和测量时刻的基准面的变化。

③仪器 C 测量过程中没有负压吸附试样可以完全夹持时可以完全落在基准面上,校准过程中有负压吸附可能造成标准棒轴线与检测不垂直。

④仪器 D 测量过程中如果测量过程中没有负压吸附试样可以完全夹持时可以完全落在基准面上,但该仪器挡位固定无法消除负压产生的基准面的变化。

（3）挡位调节方式

由前述可知基准面的基本误差占主要因素。四台仪器中 A 和 B 的基准面是机械调节,而 C 和 D 的基准面是手动调节的,只是用柱头螺母紧固,标准棒自由落体时可能造成基准挡位的滑动。由于试样规格一般为 84 mm、100 mm 和 120 mm,不需要同时测量不同规格的试样,确保以上三种规格的试样在测量时试样上端部能落入检测范围内即可,建议在该规格下采用固定挡位。

（4）试样在旋转过程中处于完全光电检测区域

在测量细支试样的过程中,仪器 D 偶然会出现试样长度较小的现象,经与厂家确认后得知该细支烟测量时需更换相应的测头套件,更换测头前和测头后各测量 30 支试样,数据如表 6-61 所示。

表6-61 仪器D更换测头前和测头后测量的细支烟长度数据　　单位：mm

仪器D更换测头套件前					
84.126	84.124	84.120	84.109	84.084	84.123
84.114	84.119	84.105	84.098	84.084	84.113
75.109	84.148	80.105	84.104	84.084	70.119
84.106	84.147	84.130	84.107	84.084	84.105
84.109	84.128	84.104	76.104	84.084	84.124
仪器D更换测头套件后					
84.135	84.116	84.115	84.102	84.084	84.130
84.125	84.114	84.106	84.103	84.084	84.120
84.127	84.105	84.109	84.106	84.084	84.127
84.124	84.116	84.107	84.115	84.084	84.116
84.136	84.139	84.115	84.113	84.084	84.114

从表6-61测量结果看到,该支试样的长度值大约为84.10 mm,但仪器D重复测量30次中,有4次低于84 mm,但是试样烟支端口在包装过程中除有一定的压痕外其他并无异常。经过分析,发现由于烟支端口变形导致有效检测测量的长度并不是烟支的最上端,测量值是不准确的。主要原因是试样长度远大于有效检测宽度,如果试样在长度方向略有折弯现象,并伴随着过大的偏心运动,宜导致试样未完全处于光电检测区域内,此时该试样测量过程中俯视图和侧面图如图6-95和图6-96所示。

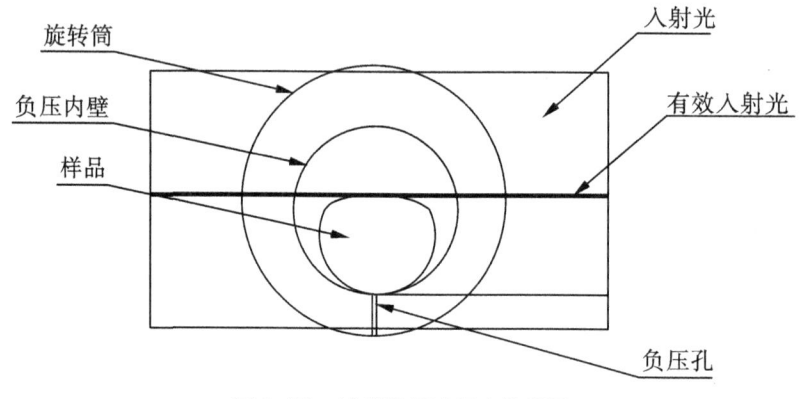

图6-95　试样测量过程中俯视图

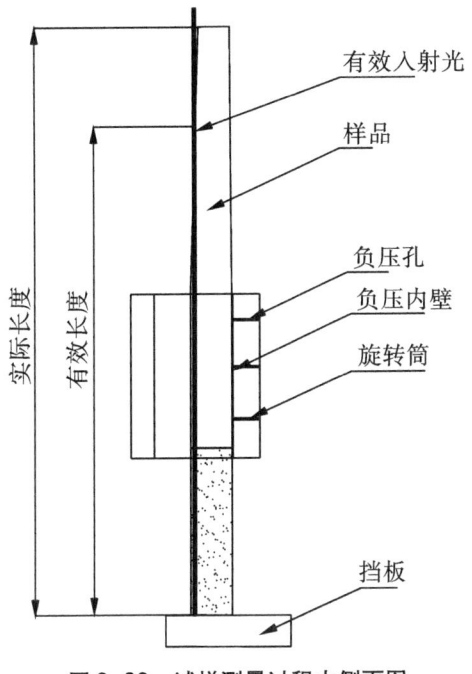

图 6-96 试样测量过程中侧面图

6.4.5.4 光强度研究

随着仪器的正常使用,光强度在测量过程中都有出现衰减。当光强度衰减到一定程度时,即使 CCD 能接收到光,也可能出现外界干扰严重导致接收能量太弱,从而影响测量结果的精度。由于仪器 C 和仪器 D 无电位器调节装置,本实验只能使用仪器 A 和仪器 B 通过调节电位器改变光强度并完成相关实验。

(1)实验目的

通过调节电位器的电压值改变光强度,研究不同的光强度对试样测量精度的影响。

(2)实验试样

长度标准棒一套。

(3)实验步骤

1)首先用标准棒对检测仪器进行标定,使用光能量计测量检测射出口的光强度。在该光强度下测量各标准棒的长度值,并记录数据。

2)调节电位器电压,然后用标准棒对检测仪器进行标定,再次测量光源射出口的光强度。在该光强度下测量各标准棒的长度值,并记录数据。

3)重复步骤2)直至光能量无法往下调节。

(4)实验数据

仪器 A 和仪器 B 的数据如表 6-62 和表 6-63 所示。

表6-62 仪器A在不同检测强度下标准棒测量值　　　　　单位:mm

长度	检测强度			
	1120 cd	890 cd	752 cd	639 cd
81.997	81.998	81.998	82.000	82.012
83.499	83.482	83.488	83.485	83.504
84.001	84.004	84.009	83.998	84.011
84.498	84.493	84.488	84.502	84.505
86.001	85.995	85.995	86.002	86.003
98	97.994	97.999	97.990	97.992
标准棒最大误差	0.017	0.011	0.014	0.015

仪器A的检测强度调整从正常测量的1120 cd至639 cd时,标准棒测量误差都在0.02 mm以内,可以认为测量结果不存在系统误差。同时检测器无法继续往下调整。

由于仪器B光源发射器被固定在发射端的某一位置,为保证后续实验,并未拆下光源发射器,但由于硬件位置受影响,测量时检测束并未完全正射入检测强度检测器,此时的检测强度测量值取该位置下测量的最大光强度,并不代表真实检测强度。

表6-63 仪器B在不同检测强度下标准棒测量值　　　　　单位:mm

长度	检测强度			
	195 cd	160 cd	130 cd	95 cd
81.997	82.008	82.000	82.005	82.008
83.499	83.488	83.483	83.514	83.518
84.001	83.999	84.012	84.007	83.989
84.498	84.519	84.512	84.515	84.511
86.001	85.995	86.002	86.009	85.995
98	98.009	98.010	98.009	98.012
标准棒最大误差	0.019	0.016	0.017	0.019

仪器B的检测强度调整从正常测量的195 cd至95 cd时,标准棒测量误差都在0.02 mm以内,可以认为测量结果不存在系统误差。电位调节器继续往下调整时,仪器显示试样不稳定,无法测量。

(5)小结

1)光强度对长度的测量无影响。

2)当仪器长时间使用导致检测强度变弱后,仪器采集的检测强度不够时将无法完成正常的校准或测量,因此会自动报错。

6.4.5.5 数据处理研究

经过查阅检测传感器的说明书,光电传感器分两个步骤处理长度数据:第一步,对测量数据进行移动平均,将移动平均的测量结果存于内部缓存中;第二步,将内部缓存中的数据取出根据不同的数据处理方法(峰值保留和均值保留)给出长度测量值。各仪器的中间过程测量值状态设置如表6-64所示。

表6-64 各仪器的中间过程测量值状态设置

仪器	仪器A	仪器B	仪器C	仪器D
移动平均	是	是	—	是
移动平均数据周期	16	1	—	512
移动平均数据周期是否可调	是	否	—	是
数据处理方法	均值保留	均值保留	—	最大值保留
数据处理方法是否可调	是	否	—	是

(1)移动平均周期

将检测控制器的移动平均数据周期分别设置了1和512时,采集过程测量数据,如图6-97所示,可知移动平均相当于低通滤波,对原序列有修匀或平滑的作用,使得原序列的上下波动被削弱了,而且平均的时距项数 N 越大,对数列的修匀作用越强。加大移动平均法的周期(即加大 N 值)会使平滑波动效果更好,但会使预测值对数据实际变动更不敏感。

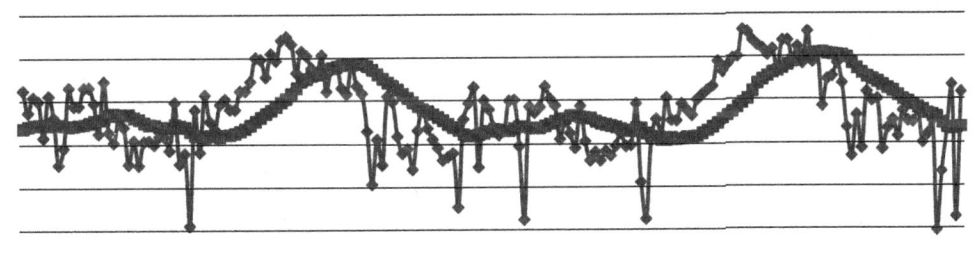

——移动周期1 ——移动周期512

图6-97 移动周期分别为1和512的过程测量数据

该检测传感器采用移动平均作为中间过程测量值。移动平均数值项的数据以及平均测量数目决定的目标更新周期如表6-65所示。目前在用的仪器设计的移动平均周期不一致,需要研究移动平均周期对长度测量的影响。

表6-65 不同移动平均周期下的运动数据数目及周期

移动平均数	1	2	4	8	16	32	64	128	256	512	1024	2048	4096
平均时间/ms	0.42	0.83	1.67	3.33	6.67	13.33	26.67	53.33	106.67	213.33	426.67	853.33	1706.67
运动数据量	1	2	2	2	2	2	2	2	4	8	16	32	64
更新周期/ms	0.42	0.83	0.83	0.83	0.83	0.83	0.83	0.83	1.67	3.33	6.67	13.33	26.67

如果移动平均数周期为8时,检测器会输出如图6-98所示的数据。

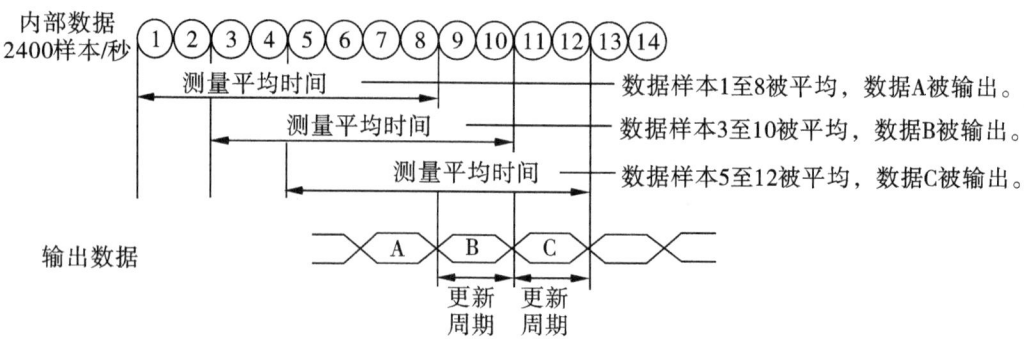

图6-98 移动平均数周期为8时检测器输出数据

将图6-98的试样测量值进行移动平均的理论计算,分别计算移动平均周期为512、256、64、16和1的长度均值和多点测量数据量,结果如表6-66所示。

表6-66 不同移动平均周期的长度均值理论计算

移动平均周期	512	256	64	16	1
长度均值/mm	99.958	99.958	99.958	99.958	99.958
多点测量数据量	185	370	740	740	1480

由表6-66可知,不同移动平均周期下的长度理论均值一致,因此移动平均周期对长度测量无影响,根据GB/T 22838.2—2009《卷烟和滤棒物理性能的测定 第2部分:长度 光电法》的规定:对试样端部实施多点测量,能对每个测量点数据进行统计,以算术平均值给出试样长度值,移动平均周期应设置为1。

(2)数据处理方法

三种常见数据处理模式分别是最小值保留,最大值保留和均值保留。其中,最小值保留(谷值保留)适宜测量每次旋转的最小值;最大值保留(峰值保留)适宜测量每次旋转的最大值;均值保留适宜指定周期内平均值的测量。

项目组随机在一类烟、二类烟和三类烟里各取5支烟支,分别在均值保留和峰值保留设置下测量长度。各试样测量均值结果如表6-67所示,各试样均值保留和峰值保留测量数据如图6-99~图6-101所示。

表6-67 随机起点正常烟支在不同移动平均设置下的测量结果　　单位:mm

长度测量		均值保留			峰值保留		
		一类烟	二类烟	三类烟	一类烟	二类烟	三类烟
试样1	测量1	84.071	83.874	84.000	83.957	83.834	83.959
	测量2	84.098	83.908	84.009	83.974	83.814	83.974
	测量3	84.110	83.911	83.996	83.972	83.833	83.973
	测量4	84.091	83.914	83.988	83.982	83.840	83.960
	测量5	84.091	83.901	83.990	83.970	83.851	83.958
	平均值	84.092	83.902	83.997	83.971	83.834	83.965
试样2	测量1	83.845	83.695	84.149	83.780	83.714	84.076
	测量2	83.857	83.703	84.163	83.773	83.725	84.106
	测量3	83.839	83.719	84.163	83.765	83.716	84.098
	测量4	83.837	83.713	84.157	83.770	83.705	84.091
	测量5	83.843	83.704	84.151	83.765	83.685	84.088
	平均值	83.844	83.707	84.157	83.771	83.709	84.092
试样3	测量1	83.875	83.780	84.219	83.765	83.729	84.161
	测量2	83.900	83.788	84.229	83.751	83.740	84.168
	测量3	83.889	83.796	84.220	83.755	83.724	84.162
	测量4	83.890	83.805	84.223	83.741	83.716	84.159
	测量5	83.887	83.764	84.222	83.746	83.699	84.170
	平均值	83.888	83.787	84.223	83.752	83.722	84.164
试样4	测量1	84.070	83.708	83.907	84.001	83.666	83.914
	测量2	84.072	83.709	83.914	83.979	83.682	83.888
	测量3	84.060	83.708	83.913	83.978	83.684	83.880
	测量4	84.055	83.706	83.915	83.971	83.683	83.881
	测量5	84.056	83.695	83.916	83.972	83.694	83.883
	平均值	84.063	83.705	83.913	83.980	83.682	83.889
试样5	测量1	84.078	83.873	83.903	83.976	83.838	83.840
	测量2	84.114	83.869	83.904	83.996	83.818	83.835
	测量3	84.088	83.862	83.901	83.992	83.819	83.828
	测量4	84.104	83.849	83.906	83.985	83.845	83.833
	测量5	84.090	83.850	83.920	83.973	83.843	83.830
	平均值	84.095	83.861	83.907	83.984	83.833	83.833

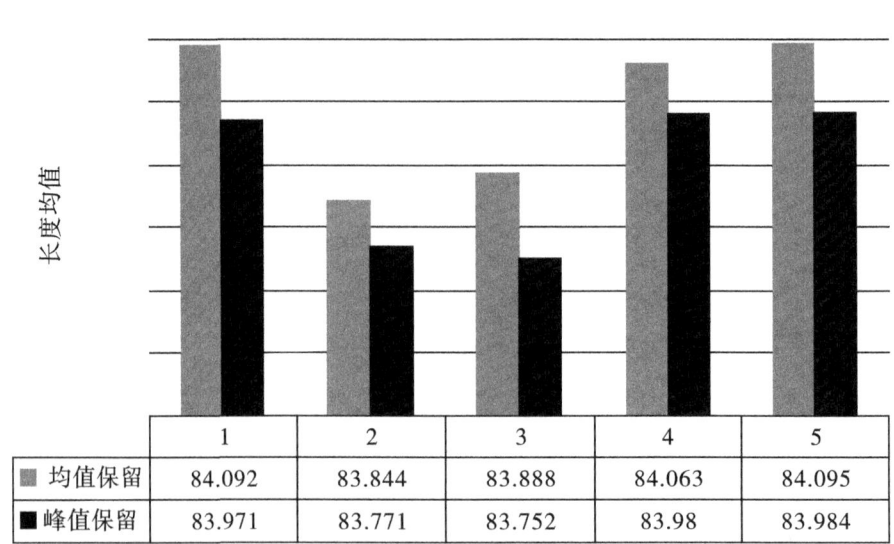

图6-99 一类烟各试样均值保留和峰值保留测量数据(单位:mm)

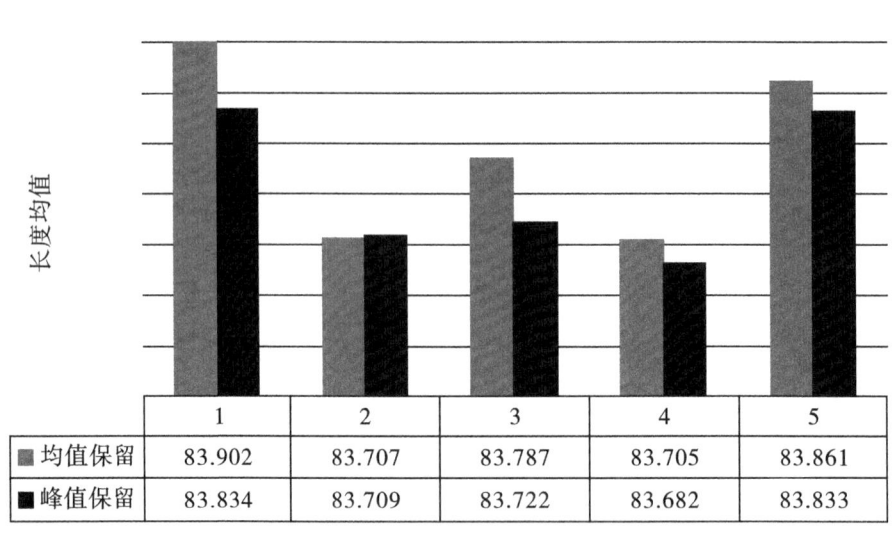

图6-100 二类烟各试样均值保留和峰值保留测量数据(单位:mm)

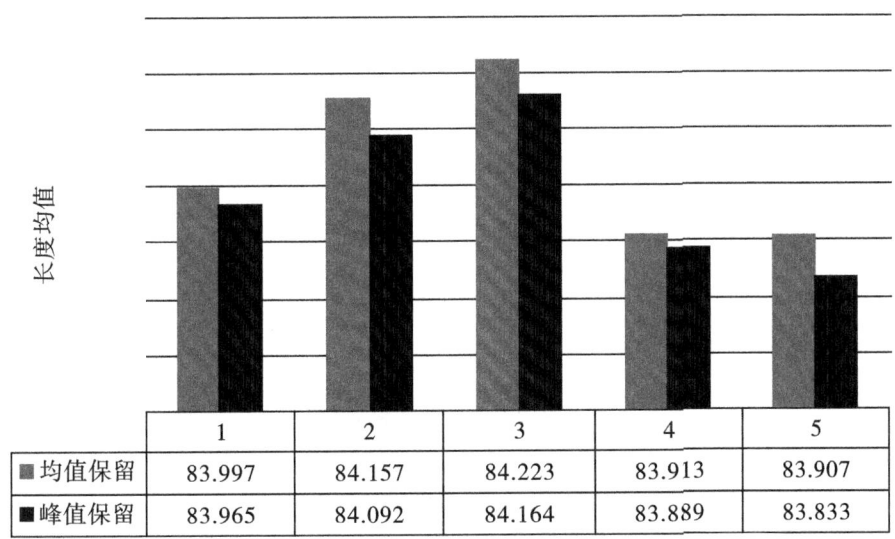

图6-101　三类烟各试样均值保留和峰值保留测量数据(单位:mm)

由图6-99～图6-101可知,基本上试样采用均值保留的测量结果都大于峰值保留的,这是因为仪器D检测测量的是被试样挡住后漏过的检测束宽度,因此峰值保留的是检测束宽度的最大值,即试样的最小值,因此峰值保留的测量值小于均值保留的测量值。

根据GB/T 22838.2—2009《卷烟和滤棒物理性能的测定　第2部分:长度　光电法》的规定,对试样端部实施多点测量,能对每个测量点数据进行统计,以算术平均值给出试样长度值,因此仪器D采用最小值保留不符合烟支和滤棒长度的定义,应调整为均值保留的数据处理方法。

6.4.5.6　旋转角度研究

GB/T 22838.2—2009《卷烟和滤棒物理性能的测定　第2部分:长度　光电法》规定,对试样端部实施多点测值,通常长度测量仪器均采用试样旋转并保持检测器不变,各检测仪器旋转原理、方式和旋转角度的说明如表6-68所示。

表6-68　各检测仪器旋转原理、方式和旋转角度

仪器	仪器A	仪器B	仪器C	仪器D
旋转方式	夹持旋转	负压吸附旋转	—	负压吸附旋转
角度控制原理	步进电机	步进电机	—	光电检测
旋转角度/(°)	360	360	—	360

试样测量过程如图6-102所示。根据两个最高点(一个周期)内的数据量可知旋转一周长度过程测量数据为1480个。由于试样落下的位置是随机的,假定检测测量的起点分别为最高点A,最低点C和A、C数据样本量的中点B时,各统计旋转180°(740个数

据量)和360°(1480个数据量)的长度均值。统计值如表6-69所示。

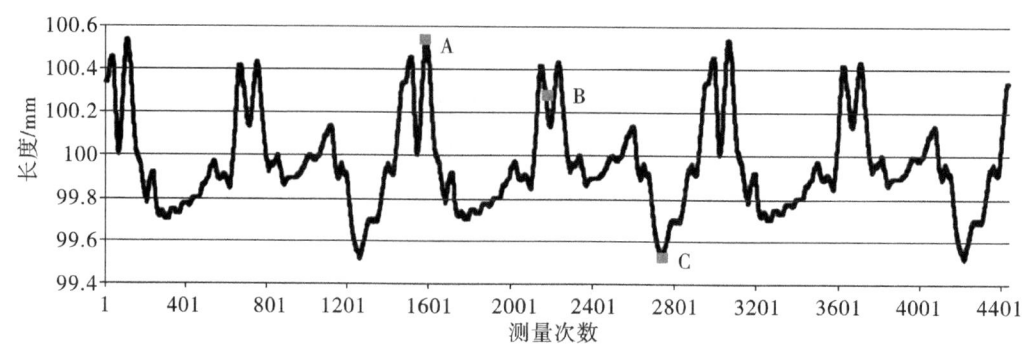

图6-102 试样测量过程

表6-69 不同起点下长度均值统计　　　　　　　单位:mm

起点	旋转180°			旋转360°		
	均值	最大值	最小值	均值	最大值	最小值
A	99.962	100.539	99.701	99.962	100.539	99.517
B	99.933	100.434	99.517	99.960	100.539	99.517
C	99.923	100.539	99.530	99.955	100.539	99.517

由表6-69可知,旋转360°时,最大值和最小值都保持不变,说明试样的最值都能被光电测微仪采集到,而且均值的最大极差为0.007 mm;旋转180°时,A、B、C的最值不一样,均值的最大极差为0.039 mm。因此旋转360°时各起点测量的长度均值更接近。

6.4.5.7 多点测量研究

(1)实验目的

通过调整样品旋转转速和上位机应答周期,采集连续旋转过程中的所有电信号数据,计算一个测量周期下长度过程数据的样品量,并研究长度过程数据样品量对长度测量的影响。

(2)实验样品

由于特制实验平台的基准成上固定,而烟支和滤棒的上端面超出激光接受范围,因此未使用卷烟和滤棒样品作为本实验对象,而是采用一支端面较平整的圆周标准棒作为实验对象。

(3)实验步骤

1)固化样品旋转周期,设定串口上位机的应答数据周期为5 ms,采集长度过程数据,重复采集10次,计算每一个测量周期的样本量。

2)分别设置串口上位机的应答数据周期为10 ms、15 ms、30 ms、40 ms,重复步骤1)。

（4）实验数据

图 6-103～图 6-107 分别为应答周期是 5 ms、10 ms、15 ms、30 ms、40 ms 时的激光宽度采集瞬时值。

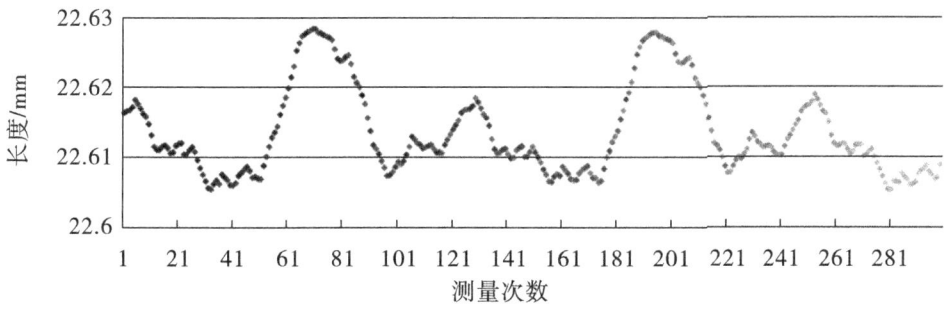

图 6-103　应答周期是 5 ms 的激光宽度采集瞬时值

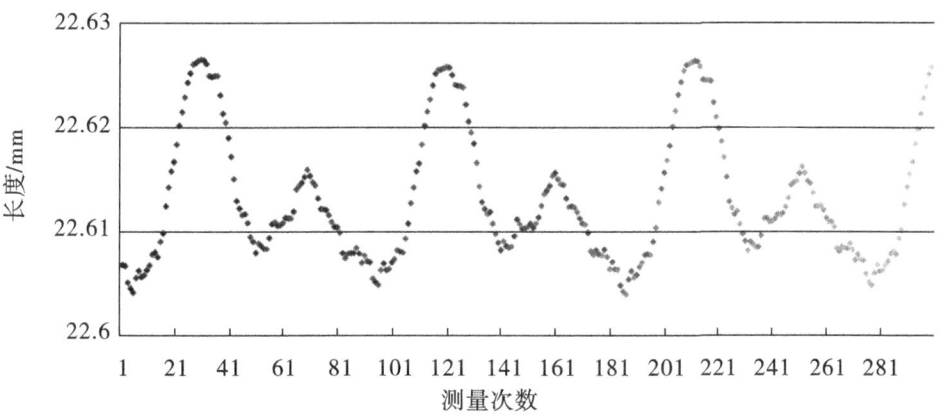

图 6-104　应答周期是 10 ms 的激光宽度采集瞬时值

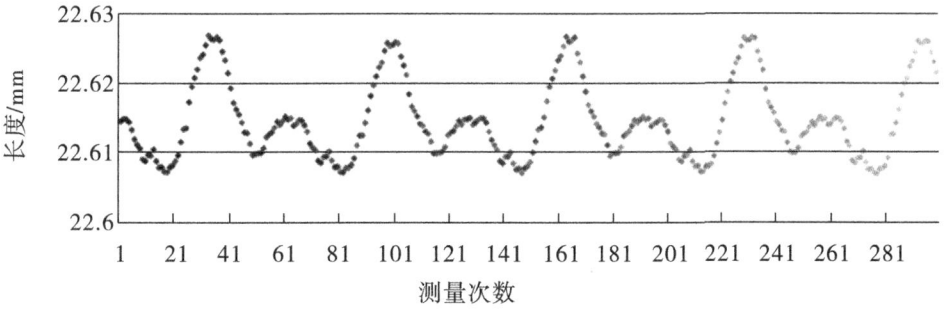

图 6-105　应答周期是 15 ms 的激光宽度采集瞬时值

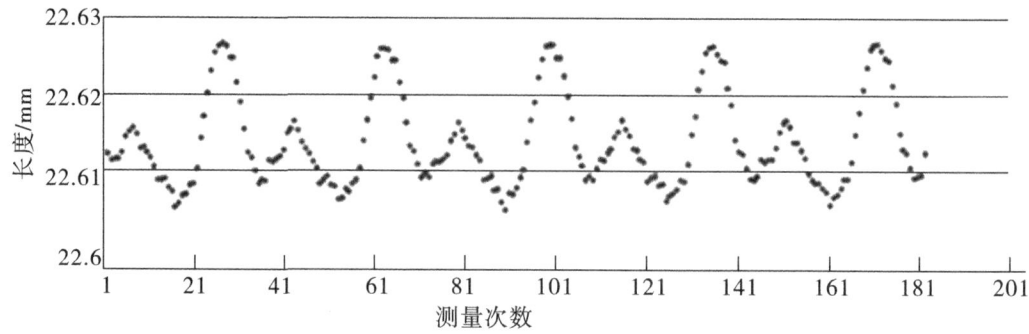

图 6-106　应答周期是 30 ms 的激光宽度采集瞬时值

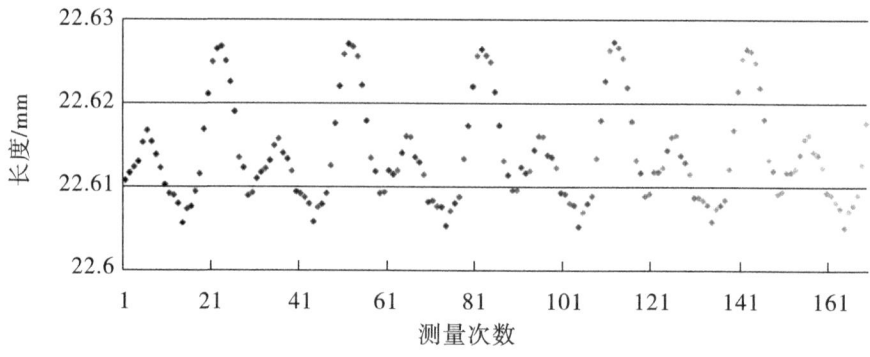

图 6-107　应答周期是 40 ms 的激光宽度采集瞬时值

由图 6-103～图 6-107 可明显看出,从 5 ms 到 40 ms,每个周期的样本点越来越稀疏,不同应答数据发送频率下一个周期内长度过程数据样本量趋势如图 6-108 所示。

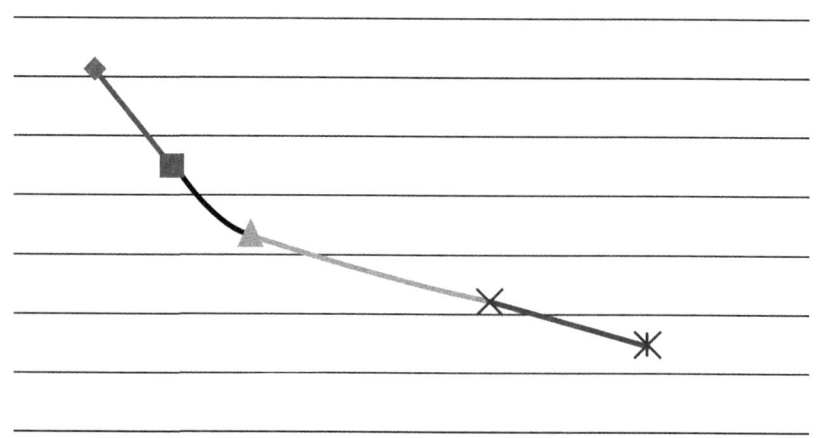

图 6-108　不同应答发送频率下一个周期内长度过程数据样本量趋势

由图 6-108 可知,样品转速固化后,应答数据发送周期越小,一个周期内长度过程数据样本量越大,其变化随着应答数据发送周期越来越平缓,长度均值汇总表如表6-70所示。

表6-70 不同应答发送频率下一个周期内长度均值汇总 单位:mm

序号	应答周期				
	5 ms	10 ms	15 ms	30 ms	40 ms
1	22.6140	22.6125	22.6149	22.6138	22.6143
2	22.6139	22.6131	22.6149	22.6138	22.6140
3	22.6145	22.6125	22.6149	22.6139	22.6139
4	22.6141	22.6125	22.6153	22.6135	22.6142
5	22.6138	22.6133	22.6148	22.6137	22.6142
6	22.6253	22.6138	22.6147	22.6139	22.6144
7	22.6149	22.6134	22.6150	22.6140	22.6134
8	22.6143	22.6135	22.6156	22.6138	22.6143
9	22.6142	22.6134	22.6151	22.6139	22.6142
10	22.6145	22.6135	22.6149	22.6139	22.6138
均值	22.6154	22.6132	22.6150	22.6138	22.6141
方差/mm^2	0.003511	0.000491	0.000274	0.000139	0.000298
样本量	123	90	67	45	30

由表6-70可知,长度过程数据的样本量从123到30变化时,其长度均值的极差为0.0013 mm,因此样本量大小对长度的测量基本无影响,一个测量周期下样本量达到30即可满足长度测量的精度。

目前在用的光电检测原理的长度检测设备采样频率都较高,超过1000 Hz。项目组根据圆周检测设备通用技术条件要求一个测量周期(360°)直径检测不少于100次;长度检测设备也给出类似的要求,一个测量周期直径检测不少于100次,目前在用的长度检测设备都符合要求。

(5)小结

1)样品转速固化后,一个测量周期内的长度过程样本量与应答数据发送周期有关,应答数据发送周期越小,一个周期内长度过程数据样本量越大,其变化随着应答数据发送周期越来越平缓。

2)样本量大小对长度的测量基本无影响,一个测量周期下样本量达到30即可满足长度测量的精度,但目前仪器的多点测量都超过100 Hz。

6.4.5.8 偏心距离研究

长度测量时需要采集多点数据,而光电测微仪固定在仪器上,因此试样旋转的同时才能采集多点数据,长度检测设备通常采用夹持或负压方式旋转试样。为保证试样自由落下,通常夹持或负压内壁大于试样直径,因此旋转过程中不可避免地会产生偏心运动。试样偏心运动的理论图如图6-109所示。

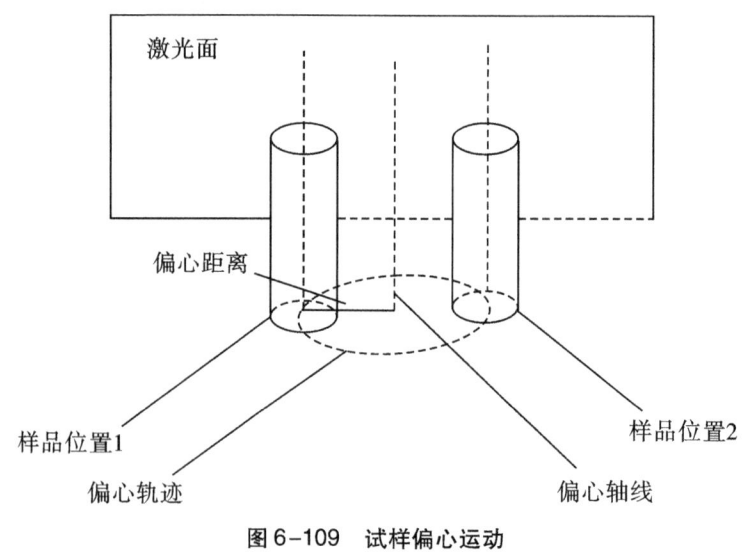

图6-109 试样偏心运动

(1)实验目的

研究试样在不同偏心距离下对长度测量的影响。

(2)实验原理

本项目在标准平台上完成,主要通过调整为不同的偏心距离时,研究长度测量的结果。由于仪器平台加工精度的影响,夹持器中心与电机中心存在一个较小的偏心,测量时夹持器中心与电机旋转中心的偏心与试样中心与夹持方向上的偏心合成一个新的偏心。该偏心的方向和大小不能完全由夹持方向上的偏心距离的大小和方向所决定,同时测量结果还受试样的垂直度影响,因此本实验只是一个定性实验,无法定量给出实验的影响程度。

(3)实验试样

由于标准平台的基准成上固定,而烟支和滤棒的上端面超出CCD接受范围,因此未使用卷烟和滤棒试样作为本实验对象,而是采用一支端面较平整的圆周标准棒作为实验对象。

(4)实验步骤

1)首先设置直流电机的旋转速度约为40 r/min,设置串口发送的应答数据的周期为10 ms。

2)将标准棒置于夹持器中部,尽可能减小夹持器中心的偏心,同时用直角规检查标准棒的垂直度,测量标准棒的长度。

3)将第一颗夹持螺丝向后旋转2圈,用直角规保持标准棒的垂直度后,将第二颗夹持螺丝向前旋转并夹紧,测量标准棒的长度。

4)将第一颗夹持螺丝再次向后旋转 2 圈,用直角规保持标准棒的垂直度后,将第二颗夹持螺丝向前旋转并夹紧,测量标准棒的长度。

(5)实验数据

不同偏心距离下长度测量瞬时值如图 6-110 所示。不同偏心距离下长度测量统计值如表 6-71 所示。

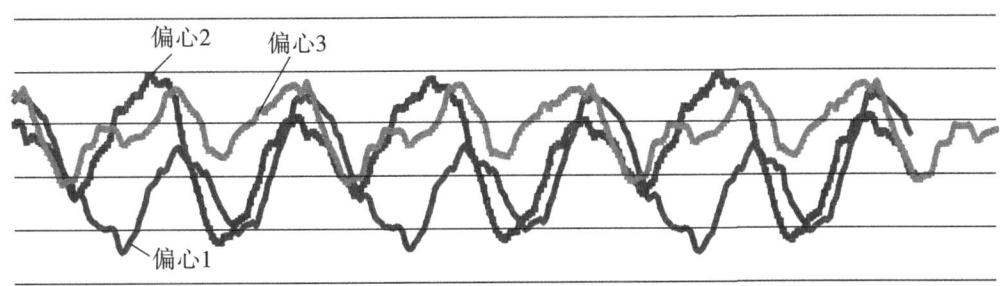

图 6-110　不同偏心距离下长度测量的瞬时值

表 6-71　不同偏心距离下长度测量统计值

角度	偏心 1	偏心 2	偏心 3
长度/mm	83.979	83.984	83.989
方差/mm²	0.008	0.009	0.005
最大值/mm	83.995	83.999	83.998
最小值/mm	83.966	83.968	83.979
极差/mm	0.029	0.031	0.019
长度变化量/mm	0.000	0.005	0.010

由图 6-110 可见,测量数据的周期不随偏心距离的变化而变化。由于偏心的存在,一个 360°扫描周期内每 180°的长度也不存在周期性运动;长度的变化量与偏心距离没有一定的关系,根据表 6-71,最大的长度变化量为 0.010 mm,因此可以判断偏心距离对长度测量无影响。

(6)实验结论

1)由于偏心的存在,一个 360°扫描周期内每 180°的长度也不存在周期性运动。

2)偏心运动对长度测量无影响。

6.4.5.9　偏摆角度研究

由于负压内壁通常大于试样直径,当试样自由下落到挡位上与负压内壁呈一定角度时,负压不能使试样边缘完全贴住负压内壁,试样旋转过程中不可避免会产生偏摆运动。试样偏摆运动的理论图如图 6-111 所示。

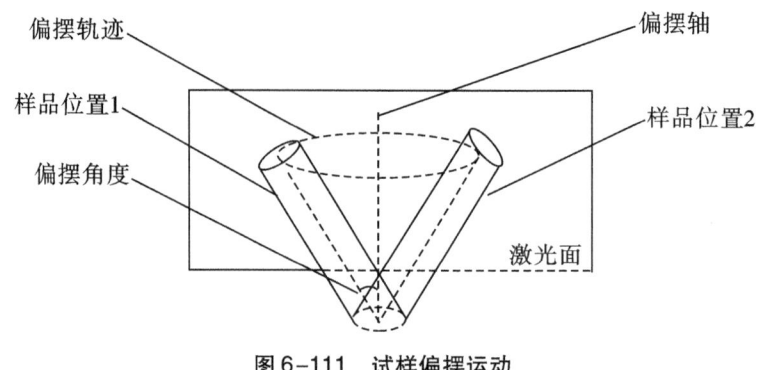

图 6-111　试样偏摆运动

(1) 实验目的

研究试样在不同大小偏摆角度下的长度测量影响。

(2) 实验原理

本项目在标准实验平台上完成,主要通过调整夹持器与电机旋转中心的角度,设定不同的偏摆角度时,研究长度测量的结果。由于仪器平台加工精度的影响,当设定为 0°时,试样夹持后的中心不一定与旋转中心完全重合,但该角度不变,测量时偏摆角度只由夹持器中心与电机旋转的偏摆角度所决定。因此本实验是一个定量实验,可以定量给出实验的影响程度。

(3) 实验步骤

1) 设置直流电机的旋转速度约为 40 r/min,设置串口发送的应答数据的周期为 10 ms。

2) 首先将夹持器上的偏摆角度调整为 0°,将标准棒置于夹持器中部,尽可能减小夹持器中心的偏心,同时用直角规检查标准棒的垂直度,测量标准棒的长度。

3) 将夹持器上的偏摆角度调整为 1°,测量标准棒的长度。

4) 将夹持器上的偏摆角度调整为 2°,测量标准棒的长度。

5) 将夹持器上的偏摆角度调整为 3°,测量标准棒的长度。

6) 将夹持器上的偏摆角度调整为 4°,测量标准棒的长度。

7) 将夹持器上的偏摆角度调整为 5°,测量标准棒的长度。

(4) 实验数据

不同偏摆角度下长度测量的瞬时值如图 6-112 所示。不同偏摆角度下长度测量统计值如表 6-72 所示。

图 6-112　不同偏摆角度下长度测量的瞬时值

表6-72 不同偏摆角度下长度测量统计值

项目	角度					
	0°	1°	2°	3°	4°	5°
长度均值/mm	83.986	84.031	84.078	84.133	84.178	84.231
方差/mm²	0.009	0.027	0.042	0.056	0.068	0.076
最大值/mm	84.005	84.072	84.137	84.207	84.264	84.324
最小值/mm	83.971	83.980	83.999	84.027	84.052	84.083
极差/mm	0.034	0.092	0.138	0.180	0.213	0.241
长度变化率	1	1.0005	1.0011	1.0017	1.0023	1.0029

由图6-112可见,无论偏摆角度如何变化,测量数据的周期是一致的,因此试样旋转一周的时候是固定的;随着偏摆角度的增大,相对应的试样长度最小值在缓慢变大,而最大值在剧烈变大,最终长度的均值在变大。其变化率趋势如图6-113所示,接近于直线,根据表6-72统计结果显示,对于84 mm规格的试样,偏摆角大于2°时,长度均值将增大约0.1 mm。

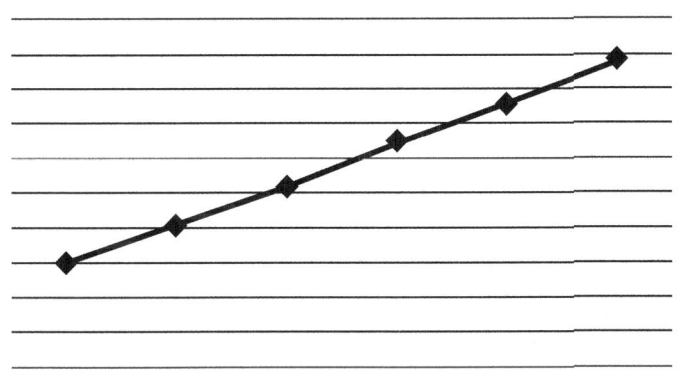

图6-113 不同偏摆角度下长度变化趋势

(5) 结论

1) 试样随着偏摆角度的变化,长度最小值在缓慢变大,而长度最大值在剧烈变大,最终长度的均值在变大,变化趋势接近于直线。

2) 当试样偏摆角大于2°时,长度均值将增大约0.1 mm。

6.4.6 研究结论

YC/T 545—2016《卷烟和滤棒长度、圆周检测设备通用技术条件》对卷烟和滤棒长度检测设备进行了深入研究,从仪器原理、结构设计、计量特性等方面进行了详细分析,系统研究分析了仪器的计量特性和仪器结构或装配的各相关因素,逐一对这些因素进行实验验证,确定其对测试结果影响程度,提出卷烟吸阻和滤棒长度检测设备通用技术条件如下。

6.4.6.1 工作条件

仪器的使用环境应满足 GB/T 16447—2004《烟草及烟草制品 调节和测试的大气环境》规定的测试大气条件。

6.4.6.2 外观要求

仪器铭牌清晰、表面不应有裂缝、变形现象;金属零件不应有锈蚀及机械损伤;接插件应牢固可靠;气管及接头应均不漏气;开关、按钮应无失控现象,显示器等附属设备工作正常。

6.4.6.3 测头

测头包括挡板和夹持器。
(1)挡板
1)挡板高度可调。
2)挡板不能因试样或标准棒下落产生位移。
(2)夹持器
1)在试样测试过程中,试样和夹持器不能产生相对位移。
2)夹持器固定试样旋转过程中,夹持器轴线与平行光束平面的角度不大于2°。
3)试样在测试过程中,夹持器工作过程中应保持试样不脱离挡板。
4)夹持器为负压吸附的,应安装空气过滤器。
(3)试样测试过程中,试样测试部位应完全处于光电检测区域。

6.4.6.4 测量方式

(1)卷烟长度测量时,光电检测应测量卷烟纸切口端。
(2)试样在实际测量过程中旋转360°,长度检测不少于 100 次。
(3)数据处理系统能对每个测量点数据进行统计,以算术平均值来给出试样长度值。

6.4.6.5 最大允许误差

长度最大允许误差为±0.05 mm。

6.4.6.6 测量范围

长度测量范围应满足 60 mm ~ 150 mm。

6.4.6.7 分辨力

仪器分辨力应满足 0.01 mm。

6.4.6.8 标准棒

(1)标准棒不应有锈蚀及机械损伤。

(2)用于校准和验证的长度标准棒的最大允许误差为±0.005 mm。

(3)仪器除配置用于校准的长度标准棒外,还应另配用于验证的长度标准棒。

6.4.6.9 水平装置

仪器应在易于观察的地方配置水平调节与指示装置。

6.5 卷烟通风率测试设备的通用技术条件研究

6.5.1 卷烟通风率检测设备仪器结构和计量特性研究

6.5.1.1 仪器结构分析

通风率检测单元主要由测头、抽吸管路、通风率测量管路、层流元件和压力传感器组成。经调研行业现有卷烟通风率检测设备,发现在用的层流元件包括多孔介质和层流管两种类型。其中英国斯茹林公司的QTM5(C)、QTM5U(C)和C2综合测试台以及瑞拓PV通风率检测量单元使用多孔介质层流元件,法国索定公司SODIMAX综合测试台、博瓦特公司的DT-PV通风率测量仪、欧美利华的OM-VL综合测试台使用层流管层流元件。测头方面除英国斯茹林公司的QTM5(C)使用双乳胶管单通道结构外,其他均为三乳胶管双通道结构,如表6-73所示。

表6-73 仪器现状总结

仪器	测头类型	层流元件	抽吸管路压降/Pa	测量管路压降/Pa	单独测通风状态
仪器A	三乳胶管	多孔介质	21.4	37.5	嘴通风、纸通风
仪器B	三乳胶管	层流管	48.5	21.5	嘴通风、纸通风
仪器C	三乳胶管	层流管	97.34	24	嘴通风、纸通风
仪器D	三乳胶管	层流管	73.6	28.5	嘴通风、纸通风
仪器E	双乳胶管	多孔介质	89	12	总通风、嘴通风
仪器F	三乳胶管	多孔介质	318	28	嘴通风、纸通风、总通风

(1)仪器A结构特征

仪器A测头(见图6-114)内有三段乳胶管,通过乳胶管闭合可以将烟支分隔在两个独立的通风室,通风率测量时三个乳胶管都闭合,两路测量管路连接两个层流元件,共用一个微差压传感器,通过电磁阀切换可以分别测得滤嘴通风率和纸通风率,总通风则由两者相加计算得到。

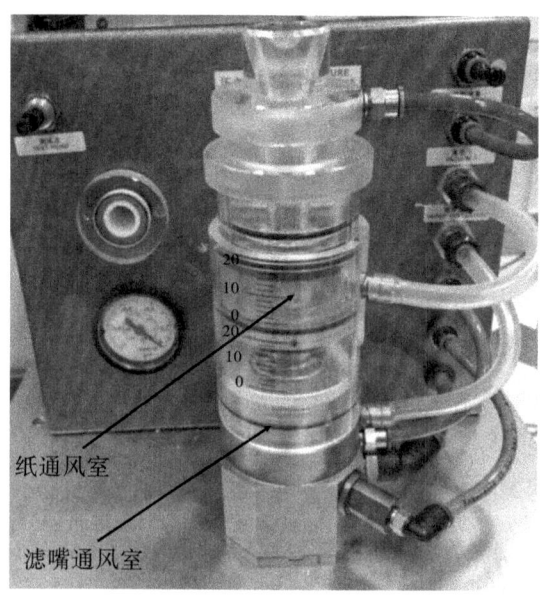

图 6-114　仪器 A 测头实物

(2) 仪器 B 结构特征

仪器 B 测头（见图 6-115）内有一段乳胶管和两个膜片，通过乳胶管和两个膜片闭合可以将烟支分隔在两个独立的通风室，通风率测量时乳胶管和膜片都闭合，两路测量管路连接两个层流元件（见图 6-116），共用一个微差压传感器，通过电磁阀切换可以分别测得滤嘴通风和纸通风，总通风则由两者相加得到。

图 6-115　仪器 B 测头实物

图 6-116　仪器 B 层流元件

(3) 仪器 C 结构特征

仪器 C 测头(见图 6-117)内有三段乳胶管,通过乳胶管闭合将烟支分隔在两个独立的通风室,通风率测量时三个乳胶管都闭合,两路测量管路共用一个层流元件(见图 6-118)和一个微差压传感器,通过三个电磁阀切换可以分别测得滤嘴通风率、纸通风率和总通风。

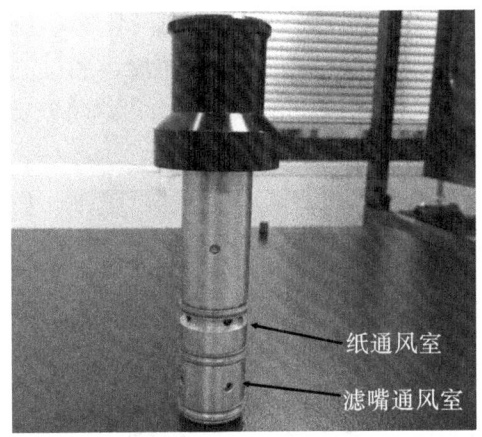

图 6-117　仪器 C 测头实物

图 6-118　仪器 C 层流元件

(4) 仪器 D 结构特征

仪器 D 测头（见图 6-119）内有三段乳胶管，通过乳胶管闭合可以将烟支分隔在两个独立的通风室，通风率测量时三个乳胶管都闭合，两路测量管路分别连接两个层流元件（见图 6-120），通过两个微差压传感器可分别测两个层流元件的压降，可以分别测得滤嘴通风率和纸通风率，总通风则是两者相加得到。

图 6-119　仪器 D 测头实物　　　　图 6-120　仪器 D 层流元件

(5) 仪器 E 结构特征

仪器 E 测头有两种，一种专门测滤嘴通风率（见图 6-121），测总通风时需要换成另外一种测头（见图 6-122）。滤嘴通风测头内只有两段乳胶管，通过乳胶管闭合可以将烟支滤嘴密闭在滤嘴通风室，通过抽吸管路、微差压传感器和层流元件可以测得滤嘴通风率。总通风测头内只有两段乳胶管，通过乳胶管闭合可以将整支烟支密闭在总通风室测得总通风率。纸通风率通过两者相减得到。

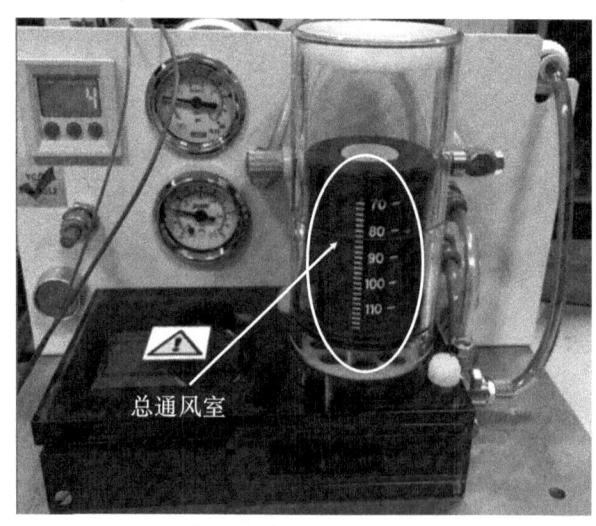

图 6-121　仪器 E 总通风测头实物

6 卷烟和滤棒物理性能综合测试台通用技术条件研究

图 6-122 仪器 E 滤嘴通风测头实物

(6) 仪器 F 结构特征

仪器 F 测头 (见图 6-123) 内有三段乳胶管,两个电磁阀分别控制上下乳胶管和中间乳胶管,测量滤嘴通风和纸通风时,三个乳胶管都闭合,将烟支分隔在两个独立通风室,两路测量管路分别连接两个层流元件,共用一个微差压传感器,通过电磁阀切换测得滤嘴通风率和纸通风率。测量总通风时上下乳胶管闭合,中间乳胶管张开。

6.5.1.2 计量特性分析

(1) 标准棒验证

JJG(烟草)01—2012《卷烟和滤棒物理性能综合测试台检定规程》规定通风率检测的最大允差为 2%。根据检定规程的方法对仪器 A、B、C、D、E 最大允许误差进行验证。首先取通风率标准棒对各仪器进行校准,然后用各仪器分别对每根标准棒测量 10 次,每个测量值和最大误差见表 6-74。

图 6-123 仪器 F 测头实物

根据表 6-74,各仪器的最大误差均满足 JJG(烟草)01—2012《卷烟和滤棒物理性能综合测试台检定规程》规定的通风率检测最大允差的要求。

表6-74 不同仪器不同标准棒测量值及最大误差

单位：mm

仪器	仪器A			仪器B			仪器C			仪器D			仪器E		
标准值	22.96	40.2	80.8	22.96	40.2	80.8	22.96	40.2	80.8	22.96	40.2	80.8	22.96	40.2	80.8
1	22.88	40.31	80.96	22.88	39.43	79.85	22.2	40.1	81	22.95	40.22	80.82	23.4	40.8	81.5
2	23.02	40.29	80.95	22.92	39.47	79.86	22.0	40.1	80.9	22.91	40.17	80.8	23.4	40.8	81.6
3	22.8	40.33	80.98	22.96	39.57	79.83	22.0	40.1	80.9	22.93	40.13	80.79	23.3	40.7	81.5
4	22.86	40.42	80.83	22.88	39.55	79.86	21.9	40.1	80.9	22.88	40.16	80.81	23.4	40.8	81.6
5	22.95	40.36	81.00	22.92	39.51	79.9	22.0	40.1	81	22.91	40.14	80.78	23.4	40.8	81.6
6	22.96	40.22	80.96	23.00	39.55	79.88	22.0	40.1	80.9	22.91	40.16	80.76	23.5	40.8	81.5
7	22.83	40.4	80.95	22.88	39.59	79.92	21.9	40.1	80.9	22.91	40.11	80.75	23.3	40.8	81.5
8	22.85	40.32	80.92	22.92	39.57	79.95	21.9	40.1	80.9	22.91	40.15	80.73	23.4	40.7	81.6
9	22.85	40.25	80.86	22.96	39.55	79.92	21.9	40.1	80.9	22.94	40.12	80.75	23.4	40.7	81.6
10	22.98	40.28	80.93	22.92	39.53	79.9	21.9	40.1	81	22.93	40.12	80.76	23.4	40.8	81.5
平均值	22.9	40.32	80.93	22.92	39.53	79.89	21.97	40.1	80.93	22.92	40.15	80.78	23.39	40.77	81.55
最大误差	0.16	0.22	0.2	0.08	0.77	0.97	1.06	0.1	0.2	0.08	0.09	0.07	0.54	0.6	0.8

(2) 测量系统分析

测量系统分析（measurement system analysis, MSA）方法使用数理统计和图表的方法对测量系统的误差一致性进行分析，本项目前期制作了一批数值稳定的通风率传递样，首先取通风率标准棒对各仪器进行校准，然后用通风率传递样分别在各仪器中重复测量两次，每个测量值分析结果见表6-75所示。

表6-75 不同仪器MSA数据 单位：mm

仪器	仪器A		仪器B		仪器C		仪器D		仪器E	
工前	22.96		22.93		22.93		22.96		22.96	
1	40.3	39.9	41.0	40.5	40.2	39.5	40.3	39.8	40	39
2	37.7	37.1	38.3	37.8	37.1	36.5	37.6	37.3	37	37
3	31.3	30.9	32.5	31.9	31.5	31.0	32.0	31.4	31	31
4	29.7	29.2	30.8	30.3	30.4	29.6	30.2	29.7	30	29
5	26.6	26.2	27.5	27.1	26.5	25.4	27.0	26.6	26	25
6	37.2	36.8	38.5	37.8	37.6	37.0	37.9	37.4	37	37
7	42.0	41.6	42.7	42.1	42.1	41.6	42.1	41.6	42	41
8	32.1	31.5	32.9	32.4	32.2	31.6	32.3	32.5	32	31
9	32.9	32.5	33.6	33.2	33.3	32.6	33.1	32.6	33	32
10	23.3	23.0	24.3	23.8	23.2	22.5	23.7	23.1	23	22
平均值	33.3	32.9	34.2	33.7	33.4	32.7	33.6	33.2	33.0	32.5
工毕	23.0		23.23		23.23		22.92		22.8	

过程公差 = 20

来源	标准差（SD）	研究变异（6*SD）	%研究变异（%SV）	%公差（SV/Toler）
合计量具R&R	0.566 47	3.398 8	9.48	16.99
重复性	0.347 94	2.087 7	5.83	10.44
再现性	0.447 02	2.087 7	7.48	13.41
C14	0.447 02	2.087 7	7.48	13.41
部件间	5.945 40	35.672 4	99.55	178.36
合计变异	5.972 32	35.833 9	100.00	179.17

可区分的类别数 = 14

评价测量系统能力的方法通常有两种：

1) 用测量系统的波动R&R与总波动之比来度量，记为P/TV，即

$$P/TV = \frac{R\&R}{TV} \times 100\% \tag{6-28}$$

2）用测量系统的波动 R&R 与被测对象质量特性的容差之比来度量，记为 P/T，即

$$P/T = \frac{R\&R}{USL-LSL} \times 100\% = \frac{6\sigma_{MS}}{USL-LSL} \times 100\% \quad (6-29)$$

评价测量系统性能的通用标准见表6-76所示。

表6-76 评价测量系统性能通用标准

测量系统能力	说明
（P/TV 且 P/T）≤10%	测量系统能力很好
10%＜（P/TV 或 P/T）≤30%	测量系统能力处于临界状态
（P/TV 或 P/T）＞30%	测量系统能力不足，必须进行改进

除以上两种评价方法外，就是在经统计分析后由测量系统所得出的两个标准差而确定的可分辨的数据组数（NDC，区别分类数），来评价测量系统是否有足够的分辨力。根据准则中 P/TV≤30% 的临界要求，

$$NDC = \sqrt{2}\frac{PV}{R\&R} \geq 5 \quad (6-30)$$

由此对 MSA 结论进行分析，如表6-77所示。

表6-77 MSA 分析结论

分析项目	MSA 技术要求	测量结果	结论
P/T	≤25%	16.99%	合格
P/TV	≤25%	9.48%	合格
NDC	≥5	14	合格

6.5.2 理论研究

6.5.2.1 通风标准棒

（1）单支管通风率理论研究

由于气体的可压缩性比较大，容易被压缩，所以通常认为它是可压缩的。但是，在工程流速不高、压力变化小的场合，由于气体运动所引起的密度变化小，故可忽略其压缩性。在标态下空气流速等于 102 m/s 时，不考虑压缩性所引起的计算误差约为 2.3%，这在工程计算中一般可以忽略。在本计算中气体的最大速度为 7 m/s，因此完全可以忽略气体的压缩性。

图6-124与图6-125为通风率标准棒中带有支管的单根管道的模型，总长度120.1 mm，直径 0.54 mm；支管道长 $l_1 = 1.1$ mm，直径 $d_1 = 0.48$ mm；支管距离进口长度 $l_2 = 108.22$ mm，距离出口长度 $l_3 = 11.88$ mm。

图6-124 单根管道模型

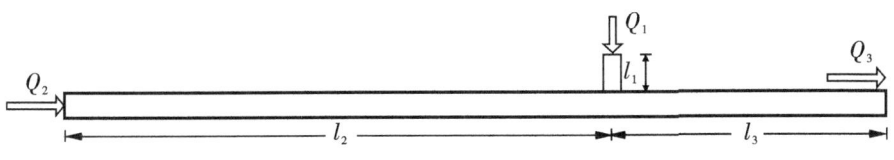

图6-125 单根管道三维模型

实际流体具有黏性,流体在运动过程中克服黏性阻力而消耗的机械能称为水头损失,通常分为沿程水头损失与局部水头损失。沿程水头损失是流体克服沿程阻力而产生的损失;局部水头损失是由于流体边界发生急剧变化的局部障碍而引起流线弯曲、流体脱离边界、旋涡等产生的损失。

首先忽略局部水头损失,只考虑沿程水头损失。在直圆管道中,层流状态下压力损失与流量的关系为

$$\Delta p = \frac{128\mu l}{\pi d^4}Q \tag{6-31}$$

式中:Δp——压损;
μ——动力黏度;
l——长度;
d——管道直径;
Q——流量。

将模型分为三段,把它等效为电路,如图6-126所示。令 $R = \frac{128\mu l}{\pi d^4}$,则式(6-31)可写成

$$Q = \frac{\pi d^4}{128\mu l}\Delta p = \frac{\Delta p}{R} \tag{6-32}$$

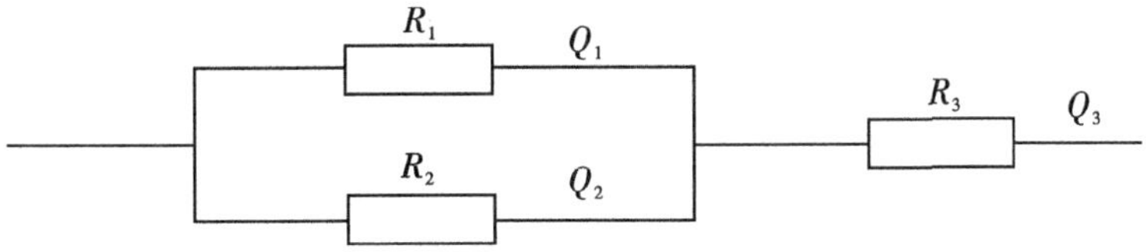

图6-126 单根管道三维模型等效电路

已知 $Q_1 + Q_2 = Q_3$,$\frac{Q_1}{Q_2} = \frac{R_2}{R_1}$,将其代入通风率公式中得到通风率为

$$\frac{Q_1}{Q_3} = \frac{Q_1}{Q_1+Q_2} = \frac{Q_1}{Q_1+Q_1\frac{R_1}{R_2}} = \frac{R_2}{R_1+R_2} \tag{6-33}$$

将 $R=\dfrac{128\mu l}{\pi d^4}$ 代入式(6-33)得

$$\frac{Q_1}{Q_3}=\frac{\dfrac{128\mu l_1}{\pi d_1^{\,4}}}{\dfrac{128\mu l_1}{\pi d_1^{\,4}}+\dfrac{128\mu l_2}{\pi d_2^{\,4}}}=\frac{l_1 d_2^{\,4}}{l_1 d_2^{\,4}+l_2 d_1^{\,4}} \tag{6-34}$$

式中：Δp——压力损失；

μ——动力黏度；

l——长度；

Q——流量；

d_1——分支管直径；

d_2——前管道直径；

d_3——后管道直径；

l_1——分支管长度；

l_2——前管道长度；

l_3——后管道长度。

将测量得到的模型尺寸 $l_1=1.1$ mm，$d_1=0.48$ mm，$l_2=108.22$ mm，$d_2=0.54$ mm 代入式(6-34)得到理论通风率为 98.3979%。

但是，由于局部水头损失 h 的存在，使得式(6-34)的计算结果与实际结果存在一定的误差，需利用 CFD 软件来对误差进行验证比较。

（2）数值仿真验证

建立三维模型，利用 Fluent 软件对单个支管进行数值仿真验证，设置不同的压力出口：-20 Pa、-50 Pa、-100 Pa、-200 Pa、-500 Pa、-1000 Pa、-1500 Pa，分别研究在不同出口流量下的通风率，结果如表6-78 所示。

表6-78 单支管通风率仿真结果

序号	侧孔流量 Q_1 /(mL/s)	前进口流量 Q_2 /(mL/s)	出口流量 Q_3 /(mL/s)	通风率 /%	与理论计算的误差 /%
1	0.1369	0.0026	0.1395	98.1336	-0.2686
2	0.2950	0.0070	0.3020	97.6899	-0.7196
3	0.5098	0.0146	0.5244	97.2182	-1.1989
4	0.8632	0.0299	0.8931	96.6537	-1.7726
5	1.4418	0.0600	1.5018	96.0043	-2.4326
6	1.6969	0.0748	1.7717	95.7754	-2.6652
7	2.7939	0.1474	2.9413	94.9893	-3.4641
8	3.7174	0.2177	3.9351	94.4672	-3.9947

根据上述结果,随着出口流量的增大仿真得到的通风率逐渐减小,而与式(6-32)得到的结果相比误差逐步增大。这是由于随着流量增大管道内流体的局部水头损失变大,导致最终误差增大。

(3) 单支管通风率标准棒研究

1) 理论研究

分别对不同通风率标准棒进行等效处理,图6-127所示为侧面一个孔的通风率标准棒示意图。

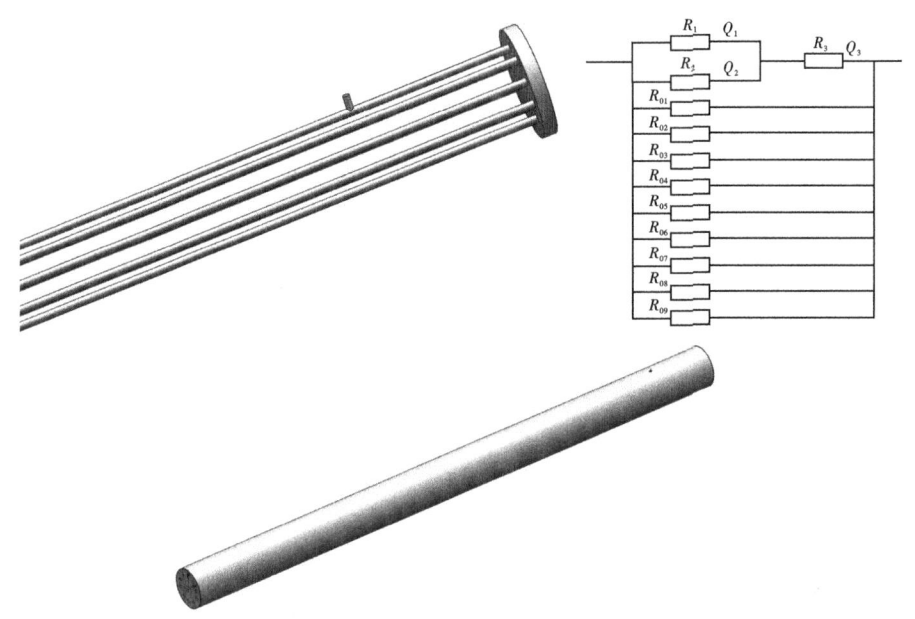

图6-127 单支管通风率标准棒示意图

根据之前公式计算的方法得到其总的通风率公式:

$$\frac{Q_1}{Q} = \frac{Q_1}{Q_3 + 9Q_0}$$

其中 Q_0 为其余九根直管中每根直管的流量,又因为

$$Q_1 + Q_2 = Q_3, \frac{Q_1}{Q_2} = \frac{R_2}{R_1}, \frac{Q_3}{Q_0} = \frac{R_0}{R_3 + \frac{R_1 R_2}{R_1 + R_2}}$$

则通风率为

$$\frac{Q_1}{Q} = \frac{Q_1}{Q_1 + Q_2 + 9Q_0} = \frac{Q_1}{Q_3 + 9\frac{R_3 + \frac{R_1 R_2}{R_1 + R_2}}{R_0} Q_3}$$

$$\frac{Q_1}{Q} = \frac{R_0 R_2}{R_0 (R_1 + R_2) + 9[R_1 R_2 + R_3 (R_1 + R_2)]}$$

$$\frac{Q_1}{Q} = \frac{R_0 R_2}{R_0 R_1 + R_0 R_2 + 9R_1 R_2 + 9R_1 R_3 + 9R_2 R_3} \quad (6-35)$$

式中，R_0 为其余九根细管的阻值，且 $R_0 = R_{01} = R_{02} = R_{03} = R_{0n}$。

将 $R_n = \frac{128\mu l_n}{\pi d_n^4}(n=0,1,2,3)$ 代入式(6-35)得到：

$$\frac{Q_1}{Q} = \frac{l_0 l_2 d_1^4 d_3^4}{l_0 l_1 d_2^4 d_3^4 + l_0 l_2 d_1^4 d_3^4 + 9l_1 l_2 d_0^4 d_3^4 + 9l_1 l_3 d_0^4 d_2^4 + 9l_2 l_3 d_0^4 d_1^4} \quad (6-36)$$

式中：d_0——细管道的直径；

d_1——分支管直径；

d_2——前管道直径；

d_3——后管道直径；

l_0——细管道长度；

l_1——分支管长度；

l_2——前管道长度；

l_3——后管道长度；

Δp——压损；

μ——动力黏度；

l——长度；

d——管道直径；

Q_1——通过支管的流量；

Q——通风率标准棒总流量。

已知：$d_0 = 0.54$ mm，$d_1 = 0.48$ mm，$d_2 = 0.54$ mm，$d_3 = 0.54$ mm，$l_1 = 1.12$ mm，$l_2 = 108.22$ mm，$l_3 = 11.88$ mm，$l_0 = 120.1$ mm。

代入式(6-36)得到最终的通风率：

$$\eta = \frac{Q_1}{Q} = 48.6373\%$$

2）数值仿真

用 SolidWorks 建立 V0811 通风率标准棒的三维模型及其流通区域的模型，如图 6-128 和图 6-129 所示。

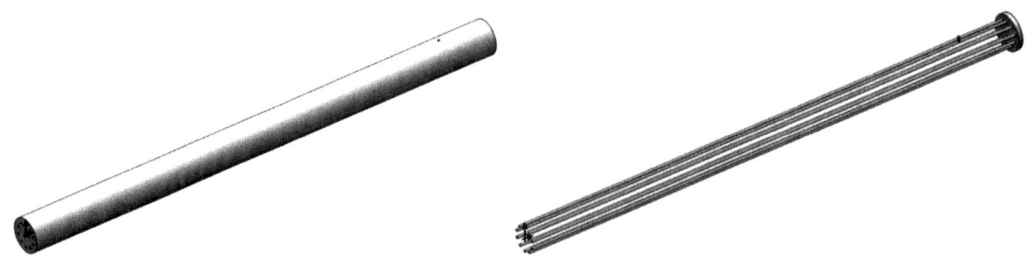

图 6-128　通风标准棒的三维模型　　图 6-129　通风率标准棒的流通区域模型

利用 OGP 影像仪对通风率标准棒进行测量,得到通风率标准棒总长为 120 mm。10 根平行主管的直径约为 0.54 mm,侧边孔孔径约为 0.48 mm,开孔位置到出口端距离约为 11.68 mm。为方便 Fluent 计算,使 10 根平行主管段形成一个联通的区域。在流通区域的出口端,连接一个直径 7.9 mm、高 1 mm 的圆柱。

对流体域进行网格划分,同时采用结构与非结构网格。在 Gambit 软件中对流动区域进行网格划分和边界条件的设置,为了计算结果的准确性在出口处进行了网格加密,整体网格达到约 75 万,整体网格图如图 6-130 所示。

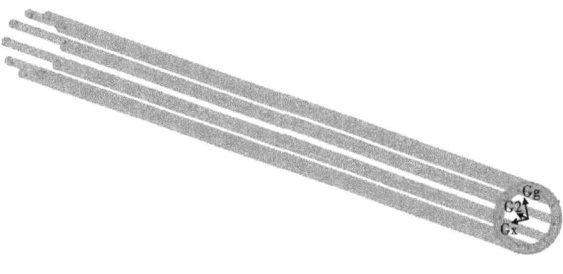

图 6-130　整体网格图

Fluent 中的边界条件设置如下:

①入口边界条件设置为 pressure-inlet,在设置出口边界条件时灵活运用 mass-flow-inlet 边界条件,在设置流动方向时选择 outward,以保持出口为 17.5 mL/s 的体积流量。

②操作压力为 101325 Pa,即 1 atm。

③环境温度为 295.13 K(22 ℃)。

④环境的湿度为 60%。

⑤通过以下公式,可以得到相应环境条件下气体的密度、黏性系数:

$$\eta(T,H)(\text{Pa} \cdot \text{s}) = 4.103 \times 10^{-6} + 4.587 \times 10^{-8} \times T(\text{K}) - 4.944 \times 10^{-10} \times H(\%) \tag{6-37}$$

$$\rho(P,T)(\text{kg/m}^3) = 2.032 \times 10^{-1} - 7.137 \times 10^{-4} \times T(\text{K}) + 2.281 \times 10^{-5} \times P(\text{Pa}) - 3.728 \times 10^{-8} \times T(\text{K}) \times P(\text{Pa}) \tag{6-38}$$

⑥计算模型采用 Laminar 层流模型,压力与速度耦合方式选取 SIMPLEC 算法,动量和质量的离化方案采用的是 Second-Order-Upwind。

⑦壁面光滑无滑移且绝热。

纵向 10 根圆管的出口端速度与压力结果分布如图 6-131 和图 6-132 所示。

图 6-131　纵向 10 根圆管出口端的速度分布　　图 6-132　纵向 10 根圆管出口端的压力分布

当出口总流量为 17.531 mL/s,支管的进口流量为 4.633 mL/s,进口端流量为 12.897 mL/s时,仿真计算得到数值模拟的通风率为 $\eta=26.47479\%$。这里仿真得到的结果与利用推导出的公式计算得到的结果有一定的差异,原因是管道流动中总的水头损失为 $h_w=\sum h_f+\sum h_j$,其中 h_f 为沿程损失,$h_j=\zeta\dfrac{v^2}{2g}$ 为局部损失。由于其中支管的存在,使得局部损失数值变大了,在对支管单独仿真时,因局部损失而使得仿真与计算的误差最大达到接近 4%;在对整个通风率标准棒仿真时,其最终的误差相差过大,原因在于各个管道并联,使得局部损失所造成的误差被放大。

在对整个通风率标准棒测量时,由于其孔口表面有磨损、孔内壁面上有污渍的存在,使得测量时有误差(误差在 0.1 mm 左右),但根据式(6-36),各段孔径 d 对整个计算与仿真结果的影响都很大。

(4)含有多个支管的通风率标准棒研究

1)双支管通风率标准棒

双支管通风率标准棒示意如图 6-133 所示。

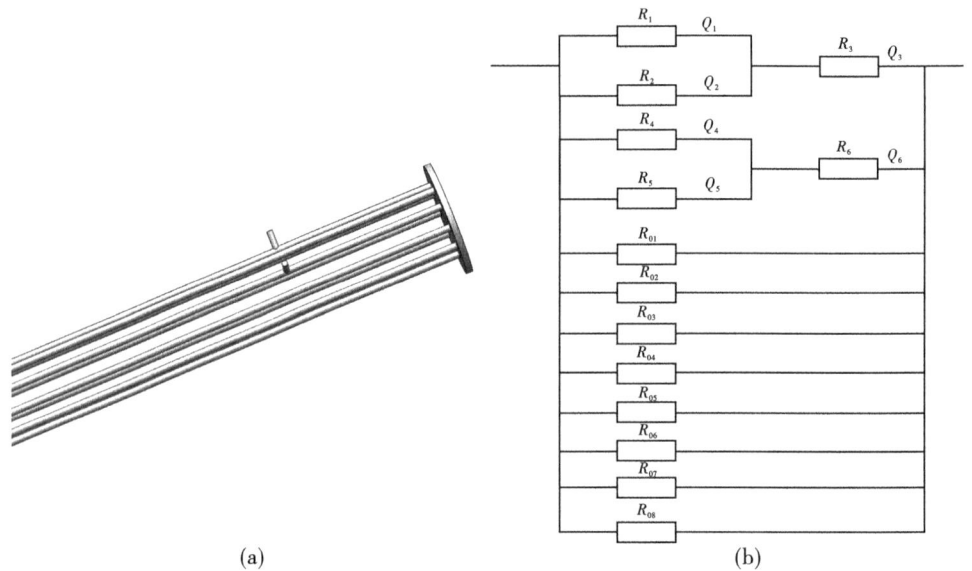

图 6-133 双支管通风率标准棒示意图

定义第一个支管中:
$$R_{11}=(R_1//R_2)+R_3=\dfrac{R_1R_2}{R_1+R_2}+R_3$$

第二个支管中:
$$R_{12}=(R_4//R_5)+R_6=\dfrac{R_4R_5}{R_4+R_5}+R_6$$

八个支管中：
$$\frac{1}{R_{13}} = \frac{1}{R_{01}} + \frac{1}{R_{02}} + \frac{1}{R_{03}} + \frac{1}{R_{04}} + \frac{1}{R_{05}} + \frac{1}{R_{06}} + \frac{1}{R_{07}} + \frac{1}{R_{08}}$$

其中 $R_n = \frac{128\mu l_n}{\pi d_n^4}$（$l_n$ 为编号 n 的管道长度；d_n 为编号 n 的管道直径）。

第一个支管的通风率：
$$\frac{Q_1}{Q} = \frac{Q_1}{Q_3 + Q_6 + Q_0} + \frac{Q_1}{Q_1 + Q_2 + Q_6 + Q_0}$$

其中 Q_0 为其余 8 根支管道的总流量：
$$Q_0 = Q_{01} + Q_{02} + \cdots + Q_{08}$$

因为 $\frac{Q_1}{Q_2} = \frac{R_2}{R_1}$，$\frac{Q_4}{Q_5} = \frac{R_5}{R_4}$，$\frac{Q_6}{Q_3} = \frac{R_{11}}{R_{12}}$，$\frac{Q_0}{Q_3} = \frac{R_{11}}{R_{13}}$，则

$$\frac{Q_1}{Q} = \frac{Q_1}{Q_3 + \frac{R_{11}}{R_{12}}Q_3 + \frac{R_{11}}{R_{13}}Q_3} = \frac{Q_1}{Q_3\left(1 + \frac{R_{11}}{R_{12}} + \frac{R_{11}}{R_{13}}\right)}$$

$$\frac{Q_1}{Q} = \frac{1}{\left(\frac{R_1 + R_2}{R_2}\right)\left(1 + \frac{R_{11}}{R_{12}} + \frac{R_{11}}{R_{13}}\right)}$$

化简得到式（6-39）。

$$\frac{Q_1}{Q} = \frac{R_2 R_{11} R_{12} R_{13}}{(R_1 + R_2) R_{11} (R_{12} R_{13} + R_{11} R_{13} + R_{11} R_{12})} \tag{6-39}$$

同理可以计算得到式（6-40）。

$$\frac{Q_4}{Q} = \frac{R_5 R_{11} R_{12} R_{13}}{(R_4 + R_5) R_{12} (R_{12} R_{13} + R_{11} R_{13} + R_{11} R_{12})} \tag{6-40}$$

得到总的通风率公式为
$$\eta = \frac{Q'}{Q} = \frac{Q_1}{Q} + \frac{Q_4}{Q}$$

$$\eta = \frac{R_2 R_{11} R_{12} R_{13}}{(R_1 + R_2) R_{11} (R_{12} R_{13} + R_{11} R_{13} + R_{11} R_{12})} + \frac{R_5 R_{11} R_{12} R_{13}}{(R_4 + R_5) R_{12} (R_{12} R_{13} + R_{11} R_{13} + R_{11} R_{12})}$$
$$\tag{6-41}$$

2）三支管通风率标准棒

三支管通风率标准棒示意图如图 6-134 所示。

分别令 $R_{21} = \left(\frac{R_1 R_2}{R_1 + R_2}\right) + R_3$；$R_{22} = \left(\frac{R_4 R_5}{R_4 + R_5}\right) + R_6$；$R_{23} = \left(\frac{R_7 R_8}{R_7 + R_8}\right) + R_9$；$\frac{1}{R_{24}} = \frac{1}{R_{01}} + \frac{1}{R_{02}} + \frac{1}{R_{03}} + \frac{1}{R_{04}} + \frac{1}{R_{05}} + \frac{1}{R_{06}} + \frac{1}{R_{07}}$；

第一个支管的通风率：$\frac{Q_1}{Q} = \frac{Q_1}{Q_3 + Q_6 + Q_9 + Q_0}$

其中 Q_0 为其余 7 根支管道的总流量：$Q_0 = Q_{01} + Q_{02} + \cdots + Q_{07}$

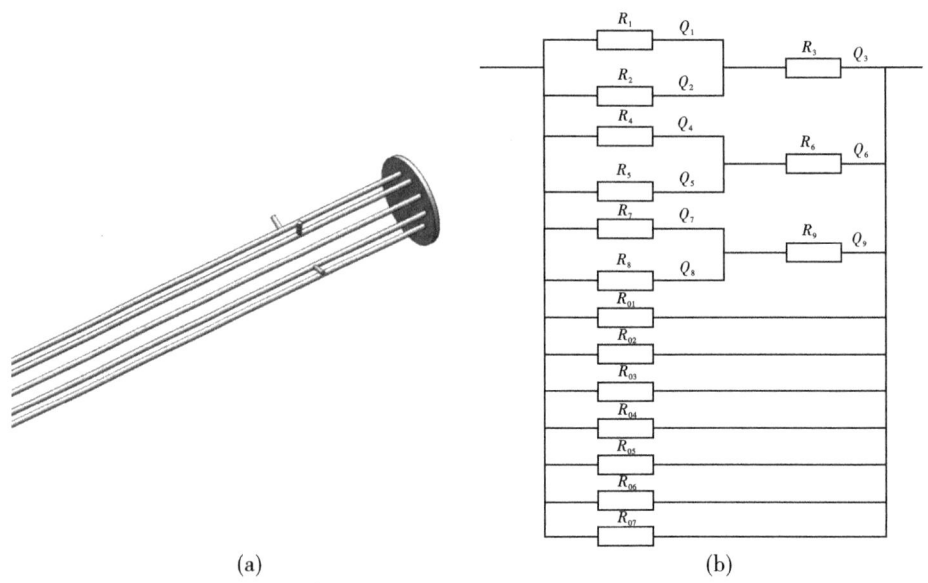

图 6-134 三支管通风率标准棒示意图

已知:$\dfrac{Q_1}{Q_2}=\dfrac{R_2}{R_1}$;$\dfrac{Q_4}{Q_5}=\dfrac{R_5}{R_4}$;$\dfrac{Q_7}{Q_8}=\dfrac{R_8}{R_7}$;$\dfrac{Q_6}{Q_3}=\dfrac{R_{21}}{R_{22}}$;$\dfrac{Q_9}{Q_3}=\dfrac{R_{21}}{R_{23}}$

则 $\dfrac{Q_1}{Q}=\dfrac{Q_1}{Q_3+\left(\dfrac{R_{21}}{R_{22}}\right)Q_3+\left(\dfrac{R_{21}}{R_{23}}\right)Q_3+\left(\dfrac{R_{21}}{R_{24}}\right)Q_3}=\dfrac{1}{\left(\dfrac{R_1+R_2}{R_2}\right)\left(\dfrac{R_{21}}{R_{22}}+\dfrac{R_{21}}{R_{23}}+\dfrac{R_{21}}{R_{24}}\right)}$

将上式化简就得到:

$$\dfrac{Q_1}{Q}=\dfrac{R_2R_{21}R_{22}R_{23}R_{24}}{(R_1+R_2)R_{21}(R_{22}R_{23}R_{24}+R_{21}R_{23}R_{24}+R_{21}R_{22}R_{24}+R_{21}R_{22}R_{23})} \tag{6-42}$$

同理,可以计算得到第二、第三个支管的通风率分别如式(6-43)和式(6-44)所示。

$$\dfrac{Q_4}{Q}=\dfrac{R_5R_{21}R_{22}R_{23}R_{24}}{(R_4+R_5)R_{22}(R_{22}R_{23}R_{24}+R_{21}R_{23}R_{24}+R_{21}R_{22}R_{24}+R_{21}R_{22}R_{23})} \tag{6-43}$$

$$\dfrac{Q_7}{Q}=\dfrac{R_8R_{21}R_{22}R_{23}R_{24}}{(R_7+R_8)R_{23}(R_{22}R_{23}R_{24}+R_{21}R_{23}R_{24}+R_{21}R_{22}R_{24}+R_{21}R_{22}R_{23})} \tag{6-44}$$

其中 $R_n=\dfrac{128\mu l_n}{\pi d_n^4}$。

最终得到总通风率为

$$\eta=\dfrac{Q_1}{Q}+\dfrac{Q_4}{Q}+\dfrac{Q_7}{Q} \tag{6-45}$$

3) 单通道双支管通风率标准棒

单通道双支管通风率标准棒示意图如图 6-135 所示。

6 卷烟和滤棒物理性能综合测试台通用技术条件研究

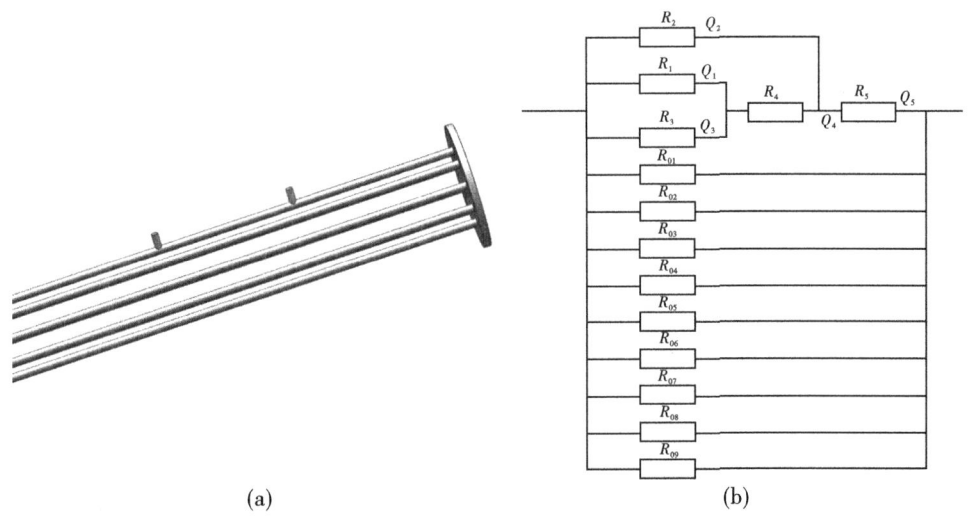

图6-135 单通道双支管通风率标准棒示意图

图6-135中的支管段沿程阻力为 R_1 与 R_2。令 $R_{31} = \dfrac{R_1 R_3}{R_1 + R_3} + R_4$;$\dfrac{1}{R_{32}} = \dfrac{1}{R_{01}} + \dfrac{1}{R_{02}} + \dfrac{1}{R_{03}} + \dfrac{1}{R_{04}} + \dfrac{1}{R_{05}} + \dfrac{1}{R_{06}} + \dfrac{1}{R_{07}} + \dfrac{1}{R_{08}} + \dfrac{1}{R_{09}}$;$R_{33} = \dfrac{R_{31} R_2}{R_{31} + R_2} + R_5$。

已知 $\dfrac{Q_2}{Q_5} = \dfrac{R_{31}}{R_{31} + R_2}$,则总的通风率为

$$\dfrac{Q_1 + Q_2}{Q} = \dfrac{\dfrac{R_3}{R_1+R_3}(Q_5 - Q_2) + Q_2}{Q} = \dfrac{\dfrac{R_3}{R_1+R_3}Q_5 + \dfrac{R_1}{R_1+R_3}Q_2}{Q_5 + Q_{32}}$$

$$= \dfrac{\dfrac{R_3}{R_1+R_3}Q_5 + \dfrac{R_1}{R_1+R_3}\dfrac{R_{31}}{R_{31}+R_2}Q_5}{Q_5 + Q_{32}}$$

$$\eta = \dfrac{Q_1 + Q_2}{Q} = \dfrac{1}{(R_1 + R_3)R_{33}}\left(R_3 + \dfrac{R_{31}}{R_{31} + R_2}\right)\dfrac{R_{33} R_{32}}{R_{33} + R_{32}} \tag{6-46}$$

4)小结

根据以上公式可以定性分析通风率标准棒中打孔位置与通风率值的关系,对通风率标准棒打孔位置有一定指导作用。但是由于设备、技术等一系列因素的限制,还没有从定量上确定打孔位置与最终通风率的关系,这有待进一步对通风率标准棒进行研究。

(5)环境温度对通风率标准棒的影响

根据上述推导公式可知:只有沿程阻力损失的前提下,通风率标准棒的通风率值只与其自身尺寸有关。但是被忽略的局部阻力损失 $R_\zeta = \zeta \dfrac{\rho v^2}{2}$ 与流体动能有关,而根据式(6-47),气体密度与温度和压力都有关系:

$$\rho(P,T)(\text{kg/m}^3) = 2.032 \times 10^{-1} - 7.137 \times 10^{-4} \times T(\text{K}) + 2.281 \times 10^{-5} \times P(\text{Pa}) - 3.728 \times 10^{-8} \times T(\text{K}) \times P(\text{Pa}) \tag{6-47}$$

下面对环境温度在20 ℃～25 ℃范围内变化对通风率实验的影响进行仿真研究。在保持环境压力以及湿度不变情况下,改变温度(20 ℃～25 ℃),研究不同温度下通风率变化情况,结果如表6-79所示。

表6-79 通风率标准棒在不同温度下的通风率

温度/℃	支管流量/(mL/s)	总流量/(mL/s)	通风率/%
20	5.0213	17.5002	28.692
21	5.0399	17.5065	28.788
22	5.0484	17.5064	28.838
23	5.0477	17.5060	28.834
24	5.0659	17.5081	28.935
25	5.0744	17.5077	28.984

从表6-79可知,如果仪器在22 ℃条件下以100%通风率的标准棒校准,那么环境温度在20 ℃～25 ℃范围内变化时,测得的通风率将随温度发生变化,温度升高,通风率会有一个微小的上升。

(6)不同环境压力中通风率标准棒的通风率

通风率标准棒的通风率不仅跟环境温度有关,还与环境压力有关,在云南等海拔较高的地方,大气压只有约0.8 atm,此时必须考虑环境压力的影响。下面针对全国几个主要城市的大气压,做了相关的数值仿真,研究了不同环境压力下通风率标准棒的通风率变化,保持温度22 ℃与湿度60%不变,结果如表6-80所示。

表6-80 通风率标准棒在不同地区压力下的通风率

地点	大气压/Pa	支管流量/(mL/s)	总流量/(mL/s)	通风率/%
昆明	80800	5.3589	17.5047	30.614
兰州	84310	5.2984	17.5038	30.270
贵阳	88790	5.2275	17.5037	29.865
成都	94770	5.1387	17.5025	29.360
郑州	99170	5.0676	17.5049	28.950
武汉	100170	5.0545	17.5052	28.875
标况	101325	5.0484	17.5064	28.838

从表6-80可知,昆明大气压为80800 Pa左右,在此地进行通风率实验时,标况下28.8%的通风率变为30.6%,通风率变大。从整个表中的数据分析,随着环境气压的增大,相同的通风率标准棒通风率数值减小。

(7) 总流量大小对通风率标准棒的影响

从上面的仿真研究发现,温度变化会略微影响最后通风率的值,而在局部阻力损失公式 $R_\zeta = \zeta \dfrac{\rho v^2}{2}$ 中,对整个局部阻力损失有较大影响的是速度,它们呈二次方关系。下面就对在标准状况下(温度:22 ℃;压力:101325 Pa;湿度:60%),不同的流量下的通风率标准棒进行数值仿真研究,结果如表6-81所示。

表6-81 通风率标准棒在不同流量下的通风率

支管流量/(mL/s)	CFO 流量/(mL/s)	通风率/%	绝对偏差/%
4.95985	17.5	28.34	0.00
4.9774032	17.6	28.28	−0.06
4.9949223	17.7	28.22	−0.12
5.012391	17.8	28.16	−0.18
5.0298284	17.9	28.10	−0.24
5.0472	18	28.04	−0.30
4.9422438	17.4	28.40	0.06
4.9246007	17.3	28.47	0.12
4.906902	17.2	28.53	0.19
4.8891636	17.1	28.59	0.25
4.871367	17	28.66	0.31

从表6-81中可知,不同流量下,同一通风率标准棒的通风率值各不相同,总流量减小,测得的通风率增大。因此一个稳定且准确的恒流源在通风率检测中尤为重要。

(8) 总结

本节主要从公式推导以及数值仿真两个方面对通风率标准棒进行了研究,由于在通风率标准棒中各个细管的串并联,使得其理论推导存在一定困难,暂时只给出了其沿程阻力损失计算公式。在此基础上,又对通风率标准棒进行了相关的数值仿真,结果显示:在利用通风率标准棒进行通风率实验标定时,总流量是确定的。而环境温度变化会对通风率值产生明显影响,在(22±2)℃温度变化下通风率变化在0.3%左右;不同大气压环境测得的通风率值会存在一定差异。总流量对通风率会产生一定影响,在(17.5±0.3)mL/s范围内通风率影响在0.2%以内。

6.5.2.2 层流元件

(1) 圆形截面层流流量计在非标准状况下的流量特性研究

1) 背景

本项目拟从流体力学、操作环境两个方面研究烟草通风率检测仪中圆形截面层流流量计在非标准条件导致计量特性出现的偏差。

某通风率检测仪中使用的圆管道层流元件如图6-136所示,本项目针对不同的环境条件进行数值仿真研究。改变环境压力、环境温度和湿度时,操作压力分别取0.7 atm~1.3 atm之间的13个值;环境温度分别取275 K~319 K之间的24个值;环境湿度分别取10%~80%之间的8个值。

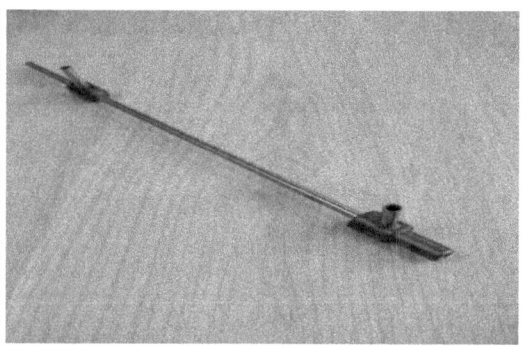

图6-136 层流元件实物图

2)数值仿真

当工程流速不高、压力变化小时,由于气体运动所引起的密度变化小,可忽略其压缩性。在标态下空气流速等于102 m/s时,不考虑压缩性所引起的计算误差约为2.3%,这在工程计算中一般可以忽略。在本计算中,气体的最大速度为7 m/s,因此完全可以忽略气体的压缩性。

但是由于环境变化(压力、温度、湿度),会使测量结果与实际值不一致,Rasmussen提出了两个参数的计算规程,通过拟合($R^2=0.999$)推导出了简化的式(6-48)和式(6-49)用来表示动力黏度μ和密度ρ,而这两个公式广泛适用于不同环境条件下的实验。

$$\mu = 4.103\times10^{-6} + 4.587\times10^{-8}\times T - 4.944\times10^{-10}\times H \quad (6-48)$$

$$\rho = 2.032\times10^{-1} - 7.137\times10^{-4}T + 2.281\times10^{-5}P - 3.728\times10^{-8}TP \quad (6-49)$$

式中:T——温度;
$\quad\quad H$——湿度;
$\quad\quad P$——压力;
$\quad\quad \mu$——气体黏度;
$\quad\quad \rho$——气体密度。

层流流量计的测量原理是根据哈根-泊肃叶定律,通过层流元件的压力差与流量呈正比关系,得到在层流管道中两端压力损失与管道内流体流速的关系:

$$Q = \frac{\pi d^4}{128 l \mu}\Delta P \quad (6-50)$$

式中:Δp——测量段两端的压力损失;
$\quad\quad \mu$——动力黏度;
$\quad\quad d$——管道直径;

l——测量段长度。

通过测得层流元件两端的压力差,就能通过式(6-50)计算得到管道中的流量。

①模型的建立与网格的划分

建立仿真模型如图6-137所示,同时划分模型网格,网格总数约100万。

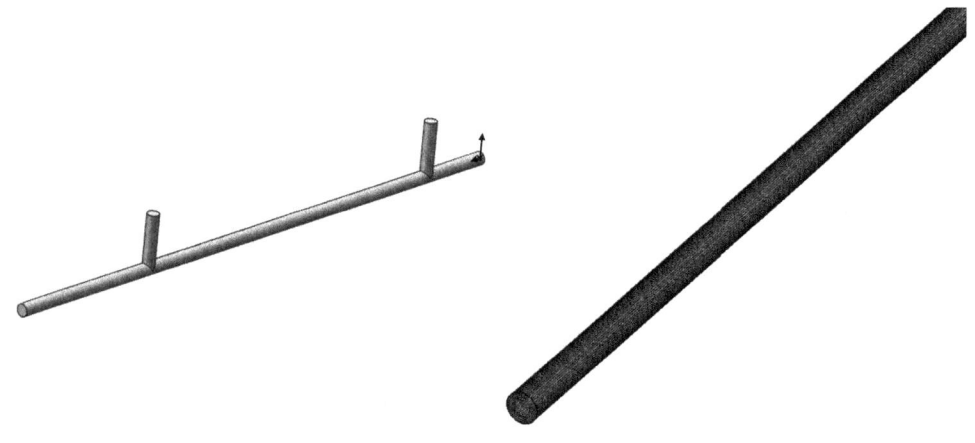

图6-137 流体区域模型

②边界条件设置

a)采用Laminar层流模型;

b)进出口为速度入口与压力出口;

c)压力与速度耦合方式选取SIMPLEC算法。

3)结果分析

①流量大小的影响

在标况下(压力101325 Pa、温度22 ℃、湿度60%),改变通入管道内流体的流量(Q=0.408 mL/s~24.463 mL/s),得到圆形截面层流流量计的测量结果,表6-82给出了不同流量下压力测量值及理论值,同时给出了测量误差。

表6-82 不同流量下压力测量值与误差

流量/(mL/s)	模拟压力差/Pa	理论压力差/Pa	误差/%
0.408	0.16	0.16	1.451
0.815	0.32	0.33	0.331
1.223	0.49	0.49	0.705
1.631	0.65	0.65	0.331
2.039	0.81	0.81	0.555
2.446	0.97	0.98	0.705
2.854	1.13	1.14	0.491

续表 6-82

流量/(mL/s)	模拟压力差/Pa	理论压力差/Pa	误差/%
3.262	1.30	1.30	0.611
3.669	1.46	1.47	0.455
4.077	1.62	1.63	0.554
8.154	3.24	3.26	0.449
12.232	4.89	4.89	0.065
16.309	6.58	6.52	1.057
17.500	7.09	6.99	1.437
20.386	8.34	8.14	2.412
24.463	10.16	9.77	3.996

从图 6-138 和图 6-139 中可以看到,当 0.48 mL/s<Q<16.3 mL/s 时,层流元件测量流量的误差在 1% 以下;当 Q>16.3 mL 时,测量流量偏离理论直线,其相对误差超过 1%;但当在管道流量很小的情况下,测量的误差也偏大。

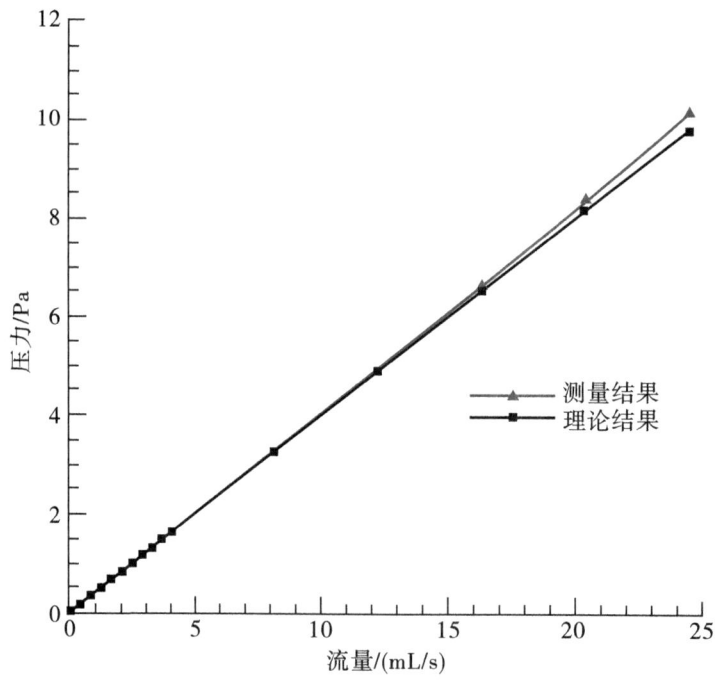

图 6-138　不同流量测量结果与理论结果

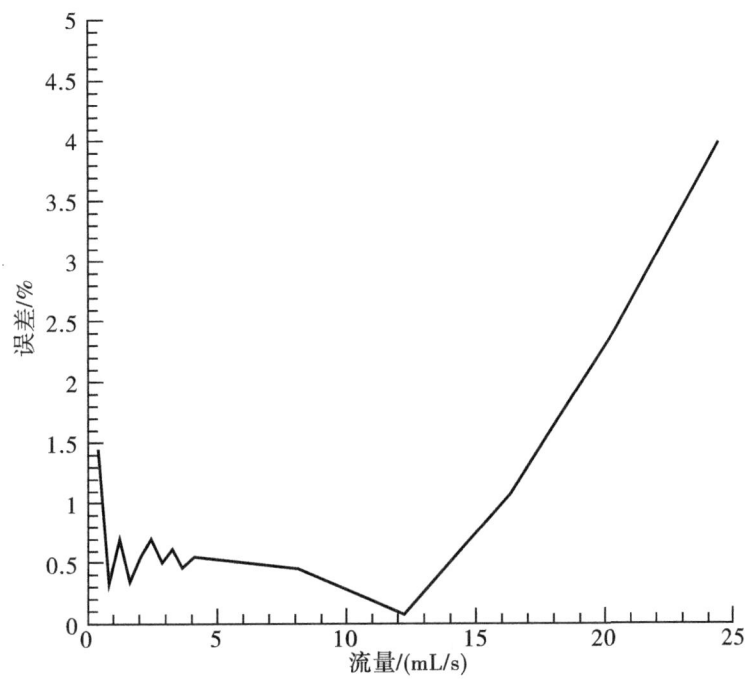

图 6-139　不同流量下测量时的误差

层流管道中,充分发展段的速度在圆管内呈抛物面分布,对于长度为 l 的圆管,两端沿程压力损失可采用哈根-泊肃叶定律:

$$\Delta p_\lambda = \frac{128\,\mu l Q}{\pi d^4} \tag{6-51}$$

但是由于在层流管道中有接头、测压孔等结构的存在,使得管道中流体存在局部的阻力损失,因此上述的压降公式在流量较大的情况下并不完全适用,需另外再加一个局部压力损失项 $\Delta p_\zeta = \zeta\dfrac{\rho v^2}{2}$,则总的压力损失为

$$\Delta p = \frac{128\,\mu l Q}{\pi d^4} + \sum \zeta \frac{\rho v^2}{2} = \frac{128\,\mu l Q}{\pi d^4} + \sum \zeta \frac{8\rho Q^2}{\pi^2 d^4} \tag{6-52}$$

式中：μ ——黏性系数；

　　　ζ ——局部阻力系数；

　　　l ——测量段的长度；

　　　Q ——管道中的流量。

根据实验研究发现,在小流量下局部压力损失能忽略,只考虑沿程压力损失。

根据表 6-82 中数据得到其拟合曲线,如图 6-140 所示。

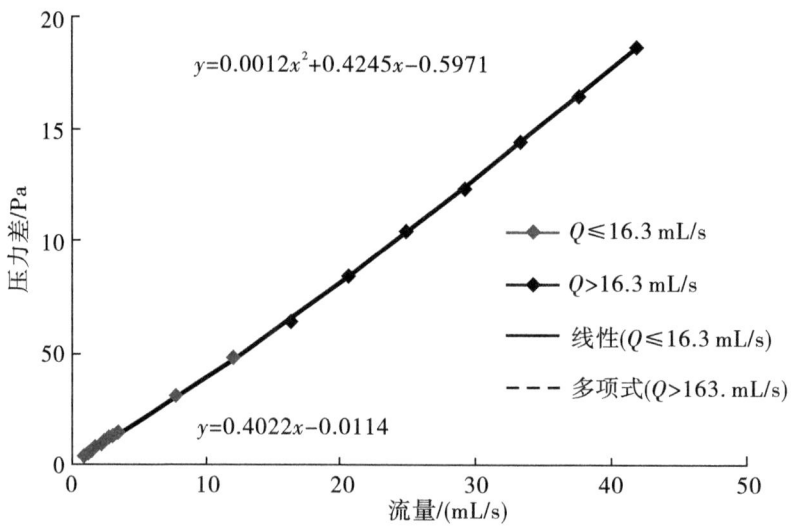

图 6-140 标况下流量与压差拟合曲线

图 6-140 中给出了标况下的流量与压力的拟合曲线,可以根据测量流量的范围,选取合适的方程求解。在流量小于 16.3 mL/s 时,采用一次线性方程;当流量大于 16.3 mL/s 时,采用二次曲线方程。

但是,由于气体的黏性系数与密度受到了环境因素的影响,环境温度、压力以及湿度的变化影响了气体黏性系数和密度,从而进一步影响到测量的流量值。下面分别研究环境压力、温度和湿度对测量结果的影响。

②环境压力的影响

改变环境压力(取 0.7～1.1 倍的标准大气压),保持其他参数不变,进行数值仿真研究,得到在不同环境压力条件下的测量误差,结果如表 6-83 所示。

表 6-83 不同大气压下的压力值　　　　　单位:Pa

流量	0.7 atm	0.75 atm	0.8 atm	0.85 atm	0.9 atm	0.95 atm	1 atm	1.05 atm	1.1 atm
$Q=1$ mL/s	0.40	0.41	0.40	0.40	0.40	0.40	0.40	0.40	0.40
$Q=2$ mL/s	0.79	0.79	0.79	0.79	0.79	0.79	0.79	0.79	0.79
$Q=3$ mL/s	1.19	1.19	1.19	1.19	1.19	1.19	1.19	1.19	1.19
$Q=4$ mL/s	1.59	1.59	1.59	1.59	1.59	1.59	1.59	1.59	1.59
$Q=5$ mL/s	1.99	1.99	1.99	1.99	1.99	1.99	1.99	1.99	1.99
$Q=6$ mL/s	2.38	2.38	2.38	2.38	2.38	2.38	2.38	2.38	2.38
$Q=7$ mL/s	2.78	2.78	2.78	2.78	2.78	2.78	2.78	2.78	2.78
$Q=8$ mL/s	3.18	3.18	3.18	3.18	3.18	3.18	3.18	3.18	3.18
$Q=10$ mL/s	3.97	3.97	3.98	3.98	3.98	3.98	3.98	3.99	3.99
$Q=12$ mL/s	4.77	4.77	4.78	4.78	4.78	4.79	4.79	4.80	4.81
$Q=14$ mL/s	5.57	5.58	5.58	5.59	5.60	5.61	5.62	5.62	5.64
$Q=16$ mL/s	6.38	6.39	6.40	6.41	6.42	6.44	6.45	6.47	6.48
$Q=17.5$ mL/s	6.99	7.01	7.02	7.03	7.05	7.07	7.09	7.11	7.13

根据图 6-141 与图 6-142 所示,不同环境压力下层流流量计的压力与流量线性关系会有一定变化,在 17.5 mL/s 以下的小流量情况下影响不明显。

图 6-141 不同压力下层流流量计测量压力差　　图 6-142 局部放大图

③环境温度的影响

改变环境温度(取 15 ℃ ~30 ℃),保持其他环境参数不变,对圆形截面层流流量计进行数值仿真研究,得到在不同环境温度、不同流量条件下的测量误差,结果如表 6-84 所示。

表 6-84 不同环境温度下的压力值　　单位:Pa

流量/(mL/s)	温度/℃											
	15	17	19	20	21	22	23	24	25	27	29	30
1	0.39	0.39	0.39	0.4	0.4	0.4	0.4	0.4	0.4	0.4	0.4	0.41
2	0.78	0.78	0.79	0.79	0.79	0.79	0.8	0.8	0.8	0.81	0.81	0.81
3	1.17	1.18	1.18	1.19	1.19	1.19	1.19	1.2	1.2	1.21	1.21	1.22
4	1.56	1.57	1.58	1.58	1.58	1.59	1.59	1.6	1.6	1.61	1.62	1.62
5	1.95	1.96	1.97	1.98	1.98	1.99	1.99	2	2	2.01	2.02	2.03
6	2.34	2.35	2.37	2.37	2.38	2.38	2.39	2.4	2.4	2.41	2.43	2.43
7	2.73	2.75	2.76	2.77	2.77	2.78	2.79	2.8	2.8	2.82	2.83	2.84
8	3.12	3.14	3.16	3.16	3.17	3.18	3.19	3.2	3.21	3.22	3.24	3.24
10	3.91	3.93	3.95	3.96	3.97	3.98	3.99	4	4.01	4.03	4.05	4.06
12	4.71	4.73	4.76	4.77	4.78	4.79	4.81	4.82	4.83	4.85	4.88	4.88
14	5.52	5.55	5.58	5.59	5.6	5.62	5.63	5.64	5.66	5.68	5.71	5.72
16	6.35	6.38	6.41	6.42	6.44	6.45	6.47	6.48	6.5	6.53	6.56	6.56
17.5	6.98	7.01	7.04	7.06	7.07	7.09	7.1	7.12	7.14	7.17	7.2	7.22

由图 6-143 及图 6-144 可知,温度变化会影响层流流量计压力与流量之间的线性关系,并对通风率的计算产生影响。

图 6-143 不同环境温度、不同流量下的测量值　　图 6-144 局部放大图

④环境湿度的影响

改变湿度(取10%~90%),其他参数保持不变,对层流流量计进行仿真研究,得到在不同湿度条件下的测量误差,结果如表6-85和图6-145所示。

表6-85 不同湿度下的压力测量值 单位:Pa

流量	RH=10%	RH=20%	RH=30%	RH=40%	RH=50%	RH=60%	RH=70%	RH=80%
$Q=1$ mL/s	0.40	0.40	0.40	0.40	0.40	0.40	0.40	0.40
$Q=2$ mL/s	0.79	0.79	0.79	0.79	0.79	0.79	0.79	0.79
$Q=3$ mL/s	1.19	1.19	1.19	1.19	1.19	1.19	1.19	1.19
$Q=4$ mL/s	1.59	1.59	1.59	1.59	1.59	1.59	1.59	1.59
$Q=5$ mL/s	1.99	1.99	1.99	1.99	1.99	1.99	1.99	1.99
$Q=6$ mL/s	2.38	2.38	2.38	2.38	2.38	2.38	2.38	2.38
$Q=7$ mL/s	2.78	2.78	2.78	2.78	2.78	2.78	2.78	2.78
$Q=8$ mL/s	3.18	3.18	3.18	3.18	3.18	3.18	3.18	3.18
$Q=10$ mL/s	3.98	3.98	3.98	3.98	3.98	3.98	3.98	3.98
$Q=12$ mL/s	4.79	4.79	4.79	4.79	4.79	4.79	4.79	4.79
$Q=14$ mL/s	5.62	5.62	5.62	5.62	5.62	5.62	5.62	5.62
$Q=16$ mL/s	6.45	6.45	6.45	6.45	6.45	6.45	6.45	6.45
$Q=17.5$ mL/s	7.09	7.09	7.09	7.09	7.09	7.09	7.09	7.09

图6-145 不同湿度下的测量误差

为使结果更加清楚,将其他各个湿度(RH=10%、20%、30%、40%、50%、70%、80%)下测量得到的结果与标况下测量得到的结果相比较,得到其相对误差,结果如表6-86所示。

表6-86 不同湿度下测量结果与标况(RH=60%)下测量结果的相对误差 单位:%

流量	RH=10%	RH=20%	RH=30%	RH=40%	RH=50%	RH=70%	RH=80%
$Q=1$ mL/s	0.0016	0.0013	0.0010	0.0007	0.0005	−0.0001	−0.0004
$Q=2$ mL/s	0.0016	0.0013	0.0010	0.0008	0.0005	−0.0001	−0.0004
$Q=3$ mL/s	0.0016	0.0013	0.0010	0.0008	0.0005	−0.0001	−0.0004
$Q=4$ mL/s	0.0016	0.0013	0.0010	0.0008	0.0005	−0.0001	−0.0003
$Q=5$ mL/s	0.0016	0.0013	0.0010	0.0008	0.0005	−0.0001	−0.0004
$Q=6$ mL/s	0.0016	0.0013	0.0010	0.0008	0.0005	−0.0001	−0.0004
$Q=7$ mL/s	0.0016	0.0013	0.0010	0.0007	0.0005	−0.0001	−0.0004
$Q=8$ mL/s	0.0016	0.0013	0.0010	0.0008	0.0005	−0.0001	−0.0004
$Q=10$ mL/s	0.0016	0.0013	0.0010	0.0007	0.0005	−0.0001	−0.0004
$Q=12$ mL/s	0.0016	0.0013	0.0010	0.0005	0.0005	−0.0001	−0.0004
$Q=14$ mL/s	0.0015	0.0013	0.0010	0.0007	0.0005	−0.0001	−0.0004
$Q=16$ mL/s	0.0015	0.0013	0.0010	0.0007	0.0004	−0.0001	−0.0004
$Q=17.5$ mL/s	0.0015	0.0012	0.0010	0.0007	0.0005	−0.0001	−0.0003

根据表6-85、表6-86和图6-145中的数据得到,在各个流量下环境湿度的变化对输出结果的影响很小;在一定条件上,可以忽略环境湿度对测量结果的影响。

4)小结

本节采用数值模拟方法对层流流量在压力、温度、湿度变化时的体积流量的变化进行模拟,结果表明:

①该圆形截面层流流量计在测量16 mL/s以下的气体流量时,仿真结果与真实值的误差小于1%。

②在实验中压力P和温度T对流量值有较为明显的影响;且环境温度的变化对圆形截面测流流量计测量结果的影响最明显。

③环境的湿度对于测量结果几乎没有影响,在一定条件下可以忽略环境湿度这一因素的影响。

根据国内外学者的研究,气体的密度、黏性系数与环境温度、压力和湿度有一定关系:

$$\mu(T,H)(\text{Pa}\cdot\text{s}) = 4.103 \times 10^{-6} + 4.587 \times 10^{-8} \times T(\text{K}) - 4.944 \times 10^{-10} \times H(\%) \tag{6-53}$$

$$\rho(P,T)(\text{kg/m}^3) = 2.032 \times 10^{-1} - 7.137 \times 10^{-4} \times T(\text{K}) + 2.281 \times 10^{-5} \times P(\text{Pa}) - 3.728 \times 10^{-8} \times T(\text{K}) \times P(\text{Pa}) \tag{6-54}$$

式中,$\mu(T,H)$为黏性系数,$\rho(P,T)$为密度,T、P、H分别表示环境温度、压力与湿度。

层流管道中,总的压降公式为

$$\Delta p = \frac{128\mu(T,H)lQ}{\pi d^4} + \sum \zeta \frac{\rho(P,T)v^2}{2} = \frac{128\mu(T,H)lQ}{\pi d^4} + \sum \zeta \frac{8\rho(P,T)Q^2}{\pi^2 d^4} \tag{6-55}$$

通过实验研究发现,当流量 Q 较小时,可以将式(6-55)中的局部压力损失项 $\Delta p_\zeta = \sum \zeta \frac{\rho(P,T)v^2}{2}$ 忽略,此时压损公式为

$$\Delta p = \frac{128\mu(T,H)lQ}{\pi d^4} \quad (6-56)$$

式(6-56)中,在管道条件不变的前提下,Δp 只与黏性系数 $\mu(T,H)$ 有关,即只受到环境温度和湿度因素的影响,其关系表达式如式(6-53)所示,环境压力的变化基本不会对结果产生影响。

在流量较大时,局部压力损失项不能忽略,因此压损的计算公式如式(6-55)所示,此时 Δp 不仅与黏性系数 $\mu(T,H)$ 有关,而且与流体密度 $\rho(P,T)$ 有关,即压损 Δp 受到了环境温度 T,环境压力 P 与湿度 H 三个因素的影响。

图 6-143 与图 6-145 所示在不同环境压力、温度下流量与压降的关系曲线中,可以看到:当流量较小时,环境压力对测量结果的影响较小,只有在流量较大时,环境压力才对测量结果有明显的影响;而环境温度的变化却时刻影响着测量结果,仿真结果与理论分析基本吻合。

5)层流管道的尺寸要求

层流管道中当雷诺数 $Re<500$ 时,压力与测量段的压损呈现比较理想的线性关系。

根据雷诺数的计算公式 $Re = \frac{\rho vd}{\mu}$ 得到:$\frac{\rho vd}{\mu} < 500$,则 $d < \frac{500\mu}{\rho v_{max}}$。

由于 $v = \frac{4Q}{\pi d^2}$,上述公式可以变为:$d > \frac{\rho Q_{max}}{125\pi\mu}$。可以计算得到其直径范围约为 $d > 3.1$ mm。

流体在管道流动中,测量段应避免设置在近入口处,因为流体在进入管道时,是均匀流入的,但是由于黏性,近壁处产生边界层,边界层沿着流动方向逐渐向管轴扩展,因此沿流动方向的各断面上速度分布不断改变,经过一段距离 l_1 后,截面上的速度分布才能达到层流的典型速度分布(速度分布呈抛物线)。把 l_1 称作充分发展段。国内外学者的实验与研究发现,流体所需的充分发展段的距离可以用公式来计算,这里采用式(6-57)来计算 l_1:

$$\frac{l_1}{d} = \frac{0.60}{0.035Re+1} + 0.056Re \quad (6-57)$$

式中:Re ——雷诺数,最大不超过 500;

d ——管道直径。

根据上述的公式,将雷诺数 $Re = 500$ 与管径直径的最大值 $d = 3.1$ mm 代入,可以计算得到它的充分发展段的长度 $l_{1max} = 84.2$ mm。因此在设计和制造测流管道时,近入口测量点的位置必须保证离入口处的距离大于 84.2 mm。

(2)环境因素对多孔介质元件测量精度的影响

卷烟通风率试验中使用的流量测量元件因其测量流量的限制,多采用差压式流量计,其中有部分使用多孔介质材料为阻力件的流量测量装置,如图 6-146 所示。

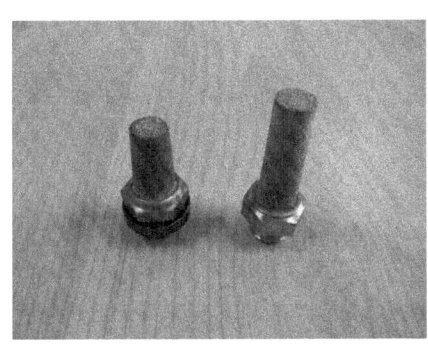

图 6-146　多孔介质元件实物

1）理论分析

最早对多孔介质的研究是在渗流力学中,达西提出了流经多孔介质时流体的流量与其水头损失的关系式：

$$Q = kA\frac{h}{L}\rho\Delta n \tag{6-58}$$

式中：Q——渗透流量；

A——截面面积；

h——水头损失；

L——渗透途径的长度。

但随着人们对多孔介质的深入研究,发现随着流量的增大,其流量与水力梯度的关系逐渐偏离了线性关系。经过几十年的研究,现在比较公认的刻画流量与水利梯度的方程为

$$\begin{cases} J = \dfrac{1}{K}v, & Re < 10 \\ J = Av + Bv^2, & Re > 10 \\ J = Bv^2, & Re > 200 \end{cases} \tag{6-59}$$

式中：v——流速；

A、B——与流体性质和多孔介质空隙结构有关的常数；

J——水力梯度,它是水头损失与渗流长度的比值 $J = \dfrac{h_1 - h_2}{L}$（h 为水头损失,其与压力损失的关系为 $h = \dfrac{\Delta p}{\rho g}$）。

在孔隙率与多孔材料的颗粒直径固定的情况下,研究环境因素（环境温度、压力、湿度）的变化对测量结果的影响。

在烟草检测器件中,流体在多孔介质中流动时的压降公式可以认为是

$$\Delta p = A_1 v^2 - A_2 v \tag{6-60}$$

其中,系数表达公式分别为：$A_1 = C_2 \dfrac{1}{2}\rho\Delta n$, $-A_2 = \dfrac{\mu}{\alpha}\Delta n$。其中 Δp 是压降,v 是速度,A_1、A_2 是系数,ρ 为流体密度,Δn 为多孔介质厚度,$\dfrac{1}{\alpha}$ 为黏性阻力系数,C_2 为惯性阻力系数。

($\frac{1}{\alpha}$ 与 C_2 需要通过实验测量代入公式中拟合确定。)

多孔件的模型如图6-147所示,其中圆台部分为多孔介质部分,它与圆管连接在一起。测量点是在其之后的6 cm处,整个测量段的压降由三部分组成:①多孔介质中的压降;②圆管中的沿程压力损失;③由于结构变化造成的局部压力损失。

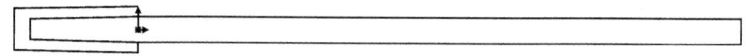

图6-147 多孔件模型

充分发展层流管道中流体的沿程压力损失公式可以用哈根-泊肃叶定律来表示:

$$\Delta p_\lambda = \frac{128\mu l Q}{\pi d^4} = \frac{32\mu l v}{d^2} \quad (6-61)$$

由于管道结构变化所引起的局部压力损失与流体的动能有关,其表达式如下:

$$\Delta p_\zeta = \zeta \frac{\rho v^2}{2} \quad (6-62)$$

所以整个测量段内的压降为

$$\Delta p = (A_1 v + A_2 v^2) + \frac{32\mu l v}{d^2} + \zeta \frac{\rho v^2}{2} \quad (6-63)$$

但是在模型中可以看到,流体通过多孔介质直接进入管道中,而哈根-泊肃叶定律只能应用于充分发展的流体中,而充分发展的流体并不是刚入管口就能立即形成,此时需要考虑流体的进口效应。流体以均匀的速度流入管道后,由于黏性,近壁处产生边界层,边界层沿着流动方向逐渐向管轴扩展,因此沿流动方向的各断面上速度分布不断改变,经过一段距离 l_1(这段距离叫作层流起始段)后,截面上的速度分布才能达到层流的典型速度分布,如图6-148所示。

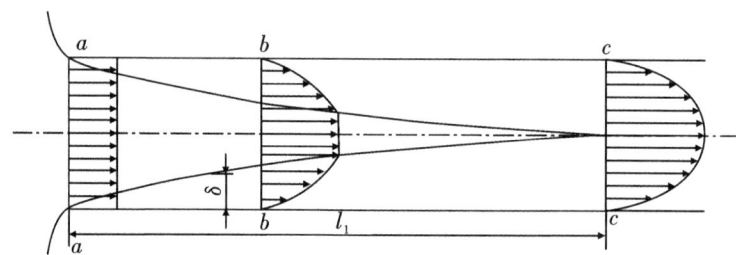

图6-148 截面速度分布

进口段的中心部分为无黏区,随着往下游流动,该区域不断减小直至边界层在管轴区交汇。由于进口段中心的速度沿程不断加大,致使压降增大产生附加压降。进口段的问题很复杂,主要是由于描述进口段的N-S方程中的惯性项是不能忽略的,而考虑惯性项的N-S方程是一个非线性高阶偏微分方程,国内外很多学者对此进行了研究。关于进口段长度 l_1,国内外也有很多的研究,采用下列公式来计算:

$$\frac{l_1}{d} = \frac{0.60}{0.035Re + 1} + 0.056Re \quad (6-64)$$

式中:l_1——进口段长度;

d ——管道直径；

Re ——雷诺数。

进口段压降采用附加压力降系数法计算，层流时进口段效应影响的流动压降方程如下：

$$\frac{\Delta p}{\frac{1}{2}\rho v^2} = \frac{64}{Re}\frac{l_1}{d} + K \qquad (6-65)$$

式中：系数 $K = 1.25 \sim 1.32$（可以由实验确定）；

ρ ——流体密度；

l_1 ——进口段长度；

d ——管道直径；

Re ——雷诺数。

故整个多孔件压降测试中，考虑进口效应后总的压降公式为

$$\Delta p = (A_1 v + A_2 v^2) + \left(\frac{1}{2}\rho v^2\right)\left(\frac{64}{Re}\frac{l_1}{d} + K\right) + \frac{32\mu v}{d^2}(l - l_1) + \zeta\left(\frac{\rho v^2}{2}\right) \qquad (6-66)$$

式中：$A_1 = C_2 \frac{1}{2}\rho \Delta n$，$-A_2 = \frac{\mu}{\alpha}\Delta n$。

$$\mu(T,H)(\text{Pa}\cdot\text{s}) = 4.103 \times 10^{-6} + 4.587 \times 10^{-8} \times T(\text{K}) - 4.944 \times 10^{-10} \times H(\%) \qquad (6-67)$$

$$\rho(P,T)(\text{kg/m}^3) = 2.032 \times 10^{-1} - 7.137 \times 10^{-4} \times T(\text{K}) + 2.281 \times 10^{-5} \times P(\text{Pa})$$
$$- 3.728 \times 10^{-8} \times T(\text{K}) \times P(\text{Pa}) \qquad (6-68)$$

$$\frac{l_1}{d} = \frac{0.60}{0.035Re + 1} + 0.056Re \qquad (6-69)$$

式中：Δp ——压降；

v ——速度；

A_1、A_2 ——系数；

ρ ——流体密度；

Δn ——多孔介质厚度；

$\frac{1}{\alpha}$ ——黏性阻力系数；

C_2 ——惯性阻力系数（需实验确定）；

ρ ——流体密度；

l_1 ——进口段长度；

d ——管道直径；

Re ——雷诺数；

l ——测量段管道总长度；

ζ ——局部阻力系数（需实验确定）。

2）数值仿真

根据实际的模型，按照 1∶1 的比例关系，建立仿真模型，如图 6-149 所示，其前段为

多孔介质部分,后段圆管为流体区域。

图6-149 仿真模型

在 Fluent 中有专门的多孔介质模块,其中需要自己设置计算相关多孔介质参数,黏性阻力系数($1/\alpha$)、惯性阻力系数(C_2)。根据实验测量得到的速度与压力的关系结果,拟合得到黏性阻力系数($1/\alpha$)与惯性阻力系数(C_2),具体方法如下。

通过实验数据可以得到压差相关于速度的一元二次方程:

$$\Delta p = A_1 v^2 - A_2 v \tag{6-70}$$

通过动量方程可以得到压降与源项的关系:

$$\Delta p = - S_i \Delta n \tag{6-71}$$

$$S_i = -\left(\frac{\mu}{\alpha} v + C_2 \frac{1}{2} \rho v \mid v \mid \right) \tag{6-72}$$

则根据上述关系式得到:

$$A_1 = C_2 \frac{1}{2} \rho \Delta n \tag{6-73}$$

$$A_2 = -\frac{\mu}{\alpha} \Delta n \tag{6-74}$$

式中:Δp——压降,

v——速度,

A_1、A_2——系数,

S_i——其中一个源项,

ρ——流体密度,

Δn——多孔介质厚度。

最后将求得的黏性阻力系数($1/\alpha$)与惯性阻力系数(C_2)写入 Fluent 软件中计算。

3)结果分析

按照上述的计算方法,确定 fluent 计算中需要的物性参数,通过 fluent 软件对整个多孔介质模型进行仿真计算,得到流量为 16 mL/s 的情况下,多孔介质中的速度云图(见图6-150)、速度矢量图以及压力云图(见图6-151)。

图6-150 多孔介质中流体的速度云图

图6-151 多孔介质中流体的压力云图

①环境温度的影响

改变环境温度(取15 ℃~30 ℃),保持其他环境参数不变,对多孔介质元件的流量与压力的关系进行数值仿真。结果如表6-87和图6-152所示。

表6-87 不同温度下压力流量的压力差

$T=15$ ℃		$T=17$ ℃		$T=19$ ℃	
流量 Q/(mL/s)	测量压力/Pa	流量 Q/(mL/s)	测量压力/Pa	流量 Q/(mL/s)	测量压力/Pa
2.84	0.86	2.82	0.86	2.81	0.86
5.62	1.72	5.59	1.72	5.56	1.72
8.34	2.56	8.30	2.56	8.26	2.56
11.01	3.39	10.96	3.39	10.91	3.39
13.62	4.21	13.36	4.22	13.50	4.22
16.19	5.03	16.13	5.03	16.02	5.04
18.72	5.84	18.64	5.84	18.56	5.84
$T=20$ ℃		$T=21$ ℃		$T=22$ ℃	
流量 Q/(mL/s)	测量压力/Pa	流量 Q/(mL/s)	测量压力/Pa	流量 Q/(mL/s)	测量压力/Pa
2.80	0.86	2.80	0.86	2.79	0.86
5.55	1.72	5.53	1.72	5.52	1.72
8.24	2.56	8.22	2.56	8.20	2.56
10.88	3.39	10.86	3.39	10.83	3.40
13.48	4.22	13.45	4.22	13.42	4.22
16.06	5.04	15.99	5.04	15.95	5.04
18.56	5.84	18.49	5.85	18.45	5.85
$T=23$ ℃		$T=24$ ℃		$T=25$ ℃	
流量 Q/(mL/s)	测量压力/Pa	流量 Q/(mL/s)	测量压力/Pa	流量 Q/(mL/s)	测量压力/Pa
2.78	0.86	2.77	0.86	2.77	0.86
5.51	1.72	5.49	1.72	5.48	1.72
8.18	2.56	8.16	2.56	8.14	2.56
10.81	3.40	10.78	3.40	10.76	3.40
13.39	4.22	13.36	4.22	13.33	4.22
15.92	5.04	15.89	5.04	15.85	5.04
18.41	5.85	18.37	5.85	18.34	5.86

续表 6-87

$T=27$ ℃		$T=29$ ℃		$T=30$ ℃	
流量 Q/(mL/s)	测量压力/Pa	流量 Q/(mL/s)	测量压力/Pa	流量 Q/(mL/s)	测量压力/Pa
2.75	0.86	2.74	0.86	2.73	0.86
5.46	1.72	5.43	1.72	5.42	1.72
8.11	2.56	8.07	2.56	8.05	2.56
10.71	3.40	10.66	3.40	10.64	3.40
13.27	4.23	13.21	4.23	13.18	4.23
15.79	5.05	15.72	5.05	15.69	5.05
18.26	5.86	18.19	5.86	18.15	5.86

图 6-152 不同温度下压力-流量曲线

从图 6-152 可以看出，随着环境温度的升高，压力-流量的关系直线的斜率增加；在同一流量下，温度越高，测量得到的压力越大；在同一温度下，随着流量的增大，测量结果的误差会比较明显。

② 环境压力的影响

改变环境压力（取 0.7~1.1 倍的标准大气压），保持其他参数不变，进行数值仿真研究，得到在不同环境压力条件下压力-流量的线性关系，结果如表 6-88 和图 6-153 所示。

表 6-88 不同环境压力下流量的压力差

0.70 atm		0.75 atm		0.80 atm	
流量 Q/(mL/s)	测量压力/Pa	流量 Q/(mL/s)	测量压力/Pa	流量 Q/(mL/s)	测量压力/Pa
2.80	0.86	2.80	0.86	2.79	0.86
5.55	1.72	5.55	1.72	5.54	1.72
8.27	2.57	8.26	2.57	8.25	2.57
10.96	3.42	10.94	3.41	10.92	3.41
13.61	4.26	13.57	4.25	13.54	4.24
16.22	5.09	16.17	5.08	16.13	5.07
18.80	5.91	18.74	5.90	18.68	5.89
0.85 atm		0.90 atm		0.95 atm	
流量 Q/(mL/s)	测量压力/Pa	流量 Q/(mL/s)	测量压力/Pa	流量 Q/(mL/s)	测量压力/Pa
2.79	0.86	2.79	0.86	2.79	0.86
5.54	1.72	5.53	1.72	5.53	1.72
8.24	2.57	8.23	2.57	8.21	2.56

续表6-88

0.85 atm		0.90 atm		0.95 atm	
流量 Q/(mL/s)	测量压力/Pa	流量 Q/(mL/s)	测量压力/Pa	流量 Q/(mL/s)	测量压力/Pa
10.89	3.41	10.87	3.40	10.85	3.40
13.51	4.24	13.48	4.23	13.45	4.23
16.09	5.06	16.04	5.06	16.00	5.05
18.62	5.88	18.56	5.87	18.51	5.86
1.00 atm		1.05 atm		1.10 atm	
流量 Q/(mL/s)	测量压力/Pa	流量 Q/(mL/s)	测量压力/Pa	流量 Q/(mL/s)	测量压力/Pa
2.79	0.86	2.79	0.86	2.79	0.86
5.52	1.72	5.52	1.72	5.51	1.71
8.20	2.56	8.19	2.56	8.18	2.56
10.83	3.40	10.82	3.39	10.79	3.39
13.42	4.22	13.39	4.22	13.35	4.21
15.95	5.04	15.91	5.03	15.87	5.02
18.45	5.85	18.39	5.84	18.34	5.83

图6-153 不同环境压力下压力-流量曲线

从图6-153可以看出,随着环境压力的增大,测量点的压力-流量直线的斜率逐渐增大;在相同流量下,环境压力越大测量压力也越大。与环境温度的影响相比,环境压力的变化对测量结果的影响没有那么显著。

③环境湿度的影响

与环境温度、压力相比,环境湿度的改变对整个测量结果的影响没有那么明显,在保持环境温度、压力不变的情况下,同时保持出口流量不变(18 mL/s),比较不同环境湿度(10%~90%)下的、距离多孔介质5 cm处的压力,结果如表6-89和图6-154所示。

表6-89 不同湿度下的压力测量值

RH/%	流量 Q/(mL/s)	测量压力/Pa
10.0	18.45	5.8500
20.0	18.45	5.8500
30.0	18.45	5.8500
40.0	18.45	5.8499
50.0	18.45	5.8499
60.0	18.45	5.8499
70.0	18.45	5.8499
80.0	18.45	5.8499

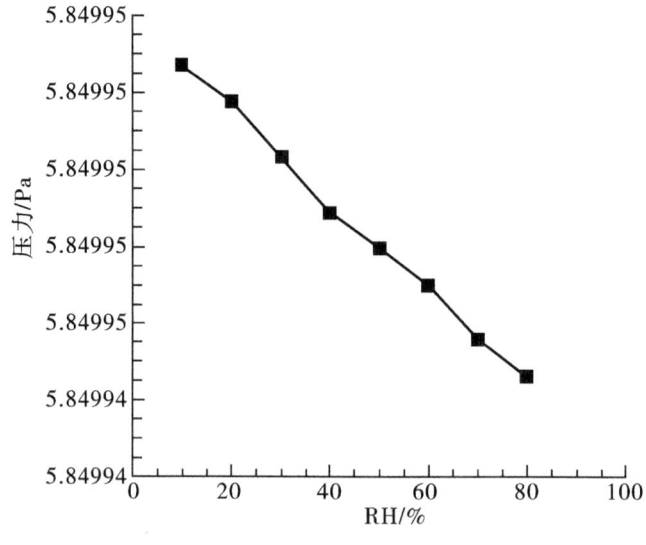

图6-154　不同湿度下的测点压力

从图6-154可以看出，随着环境湿度的增加，压力逐渐减小。但是其压力变化范围很小，整个变化范围只有0.00001 Pa；与其他两个因素相比较，环境湿度的变化对整个测量结果的影响很小，在一定程度上可以忽略湿度对结果的影响。

4）小结

本节采用数值模拟方法对多孔介质在环境温度、压力、湿度变化时的体积流量变化进行模拟，结果表明：

①在实验中压力 P 和温度 T 对流量值有较为明显的影响；

②环境温度的变化对圆形截面测流流量计测量结果的影响最明显，其次是环境压力，而环境湿度的变化对整个结果几乎没有影响；

③为保证试验结果的准确性，要控制环境温度范围和测量时的大气压在一定范围内，而环境湿度因素在一定条件下可以不考虑；

④由于在实际使用过程中会有部分杂质、灰尘等混入多孔介质中，导致其孔隙率等一系列基本属性的变化，使得测量时流量-压力的线性关系发生改变，因此需要对使用过后的多孔介质材料的流量-压力线性关系曲线进行重新标定，以确保实验结果的准确。

6.5.3　通风率检测设备过程信号分析及采集研究

6.5.3.1　通风率检测设备过程信号采集平台搭建

（1）NI多功能测量系统介绍

根据对各检测设备过程信号的分析，采用NI多功能测量系统对各仪器电机传感器信号和电磁阀信号进行采集,进一步研究试样在测量过程中传感器输出的实时值。所用的功能模块主要包括:LabVIEW 开发软件、PXI 机箱、示波器模块、组隔离多功能数采模块和高速多功能数采模块。利用基于软件的模块化仪器,可实现仪器级别的高精高速测量,更为重要的是可以根据需要进行任意自定义的开发。

1)LabVIEW 开发软件

LabVIEW 软件是 NI 设计平台的核心,也是开发测量系统的软件工具。LabVIEW 开发环境集成了测量系统快速构建各种应用所需的所有工具,是各模块组合应用的基础平台。

2)PXI 机箱

机箱包括 NI PXIe-8135 RT 处理模块和 NI PXIe-1085 机箱。NI PXIe-8135 RT 处理模块配置有高带宽 PXI Express 嵌入式控制器,具有高达 8 GB/s 的系统带宽和 2 GB/s 的插槽带宽;NI PXIe-1085 机箱带有 16 个混合插槽,1 个 PXI Express 系统定时插槽,每插槽高达 4 GB/s 的专用带宽,12 GB/s 的系统带宽。该机箱确保各检测模块和处理模块实现高速通信。

3)示波器模块

示波器模块采用的是 NI PXIe-5122 套件,可以实现 100 MS/s 的实时采样,2.0 GS/s 的等效时段采样,用于采集信号处理前检测器输出的模拟信号。

4)组隔离多功能数采模块

组隔离多功能数采模块采用的是 NI PXIe-6528 套件,包含 24 路通道间光隔离漏极/源极输入(± 60 V DC),用于采集实验过程中幅值高于 5 V 的电平信号。

5)高速多功能数采模块

高速多功能数采模块采用的是 NI PXIe-6368 套件,包含 48 条数字 I/O 线(其中 32 条为 10 MHz 硬件定时线),4 路 32 位计数器/定时器,针对 PWM、编码器、频率、事件计数。用于采集实验过程中的并口输出信号和记录脉冲个数。

(2)通风率检测设备数采系统硬件组成

根据上述对各通风率检测设备过程信号的分析,利用 NI 多功能测量系统采集仪器 A 过程数据所需要用到的模块为:LabVIEW 开发软件、PXI 机箱、高速多功能数采模块和组隔离多功能数采模块。真空电池阀信号为 12 V 或 24 V 的高电平信号,利用组隔离多功能数采模块采集真空电池阀信号变化来控制传感器信号采集的起始时间和结束时间;传感器输出 0~5 V 的直流电压信号,可以通过高速多功能数采模块采集;再通过 LabVIEW 软件设计采集传感器的输出信号,并使之采样频率为 100 Hz。图 6-155 为仪器 A 数采模块组成。

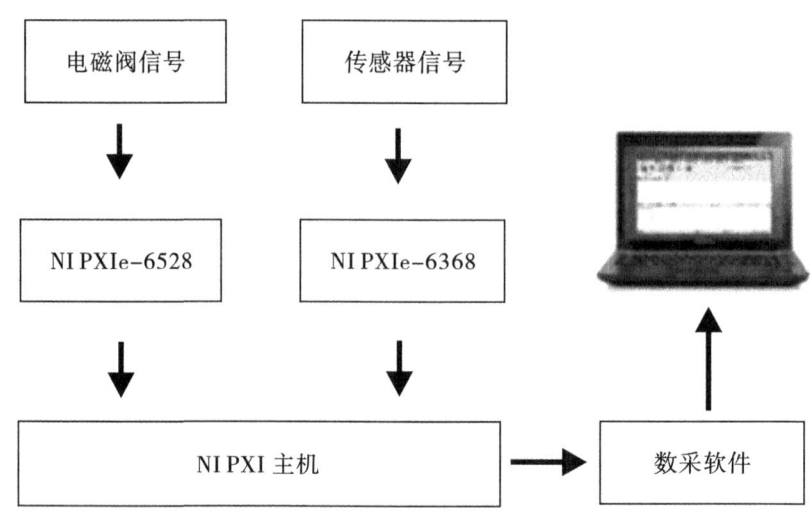

图 6-155 仪器 A 数采模块组成

6.5.3.2 通风率检测设备过程信号采集分析

(1) 仪器 A 过程信号采集

将标准棒和试样放入测头,运行仪器 A,在重复性模式下和料斗进样模式下进行测量,真空阀信号和传感器输出信号同时采集并传输至 NI PXIe-8135 RT 处理模块;一个测量周期检测器所测的过程数据曲线如图 6-156 ~ 图 6-158 所示。

图 6-156 仪器 A 标准棒 A 测试过程电压完整数据曲线

图 6-157 仪器 A 标准棒 A 测试过程电压稳定段数据曲线

图 6-158 仪器 A 烟支测试过程电压完整数据曲线

根据图 6-156 ~ 6-158 所展示的标准棒和实物烟支的电压曲线变化说明标准棒和样品在整个测试过程中传感器检测到的压力变化基本一致;经过一定时间传感器测得的压力值会趋于稳定,在稳定时段传感器输出电压波动对应的通风率计算值的波动不到 1%。

(2) 仪器 B 过程信号采集

将标准棒和试样放入测头,运行仪器 B,在重复性模式下和料斗进样模式下进行测量,真空阀信号和传感器输出信号同时采集并传输至 NI PXIe-8135 RT 处理模块;一个测量周期检测器所测的过程数据曲线如图 6-159 ~ 图 6-161 所示。

图 6-159　仪器 B 标准棒 A 测试过程电压完整数据曲线　　图 6-160　仪器 B 标准棒 A 测试过程电压稳定段数据曲线　　图 6-161　仪器 B 烟支测试过程电压完整数据曲线

根据图 6-159～图 6-161 所示的标准棒和实物烟支电压曲线变化说明：经过一定时间，传感器测得压力值会趋于稳定，在烟支测量时传感器稳定时间不到 2 s，标准棒持续抽吸时大约在 3 s 后稳定。稳定时段的电压波动在经过一定数据处理后对应的通风率值波动可以控制在 1% 以内。

(3) 仪器 C 过程信号采集

将标准棒和试样放入测头，运行仪器 C，在重复性模式下和料斗进样模式下进行测量，电机信号和检测器输出信号同时采集并传输至 NI PXIe-8135 RT 处理模块；一个测量周期检测器所测的过程数据曲线如图 6-162～图 6-164 所示。

图 6-162　仪器 C 标准棒 A 测试过程电压完整数据曲线　　图 6-163　仪器 C 标准棒 A 测试过程电压稳定段数据曲线　　图 6-164　仪器 C 烟支测试过程电压完整数据曲线

根据图 6-162～图 6-164 所示的标准棒和实物烟支的电压曲线变化说明：经过不到 1 s 时间传感器测得的压力值就会趋于稳定，稳定时段的电压波动在经过一定数据处理后对应的通风率值波动可以控制在 1% 以内。根据图 6-164 所示，可以判断仪器 C 具备直接测量滤嘴通风、纸通风和总通风的功能。

(4) 仪器 D 过程信号采集

将试样放置在夹持器上，运行仪器 D，在重复性模式下进行测量，电磁阀信号和传感器输出信号同时采集并传输至 NI PXIe-8135 RT 处理模块；一个测量周期检测器所测的过程数据曲线如图 6-165～图 6-168 所示。

图 6-165 仪器 D 标准棒 A 测试过程电压完整数据曲线　　图 6-166 仪器 D 标准棒 A 测试过程电压稳定段数据曲线　　图 6-167 仪器 D 烟支测试滤嘴通风率传感器输出数据曲线　　图 6-168 仪器 D 烟支测试纸通风率传感器输出数据曲线

根据图 6-165~图 6-168 所示的标准棒和实物烟支的电压曲线变化说明：经过超过 3 s 时间传感器测得的压力值才会趋于相对稳定，稳定时段的电压波动较大。根据图 6-167、图 6-168 所示，仪器 D 两个传感器在测量过程中输出信号干扰比较大，需要对信号滤波后再进行通风率值测量。

(5) 仪器 E 过程信号采集

将试样放置在夹持器上，运行仪器 E，在重复性模式下进行测量，电磁阀信号和传感器输出信号同时采集并传输至 NI PXIe-8135 RT 处理模块；一个测量周期检测器所测的过程数据曲线如图 6-169~图 6-171 所示。

图 6-169 仪器 E 标准棒 A 测试过程电压完整数据曲线　　图 6-170 仪器 E 标准棒 A 测试过程电压稳定段数据曲线　　图 6-171 仪器 E 烟支测试纸通风率传感器输出数据曲线

根据图 6-169 和图 6-170 所示的标准棒的电压曲线变化说明，仪器校准经过不到 1 s 时间传感器测得压力值就会趋于稳定，稳定时段的电压波动在经过一定数据处理后对应的通风率值波动可以控制在 1% 以内。根据图 6-171 所示，可以判断仪器 E 在测量实物时传感器在大于 1 s 时稳定。

(6) 仪器 F 过程信号采集

将试样放置在夹持器上，运行仪器 F，在重复性模式下进行测量，电磁阀信号和传感器输出信号同时采集并传输至 NI PXIe-8135 RT 处理模块；一个测量周期检测器所测的过程数据曲线如图 6-172~图 6-174 所示。

6 卷烟和滤棒物理性能综合测试台通用技术条件研究

图6-172 仪器F标准棒A测试过程电压完整数据曲线

图6-173 仪器F标准棒A测试过程电压稳定段数据曲线

图6-174 仪器F烟支测试纸通风率传感器输出数据曲线

根据图6-172～图6-174所示的标准棒和实物烟支的电压曲线变化说明：经过不到1 s时间传感器测得压力值就会趋于稳定,可以判断仪器F在测量实物时传感器在大于1 s时稳定,同时判断仪器F具备直接测量滤嘴通风、纸通风和总通风的功能。

6.5.4 通风率检测设备试样测试比对

针对本项目研究的英国斯茹林公司的QTM5C单元和C2测试台通风率测量单元,法国索定公司SODIMAX综合测试台的PDV通风率检测单元,博瓦特公司的DT-PV+通风率单机测量仪,欧美利华的OM-VL综合测试台的通风率检测量单元,瑞拓的DR通风率检测量单元,首先通过大量的试样分析各通风率检测设备测量差异。

（1）实验试样

连续生产的卷烟,包括二类常规硬包、一类常规软包。

（2）实验方案

1）调整通风率测头测量高度。

2）用22.96%和40.2%的标准棒对各仪器进行标定,并验证所有标准棒。

3）在仪器A、B、C、D、E上分别进行6组试样,每组30支。

（3）实验数据

每台仪器连续测量6组,每组试样设定为30支,取各组的平均值进行统计分析。各组平均值见表6-90。各仪器测量各牌号试样的均值分布见图6-175。

表6-90 不同仪器测量不同牌号试样的组测量均值

温度	22.3 ℃	湿度	61.4%	大气压	102.1 kPa
仪器	仪器A	仪器B	仪器C	仪器D	仪器E
工前	22.97%	23.20%	22.86%	22.89%	22.70%
工毕	23.25%	23.28%	23.02%	22.72%	22.60%

续表 6-90

硬包	1	31.60%	31.80%	30.70%	33.79%	30.79%
	2	31.50%	32.50%	31.00%	32.87%	31.87%
	3	31.60%	32.10%	31.70%	32.70%	30.00%
	4	31.60%	32.80%	30.90%	31.90%	30.90%
	5	31.40%	32.40%	31.80%	31.80%	30.80%
	6	31.50%	33.50%	32.10%	33.10%	32.10%
	平均值	31.53%	32.52%	31.37%	32.69%	31.08%
软包	1	33.10%	35.10%	32.76%	32.67%	32.37%
	2	32.60%	34.60%	32.97%	32.20%	32.15%
	3	32.90%	34.90%	34.10%	34.10%	32.10%
	4	32.80%	34.20%	33.20%	34.20%	31.20%
	5	33.00%	34.00%	33.00%	35.00%	33.00%
	6	32.70%	34.70%	33.70%	33.70%	31.70%
	平均值	32.85%	34.58%	33.29%	33.65%	32.09%

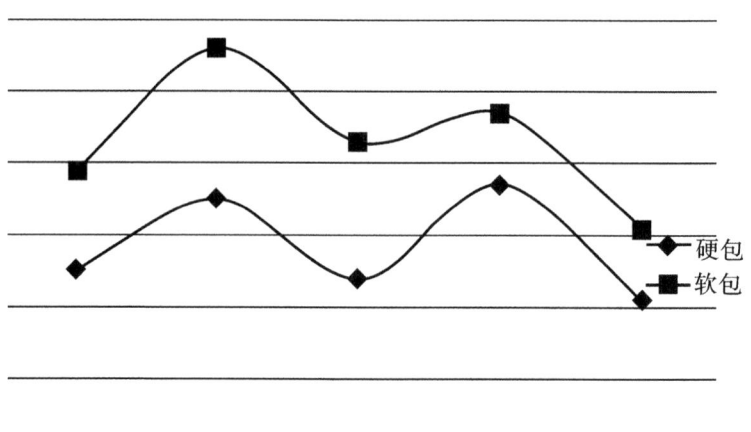

图 6-175 不同仪器测量试样均值分布

(4) 实验结论

使用仪器 A、B、C、D、E 共 5 种仪器测试总通风率时结果存在一定差异。

6.5.5 通风率影响因素分析及研究

6.5.5.1 通风率影响因素分析和标准平台搭建

(1) 通风率影响因素分析

GB/T 22838.15—2009《卷烟和滤棒物理性能的测定 第15部分:卷烟 通风的测定 定义和测量原理》中对通风率的规定:通风率检测设备通过测头中乳胶管闭合可以将烟支分隔在不同独立的通风室,底部接抽吸管路,CFO产生一个恒定的17.5 mL/s的抽吸流量作用在烟支滤嘴端,测头中通风室产生一个气流经层流元件,通过测量管路和压力传感器测得压力值,通过校准换算就可以得到相应的通风率值。

$$V_F = \frac{Q_F}{Q} \times 100\% \tag{6-75}$$

$$V_P = \frac{Q_P}{Q} \times 100\% \tag{6-76}$$

$$V = V_F + V_P = \frac{Q_F + Q_P}{Q} \times 100\% \tag{6-77}$$

式中:V——总通风率,%;

V_F——滤嘴通风率,%;

V_P——纸通风率,%;

Q——总气流量,17.5 mL/s;

Q_F——滤嘴气流量,mL/s;

Q_P——纸气流量,mL/s。

可以从以下方面对通风率测量的影响因素展开分析:

1) 校准方式

标准棒对仪器校准过程产生较大影响,可能引入误差。

2) 测量系统误差

通风率检测设备的测量系统误差主要由传感器和层流元件组成,分析主要误差的来源。

3) 测头

测头的结构目前存在两段式乳胶管和三段式乳胶管,不同的测头测得总通风是直接测量或叠加,测试结果可能会存在差异。

4) CFO

CFO产生标准17.5 mL/s的流量,流量的改变可能会对测试结果产生影响。

5) 抽吸管路压降

抽吸管路从CFO前端开始通到大气,抽吸管路压降会导致17.5 mL/s流量的变化,对结构产生影响。

6) 测量管路压降

测量管路从传感器前端开始通到大气,测量管路压降会对测量状态产生扰动导致结果变化。

7) 保留时间

标准棒或样品的抽吸过程中气流逐步趋于稳定,不同的保留时间测得的数值可能有差异。

8) 温度

机箱内温度变化可能对气流和传感器产生影响,进而导致测量结果变化。

(2) 标准平台搭建

根据对通风率测量的影响因素的分析,对每一个因素单独展开研究,需要设计一个平台可以独立控制,该平台既符合测量原理,又可以对每个影响因素单独调节,结构如图6-176所示。实验平台可更换CFO、层流元件,可调节抽吸管路和测量管路压降,结构简单,操作性维护性强。

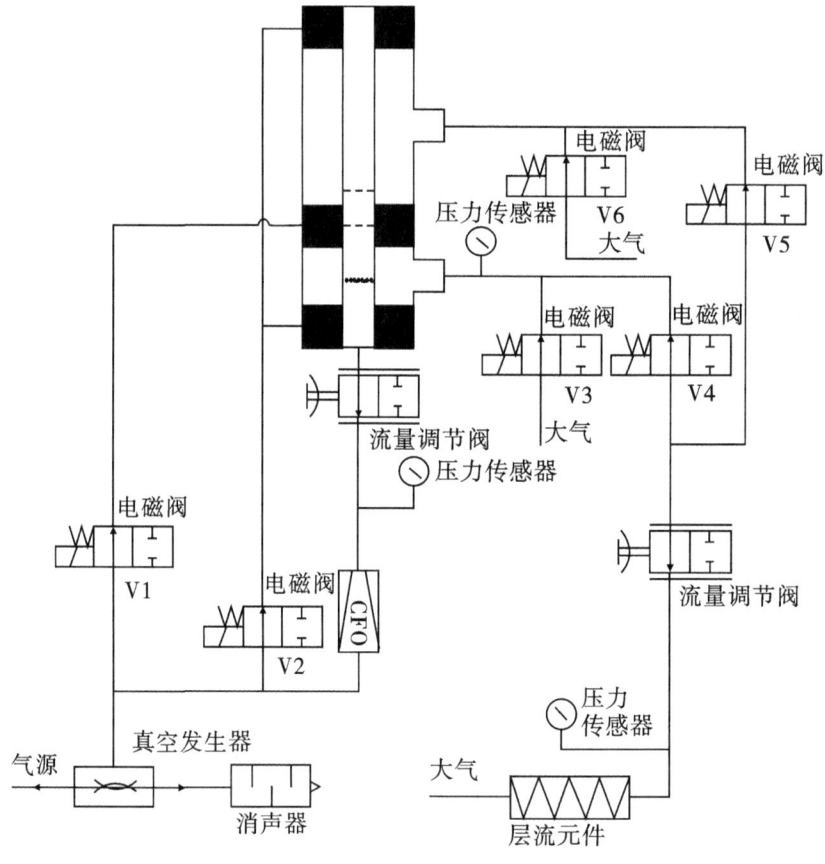

图6-176 通风率实验平台原理

将压力接入平台中,负压发生器产生负压,通过各个阀的开关可进行放入样品、标准棒、等待、抽吸、结束、排出等一系列过程,压降调节阀可调节抽吸管路和测量管路压降,可通过微差压传感器通过测量点持续观测各点位压降,进行采集。本项目中,校准方式、抽吸管路压降、测量管路压降、保留时间的研究都需要通过此标准平台完成。

6.5.5.2 通风率影响因素研究

(1) 校准方式研究

标准棒是通风率检测设备的溯源件,其标定值将影响仪器校准过程。GB/T 22838.15—2009《卷烟和滤棒物理性能的测定 第15部分:卷烟 通风的测定 定义和测量原理》和JJG(烟草)01—2012《卷烟和滤棒物理性能综合测试台检定规程》规定标准棒的准确度不小于2%,目前在用的标准棒精度都满足以上条件,法定计量部门能对标准棒进行计量确认。

1) 实验目的

由于仪器校准方式存在差异,目前存在用标准棒校准和仪器自校准两种方式,本小节主要研究不同校准方式对测量结果的影响。

2) 实验试样

通风率标准棒一套。

3) 实验步骤

①用电磁阀切换使17.5 mL/s的流量通过层流元件,记录传感器数值;
②将100%标准棒(阻值1000 Pa)放入测头,进行抽吸,记录传感器数值;
③将标准棒A、B分别放入测头,进行抽吸,记录传感器数值;
④数据处理,比较不同校准方式下标准棒A、B的通风率数值差异。

4) 实验数据

不同校准方式层流元件压降如表6-91所示。

表6-91 不同校准方式层流元件压降   单位:Pa

标准棒	校准方式	
	自校准	标准棒校准
100%	5.93	5.84
标棒A	2.32	2.32
标棒B	1.36	1.36

5) 数据处理

标准棒抽吸时层流元件的压降值除以100%气流通过层流元件的压降值就是对应的通风率值。不同校准方式通风率如表6-92所示。

表6-92 不同校准方式通风率

标准棒	校准方式	
	自校准	标准棒校准
标棒A	39.10%	39.70%
标棒B	22.93%	23.30%

6）结论

实验表明，不同校准方式对测试结果会产生影响。

(2) 传感器研究

1）实验目的

研究各通风率仪压力传感器的计量特性，验证压力传感器准确度是否满足1% F.S.的要求。

2）实验原理图

实验原理如图6-177所示。将Setra 869、Fluke台式数字万用表和电脑连接。

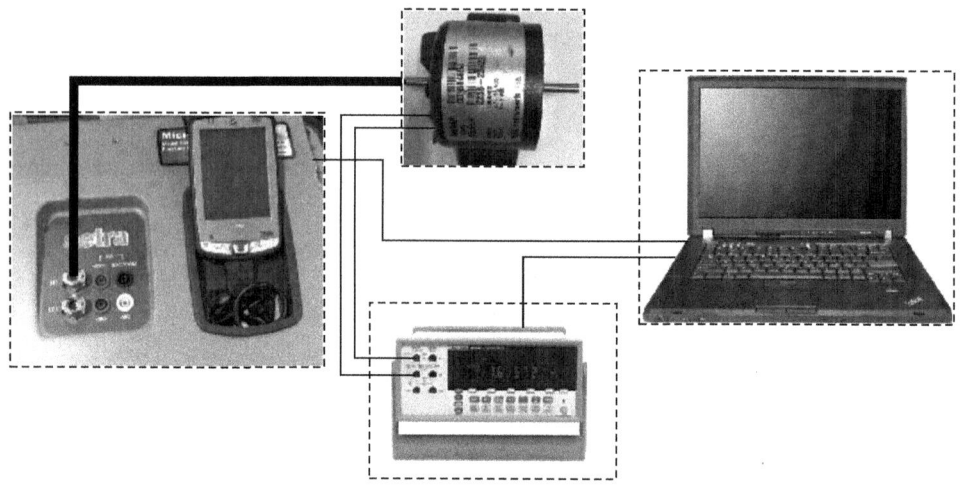

图6-177 实验原理

3）实验设备

①各种类型压力传感器参数如表6-93所示。

表6-93 各压力传感器参数

传感器制造商	型号	满量程电压	满量程压差
SETRA	264	5 V	25 Pa
ASHCROFT	RXLdp	10 V	25 Pa
ASHCROFT	DXLdp	5 V	0.1 inWC
MKS	225A	5 V	0.2 cmWC
SETRA	239	5 V	20 Pa

②Setra 869：准确度等级为0.05级，显示分辨率0.01 Pa，最小微调刻度为0.01 Pa。

③Fluke台式数字万用表：精度为0.000001 V。

④稳压电源。

4）实验步骤（传感器验证）

①对Setra 869清零，传感器两端通大气，通过电脑采集软件采集压力传感器输出电压。

②设置Setra 869压力为2 Pa(2.5 Pa)，待数值稳定后，同步采集精密数显压力计读

数和压力传感器输出电压。

③从 4 Pa(5 Pa)开始至 20 Pa(25 Pa),以 2 Pa(2.5 Pa)为梯度重复步骤②依次进行数据采集。

④设置 Setra 869 压力超过 20 Pa(25 Pa),一段时间后再设置 Setra 869 压力回到 20 Pa(25 Pa),同步采集精密数显压力计读数和压力传感器输出电压。

⑤从 18 Pa(22.5 Pa)开始至 2 Pa(2.5 Pa)以 2 Pa(2.5 Pa)为梯度重复步骤②依次进行数据采集。

⑥断开传感器两端,使之通大气,同步采集精密数显压力计读数和压力传感器输出电压。

⑦更换其他厂家压力传感器,重复步骤①~⑥完成各压力传感器数据的采集。

5)数据处理方法

通过压力传感器的输入压力和输出电压确定压力传感器的特征曲线:

$$U = SP + B \tag{6-78}$$

式中:U——输出电压;

S——灵敏度,等于输入电压和输出压力最小二乘法拟合曲线的斜率:

$$S = \frac{\left(\frac{1}{n}\sum P_i\right)\left(\frac{1}{n}\sum U_i\right) - \left(\frac{1}{n}\sum P_i U_i\right)}{\left(\frac{1}{n}\sum P_i\right)^2 - \left(\frac{1}{n}\sum P_i^2\right)} \tag{6-79}$$

式中:P——输入压力;

B——零点输出电压,等于输入电压和输出压力最小二乘法拟合曲线的截距:

$$B = \frac{\left(\sum P_i^2\right)\left(\sum U_i\right) - \left(\sum P_i\right)\left(\sum P_i U_i\right)}{n\left(\sum P_i^2\right) - \left(\sum P_i\right)^2} \tag{6-80}$$

将输入压力代入特征方程,得到对应的理想输出电压:

$$U_{理想i} = SP_i + B \tag{6-81}$$

理想输出电压与输出电压的偏差为

$$\Delta U_i = U_i - U_{理想i} = U_i - (SP_i + B) \tag{6-82}$$

各压力点的精度 A 为

$$A = \frac{|\Delta U_i|}{U_{max}} \tag{6-83}$$

式中:U_{max}——满量程输出电压。

测量偏差为

$$\Delta P = \frac{U_i - B}{S} - U_i \tag{6-84}$$

6)实验数据

各压力传感器测量数据如表 6-94 ~ 表 6-98 所示。升程和降程特征曲线如图 6-178 ~ 图 6-182 所示。

表6-94 SETRA(25 Pa)传感器测量数据

序号	压力/Pa	上行					下行				
		电压/mV	理想电压/mV	偏差/mV	精度/%	测量误差/Pa	电压/mV	理想电压/mV	偏差/mV	精度/%	测量误差/Pa
1	0	180.0	185.6	−5.6	−0.11	−0.0280	181.0	173.6	7.4	0.15	0.0370
2	2.5	680.7	678.1	2.55	0.05	0.0130	664.1	667.1	−3.05	−0.06	−0.0150
3	5	1172.2	1170.6	1.59	0.03	0.0080	1156.7	1160.6	−3.86	−0.08	−0.0195
4	7.5	1663.6	1663.1	0.46	0.01	0.0025	1650.0	1654.1	−4.09	−0.08	−0.0205
5	10	2153.9	2155.6	−1.7	−0.03	−0.0085	2145.7	2147.6	−1.9	−0.04	−0.0095
6	12.5	2649.6	2648.1	1.5	0.03	0.0075	2642.4	2641.1	1.3	0.03	0.0065
7	15	3143.9	3140.6	3.3	0.07	0.0165	3136.0	3134.6	1.4	0.03	0.0070
8	17.5	3635.4	3633.1	2.3	0.05	0.0115	3631.0	3628.1	2.9	0.06	0.0145
9	20	4127.7	4125.6	2.1	0.04	0.0105	4125.0	4121.6	3.4	0.07	0.0170
10	22.5	4616.8	4618.1	−1.3	−0.03	−0.0065	4616.1	4615.1	1	0.02	0.0050
11	25	5106.4	5110.6	−4.2	−0.08	−0.0210	5105.5	5108.6	−3.1	−0.06	−0.0155
特征曲线		$y=197.0x+185.6$					$y=197.4x+173.6$				

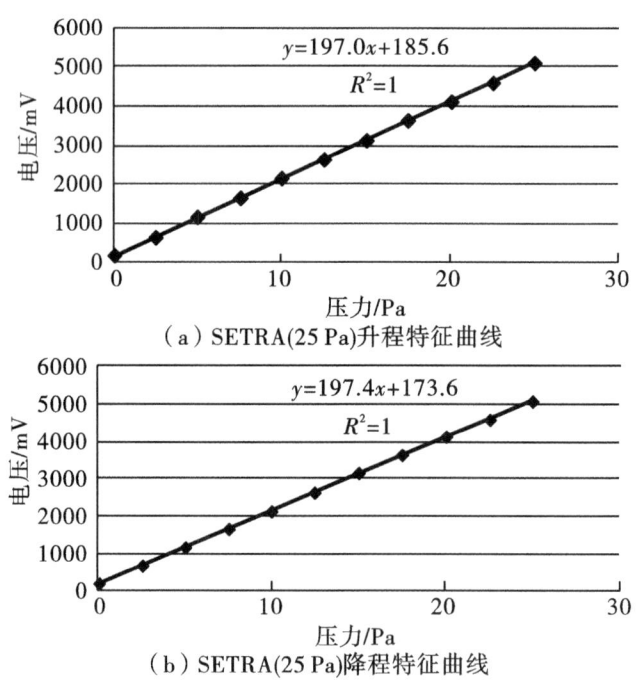

(a) SETRA(25 Pa)升程特征曲线

(b) SETRA(25 Pa)降程特征曲线

图6-178 SETRA(25 Pa)传感器特征曲线

表6-95 ASHCROFT(10 V)传感器测量数据

序号	压力/Pa	上行					下行				
		电压/mV	理想电压/mV	偏差/mV	精度/%	测量误差/Pa	电压/mV	理想电压/mV	偏差/mV	精度/%	测量误差/Pa
1	0	93.8	41.15	52.65	0.53	0.1307	139.4	43.89	95.48	0.95	0.2387
2	2.5	1081.3	1113.9	−32.57	−0.33	−0.0814	1087.3	1116.39	−29.07	−0.29	−0.0727
3	5	2147.3	2186.65	−39.35	−0.39	−0.0984	2154.5	2188.89	−34.39	−0.34	−0.0860
4	7.5	3241.7	3259.4	−17.7	−0.18	−0.0443	3244.5	3261.39	−16.89	−0.17	−0.0422
5	10	4305.1	4332.15	−27.05	−0.27	−0.0676	4306.9	4333.89	−26.99	−0.27	−0.0675
6	12.5	5387.3	5404.9	−17.6	−0.18	−0.0440	5389.9	5406.39	−16.49	−0.16	−0.0412
7	15	6471.2	6477.65	−6.45	−0.06	−0.0161	6472.0	6478.89	−6.89	−0.07	−0.0172
8	17.5	7540.6	7550.4	−9.8	−0.10	−0.0245	7549.7	7551.39	−1.69	−0.02	−0.0042
9	20	8623.9	8623.15	0.75	0.01	0.0019	8622.2	8623.89	−1.69	−0.02	−0.0042
10	22.5	9705.4	9695.9	9.5	0.10	0.0238	9704.9	9696.39	8.51	0.09	0.0213
11	25	10806	10768.65	37.75	0.38	0.0944	10808	10768.89	39.41	0.39	0.0985
特征曲线		$y=429.1x+41.15$					$y=429.0x+43.89$				

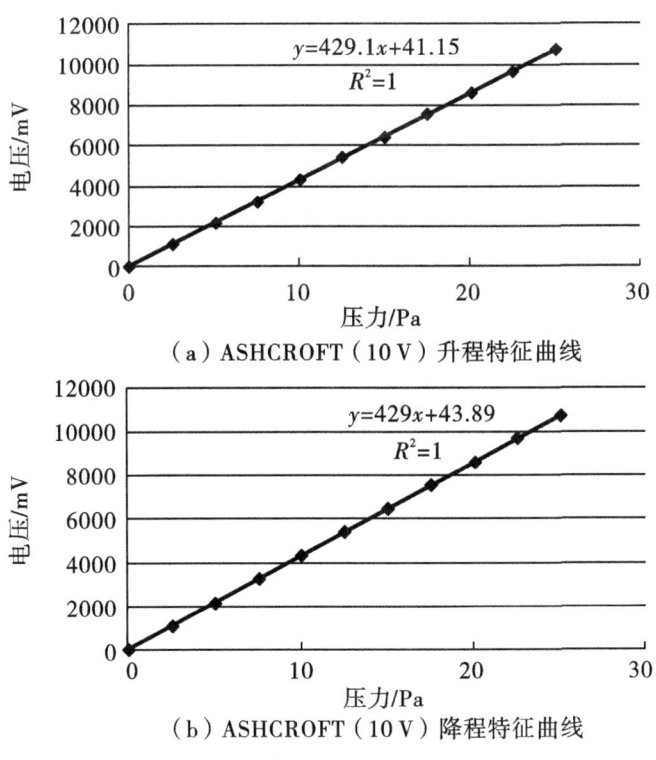

(a) ASHCROFT (10 V) 升程特征曲线

(b) ASHCROFT (10 V) 降程特征曲线

图6-179 ASHCROFT(10 V)传感器特征曲线

表 6-96 ASHCROFT(5 V)传感器测量数据

序号	压力/Pa	上行					下行				
		电压/mV	理想电压/mV	偏差/mV	精度/%	测量误差/Pa	电压/mV	理想电压/mV	偏差/mV	精度/%	测量误差/Pa
1	0	378.42	420.2	-41.78	-0.84	-0.2090	358.9	389.7	-30.78	-0.62	-0.1539
2	2.5	950.3	925.95	24.37	0.49	0.1219	910.4	896.45	13.99	0.28	0.0700
3	5	1452.1	1431.7	20.37	0.41	0.1018	1414.7	1403.2	11.48	0.23	0.0574
4	7.5	1950.1	1937.45	12.63	0.25	0.0631	1919.1	1909.95	9.15	0.18	0.0457
5	10	2455.2	2443.2	12	0.24	0.0600	2422.3	2416.7	5.6	0.11	0.0280
6	12.5	2955.2	2948.95	6.25	0.13	0.0313	2929.3	2923.45	5.85	0.12	0.0293
7	15	3458.1	3454.7	3.4	0.07	0.0170	3433.2	3430.2	3	0.06	0.0150
8	17.5	3985.6	3960.45	25.15	0.50	0.1258	3936.4	3936.95	-0.55	-0.01	-0.0027
9	20	4458.1	4466.2	-8.1	-0.16	-0.0405	4440.7	4443.7	-3	-0.06	-0.0150
10	22.5	4958.4	4971.95	-13.55	-0.27	-0.0678	4947.2	4950.45	-3.25	-0.07	-0.0163
11	25	5460.5	5477.7	-17.2	-0.34	-0.0860	5458.2	5457.2	1	0.02	0.0050
特征曲线		$y=202.3x+420.2$					$y=202.7x+389.7$				

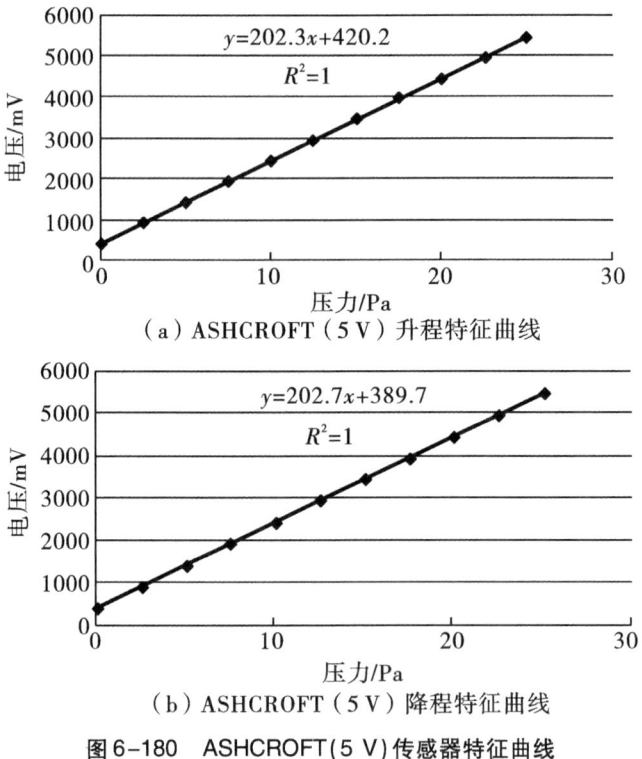

(a) ASHCROFT(5 V)升程特征曲线

(b) ASHCROFT(5 V)降程特征曲线

图 6-180 ASHCROFT(5 V)传感器特征曲线

表6-97 MKS传感器测量数据

序号	压力/Pa	上行					下行				
		电压/mV	理想电压/mV	偏差/mV	精度/%	测量误差/Pa	电压/mV	理想电压/mV	偏差/mV	精度/%	测量误差/Pa
1	0	160.6	156	4.58	0.09	0.0183	157.67	126.1	31.57	0.63	0.1263
2	2	665.2	665.4	−0.2	0.00	−0.0008	626.2	637.7	−11.5	−0.23	−0.0460
3	4	1173.4	1174.8	−1.4	−0.03	−0.0056	1141.5	1149.3	−7.77	−0.16	−0.0311
4	6	1681.2	1684.2	−3	−0.06	−0.0120	1652.3	1660.9	−8.6	−0.17	−0.0344
5	8	2190.0	2193.6	−3.6	−0.07	−0.0144	2164.2	2172.5	−8.3	−0.17	−0.0332
6	10	2708.3	2703	5.3	0.11	0.0212	2683.2	2684.1	−0.9	−0.02	−0.0036
7	12	3213.7	3212.4	1.3	0.03	0.0052	3192.5	3195.7	−3.2	−0.06	−0.0128
8	14	3717.4	3721.8	−4.4	−0.09	−0.0176	3707.8	3707.3	0.5	0.01	0.0020
9	16	4227.8	4231.2	−3.4	−0.07	−0.0136	4219.2	4218.9	0.3	0.01	0.0012
10	18	4743.2	4740.6	2.6	0.05	0.0104	4738.2	4730.5	7.7	0.15	0.0308
11	20	5253.7	5250	3.7	0.07	0.0148	5252.6	5242.1	10.5	0.21	0.0420
特征曲线		$y=254.7x+156$					$y=255.8x+126.1$				

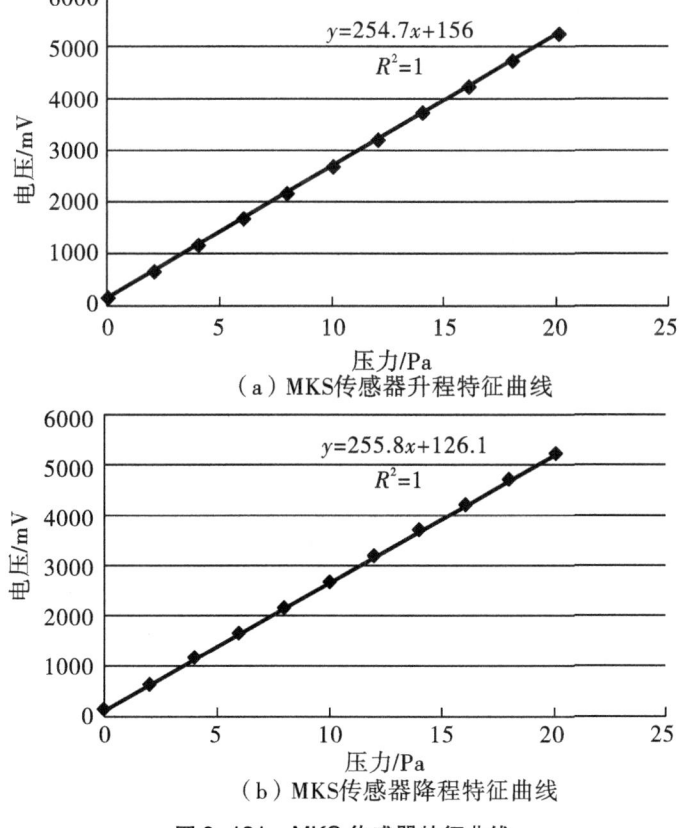

(a) MKS传感器升程特征曲线

(b) MKS传感器降程特征曲线

图6-181 MKS传感器特征曲线

表 6-98　SETRA（20 Pa）传感器测量数据

序号	压力/Pa	上行					下行				
		电压/mV	理想电压/mV	偏差/mV	精度/%	测量误差/Pa	电压/mV	理想电压/mV	偏差/mV	精度/%	测量误差/Pa
1	0	−1408.8	−1428	19.16	0.38	0.0766	−1409.9	−1429.0	19.1	0.38	0.0764
2	2	−939.8	−930.2	−9.59	−0.19	−0.0384	−940.5	−931.2	−9.32	−0.19	−0.0373
3	4	−439.5	−432.4	−7.12	−0.14	−0.0285	−440.7	−433.4	−7.3	−0.15	−0.0292
4	6	58.6	65.4	−6.788	−0.14	−0.0272	57.8	64.4	−6.577	−0.13	−0.0263
5	8	560.4	563.2	−2.76	−0.06	−0.0110	559.4	562.2	−2.83	−0.06	−0.0113
6	10	1060.4	1061	−0.57	−0.01	−0.0023	1059.4	1060.0	−0.63	−0.01	−0.0025
7	12	1557.3	1558.8	−1.53	−0.03	−0.0061	1556.2	1557.8	−1.57	−0.03	−0.0063
8	14	2055.4	2056.6	−1.2	−0.02	−0.0048	2055.9	2055.6	0.3	0.01	0.0012
9	16	2554.1	2554.4	−0.3	−0.01	−0.0012	2552.6	2553.4	−0.8	−0.02	−0.0032
10	18	3055.9	3052.2	3.7	0.07	0.0148	3053.8	3051.2	2.6	0.05	0.0104
11	20	3554.4	3550	4.4	0.09	0.0176	3554.6	3549.0	5.6	0.11	0.0224
特征曲线		$y=248.9x-1428$					$y=248.9x-1429$				

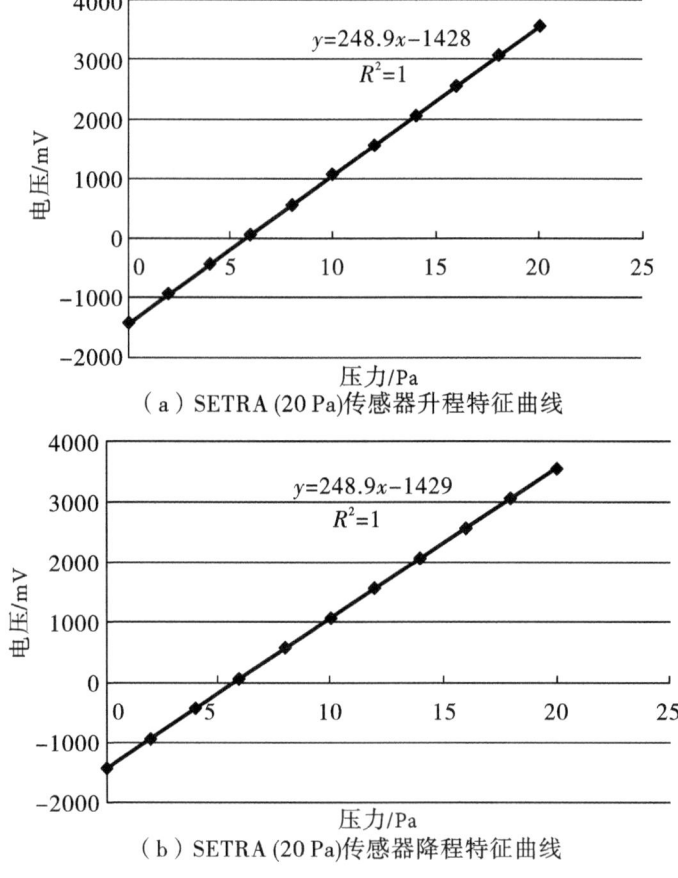

（a）SETRA（20 Pa）传感器升程特征曲线

（b）SETRA（20 Pa）传感器降程特征曲线

图 6-182　SETRA（20 Pa）传感器特征曲线

压力传感器升程和降程各点精度的最大值汇总如表6-99所示。

表6-99 压力传感器升程和降程各点精度的最大值汇总

传感器型号	升程精度	降程精度
SETRA 264	0.11%	0.15%
ASHCROFT RXLdp	0.53%	0.63%
ASHCROFT DXLdp	0.84%	0.62%
MKS 225A	0.11%	0.63%
SETRA 239	0.76%	0.37%

7）小结

由表6-99可知，各通风率仪所用的压力传感器均满足精度1.0%F.S.的要求。

（3）测头结构研究

1）实验目的

针对三段式乳胶管的测头，研究总通风直接测量时中部乳胶管张开和闭合的结果以及总通风由纸通风和嘴通风相加得到的结果之间的差异。

2）实验试样

烟支样品。

3）实验步骤

①针对本子项目，项目组设计了通风率实验平台（见图6-183），设计电磁阀时序试实验平台（见表6-100）满足实验要求。

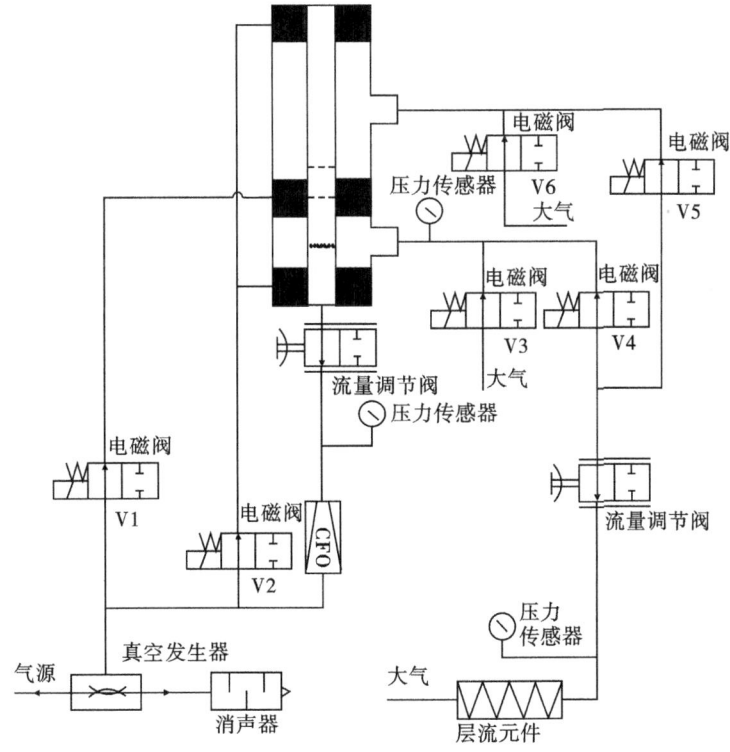

图6-183 通风率实验平台原理

表 6-100　实验平台电磁阀时序

电磁阀	测量要求					
	V1	V2	V3	V4	V5	V6
中部乳胶管打开测总通风率	通	断	断	通	断	断
中部乳胶管闭合测总通风率	断	断	断	通	通	断
中部乳胶管闭合测滤嘴通风率	断	断	断	通	通	断
中部乳胶管闭合测纸张通风率	断	断	通	断	断	通

该测头可以通过电磁阀切换分别实现纸通风、嘴通风、中间乳胶管打开状态的总通风、中间乳胶管闭合状态的总通风,并有效采集测量数据。

②首先将样品编号,将100%通风率棒进行测量,记录压降。

③将样品逐一放入测头,进行抽吸,分别记录样品在中间乳胶管打开状态测总通风率时传感器数值,样品在中间乳胶管闭合状态测总通风率时传感器数值,样品在中间乳胶管闭合状态测总通风率层流元件压降以及样品在中间乳胶管闭合状态测总通风率层流元件压降并记录数据。

4）实验数据

中部乳胶管开闭层流元件压降如表 6-101 所示。

表 6-101　中部乳胶管开闭层流元件压降　　　　　单位:Pa

100%气流通过层流元件的压降值		8.92 Pa	
样品	中部乳胶管打开测总通风率	中部乳胶管闭合测总通风率	中部乳胶管闭合测滤嘴通风率	中部乳胶管闭合测纸张通风率
1	3.39	3.32	2.53	0.78
2	2.96	2.95	2.32	0.64
3	2.83	2.76	1.93	0.82
4	3.27	3.19	2.47	0.72
5	2.91	2.87	2.10	0.77
6	3.13	3.08	2.45	0.66
7	3.04	2.98	2.36	0.64
8	3.19	3.15	2.42	0.72
9	3.20	3.14	2.35	0.80
10	3.38	3.36	2.61	0.75

5)数据处理

样品抽吸时层流元件的压降值除以100%气流通过层流元件的压降值就是对应的通风率值。中部乳胶管开闭通风率如表6-102所示。

表6-102　中部乳胶管开闭通风率　　　　　　　　　单位:%

样品	中部乳胶管打开测总通风率	中部乳胶管闭合测总通风率	中部乳胶管闭合测滤嘴通风率	中部乳胶管闭合测纸张通风率
1	38.00	37.22	28.36	8.74
2	33.18	33.07	26.01	7.17
3	31.73	30.94	21.64	9.19
4	36.66	35.76	27.69	8.07
5	32.62	32.17	23.54	8.63
6	35.09	34.53	27.47	7.40
7	34.08	33.41	26.46	7.17
8	35.76	35.31	27.13	8.07
9	35.87	35.20	26.35	8.97
10	37.89	37.67	29.26	8.41
平均值	35.09	34.53	26.39	8.18

6)小结

实验表明,不同的测量方式测量总通风存在差异,测总通风率时中间乳胶管打开测得的值都比中间乳胶管闭合测得的值大0.5%左右;在中间乳胶管闭合状态下测得的总通风率与分别测得纸通风和嘴通风相加得到的值,比较吻合。

(4)CFO研究

随着仪器的正常使用,CFO在测量过程中会出现一定改变。

1)实验目的

通过安装不同流量的CFO测试,研究不同的流量对试样测量结果的影响。

2)实验试样

通风率标准棒一套。

3)实验步骤

①用标准流量计对CFO进行流量检测,并记录数据。

②安装该CFO,用100%标准棒校准后测试不同标准棒数值。

③更换CFO,重复步骤①和②并记录数据。

4)实验数据

不同流量下层流元件压降如表6-103所示。

表6-103　不同流量下层流元件压降　　　　　　　　　　　单位:Pa

标准棒	流量/(mL/s)				
	17.83	17.67	17.5	17.33	17.17
100%标准棒	5.92	5.86	5.8	5.75	5.69
标准棒A	2.32	2.31	2.29	2.27	2.25
标准棒B	1.33	1.32	1.31	1.31	1.30

5)数据处理

标准棒抽吸时层流元件的压降值除以100%气流通过层流元件的压降值就是对应的通风率值。不同流量下标准棒通风率如表6-104所示。

表6-104　不同流量下标准棒通风率　　　　　　　　　　　单位:%

标准棒	流量/(mL/s)				
	17.83	17.67	17.5	17.33	17.17
标准棒A	39.19	39.42	39.48	39.48	39.54
标准棒B	22.47	22.53	22.59	22.78	22.85

6)小结

实验证明不同流量的CFO对测试结果会产生影响,17.5±0.3 mL/s的流量,对结果的影响大约为0.3%。

(5)抽吸管路压降研究

1)实验目的

抽吸管路是指17.5 mL/s气流通过侧头到CFO流经管路产生的压降,仪器本身存在抽吸管路压降,不同仪器由于管路结构和装置的差异,抽吸管路压降存在差异,本小节探究不同抽吸管路压降对测量结果的影响。

2)实验试样

通风率标准棒一套。

3)实验步骤

①在CFO前端设置一个压力测量点。

②调节抽吸管路压降调节阀,记录抽吸管路压降。

③标准平台分别抽吸100%标准棒、A标准棒、B标准棒,分别记录层流元件的压降值。

④重复步骤②和③并记录数据。

4)实验数据

不同抽吸管路压降下的层流元件压降如表6-105所示。

表6-105 不同抽吸管路压降下的层流元件压降　　　　　单位：Pa

抽吸管路压降	A 标准棒	B 标准棒	100% 标准棒
33	1.36	2.32	5.86
66	1.36	2.32	5.86
112	1.36	2.32	5.85
200	1.35	2.31	5.84
250	1.34	2.3	5.84

5）数据处理

样品抽吸时层流元件的压降值除以100%气流通过层流元件的压降值就是对应的通风率值。不同抽吸管路压降下的标准棒通风率如表6-106所示。

表6-106 不同抽吸管路压降下的标准棒通风率　　　　　单位：%

抽吸管路压降/Pa	A 标准棒	B 标准棒	100% 标准棒
33	23.21	39.59	100.00
66	23.21	39.59	100.00
112	23.25	39.66	100.00
200	23.12	39.55	100.00
250	22.95	39.38	100.00

6）小结

实验说明，抽吸管路在200 Pa之内，基本不会对测量造成影响。

（6）测量管路压降研究

1）实验目的

仪器本身存在测量管路压降，不同仪器由于管路结构和装置的差异，测量管路压降存在差异，本小节探究不同测量管路压降对测量结果的影响。

2）实验试样

通风率标准棒一套。

3）实验步骤

①用100%标准棒校准，测出测量管路压降，记录不同标准棒数值。

②调节测量管路压降调节阀，用100%标准棒对平台校准，测出测量管路压降，记录不同标准棒数值。

③重复步骤②并记录数据。

4）实验数据

不同测量管路压降下层流元件压降如表6-107所示。

表6-107 不同测量管路压降下层流元件压降   单位:Pa

标准棒	测量管路压降				
	10.1 Pa	15.6 Pa	19.8 Pa	24.7 Pa	34.5 Pa
100%标准棒	5.68	5.68	5.68	5.68	5.68
A标准棒	2.19	2.2	2.19	2.19	2.18
B标准棒	1.23	1.24	1.23	1.22	1.22

5)数据处理

标准棒抽吸时层流元件的压降值除以100%气流通过层流元件的压降值就是对应的通风率值。不同测量管路压降下标准棒通风率如表6-108所示。

表6-108 不同测量管路压降下标准棒通风率

标准棒	测量管路压降				
	10.1 Pa	15.6 Pa	19.8 Pa	24.7 Pa	34.5 Pa
A标准棒	38.56%	38.73%	38.56%	38.56%	38.38%
B标准棒	21.65%	21.83%	21.65%	21.48%	21.48%

6)小结

实验证明测量管路压降对测试结果会产生影响,20 Pa压差的测量管路压降,对结果的影响大约为0.5%。

(7)保留时间研究

1)实验目的

仪器测试本身需要一个稳定的过程,稳定过程中数据可能在变化,在不同变化状态下采集得到的数值是否准确在本小节进行研究。

2)实验试样

①通风率标准棒一套。

②样品。

3)实验步骤

①将传感器连接压降测量点对仪器进行持续采集。

②将标准棒放入测头进行持续抽吸,观察数值变化。

③更换样品重复步骤②并记录数据。

4)实验数据

标准棒和烟支持续抽吸测量层流管压力的传感器信号变化曲线如图6-184~图6-191所示。

6 卷烟和滤棒物理性能综合测试台通用技术条件研究

图6-184 标准棒持续抽吸测量层流管压力的传感器信号变化曲线

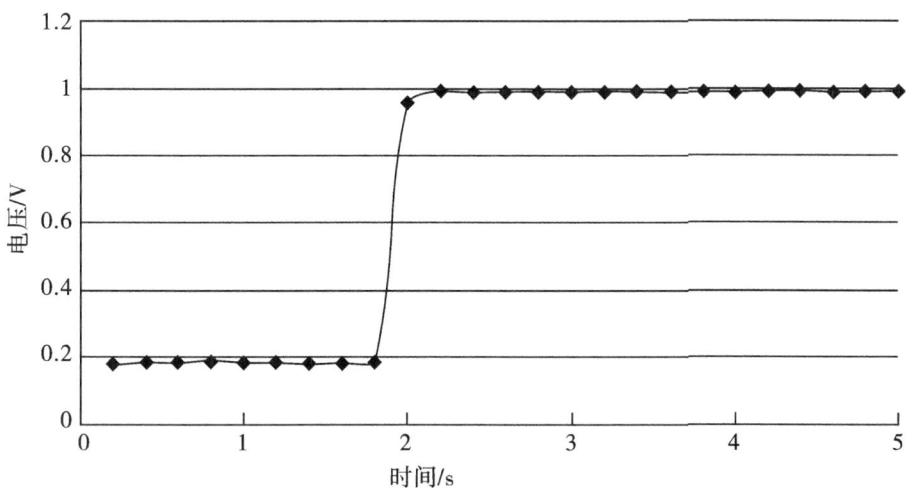

图6-185 标准棒持续抽吸测量层流管压力前5 s的传感器信号变化曲线

图6-186 烟支持续抽吸测量层流管压力的传感器信号变化曲线

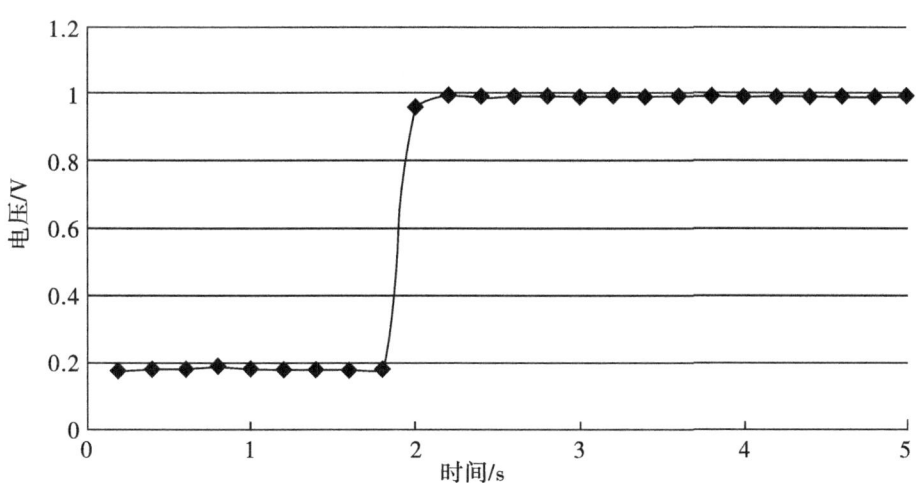

图6-187 烟支持续抽吸测量层流管压力前5 s的传感器信号变化曲线

图 6-188　标准棒持续抽吸测量烧结头层流元件压力的传感器信号变化曲线

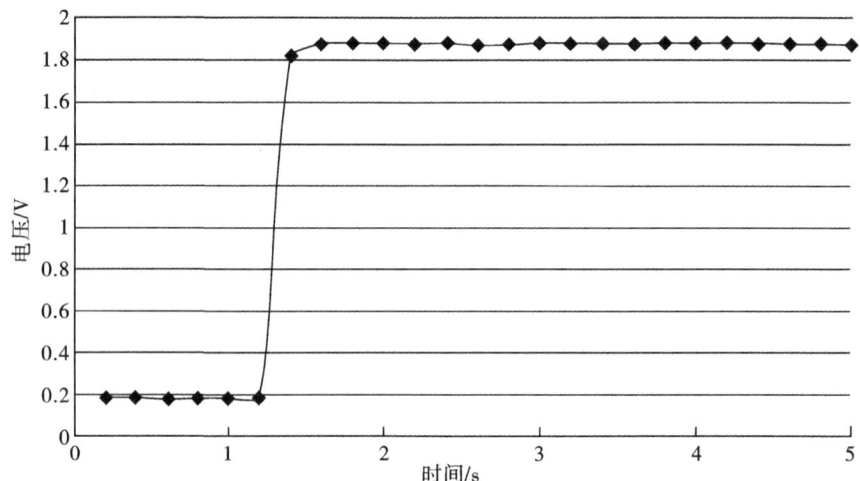

图 6-189　标准棒持续抽吸测量烧结头层流元件压力前 5 s 的传感器信号变化曲线

图 6-190　烟支持续抽吸测量烧结头层流元件压力的传感器信号变化曲线

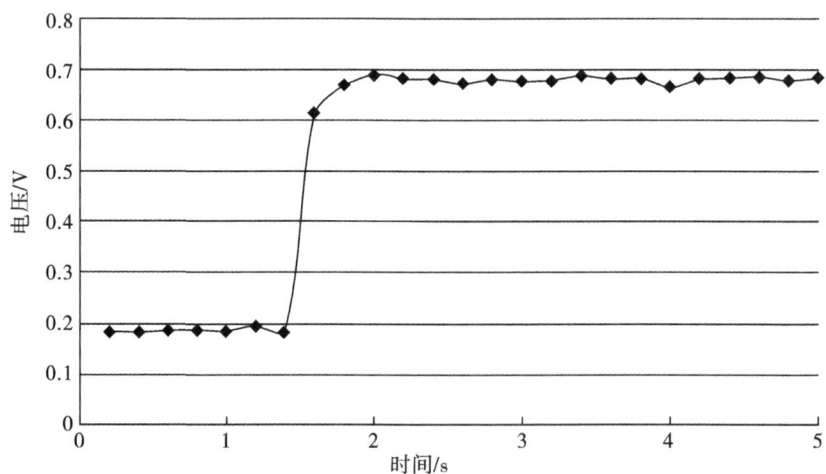

图 6-191　烟支持续抽吸测量烧结头层流元件压力前 5 s 的传感器信号变化曲线

5)小结

实验证明,不管是标准棒还是样品,数值基本都能在 1 s 之后到达稳定,顶持续抽吸数值基本不会发生改变,鉴于仪器数采数据,由于不同仪器差异,稳定时间不一样,保留时间设定为 2~4 s 能保证数据可靠性。

(8)温度研究

1)实验目的

GB/T 22838.15—2009《卷烟和滤棒物理性能的测定 第 15 部分:卷烟 通风的测定 定义和测量原理》对检测过程中的大气环境进行了规定,但是在测试过程中随时间推移,机箱内的温度与环境温度存在着一定的差异,本小节研究不同温度对仪器检测结果是否有影响。

2)实验试样

通风率标准棒一套。

3)实验步骤

①将平台放入恒温恒湿箱中,设置标准温湿度。
②将传感器连接压降测量点对仪器进行持续采集。
③将 100% 标准棒放入测头进行持续抽吸,记录数据。
④更换标准棒,重复步骤③并记录数据。
⑤更改恒温恒湿箱温度,重复步骤③并记录数据。
⑥重复步骤④并记录数据。

4)实验数据

不同温度下标准棒压降如表 6-109 所示。

表 6-109 不同温度下标准棒压降 单位:Pa

标准棒	温度				
	20 ℃	21 ℃	22 ℃	23 ℃	24 ℃
100% 标准棒	—	—	5.93	—	—
A 标准棒	2.26	2.26	2.28	2.29	2.3
B 标准棒	1.29	1.3	1.31	1.32	1.33

5)数据处理

标准棒抽吸时层流元件的压降值除以 100% 气流通过层流元件的压降值就是对应的通风率值。不同温度下标准棒通风率如表 6-110 所示。

表6-110 不同温度下标准棒通风率

标准棒	温度				
	20 ℃	21 ℃	22 ℃	23 ℃	24 ℃
A标准棒	38.11%	38.11%	38.45%	38.62%	38.79%
B标准棒	21.75%	21.92%	22.09%	22.26%	22.43%

6)小结

实验证明温度对测试结果会产生影响,在 GB/T 16447—2004《烟草及烟草制品 调节和测试的大气环境》规定的测试大气条件下,对结果的影响大约为0.34%。

6.5.6 通用技术条件

YC/T 546—2016《卷烟通风率检测设备通用技术条件》对卷烟通风率检测设备进行了深入研究,从仪器原理、结构设计、计量特性等方面进行了详细分析,项目系统研究分析了仪器的计量特性和仪器结构或装配的各相关因素,逐一对这些因素进行实验验证,确定其对测试结果的影响程度,提出卷烟通风率检测设备通用技术条件如下。

(1)工作条件

仪器使用环境应满足 GB/T 16447—2004《烟草及烟草制品 调节和测试的大气环境》规定的测试大气条件。

(2)外观要求

仪器铭牌清晰,表面不应有裂缝、变形现象;金属零件不应有锈蚀及机械损伤;接插件应牢固可靠;气管及接头应均不漏气;开关、按钮应无失控现象,显示器等附属设备工作正常。

(3)测头

1)卷烟的输出端插入测头包覆深度应为9 mm。

2)测量过程中,测头应保证密封性良好。

3)上部乳(硅)胶管上端面不应超过卷烟上端面。

4)测量总通风率时,中部乳(硅)胶管应闭合,且不应包裹卷烟纸,在不堵塞打孔位置下尽可能包裹接装纸。

(4)零点

1)每次校准前应采集零点。

2)仪器验证前应采集零点。

3)每批试样测试前应采集零点。

(5)校准和测量方式

1)校准时,应采用通风率标准棒进行校准。

2)测量时,进入层流元件的气流应直接来自测试环境。

(6)层流元件

1)层流元件分为层流管和多孔介质两种类型。

2)层流元件不应破损、污染、堵塞、变形。(层流元件宜采用层流管结构)
(7)传感器
1)精度:(0~20)Pa 范围内精度优于1.0%。
2)测量范围:应不小于20 Pa。
3)传感器需有温度补偿功能。
(8)仪器量程
仪器量程应满足(0~100)%。
(9)仪器分辨力
仪器分辨力应满足0.1%。
(10)保留时间
保留时间应满足(2~4)s。
(11)样品输出端气流流量
样品或通风率标准棒输出端的气流体积流量应满足:(17.5±0.3)mL/s。
(12)通风率测量管路压降
测量管路压降应小于20 Pa。
(13)抽吸管路压降
抽吸管路中压降应小于200 Pa。
(14)通风率标准棒
1)通风率标准棒不应破损、污染、堵塞、变形。
2)通风率标准棒必须经过溯源。
3)用两根通风率标准棒进行校准的仪器,两标准棒的标称值相差不小于30%。
4)通风率标准棒应符合JJG(烟草)17—2002《烟草专用通风率标准棒检定规程》的要求。
5)通风率标准棒压降应满足(1000±200)Pa。
6)仪器除配置通风率校准棒,还应另配备通风率检查棒,对仪器性能进行检查。
(15)标准恒流孔(CFO)
1)标准恒流孔必须经过溯源。
2)标准恒流孔应符合JJG(烟草)16—2002《烟草专用标准恒流孔检定规程》的要求。
3)标准恒流孔临界状态下气流体积流量应满足:(17.5±0.1)mL/s。
(16)具有自动校准功能的通风率仪
仪器必须具备外校功能。

6.6 卷烟和滤棒硬度测试设备的通用技术条件研究

6.6.1 卷烟和滤棒硬度检测设备工作原理和计量特性

6.6.1.1 工作原理

目前行业在用的硬度检测设备主要生产厂家包括：英国斯茹林公司，法国索定公司，德国博瓦特公司，北京欧美利华科技有限公司和成都瑞拓科技实业有限公司，各仪器原理如图 6-192～图 6-196 所示。

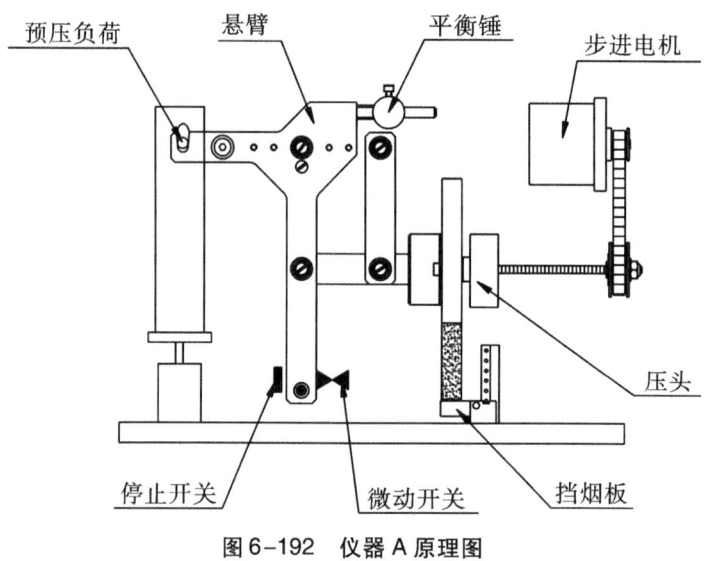

图 6-192 仪器 A 原理图

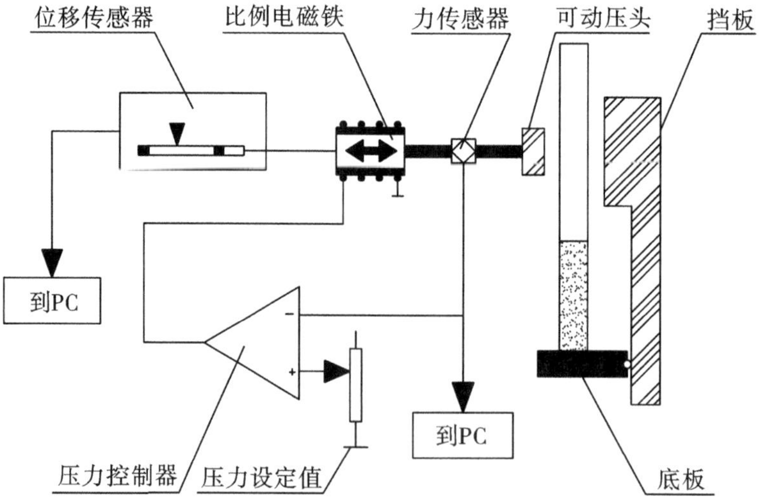

图 6-193 仪器 B 原理图

6 卷烟和滤棒物理性能综合测试台通用技术条件研究

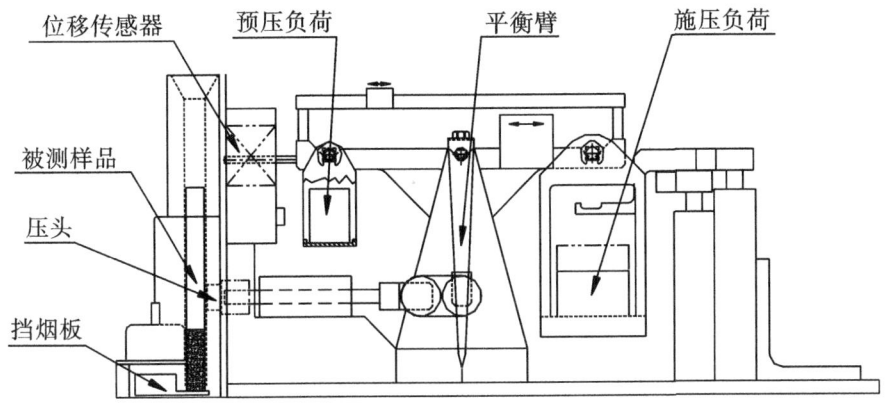

图 6-194 仪器 C 原理图

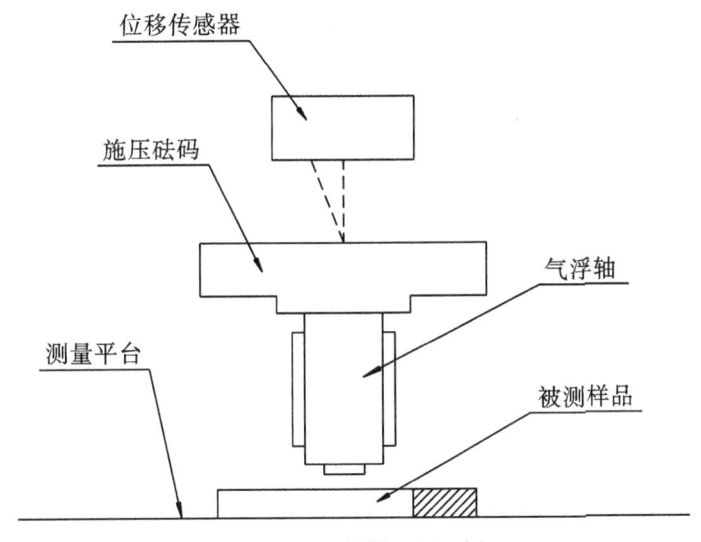

图 6-195 仪器 D 原理图

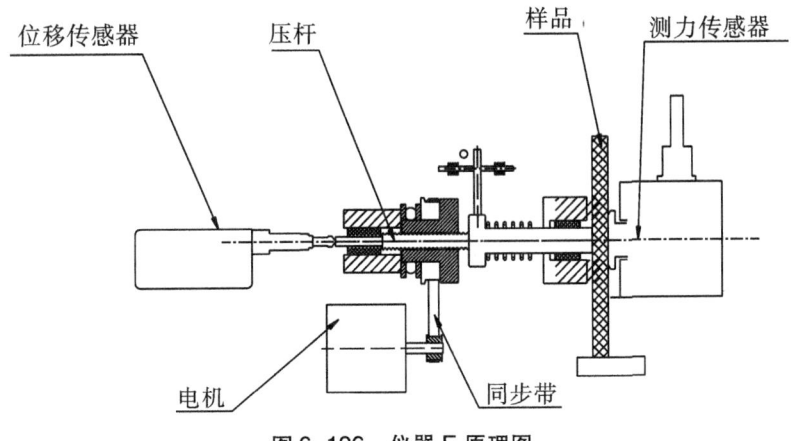

图 6-196 仪器 E 原理图

力的控制方式分为砝码控制和传感器控制,砝码控制是指硬度检测设备通过机械传递机构将砝码的重力转换为对样品施加的压力,而传感器控制是指通过测力传感器检测样品受到的压力。

位移测量方式分为直接测量和间接测量,其中仪器 B、仪器 D 和仪器 E 采用位移传感器直接测量位移,而仪器 A 和仪器 C 则采用间接测量。仪器 A 通过采集步进电机输出的脉冲,根据丝杆导程和细分数换算得到每个脉冲对应的位移,将该位移与脉冲数相乘即可得出测头位移,仪器 C 将测头的水平位移转换为竖直位移,通过激光传感器测量并进行转换得到测头位移。

6.6.1.2 结构特征

对硬度仪的参数设置及结构特征进行研究,参数设置主要包括预压力、全压力、预压时间和全压时间的设定值及该值是否可调;结构特征主要包括施力方式、施力方向、测头移动速度、位移测量方式、压头形状及挡板形状,如表 6-111 所示。

表 6-111 硬度检测设备结构特征调研

特征		仪器 A	仪器 B	仪器 C	仪器 D	仪器 E
预压力	预压力/N	0.098	0.196	0.098	0.098	0.098
	是否可调	否	是	否	是	是
全压力	全压力/N	2.94	2.94	2.94	2.94	2.94
	是否可调	否	是	否	是	是
预压时间	预压时间/s	1	2	1	1	1
	是否可调	是	否	是	是	是
全压时间	全压时间/s	15	15	15	15	15
	是否可调	是	是	是	是	是
施力方式		直接加载额定载荷	比例电磁铁施力,测力传感器控制	直接加载额定载荷	直接加载额定载荷	步进电机施力,测力传感器控制
施力方向		水平	水平	水平	竖直	水平
位移测量方式		步进电机	位移传感器	位移传感器	位移传感器	位移传感器
压头形状		12 mm 圆形	12 mm 圆形	12 mm 圆形	12 mm 圆形	12 mm 圆形
挡板形状		30 mm 圆形	12 mm×35 mm 长方形	20 mm×30 mm 长方形	20 mm×30 mm 长方形	22 mm 圆形

6.6.1.3 计量特性

(1) 力值研究

1) 微型测力计及其标定装置

根据硬度仪力值精度要求高,测量空间狭小的要求,引入两种进口高精度微型测力计,其实物如图6-197所示。

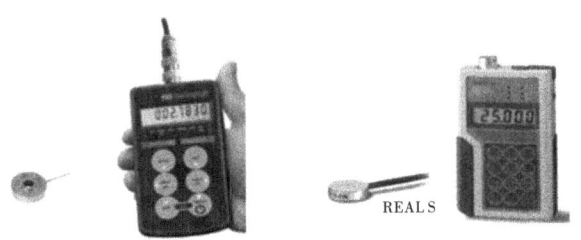

(a)美国Honeywell测力计　　(b)日本Unipulse测力计

图6-197　两种微型测力计

对于配备的微型测力计,由于目前无法对其进行检定校准,浙江中烟自行研制了一款气浮静重式微型测力传感器标定装置,专用于微型测力传感器的标定工作,确保力值测量的准确性,该装置主要包括过滤装置、精密气浮调压装置、纵向滑台、气浮轴承固定装置、导轨、气浮轴承、标定平台等机构,其结构如图6-198所示。

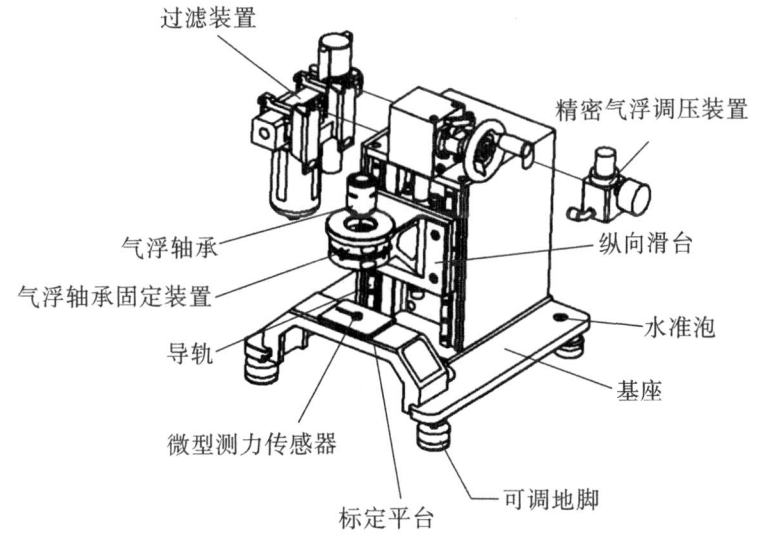

图6-198　标定装置结构

对微型测力计进行测试,测试结果如表6-112所示。基于美国Honeywell测力计的性能更加优越,故采用该测力计对各硬度仪进行力值测试及后续实验验证。

表 6-112 微型测力计测试结果　　　　　　　　　　　　　　单位:g

标准值	9	10	11	280	290	300	310	320
Honeywell测力计	9.0	10.0	11.0	279.1	289.1	299.1	309.1	319.1
Unipulse测力计	9.1	10.1	11.1	278.4	288.5	298.5	308.5	318.6

2)力值测试

将微型测力传感器放置在硬度仪测量单元中,使其凸点中心与硬度仪压头的中心保持一致,对各仪器的预压力和全压力进行测量,各仪器的预压力和全压力设定值和实测值如表 6-113 所示。

表 6-113 仪器的预压力和全压力　　　　　　　　　　　　　　单位:g

仪器	预压力		全压力	
	设定值	实测值	设定值	实测值
仪器 A	10	9.7	300	299.1
仪器 B	10	10.2	300	301.5
仪器 C	10	10.3	300	300.5
仪器 D	10	9.8	300	300.2
仪器 E	10	9.6	300	300.7

(2)时间研究

对仪器起始时刻的判定进行研究,判断该方法是否会导致时间延迟,并研究导致延迟的原因,调研结果及原因分析如表 6-114 所示。

表 6-114 仪器的预压时间和全压时间判定方法

仪器	预压时间	全压时间	是否会延迟	导致延迟原因
仪器 A	以金棒断开开始	以金棒断开开始	是	金棒接触不灵敏
仪器 B	以力传感器感知相应的力值开始	以力传感器感知相应的力值开始	否	
仪器 C	以直径变化率作为计时依据	以直径变化率作为计时依据	否	
仪器 D	以直径变化率作为计时依据	以砝码下落开始计时	否	
仪器 E	以力传感器感知相应的力值开始	以力传感器感知相应的力值开始	否	

(3) 位移研究

硬度仪测量不同直径标准棒的直径,其测量值如表6-115所示。

表6-115 各仪器直径标准棒测量值　　　　　　　　　　单位:mm

仪器	标准值				
	5.000	6.001	7.003	8.005	9.005
仪器A	5.01	6.00	7.01	8.00	9.00
仪器B	5.004	6.003	7.001	7.998	9.001
仪器C	5.00	6.00	7.01	8.00	9.00
仪器D	5.002	6.003	7.002	8.003	9.000
仪器E	5.002	6.001	7.002	8.002	9.005

6.6.2 硬度检测设备过程信号采集及研究

6.6.2.1 PLC数采系统

根据对各检测设备过程信号的分析,采用欧姆龙CJ系列PLC对各仪器位移、力值等不同输出信号进行采集,进一步研究样品在检测过程中受到的力变化情况和位移变化情况。所用的功能模块主要包括:电源模块、CPU模块、高速A/D采样模块、高速计数器模块、IO模块和高速通信模块、触摸屏。

(1) 仪器A数采系统主要组成

根据仪器A信号特点,采集模块组成主要为电源模块、CPU模块、高速脉冲计数模块、高速A/D采样模块、高速通信模块、触摸屏,如图6-199所示。

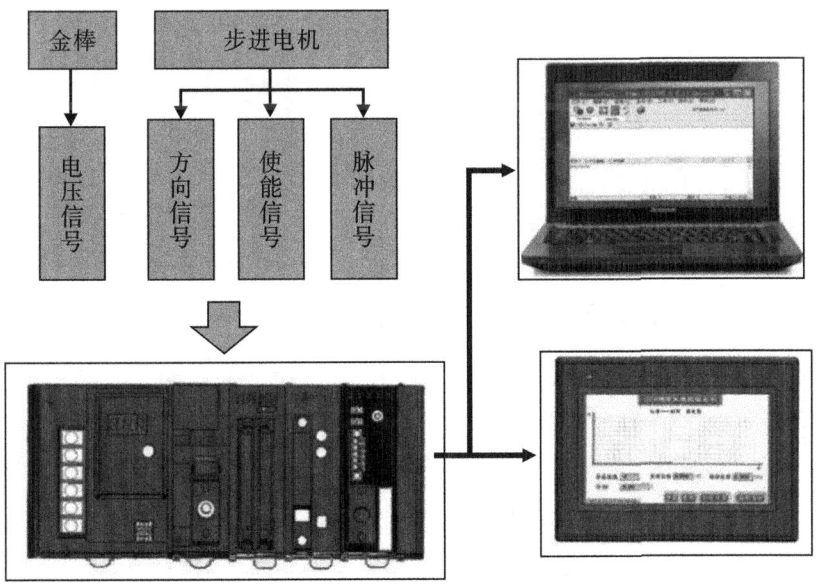

图6-199　仪器A数采模块组成

(2)仪器 B 数采系统主要组成

根据仪器 B 信号特点,采集模块组成主要为电源模块、CPU 模块、高速脉冲计数模块、高速 A/D 采样模块、高速通信模块、触摸屏,如图 6-200 所示。

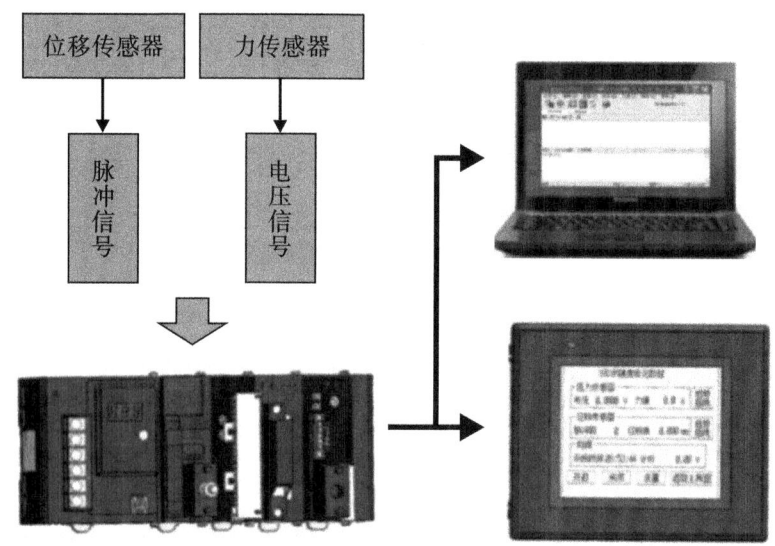

图 6-200　仪器 B 数采模块组成

(3)仪器 C 数采系统主要组成

根据仪器 C 信号特点,采集模块组成主要为电源模块、CPU 模块、IO 模块、高速通信模块、触摸屏,如图 6-201 所示。

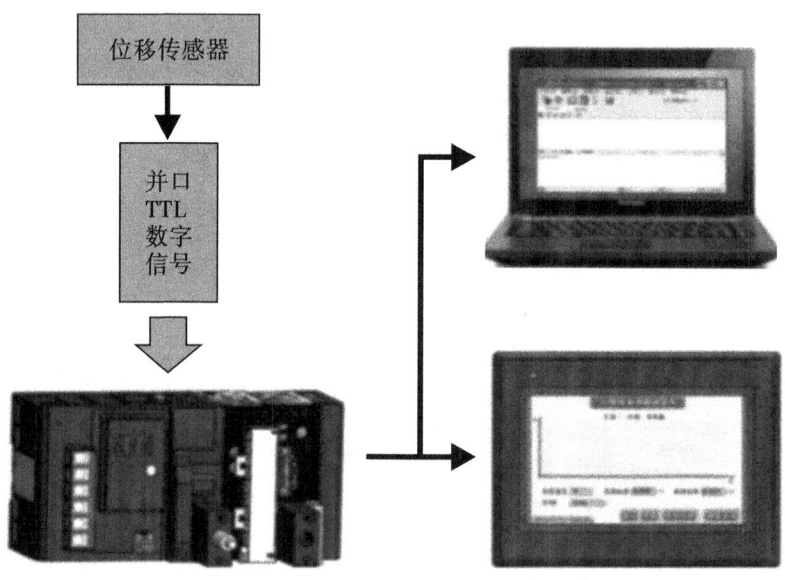

图 6-201　仪器 C 数采模块组成

(4)仪器 D 数采系统主要组成

根据仪器 D 信号特点,采集模块组成主要为电源模块、CPU 模块、高速 A/D 采样模块、高速通信模块、触摸屏,如图 6-202 所示。

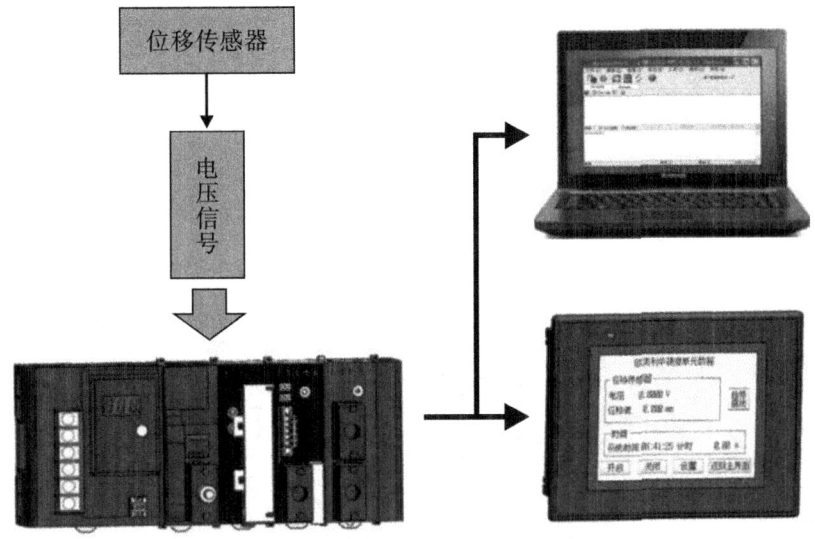

图 6-202 仪器 D 数采模块组成

位移传感器输出电压信号接线图同仪器 B,通过万用表测得位移在 3 mm~9 mm 时,输出 1.3 V~4.3 V 属于 1 V~5 V 范围,分辨力为 1/10000。经过计算可能 A/D 分辨率约为 0.8 μm,并设置高速 A/D 采样模块为单通道采样直接转换,每秒钟可达 50000 万次采样。

高速通信模块连接和设置方式同仪器 A,本仪器 PC 端可获得的数据为位移传感器电压数据、位移数据和当前系统内部计时器数据。

(5)仪器 E 数采系统主要组成

根据仪器 D 信号特点,采集模块组成主要为电源模块、CPU 模块、高速 A/D 采样模块、高速通信模块、双 RS232C 通信模块、触摸屏,如图 6-203 所示。

力传感器输出电压信号接线图同仪器 B,通过万用表测得位移在 0~350 g 时,输出 1 V~4.7 V 属于 1 V~5 V 范围,分辨力为 1/10000。经过计算可能 A/D 分辨率约为 0.038 g,并设置高速 A/D 采样模块为单通道采样直接转换,每秒钟可达 50000 万次采样。

由于位移传感器为 RS232C 串口通信,为点对点通信机制,无法多机通信,所以本系统除了传输给 PC 端的高速串口通信模块之外还增加双 RS232C 通信模块用于获取传感器实时位移值,并应答系统内部获取位移值的请求,该模块采用协议宏形式通信,设置模块通信波特率:9600;数据位:8 位;停止位:1 位;校验位:无。

高速通信模块连接和设置方式同仪器 A,本仪器 PC 端可获得的数据为位移传感器数据、力传感器电压数据、力值数据和当前系统内部计时器数据,以及仪器最终测得结果数据（包括 PCD 和 DD）。

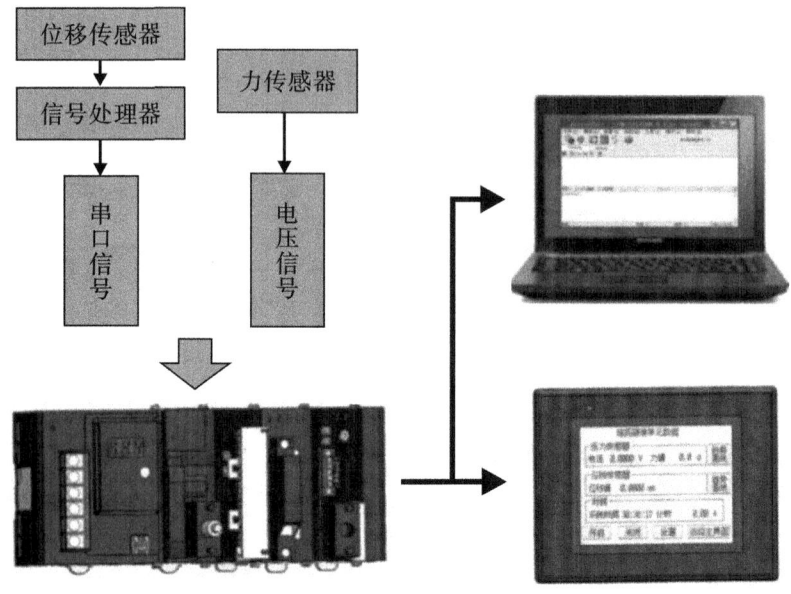

图 6-203　仪器 E 数采模块组成

6.6.2.2　硬度检测设备过程信号采集分析

(1)仪器 A 过程信号采集

将微型测力传感器固定在仪器 A 的挡板上，在重复性模式下进行测量，通过测力仪表采集测力传感器的输出值，并将数据传输至电脑；用高速计数器采集步进电机的脉冲信号、方向信号和使能信号，采样频率为 20 Hz，步进电机每个脉冲对应 4 μm，采集力和位移过程曲线如图 6-204 所示。

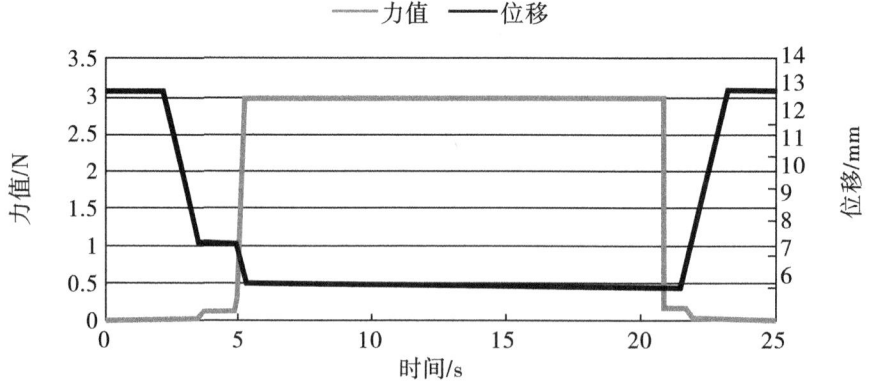

图 6-204　仪器 A 力和位移过程曲线

(2)仪器 B 过程信号研究

将仪器 B 力传感器输出的电压信号接入高速 A/D 模块,将位移传感器输出的差分脉冲信号接入高速计数器模块,对力和位移进行同步采集,采样频率为 20 Hz,采集力和位移过程曲线如图 6-205 所示。

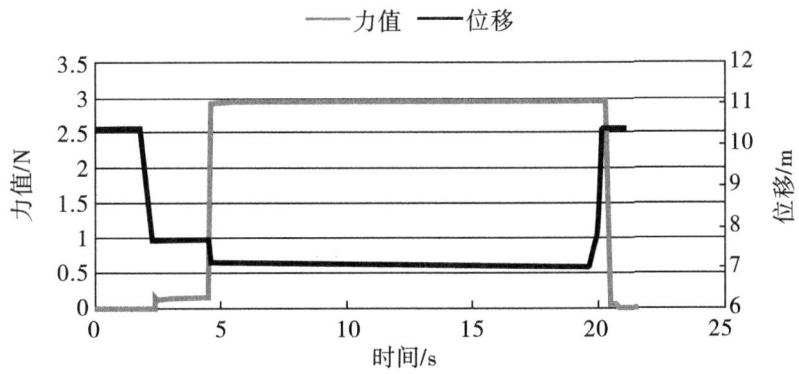

图 6-205　仪器 B 力和位移过程曲线

(3)仪器 C 过程信号研究

将微型测力传感器固定在仪器 C 的挡板上,通过测力仪表采集测力传感器的输出值,并将数据传输至电脑;将位移传感器输出的脉冲信号接入高速计数器模块,对力和位移进行同步采集,采样频率为 20 Hz,采集力和位移过程曲线如图 6-206 所示。

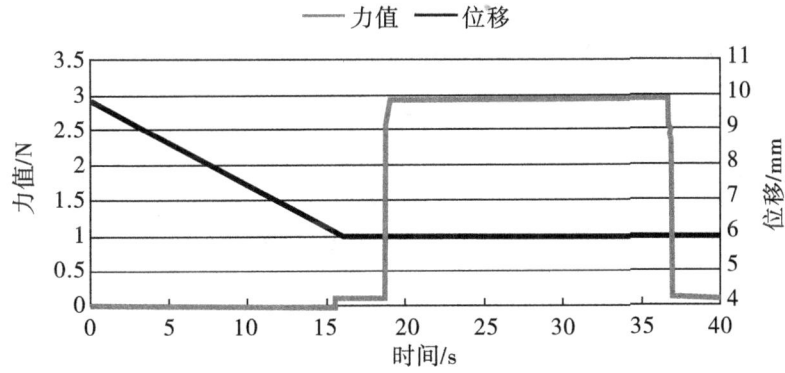

图 6-206　仪器 C 力和位移过程曲线

(4)仪器 D 过程信号研究

将微型测力传感器固定在仪器 D 的挡板上,通过测力仪表采集测力传感器的输出值,并将数据传输至电脑;将位移传感器输出的电压信号接入高速 A/D 模块,对力和位移进行同步采集,采样频率为 20 Hz,采集力和位移过程曲线如图 6-207 所示。

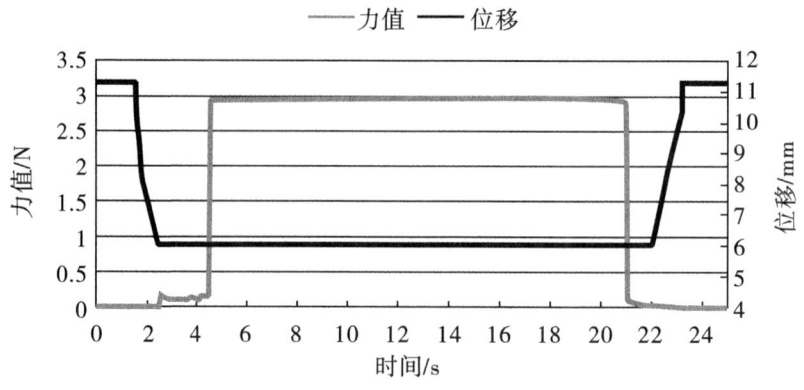

图 6-207 仪器 D 力和位移过程曲线

(5) 仪器 E 过程信号研究

将仪器 E 力传感器输出的电压信号接入高速 A/D 模块,位移传感器输出的脉冲信号经信号处理器处理后转换为串口信号,将该信号接入串口模块,对力和位移进行同步采集,采样频率为 20 Hz,采集力和位移过程曲线如图 6-208 所示。

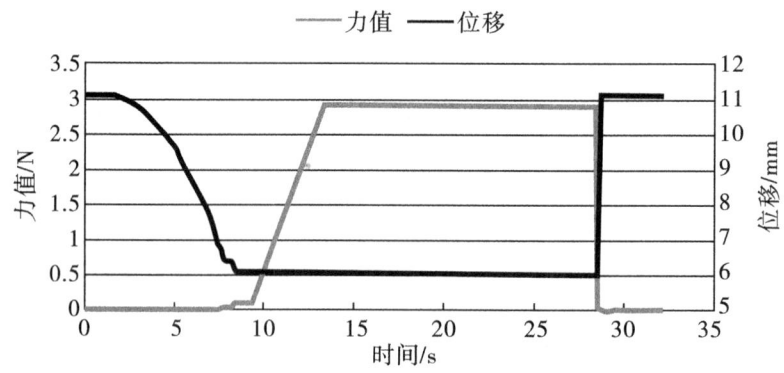

图 6-208 仪器 E 力和位移过程曲线

6.6.3 硬度影响因素分析及研究

6.6.3.1 影响因素分析

GB/T 22838.6—2009《卷烟和滤棒物理性能的测定 第 6 部分:硬度》中对硬度的规定:硬度是在一定时间内,试样的径向受到一定压力,试样受压后和受压前直径的百分比,即

$$H = \frac{d}{D} \times 100 \tag{6-85}$$

式中:H——硬度,%;

d——压缩后试样直径,mm;

D——压缩前试样直径,mm。

根据项目需要,定义如下:

1)硬度:在一定时间内,试样径向受到一定压力,试样受压后与受压前直径的百分比即为硬度。

2)受压前直径:试样经预压力作用,在预压时间结束时的直径。

3)受压后直径:试样经全压力作用,在全压时间结束时的直径。

4)预压力:为测试试样受压前直径,在一定时间内由施力机构通过压头作用在试样上持续稳定的力。

5)全压力:为测试试样受压后直径,在一定时间内由施力机构通过压头作用在试样上持续稳定的力,包括预压力和后续施加的力。

6)预压时间:预压力作用的时间。

7)全压时间:全压力作用的时间。

8)施压速度:压头接触试样时的速度。

根据硬度的定义,可以从以下方面对硬度测量的影响因素展开分析:

(1)预压力

预压力影响试样的压缩前直径,预压力越大,试样压缩前直径越小。

(2)预压时间

预压时间影响试样的压缩前直径,预压时间越长,试样压缩前直径越小。

(3)全压力

全压力影响试样的压缩后直径,全压力越大,试样压缩后直径越小。

(4)全压时间

全压时间影响试样的压缩后直径,全压时间越长,试样压缩后直径越小。

(5)施压速度

施压速度的大小可能会对压缩前直径产生影响。

(6)力传感器

对于采用力传感器进行控制的仪器,传感器的精度直接影响力值控制的准确性和稳定性。

(7)位移传感器

位移传感器对样品压缩前、后的直径进行测量,其精度直接影响测量结果的准确性。

(8)测头结构

测头结构对样品掉落的姿态有一定的影响,上、下限位通道的尺寸及位置对测试结果也会产生一定影响。

6.6.3.2 硬度影响因素研究

(1)预压力对压缩前直径影响的研究

1)实验目的

调整各仪器的预压力,研究预压力对卷烟和滤棒压缩前直径的影响。

2）实验样品

连续生产的卷烟和滤棒（滤棒需经过固化），放入恒温恒湿环境平衡 48 h。

① 卷烟：CZLQ。

② 滤棒：普通滤棒。

3）实验步骤

① 实验前记录环境温度、相对湿度及大气压；

② 设定硬度仪预压时间为 1 s，预压力设定为 10 g；

③ 对仪器 A、B、C、D、E 分别进行测试；

④ 每台仪器连续测量 6 组，每组样品设定为 30 支，取各组的平均值进行统计分析；

⑤ 预压力分别设定为 20 g 和 30 g，重复步骤②~④。

4）实验数据

各仪器测得的试样压缩前直径值如表 6-116 ~ 表 6-120 所示，绘制曲线图如图 6-209 ~ 图 6-213 所示，并采用最小二乘法计算线性回归方程，根据回归方程的斜率，得出预压力每变化 10 g 对压缩前直径的影响量，汇总如表 6-121 所示。

表 6-116　仪器 A 测试数据　　　　　　　　　　　单位：mm

样品	滤棒			卷烟		
预压力/g	10	20	30	10	20	30
第 1 次	7.700	7.661	7.633	7.745	7.598	7.489
第 2 次	7.696	7.672	7.658	7.754	7.576	7.463
第 3 次	7.689	7.648	7.643	7.737	7.577	7.460
第 4 次	7.686	7.681	7.639	7.731	7.605	7.430
第 5 次	7.698	7.662	7.638	7.722	7.575	7.447
第 6 次	7.710	7.635	7.641	7.768	7.614	7.481
平均值	7.697	7.660	7.642	7.743	7.591	7.462

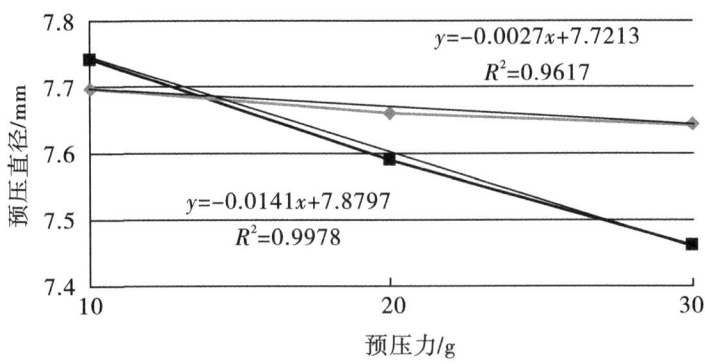

图 6-209　仪器 A 测试数据曲线

表6-117 仪器B测试数据　　　　　　　　　　　单位:mm

样品	滤棒			卷烟		
预压力/g	10	20	30	10	20	30
1	7.665	7.630	7.610	7.701	7.622	7.487
2	7.655	7.640	7.609	7.702	7.641	7.445
3	7.658	7.638	7.606	7.639	7.608	7.482
4	7.659	7.634	7.620	7.632	7.591	7.507
5	7.666	7.661	7.602	7.638	7.600	7.505
6	7.658	7.642	7.619	7.689	7.598	7.485
平均值	7.660	7.641	7.611	7.667	7.610	7.485

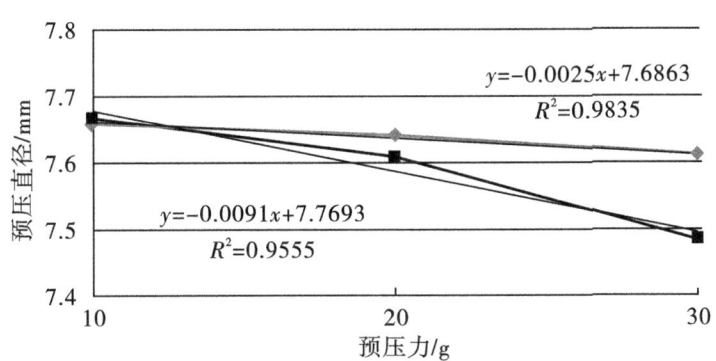

图6-210 仪器B测试数据曲线

表6-118 仪器C测试数据　　　　　　　　　　　单位:mm

样品	滤棒			卷烟		
预压力/g	10	20	30	10	20	30
1	7.699	7.664	7.665	7.688	7.505	7.388
2	7.703	7.663	7.641	7.659	7.516	7.403
3	7.696	7.655	7.644	7.646	7.517	7.347
4	7.701	7.672	7.656	7.683	7.498	7.376
5	7.699	7.663	7.631	7.668	7.498	7.401
6	7.685	7.652	7.645	7.722	7.483	7.386
平均值	7.697	7.662	7.647	7.678	7.503	7.384

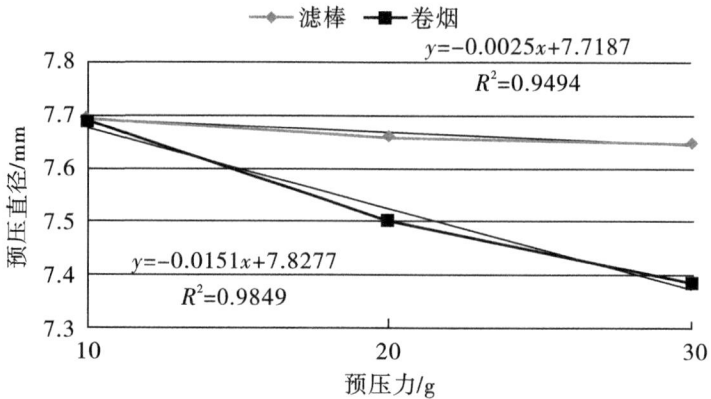

图6-211 仪器C测试数据曲线

表6-119 仪器D测试数据　　　　　　　　　单位:mm

样品	滤棒			卷烟		
预压力/g	10	20	30	10	20	30
1	7.650	7.599	7.590	7.642	7.544	7.428
2	7.672	7.607	7.593	7.612	7.530	7.451
3	7.643	7.623	7.560	7.617	7.507	7.388
4	7.636	7.617	7.586	7.630	7.542	7.385
5	7.649	7.643	7.587	7.658	7.469	7.424
6	7.663	7.613	7.604	7.619	7.561	7.381
平均值	7.652	7.617	7.587	7.630	7.525	7.409

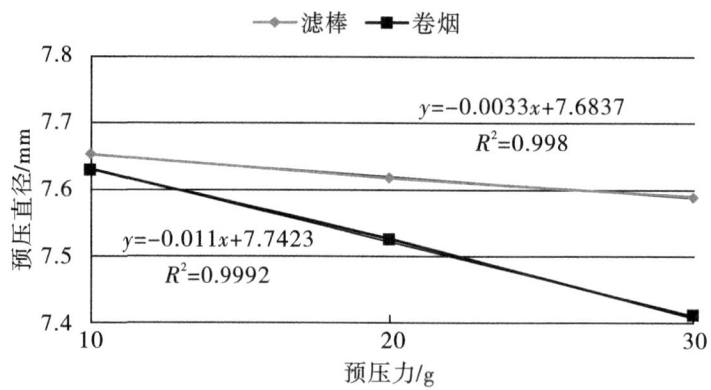

图6-212 仪器D测试数据曲线

表6-120 仪器E测试数据   单位：mm

样品	滤棒			卷烟		
预压力/g	10	20	30	10	20	30
1	7.759	7.732	7.694	7.737	7.670	7.580
2	7.757	7.736	7.694	7.714	7.710	7.598
3	7.736	7.741	7.695	7.763	7.718	7.610
4	7.741	7.727	7.682	7.765	7.702	7.594
5	7.752	7.709	7.678	7.751	7.691	7.590
6	7.741	7.725	7.695	7.761	7.678	7.582
平均值	7.748	7.728	7.690	7.748	7.695	7.592

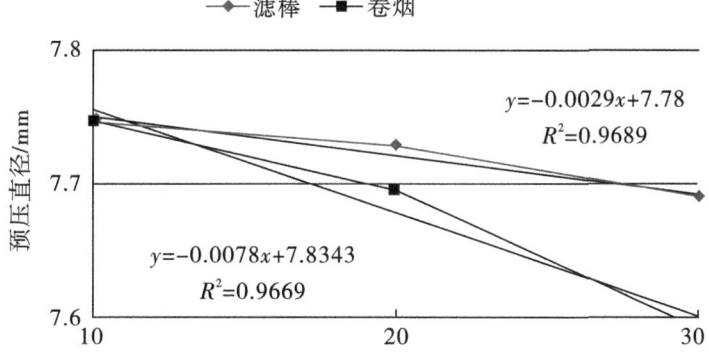

图6-213 仪器E测试数据曲线

表6-121 各仪器预压力每变化10 g对样品压缩前直径的影响   单位：mm

仪器	仪器A	仪器B	仪器C	仪器D	仪器E
滤棒	0.03	0.025	0.025	0.033	0.029
卷烟	0.14	0.09	0.15	0.11	0.08

5) 小结

预压力对试样压缩前直径的影响如下：

①对于滤棒，预压力为10 g时，压缩前直径为7.69 mm，预压力每增加10 g，压缩前直径减小约0.03 mm，按滤棒压缩后直径为6.83 mm计算，对应的硬度变化约为0.4%。

②对于卷烟，预压力为10 g时，压缩前直径为7.70 mm，预压力每增加10 g，压缩前直径减小0.08 mm~0.15 mm，按卷烟压缩后直径为5.02 mm计算，对应的硬度变化为0.7%~1.3%。

项目组根据实验结果，进行了讨论分析，征求了行业专家意见，并与仪器生产厂家进行了交流,提出了卷烟和滤棒硬度检测设备预压力应满足(10±2)g的技术要求。

(2) 预压时间对压缩前直径影响的研究

1) 实验目的

以仪器 D 为实验载体,调整其预压时间,研究预压时间对卷烟和滤棒压缩前直径的影响。

2) 实验样品

连续生产的卷烟和滤棒(滤棒需经过固化),放入恒温恒湿环境平衡 48 h。

① 卷烟:CZLQ。

② 滤棒:普通滤棒。

3) 实验步骤

① 设定硬度仪预压力为 10 g,预压时间设定为 1 s。

② 连续测量 3 组,每组样品设定为 30 支,取各组的平均值进行统计分析。

③ 预压时间分别设定为 2 s 和 3 s,重复步骤②。

4) 实验数据

仪器 D 测得的样品压缩前直径值如表 6-122 和表 6-123 所示。

表 6-122　滤棒压缩前直径值(预压力:10 g)　　　　单位:mm

温度	22.1 ℃	相对湿度	59.7%
预压时间	1 s	2 s	3 s
1	7.658	7.656	7.658
2	7.657	7.643	7.657
3	7.654	7.652	7.624
平均值	7.656	7.651	7.646

表 6-123　卷烟压缩前直径值(预压力:10 g)　　　　单位:mm

温度	22.1 ℃	相对湿度	59.7%
预压时间	1 s	2 s	3 s
1	7.635	7.624	7.644
2	7.648	7.650	7.618
3	7.642	7.642	7.613
平均值	7.642	7.638	7.625

5) 小结

预压时间设定为 1 s、2 s 和 3 s 时,对样品压缩前直径无显著影响。

项目组根据实验结果,进行了讨论分析,征求了行业专家意见,并与仪器生产厂家进行了交流,提出了卷烟和滤棒硬度检测设备预压时间应满足(1.5±0.5)s 的技术要求。

6 卷烟和滤棒物理性能综合测试台通用技术条件研究

(3) 全压力对压缩后直径影响的研究

1) 实验目的

调整各仪器的全压力,研究全压力对卷烟和滤棒压缩后直径的影响。

2) 实验样品

连续生产的卷烟和滤棒(滤棒需经过固化),放入恒温恒湿环境平衡 48 h。

① 卷烟:CZLQ。

② 滤棒:普通滤棒。

3) 实验步骤

① 设定硬度仪预压力为 10 g,预压时间为 1 s,全压时间为 15 s,全压力为 280 g。

② 对仪器 A、B、C、D、E 分别进行测试。

③ 每台仪器滤棒和卷烟连续测量 6 组,每组样品设定为 30 支,取各组的平均值进行统计分析。

④ 全压力分别设定为 290 g、300 g、310 g 和 320 g,重复步骤②~③。

4) 实验数据

各仪器测得的压缩后直径值如表 6-124 ~ 表 6-128 所示,绘制曲线图如图 6-214 ~ 图 6-218 所示,并采用最小二乘法计算线性回归方程,根据回归方程的斜率,得出全压力每变化 10 g 对压缩后直径的影响量,汇总如表 6-129 所示。

表 6-124 仪器 A 测试数据　　　　　　　　　　　　　　　单位:mm

试样	全压力/g	1	2	3	4	5	6	平均值
滤棒	280	6.840	6.836	6.821	6.825	6.808	6.848	6.830
	290	6.790	6.782	6.8	6.817	6.804	6.794	6.798
	300	6.792	6.784	6.77	6.777	6.774	6.779	6.779
	310	6.729	6.741	6.735	6.764	6.758	6.74	6.745
	320	6.724	6.742	6.727	6.691	6.689	6.695	6.711
卷烟	280	5.230	5.143	5.145	5.152	5.161	5.158	5.165
	290	5.081	5.064	5.066	5.092	5.087	5.073	5.077
	300	4.991	4.963	5.007	4.975	5.003	4.992	4.989
	310	4.939	4.95	4.919	4.925	4.939	4.951	4.937
	320	4.843	4.869	4.857	4.849	4.851	4.863	4.855

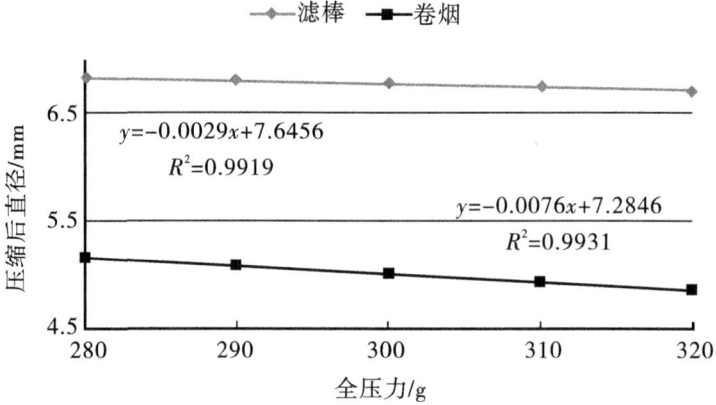

图 6-214　仪器 A 测试数据关系

表 6-125　仪器 B 测试数据　　　　　　单位：mm

试样	全压力/g	1	2	3	4	5	6	平均值
滤棒	280	6.902	6.893	6.898	6.896	6.913	6.895	6.900
	290	6.901	6.902	6.857	6.899	6.904	6.860	6.887
	300	6.861	6.851	6.845	6.858	6.857	6.889	6.860
	310	6.826	6.809	6.817	6.840	6.827	6.849	6.828
	320	6.781	6.806	6.781	6.788	6.805	6.790	6.792
卷烟	280	5.395	5.479	5.413	5.498	5.502	5.416	5.459
	290	5.351	5.404	5.33	5.251	5.305	5.339	5.330
	300	5.211	5.154	5.112	5.271	5.254	5.117	5.187
	310	5.13	5.051	5.074	5.14	5.091	5.124	5.102
	320	5.055	5.09	5.075	5.035	5.083	5.045	5.064

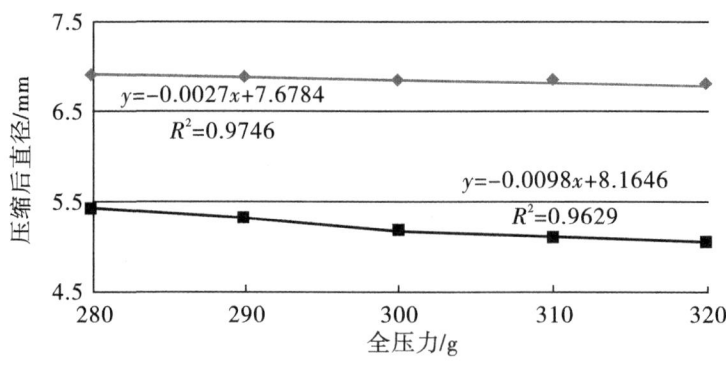

图 6-215　仪器 B 测试数据关系

表 6-126　仪器 C 测试数据　　　　　　　　　　　　　　　　　单位：mm

试样	全压力/g	1	2	3	4	5	6	平均值
滤棒	280	6.840	6.819	6.841	6.821	6.841	6.855	6.836
	290	6.794	6.762	6.790	6.819	6.839	6.828	6.805
	300	6.806	6.806	6.811	6.789	6.792	6.788	6.799
	310	6.761	6.742	6.750	6.738	6.792	6.753	6.756
	320	6.736	6.712	6.732	6.691	6.733	6.713	6.719
卷烟	280	5.041	5.052	5.065	5.038	5.039	5.045	5.047
	290	5.032	4.990	5.001	5.004	5.018	5.005	5.008
	300	4.990	4.994	4.956	4.987	4.972	4.971	4.978
	310	4.976	4.912	4.965	4.937	4.935	4.955	4.947
	320	4.910	4.898	4.902	4.882	4.905	4.914	4.902

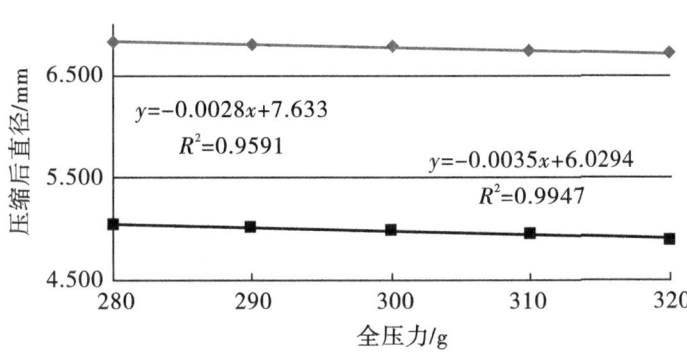

图 6-216　仪器 C 测试数据关系

表 6-127　仪器 D 测试数据　　　　　　　　　　　　　　　　　单位：mm

试样	全压力/g	1	2	3	4	5	6	平均值
滤棒	280	6.863	6.877	6.889	6.869	6.885	6.874	6.876
	290	6.853	6.825	6.853	6.851	6.828	6.840	6.842
	300	6.794	6.840	6.824	6.807	6.839	6.826	6.822
	310	6.763	6.756	6.754	6.751	6.748	6.762	6.756
	320	6.736	6.723	6.746	6.728	6.732	6.738	6.733
卷烟	280	4.913	4.903	4.955	5.096	5.086	5.045	5.000
	290	4.952	4.958	4.929	4.953	4.960	4.938	4.948
	300	4.863	4.923	4.876	4.889	4.905	4.861	4.886
	310	4.747	4.785	5.009	4.851	4.842	4.839	4.846
	320	4.771	4.876	4.785	4.768	4.803	4.815	4.803

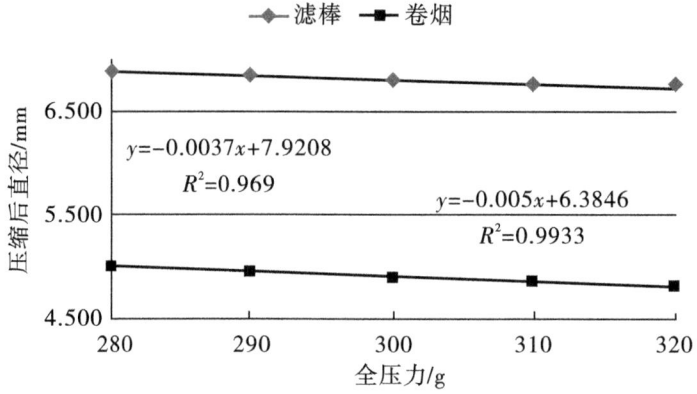

图 6-217　仪器 D 测试数据关系

表 6-128　仪器 E 测试数据　　　　　　　　　　　　单位:mm

试样	全压力/g	1	2	3	4	5	6	平均值
滤棒	280	6.969	6.967	6.962	6.949	6.953	6.934	6.956
	290	6.910	6.914	6.91	6.915	6.922	6.894	6.911
	300	6.869	6.866	6.856	6.877	6.869	6.854	6.865
	310	6.853	6.831	6.856	6.845	6.836	6.836	6.841
	320	6.785	6.784	6.798	6.782	6.778	6.797	6.787
卷烟	280	5.223	5.155	5.157	5.169	5.184	5.173	5.177
	290	5.139	5.128	5.135	5.124	5.119	5.13	5.129
	300	5.051	5.052	5.048	5.056	5.049	5.061	5.053
	310	5.034	5.023	4.986	4.997	5.014	5.006	5.010
	320	4.958	4.954	4.963	4.948	4.956	4.961	4.957

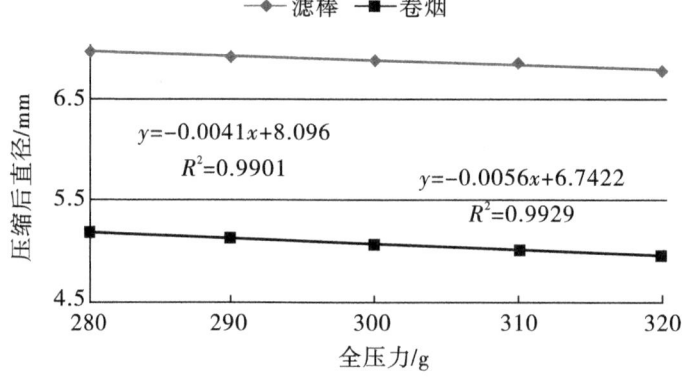

图 6-218　仪器 E 测试数据关系

6 卷烟和滤棒物理性能综合测试台通用技术条件研究

表6-129　各仪器全压力每变化10 g对压缩后直径的影响　　单位:mm

仪器	仪器A	仪器B	仪器C	仪器D	仪器E
滤棒	0.03	0.03	0.03	0.04	0.04
卷烟	0.08	0.1	0.04	0.05	0.06

5)小结

全压力对试样压缩后直径的影响:

①对于滤棒,全压力为300 g时,压缩后直径为6.83 mm,全压力每变化10 g,压缩后直径变化0.03 mm～0.04 mm,按滤棒压缩前直径为7.69 mm计算,对应的硬度变化为0.5%左右。

②对于卷烟,全压力为300 g时,压缩后直径为5.02 mm,全压力每变化10 g,压缩前直径变化0.04 mm～0.1 mm,按卷烟压缩前直径为7.70 mm计算,对应的硬度变化为0.5%～1.2%。

项目组根据实验结果,进行了讨论分析,征求了行业专家意见,并与仪器生产厂家进行了交流,提出了卷烟和滤棒硬度检测设备全压力应满足(300±3)g的技术要求。

(4)全压时间对压缩后直径影响的研究

1)实验目的

以仪器D为实验载体,调整其全压时间,研究全压时间对卷烟和滤棒压缩后直径的影响。

2)实验样品

连续生产的卷烟和滤棒(滤棒需经过固化),放入恒温恒湿环境平衡48 h。

①卷烟:CZLQ。

②滤棒:普通滤棒。

3)实验步骤

①设定硬度仪预压力为10 g,预压时间为1 s,全压力为300 g,全压时间为10 s。

②连续测量3组,每组样品设定为30支,取各组的平均值进行统计分析。

③全压时间分别设定为13 s、15 s和17 s,重复步骤②。

4)实验数据

仪器测得的直径值如表6-130和表6-131所示。

表6-130　滤棒压缩后直径测试值(全压力:300 g)　　单位:mm

温度	22.1 ℃	相对湿度	59.7%	
全压时间	10 s	13 s	15 s	17 s
1	6.858	6.840	6.840	6.854
2	6.847	6.834	6.839	6.835
3	6.841	6.856	6.826	6.824
平均值	6.848	6.843	6.835	6.838

表6-131　卷烟压缩后直径测试值（全压力:300 g）　　　　　单位:mm

温度	22.1 ℃	相对湿度	59.7%	
全压时间	10 s	13 s	15 s	17 s
1	5.027	4.958	4.906	4.864
2	4.945	4.989	4.927	4.897
3	4.959	4.912	4.899	4.862
平均值	4.977	4.953	4.911	4.874

5）小结

①随着全压时间的增大，压缩后直径呈递减趋势。

②对于滤棒，递减趋势不明显，压缩后直径变化量在0.01 mm以内，全压时间对其无显著影响。

③对于卷烟，递减趋势明显，全压时间设定为10 s、13 s、15 s和17 s时，基本呈线性变化趋势。

项目组根据实验结果，进行了讨论分析，征求了行业专家意见，并与仪器生产厂家进行了交流，提出了卷烟和滤棒硬度检测设备全压时间应满足(15±1) s的技术要求。

(5) 不同检测设备样品压缩前直径随时间变化的研究

1）实验目的

研究样品在不同检测设备受到预压过程中压缩前直径的变化情况。

2）实验原理

各仪器与数采系统连接的实验原理如第3.2节所述。

3）实验样品

连续生产的卷烟和滤棒（滤棒需经过固化），放入恒温恒湿环境平衡48 h。

①卷烟:CZLQ。

②滤棒:普通滤棒。

4）实验步骤

①实验前记录环境温度、相对湿度及大气压。

②将硬度检测设备与专用数采系统连接，开启串口与上位机进行通信。

③对各硬度检测设备的位移进行校准。

④预压力设定为10 g，预压时间设定为5 s，每台仪器测试30支样品，采样频率为30 Hz，全过程采集样品的直径值。

5）实验数据

滤棒和卷烟压缩前直径随时间变化的曲线如图6-219～图6-228所示。

图6-219 仪器A滤棒压缩前直径随时间变化曲线
图6-220 仪器A卷烟压缩前直径随时间变化曲线
图6-221 仪器B滤棒压缩前直径随时间变化曲线
图6-222 仪器B卷烟压缩前直径随时间变化曲线
图6-223 仪器C滤棒压缩前直径随时间变化曲线
图6-224 仪器C卷烟压缩前直径随时间变化曲线
图6-225 仪器D滤棒压缩前直径随时间变化曲线
图6-226 仪器D卷烟压缩前直径随时间变化曲线
图6-227 仪器E滤棒压缩前直径随时间变化曲线
图6-228 仪器E卷烟压缩前直径随时间变化曲线

6)小结

①卷烟压缩前直径随预压时间增加而减小,预压1 s内压缩前直径数据不稳定,1 s后趋于稳定。

②滤棒压缩前直径随预压时间增加而减小,预压0.5 s内压缩前直径数据不稳定,0.5 s后趋于稳定。

(6)不同检测设备样品压缩后直径随时间变化的研究

1)实验目的

研究样品在不同检测设备受压过程中压缩后直径的变化情况。

2)实验原理

各仪器与数采系统连接的实验原理如第3.2节所述。

3)实验样品

连续生产的卷烟和滤棒(滤棒需经过固化),放入恒温恒湿环境平衡48 h。

①卷烟:CZLQ。

②滤棒:普通滤棒。

4)实验步骤

①样品测试前,记录环境温度、相对湿度及大气压。

②将硬度检测设备与专用数采系统连接,开启串口与上位机进行通信。

③对各硬度检测设备的位移进行校准。

④全压力设定为300 g,全压时间设定为30 s,每台仪器测试30支样品,采样频率为30 Hz,全过程采集样品的直径值。

5) 实验数据

滤棒和卷烟压缩后直径随时间变化的曲线如图6-229~图6-238所示。

图6-229 仪器A滤棒压缩后直径随时间变化曲线　　图6-230 仪器A卷烟压缩后直径随时间变化曲线　　图6-231 仪器B滤棒压缩后直径随时间变化曲线　　图6-232 仪器B卷烟压缩后直径随时间变化曲线　　图6-233 仪器C滤棒压缩后直径随时间变化曲线

图6-234 仪器C卷烟压缩后直径随时间变化曲线　　图6-235 仪器D滤棒压缩后直径随时间变化曲线　　图6-236 仪器D卷烟压缩后直径随时间变化曲线　　图6-237 仪器E滤棒压缩后直径随时间变化曲线　　图6-238 仪器E卷烟压缩后直径随时间变化曲线

6) 小结

①卷烟压缩后直径在全压前5 s内急剧减小,然后随全压时间增加缓慢变小。

②滤棒压缩后直径在全压前5 s内急剧减小,然后随全压时间增加缓慢变小,10 s后趋于稳定。

(7) 施压速度对硬度影响的研究

1) 实验目的

①研究各仪器的施压速度。

②仪器D施压速度可调,分别设定为1 mm/s、2 mm/s、3.5 mm/s、5.5 mm/s和10 mm/s,以仪器D为实验载体,研究施压速度对卷烟和滤棒压缩前直径、压缩后直径和硬度的影响。

2) 实验原理

各仪器预压力和全压力的施压方式如表6-132所示。

表 6-132　各仪器预压力和全压力的施压方式

仪器	预压方式	全压方式
仪器 A	步进电机驱动丝杆,带动压头施压	步进电机驱动丝杆,带动压头施压
仪器 B	电磁铁运动施加	电磁铁运动施加
仪器 C	电机驱动凸轮运动,带动压头施压	电机驱动凸轮运动,带动压头施压
仪器 D	电机带动气浮轴,通过砝码施压	电机带动气浮轴,通过砝码施压
仪器 E	步进电机驱动丝杆,带动压头施压	步进电机驱动丝杆,带动压头施压

数据采集实验原理如图 6-239 所示。

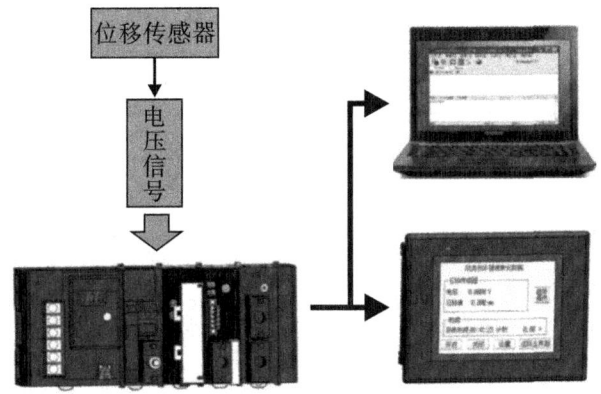

图 6-239　实验原理

3）实验样品

连续生产的卷烟和滤棒（滤棒需经过固化），放入恒温恒湿环境平衡 48 h。

①卷烟:CZLQ。

②滤棒:吸阻为 270 mmH$_2$O 的普通滤棒。

4）实验步骤

①各仪器施压速度研究:将各仪器与 PLC 数采系统连接,采集各仪器压头的位移数据,计算压头碰到样品前的运动速度。

②调整仪器 D 施压速度为 1 mm/s。

③调整仪器 D 预压力为 10 g,预压时间为 1 s,全压力为 300 g,全压时间为 15 s。

④开启数采系统,测试前首先对仪器进行校准。

⑤对卷烟和滤棒样品进行测试,每个样品测试 3 组,每组 30 支。

⑥设定仪器 D 施压速度为 2 mm/s、3.5 mm/s、5.5 mm/s 和 10 mm/s,重复步骤④~⑤。

5）实验数据

各仪器压头从开始运动到接触样品的位移随时间变化曲线如图 6-240~图 6-244 所示,各仪器施压速度如表 6-133 所示。

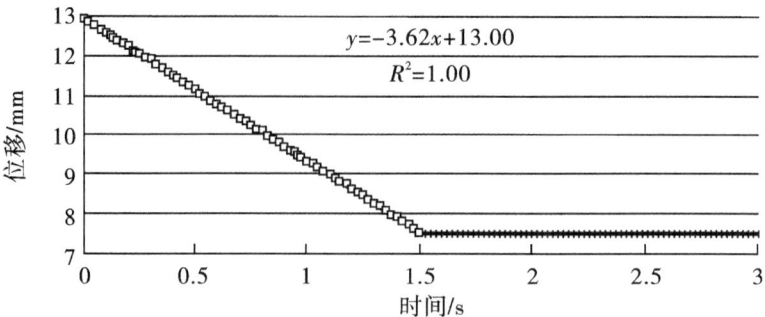

图 6-240　仪器 A 压头位移-时间曲线

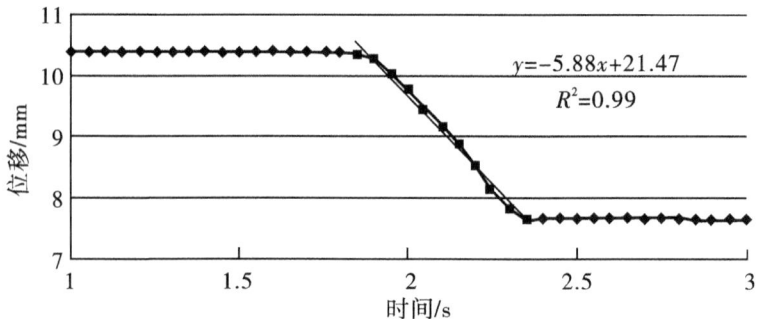

图 6-241　仪器 B 压头位移-时间曲线

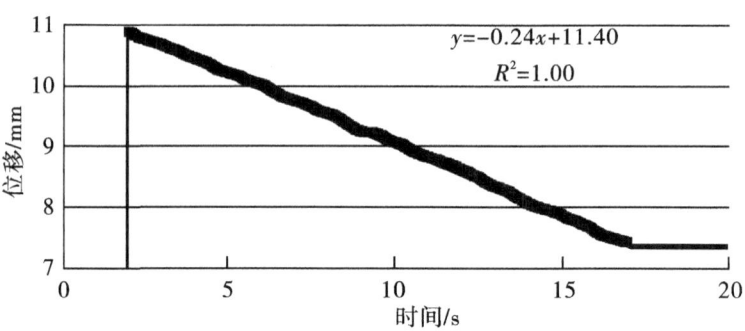

图 6-242　仪器 C 压头位移-时间曲线

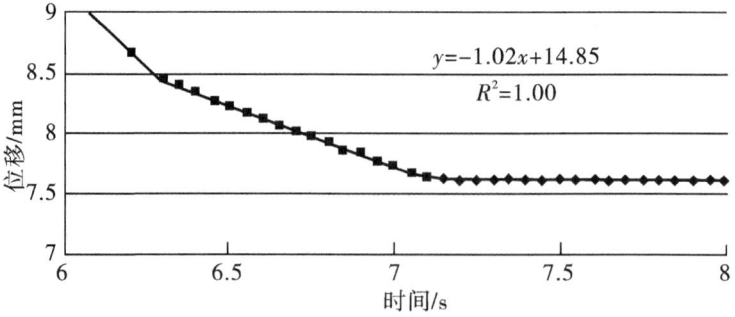

图 6-243　仪器 D 压头位移-时间曲线

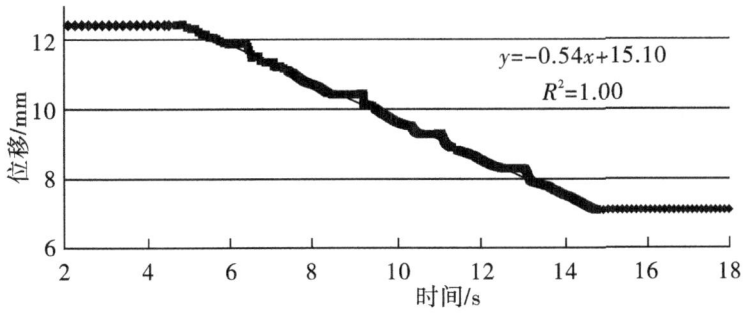

图 6-244　仪器 E 压头位移-时间曲线

各仪器压头开始运动到接触样品的瞬间均为匀速运动,该速度即为施压速度,图 6-240～图 6-244 所示拟合直线斜率的大小即为施压速度的大小。

表 6-133　各仪器施压速度

仪器	仪器 A	仪器 B	仪器 C	仪器 D	仪器 E
施压速度/(mm/s)	3.62	5.88	0.24	1.02	0.54

仪器 D 在不同施压速度下卷烟和滤棒直径随时间变化曲线如图 6-245～图 6-254 所示,测得样品压缩前直径(PCD)、压缩后直径(DD)和硬度(H%)的实验数据如表 6-134 和表 6-135 所示。

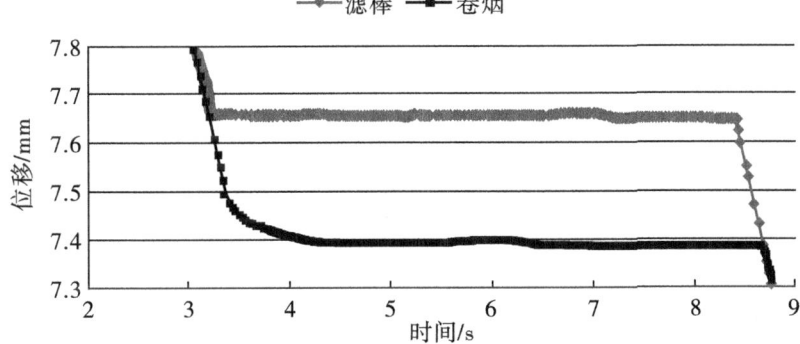

图 6-245　施压速度为 1 mm/s 时压缩前直径随时间变化曲线

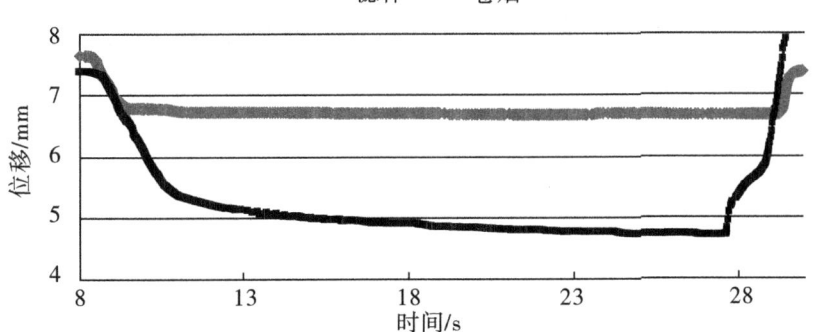

图 6-246　施压速度为 1 mm/s 时压缩后直径随时间变化曲线

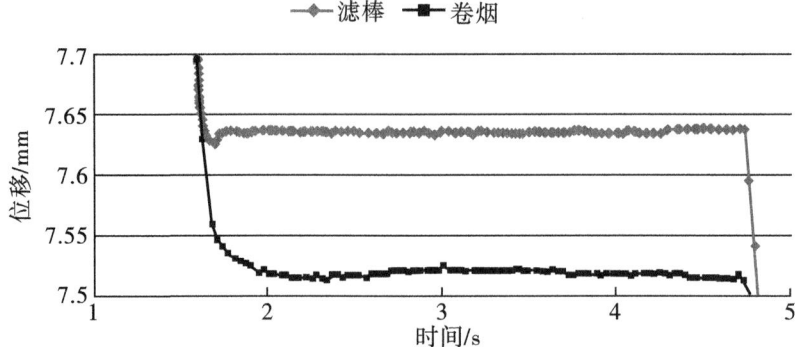

图6-247 施压速度为2 mm/s时压缩前直径随时间变化曲线

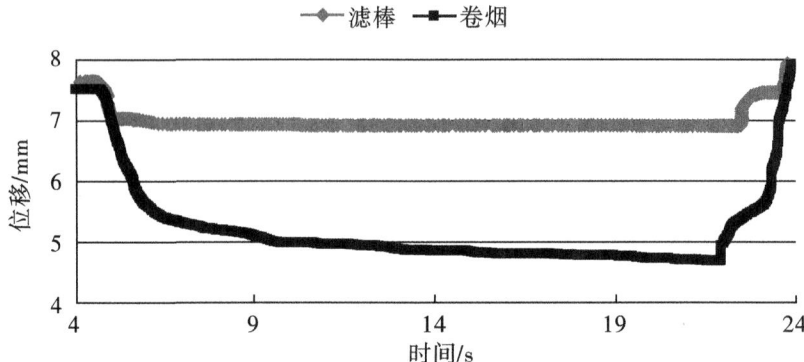

图6-248 施压速度为2 mm/s时压缩后直径随时间变化曲线

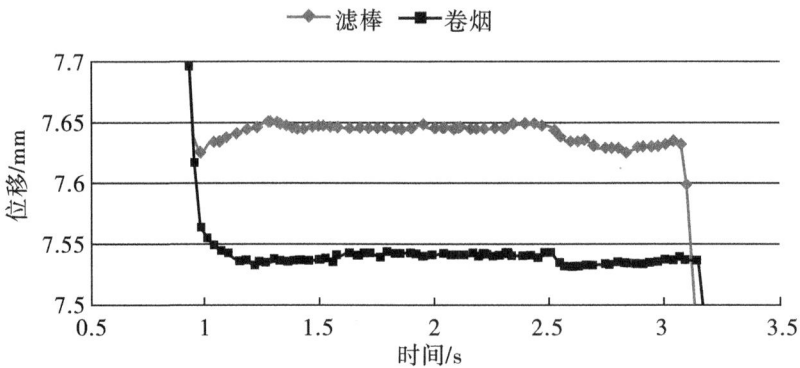

图6-249 施压速度为3.5 mm/s时压缩前直径随时间变化曲线

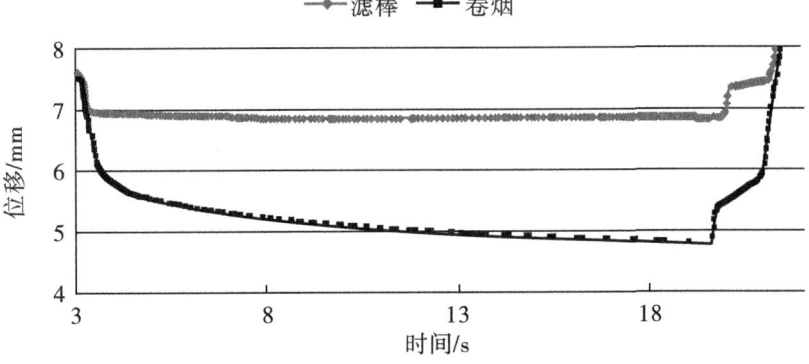

图 6-250　施压速度为 3.5 mm/s 时压缩后直径随时间变化曲线

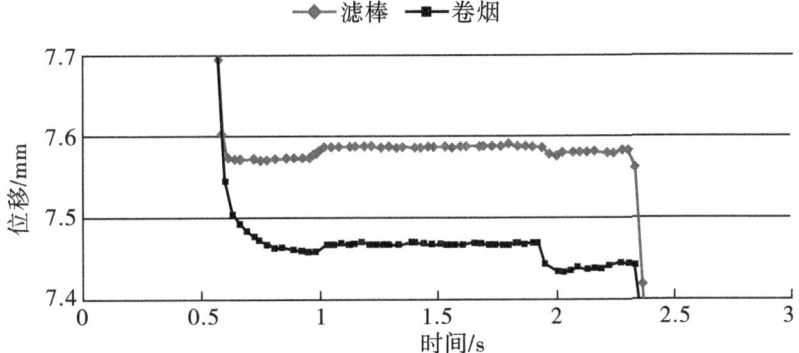

图 6-251　施压速度为 5.5 mm/s 时压缩前直径随时间变化曲线

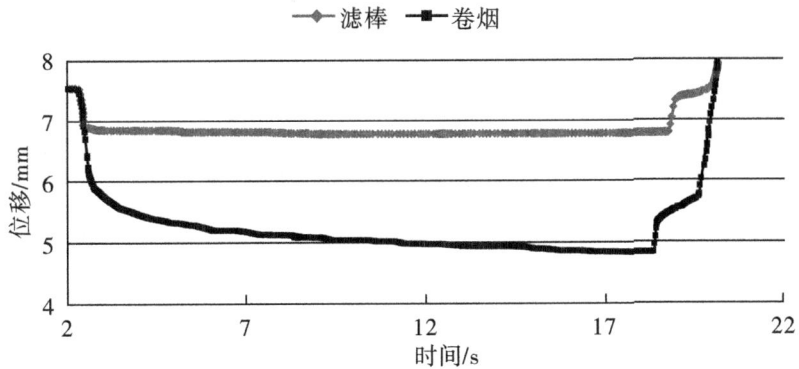

图 6-252　施压速度为 5.5 mm/s 时压缩后直径随时间变化曲线

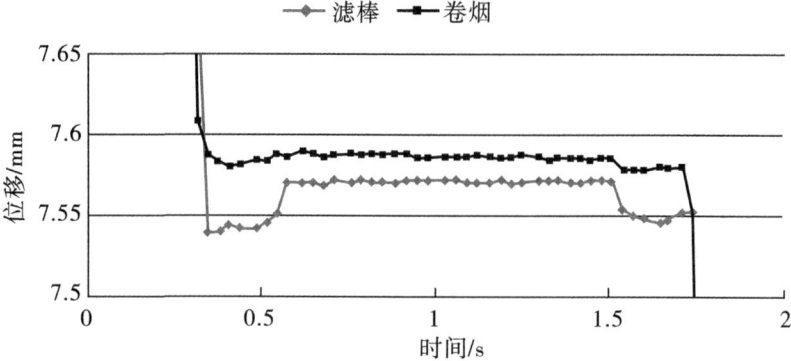

图 6-253 施压速度为 10 mm/s 时压缩前直径随时间变化曲线

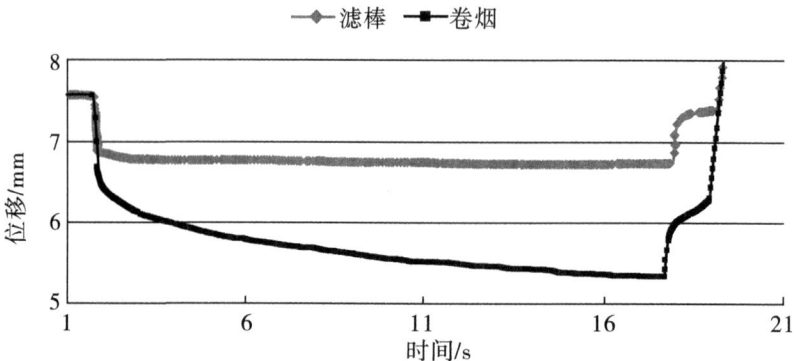

图 6-254 施压速度为 10 mm/s 时压缩后直径随时间变化曲线

表 6-134 不同施压速度下滤棒的测量结果

速度/ (mm/s)	滤棒 1			滤棒 2			滤棒 3			平均值		
	PCD /mm	DD /mm	H%	PCD /mm	DD /mm	H%	PCD /mm	DD /mm	H%	PCD /mm	DD /mm	H%
1	7.655	6.851	89.5	7.648	6.847	89.5	7.657	6.853	89.5	7.654	6.850	89.5
2	7.654	6.851	89.5	7.651	6.870	89.8	7.629	6.852	89.8	7.645	6.858	89.7
3.5	7.647	6.852	89.6	7.652	6.848	89.5	7.652	6.833	89.3	7.650	6.844	89.5
5.5	7.654	6.850	89.5	7.652	6.843	89.4	7.651	6.813	89.1	7.652	6.835	89.3
10	7.652	6.824	89.2	7.666	6.860	89.5	7.670	6.849	89.3	7.663	6.844	89.3

表6-135 不同施压速度下卷烟的测量结果

速度/ (mm/s)	卷烟1			卷烟2			卷烟3			平均值		
	PCD /mm	DD /mm	H%	PCD /mm	DD /mm	H%	PCD /mm	DD /mm	H%	PCD(mm)	DD /mm	H%
1	7.596	4.863	64.0	7.634	4.876	63.9	7.635	4.905	64.2	7.622	4.881	64.0
2	7.652	4.923	64.3	7.642	4.899	64.1	7.644	4.864	63.6	7.646	4.896	64.0
3.5	7.651	4.871	63.6	7.653	4.907	64.1	7.633	4.820	63.1	7.646	4.866	63.6
5.5	7.642	4.838	63.3	7.639	4.869	63.7	7.658	4.883	63.8	7.646	4.863	63.6
10	7.642	4.838	63.3	7.639	4.869	63.7	7.658	4.883	63.8	7.646	4.863	63.6

6）小结

①由图6-246、图6-248、图6-250、图6-252和图6-254可知,施压速度对样品PCD有一定影响,施压速度越大,压头在位移方向上的过冲越大,且施压速度对滤棒PCD的影响大于对卷烟PCD的影响。

②施压速度为2 mm/s时,过冲距离最大为0.01 mm,对卷烟和滤棒PCD无显著影响;施压速度为3.5 mm/s时,测试滤棒的过冲距离为0.03 mm,对滤棒PCD有一定影响,施压速度越大,对滤棒的影响越大。

③由图6-245、图6-247、图6-249、图6-251和图6-253可知,施压速度对样品压缩后直径基本无影响。

④由表6-134和表6-135可知:对于仪器D,其压头可沿位移方向自由运动,故施压速度对压缩前直径、压缩后直径和硬度无显著影响。

项目组根据实验结果,进行了讨论分析,征求了行业专家意见,并与仪器生产厂家进行了交流,提出了卷烟和滤棒硬度检测设备施压速度应不大于3 mm/s的技术要求。

(8) 力传感器计量特性研究

仪器B和仪器E采用的力传感器均为应变式力传感器,其原理是通过弹性元件将力转换为应变量,然后通过电阻应变片组成的桥路输出电信号。

1) 实验目的

研究力传感器的计量特性,验证力传感器精度是否满足0.1级的要求;并研究环境温度的变化对力传感器的影响。

2) 实验原理

搭建力传感器测试平台,实验原理如图6-255所示。

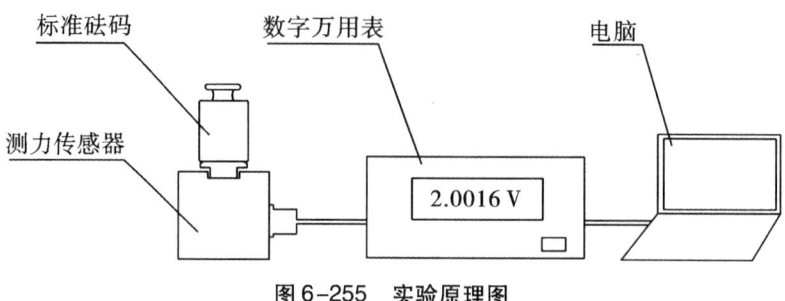

图 6-255 实验原理图

3) 实验装置

①各种类型传感器参数如表 6-136 所示。

表 6-136 力传感器参数

传感器制造商	仪器	量程
Honeywell	仪器 B	(0~350)g
中国航天空气动力研究所	仪器 E	(0~500)g

②砝码:F1 级。

③Fluke8808A 数字万用表。

4) 实验方案及步骤

①实验方案

a) 在 22 ℃环境下测量各厂家力传感器不同力下的电压输出;

b) 将力传感器置于 20 ℃和 24 ℃的环境中,测量各厂家力传感器不同力下的电压输出。

②实验步骤

a) 按实验原理图将力传感器、数字万用表和电脑连接起来;

b) 观察并记录力传感器在 30 min 内的零点变化;

c) 测试点应均匀分布,此处选取 8 点(10%、20%、30%、40%、50%、60%、80%、100%);

d) 逐级施加递增负荷,直至额定负荷,每一级负荷施加后,保持 30 s,读取相应的输出电压;

e) 达到额定负荷后,逐级施加递减负荷,每一级负荷减少后,保持 30 s,读取相应的输出电压;

f) 退回到零点,保持 1 min,记录输出电压;

g) 连续进行步骤 d)~f) 三次;

h) 将力传感器置于 20 ℃和 24 ℃的环境中,重复进行步骤 b)~g)。

5) 数据处理方法

力传感器的主要技术指标包括：基本误差、重复性、直线度和滞后等，力传感器的校准曲线示意如图6-256所示，各技术指标按式(6-86)~式(6-89)计算。

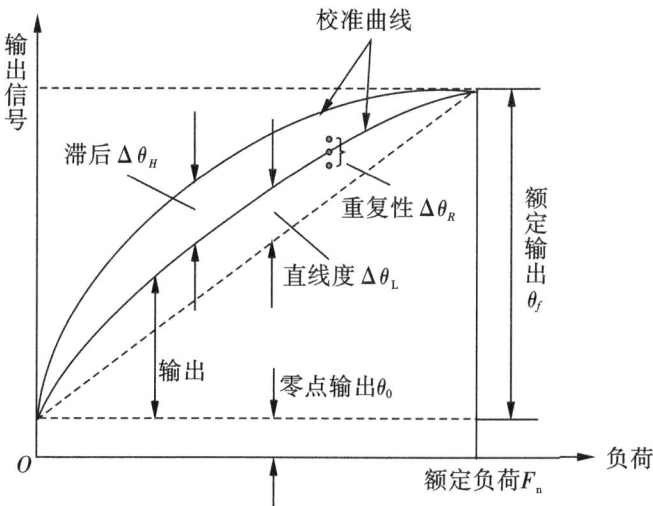

图6-256 力传感器校准曲线示意

$$Z_d = \frac{\theta_{0\,\max} - \theta_{0\,\min}}{\theta_f} \times 100\% \quad (6-86)$$

$$R = \frac{\Delta\theta_R}{\theta_f} \times 100\% \quad (6-87)$$

$$L = \frac{\Delta\theta_L}{\theta_f} \times 100\% \quad (6-88)$$

$$H = \frac{\Delta\theta_H}{\theta_f} \times 100\% \quad (6-89)$$

式中：Z_d——力传感器的零点漂移；

$\theta_{0\,\max}$——30 min 内力传感器的零点输出值的最大值；

$\theta_{0\,\min}$——30 min 内力传感器的零点输出值的最小值；

θ_f——力传感器的额定输出值；

R——力传感器的重复性；

$\Delta\theta_R$——进程重复校准时各负荷点输出极差的最大值；

L——力传感器的直线度；

$\Delta\theta_L$——进程平均校准曲线与平均端点直线偏差的最大值；

H——力传感器的滞后；

$\Delta\theta_H$——回程平均校准曲线与进程平均校准曲线偏差的最大值。

6）实验数据

①环境温度为22 ℃，相对湿度为60.3%，传感器 A 和 B 的测试数据如表6-137和表6-138所示，各技术指标计算数据如表6-139所示。

②环境温度为20 ℃,相对湿度为59.2%,传感器 A 和 B 的测试数据如表6-140 和表6-141 所示,各技术指标计算数据如表6-142 所示。

③环境温度为24 ℃,相对湿度为58.9%,传感器 A 和 B 的测试数据如表6-143 和表6-144 所示,各技术指标计算数据如表6-145 所示。

表6-137　传感器 A 测试数据——22 ℃

传感器 A	序号	1	2	3	4	5	6	7
递增第1次	力值/g	0	50	100	150	200	250	300
	电压/V	1.0010	1.6124	2.2247	2.8354	3.4476	4.0583	4.6710
递减第1次	力值/g	300	250	200	150	100	50	0
	电压/V	4.6687	4.0574	3.4459	2.8345	2.2231	1.6118	1.0005
递增第2次	力值/g	0	50	100	150	200	250	300
	电压/V	1.0005	1.6121	2.2235	2.8352	3.4463	4.0579	4.6693
递减第2次	力值/g	300	250	200	150	100	50	0
	电压/V	4.6690	4.0573	3.4458	2.8344	2.2229	1.6116	1.0003
递增第3次	力值/g	0	50	100	150	200	250	300
	电压/V	1.0006	1.6123	2.2229	2.8352	3.4466	4.0581	4.6692
递减第3次	力值/g	300	250	200	150	100	50	0
	电压/V	4.6687	4.0571	3.4456	2.8343	2.2231	1.6117	1.0004

表6-138　传感器 B 测试数据——22 ℃

传感器 B	序号	1	2	3	4	5	6	7	8	9
递增第1次	力值/g	0	50	100	150	200	250	300	400	500
	电压/V	1.1228	1.3570	1.5590	1.7604	1.9528	2.1584	2.3674	2.7861	3.1965
递减第1次	力值/g	500	400	300	250	200	150	100	50	0
	电压/V	3.2003	2.7913	2.3765	2.1687	1.9598	1.7601	1.5124	1.3464	1.1359
递增第2次	力值/g	0	50	100	150	200	250	300	400	500
	电压/V	1.1354	1.3499	1.5539	1.7628	1.9628	2.1722	2.3913	2.8106	3.2118
递减第2次	力值/g	500	400	300	250	200	150	100	50	0
	电压/V	3.2208	2.8284	2.4105	2.2003	1.9895	1.7740	1.5607	1.3461	1.1335
递增第3次	力值/g	0	50	100	150	200	250	300	400	500
	电压/V	1.13334	1.3450	1.5562	1.7685	1.9789	2.1889	2.3986	2.8226	3.2224
递减第3次	力值/g	500	400	300	250	200	150	100	50	0
	电压/V	3.2192	2.8197	2.4102	2.2019	1.9925	1.7935	1.5909	1.3742	1.1592

6 卷烟和滤棒物理性能综合测试台通用技术条件研究

表6-139 各传感器技术指标——22 ℃

技术指标	θ_f	$\theta_{0\,max}$	$\theta_{0\,min}$	$\Delta\theta_R$	$\Delta\theta_L$	$\Delta\theta_H$
传感器A	3.6691	1.0034	1.0025	0.0019	0.0001	−0.0011
传感器B	2.0797	1.1473	1.1229	0.0365	−0.0121	0.0171
技术指标	零点漂移 Z_d		重复性 R		直线度 L	滞后 H
允许误差	0.05%		0.1%		±0.1%	±0.1%
传感器A	0.02%		0.05%		−0.003%	−0.03%
传感器B	0.84%		1.71%		−0.58%	0.82%

表6-140 传感器A测试数据——20 ℃

传感器A	序号	1	2	3	4	5	6	7
递增第1次	力值/g	0	50	100	150	200	250	300
	电压/V	1.0052	1.6162	2.2275	2.8387	3.4497	4.0609	4.6717
递减第1次	力值/g	300	250	200	150	100	50	0
	电压/V	4.6716	4.0605	3.4492	2.8379	2.2268	1.6159	1.0047
递增第2次	力值/g	0	50	100	150	200	250	300
	电压/V	1.0048	1.6160	2.2273	2.8386	3.4495	4.0607	4.6719
递减第2次	力值/g	300	250	200	150	100	50	0
	电压/V	4.6711	4.0598	3.4484	2.8373	2.2262	1.6152	1.0045
递增第3次	力值/g	0	50	100	150	200	250	300
	电压/V	1.0045	1.6158	2.2268	2.8378	3.4490	4.0602	4.6707
递减第3次	力值/g	300	250	200	150	100	50	0
	电压/V	4.6711	4.0594	3.4483	2.8373	2.2259	1.6149	1.0036

表6-141 传感器B测试数据——20 ℃

传感器B	序号	1	2	3	4	5	6	7	8	9
递增第1次	力值/g	0	50	100	150	200	250	300	400	500
	电压/V	1.1132	1.3236	1.5235	1.7323	1.9420	2.1495	2.3425	2.8051	3.1873
递减第1次	力值/g	500	400	300	250	200	150	100	50	0
	电压/V	3.1804	2.7915	2.3791	2.1705	1.9619	1.7527	1.5421	1.3325	1.1231
递增第2次	力值/g	0	50	100	150	200	250	300	400	500
	电压/V	1.1236	1.3345	1.5462	1.7603	1.9726	2.1831	2.3892	2.8045	3.2185

续表 6-141

传感器 B	序号	1	2	3	4	5	6	7	8	9
递减第2次	力值/g	500	400	300	250	200	150	100	50	0
	电压/V	3.2103	2.7941	2.3793	2.1711	1.9624	1.7568	1.5912	1.4001	1.1908
递增第3次	力值/g	0	50	100	150	200	250	300	400	500
	电压/V	1.1906	1.3982	1.6083	1.8205	2.0302	2.2394	2.4451	2.8589	3.2701
递减第3次	力值/g	500	400	300	250	200	150	100	50	0
	电压/V	3.2691	2.8467	2.4274	2.2178	2.0082	1.7981	1.5952	1.3881	1.1851

表 6-142 各传感器技术指标——20 ℃

技术指标	θ_f	$\theta_{0\ max}$	$\theta_{0\ min}$	$\Delta\theta_R$	$\Delta\theta_L$	$\Delta\theta_H$
传感器 A	3.6666	1.0056	1.0045	0.0012	−0.0008	−0.0009
传感器 B	2.0828	1.1890	1.1815	0.1026	−0.0141	0.0215
技术指标	零点漂移 Z_d		重复性 R		直线度 L	滞后 H
允许误差	0.05%		0.1%		±0.1%	±0.1%
传感器 A	0.03%		0.03%		−0.02%	−0.02%
传感器 B	0.36%		4.93%		−0.68%	1.03%

表 6-143 传感器 A 测试数据——24 ℃

传感器 A	序号	1	2	3	4	5	6	7
递增第1次	力值/g	0	50	100	150	200	250	300
	电压/V	1.0035	1.6148	2.2261	2.8347	3.4485	4.0601	4.6713
递减第1次	力值/g	300	250	200	150	100	50	0
	电压/V	4.6707	4.0590	3.4476	2.8363	2.2249	1.6135	1.0022
递增第2次	力值/g	0	50	100	150	200	250	300
	电压/V	1.0023	1.6138	2.2247	2.8367	3.4475	4.0597	4.6709
递减第2次	力值/g	300	250	200	150	100	50	0
	电压/V	4.6708	4.0593	3.4478	2.8362	2.2248	1.6134	1.0022
递增第3次	力值/g	0	50	100	150	200	250	300
	电压/V	1.0022	1.6140	2.2254	2.8371	3.4482	4.0601	4.6715
递减第3次	力值/g	300	250	200	150	100	50	0
	电压/V	4.6716	4.0599	3.4481	2.8361	2.2251	1.6137	1.0023

6 卷烟和滤棒物理性能综合测试台通用技术条件研究

表6-144 传感器B测试数据——24 ℃

传感器B	序号	1	2	3	4	5	6	7	8	9
递增第1次	力值/g	0	50	100	150	200	250	300	400	500
	电压/V	1.1432	1.3552	1.5651	1.7756	1.9826	2.1903	2.3982	2.8156	3.2304
递减第1次	力值/g	500	400	300	250	200	150	100	50	0
	电压/V	3.2298	2.8081	2.390	2.1803	1.9716	1.7625	1.5523	1.3442	1.1358
递增第2次	力值/g	0	50	100	150	200	250	300	400	500
	电压/V	1.1403	1.3532	1.5658	1.7793	1.9956	2.2076	2.4223	2.8469	3.2669
递减第2次	力值/g	500	400	300	250	200	150	100	50	0
	电压/V	3.2703	2.8536	2.4365	2.2286	2.0193	1.8124	1.6032	1.3975	1.1893
递增第3次	力值/g	0	50	100	150	200	250	300	400	500
	电压/V	1.1956	1.4081	1.6212	1.8346	2.0496	2.2638	2.4783	2.9036	3.3274
递减第3次	力值/g	500	400	300	250	200	150	100	50	0
	电压/V	3.3293	2.9095	2.4897	2.2803	2.0706	1.8623	1.6513	1.4412	1.2304

表6-145 各传感器技术指标——24 ℃

技术指标	θ_f	$\theta_{0\,max}$	$\theta_{0\,min}$	$\Delta\theta_R$	$\Delta\theta_L$	$\Delta\theta_H$
传感器A	3.6685	1.0036	1.0022	0.0024	0.0008	−0.0007
传感器B	2.1152	1.1412	1.1343	0.097	−0.0042	0.0255

技术指标	零点漂移 Z_d	重复性 R	直线度 L	滞后 H
允许误差	0.05%	0.1%	±0.1%	±0.1%
传感器A	0.04%	0.07%	0.02%	−0.02%
传感器B	0.33%	4.59%	−0.2%	1.21%

7) 小结

根据实验数据,传感器A满足0.1级的要求,传感器B不满足0.1级的要求。

项目组根据实验结果,进行了讨论分析,征求了行业专家意见,并与仪器生产厂家进行了交流,提出了卷烟和滤棒硬度检测设备力传感器精度满足0.1级的技术要求。

(9) 位移测量系统计量特性研究

1) 实验目的

研究各仪器位移测量系统的计量特性。

2) 实验原理

各仪器采用的位移传感器原理如表6-146所示。

表6-146　各仪器位移传感器原理

仪器	传感器原理	输出信号
仪器A	无位移传感器,通过丝杆将步进电机的角位移转换为线位移	
仪器B	光栅尺	数字信号
仪器C	激光传感器	数字信号
仪器D	激光传感器	电压信号
仪器E	光栅尺	数字信号

3)实验装置

①各种类型传感器

各仪器采用的位移传感器技术参数如表6-147所示。

表6-147　各位移传感器技术参数

传感器	传感器B	传感器C	传感器D	传感器E
传感器制造商	HEIDENHAIN	Metra light	KEYENCE	KEYENCE
原理	光栅尺	激光传感器	激光传感器	光栅尺
测量范围	(0~10.55)mm	(5~9)mm	(0~10)mm	(0~12)mm
分辨率	0.001 mm	7 μm	0.001 mm	0.5 μm
精度	0.01 mm	0.3%F.S.	±0.01 mm	2 μm

②量块:1级。

③直径标准棒:直径值为5.000 mm、6.000 mm、6.999 mm、8.005 mm和9.005 mm。

④PLC数采系统:高速A/D模块、高速串口模块、高速脉冲计数模块。

4)实验步骤

①按实验原理图将位移测量系统、PLC数采系统和电脑连接起来;

②在量程范围内大致均匀分布取5或6个测试点,对标准件进行测试,按顺序记录标准位移值L_i和各点输出值y_i;

③以正、反两个行程为一个循环,共测量3个循环。

5)数据处理方法

根据JJF 1305—2011《线位移传感器校准规范》,位移传感器的主要技术指标包括基本误差、线性度、回程误差和重复性;对于直接以数字信号输出的传感器,其技术指标包括基本误差、回程误差和重复性。将上述技术指标引入位移测量系统,对位移测量系统的计量特性进行研究。

根据三个循环的测量结果,采用最小二乘法计算参比直线方程,如式(6-90)所示,斜率K和截距Y_0的计算公式如式(6-91)和式(6-92)所示。

$$Y_i = Y_0 + KL_i \tag{6-90}$$

$$K = \frac{\sum_{i=1}^{11}\sum_{j=6}^{6} L_{ij} y_{ij} - \bar{L}\sum_{i=1}^{11}\sum_{j=6}^{6} y_{ij}}{\sum_{i=1}^{11}\sum_{j=6}^{6} L_{ij}^2 - \bar{L}\sum_{i=1}^{11}\sum_{j=6}^{6} L_{ij}} \tag{6-91}$$

$$Y_0 = \frac{\bar{y}\sum_{i=1}^{11}\sum_{j=6}^{6} L_{ij}^2 - \bar{L}\sum_{i=1}^{11}\sum_{j=6}^{6} L_{ij} y_{ij}}{\sum_{i=1}^{11}\sum_{j=6}^{6} L_{ij}^2 - \bar{L}\sum_{i=1}^{11}\sum_{j=6}^{6} L_{ij}} \tag{6-92}$$

式中：Y_i——位移传感器在第 i 个测试点输出量的拟合值；

Y_0——参比直线的截距；

K——参比直线的斜率；

y_{ij}——位移传感器在第 j 次行程中第 i 个测试点的输出值；

$\bar{y}$——位移传感器各测试点输出平均值；

L_{ij}——位移传感器在第 j 次行程中第 i 个测试点的输入值；

$\bar{L}$——位移传感器各测试点输入平均值；

i——第 i 个测试点，$i=1,2,\cdots,11$；

j——第 j 次测量行程次序数，$j=1,2,\cdots,6$。

①基本误差：根据参比直线求出第 i 个测试点的拟合输出值 Y_i，按式（6-93）计算第 j 次行程中第 i 个点的误差 δ_{ij}，取三个循环正、反行程中绝对值最大的作为第 i 个点的误差，取各 i 点中绝对值最大值作为基本误差。

$$\delta_{ij} = \frac{y_{ij} - Y_i}{Y_{FS}} \times 100\% \tag{6-93}$$

式中：Y_{FS}——满量程输出，由式（6-94）确定：

$$Y_{FS} = Y_M - Y_N \tag{6-94}$$

式中：Y_M——位移至上限时三个循环正反行程输出量的平均值；

Y_N——位移至下限时三个循环正反行程输出量的平均值。

②线性度：根据参比直线求出第 i 个测试点的拟合输出值 Y_i，按式（6-95）计算各测试点的偏差 l_i，取各 i 点中绝对值最大的作为线性度测量结果。

$$l_i = \frac{\bar{y}_i - Y_i}{Y_{FS}} \times 100\% \tag{6-95}$$

式中：$\bar{y}_i$——传感器在第 i 个测试点三个循环正反行程输出量的平均值。

③回程误差：根据式（6-96）计算各测试点的回程差 h_i，取各 i 点中最大的作为回程误差测量结果。

$$h_i = \frac{\bar{g}_i - \bar{b}_i}{Y_{FS}} \times 100\% \tag{6-96}$$

式中：$\bar{g}_i$——传感器在第 i 个测试点三个循环正行程输出量的平均值；

$\bar{b}_i$——传感器在第 i 个测试点三个循环反行程输出量的平均值;

④重复性:根据三个循环的测量数据,由正、反同向行程在第 i 个测试点三次测量输出值,求出同向行程中相互间的最大差值,取各点同向行程中最大的为 Δ_i,按式(6-97)计算重复性。

$$r_i = \frac{0.61\Delta_i}{Y_{FS}} \times 100\% \qquad (6-97)$$

6) 实验数据

各位移测量系统的测试数据如表6-148~表6-152所示,技术指标如表6-153所示。

表6-148 位移测量系统 A 测试数据

	标准值/mm	0	5	6	7	8	9
第1循环	输出值	0	1250	14998	1750	2001	2251
	标准值/mm	9	8	7	6	5	0
	输出值	2250	2001	1750	1500	1250	0
第2循环	标准值/mm	0	5	6	7	8	9
	输出值	1	1249	1500	1750	2001	2250
	标准值/mm	9	8	7	6	5	0
	输出值	2250	2000	1750	1500	1250	0
第3循环	标准值/mm	0	5	6	7	8	9
	输出值	0	1250	1500	1750	2001	2250
	标准值/mm	9	8	7	6	5	0
	输出值	2250	2000	1750	1500	1250	0
参比直线方程		$Y=250.0\times L+0.229$					
δ_{ijmax}		-0.1%					
h_i		0.00%	-0.05%	-0.06%	0.00%	0.01%	0.02%
r_i		0.03%	0.05%	0.05%	0.00%	0.03%	0.03%

表6-149 位移测量系统 B 测试数据

	标准值/mm	0	5	6	7	8	9
第1循环	输出值	14	4998	5997	7000	8002	9001
	标准值/mm	9	8	7	6	5	0
	输出值	9000	8002	7001	6000	4999	15

续表6-149

<table>
<tr><td rowspan="4">第2循环</td><td>标准值/mm</td><td>0</td><td>5</td><td>6</td><td>7</td><td>8</td><td>9</td></tr>
<tr><td>输出值</td><td>15</td><td>4997</td><td>5998</td><td>7001</td><td>8002</td><td>9001</td></tr>
<tr><td>标准值/mm</td><td>9</td><td>8</td><td>7</td><td>6</td><td>5</td><td>0</td></tr>
<tr><td>输出值</td><td>9000</td><td>8001</td><td>7001</td><td>6000</td><td>5000</td><td>15</td></tr>
<tr><td rowspan="4">第3循环</td><td>标准值/mm</td><td>0</td><td>5</td><td>6</td><td>7</td><td>8</td><td>9</td></tr>
<tr><td>输出值</td><td>14</td><td>4998</td><td>5999</td><td>7001</td><td>8002</td><td>9001</td></tr>
<tr><td>标准值/mm</td><td>9</td><td>8</td><td>7</td><td>6</td><td>5</td><td>0</td></tr>
<tr><td>输出值</td><td>9000</td><td>8001</td><td>7001</td><td>6000</td><td>4999</td><td>15</td></tr>
<tr><td colspan="2">参比直线方程</td><td colspan="6">$Y=998.46\times L+11.514$</td></tr>
<tr><td colspan="2">$\delta_{ij\max}$</td><td colspan="6">-0.08%</td></tr>
<tr><td colspan="2">h_i</td><td>-0.01%</td><td>-0.02%</td><td>-0.02%</td><td>0.00%</td><td>0.01%</td><td>0.01%</td></tr>
<tr><td colspan="2">r_i</td><td>0.01%</td><td>0.01%</td><td>0.01%</td><td>0.01%</td><td>0.01%</td><td>0.00%</td></tr>
</table>

表6-150 位移测量系统C测试数据

<table>
<tr><td rowspan="4">第1循环</td><td>标准值/mm</td><td>5</td><td>6</td><td>7</td><td>8</td><td>9</td></tr>
<tr><td>输出值</td><td>1625</td><td>1843</td><td>2059</td><td>2281</td><td>2498</td></tr>
<tr><td>标准值/mm</td><td>9</td><td>8</td><td>7</td><td>6</td><td>5</td></tr>
<tr><td>输出值</td><td>2499</td><td>2282</td><td>2059</td><td>1843</td><td>1624</td></tr>
<tr><td rowspan="4">第2循环</td><td>标准值/mm</td><td>5</td><td>6</td><td>7</td><td>8</td><td>9</td></tr>
<tr><td>输出值</td><td>1625</td><td>1843</td><td>2060</td><td>2281</td><td>2498</td></tr>
<tr><td>标准值/mm</td><td>9</td><td>8</td><td>7</td><td>6</td><td>5</td></tr>
<tr><td>输出值</td><td>2497</td><td>2282</td><td>2059</td><td>1843</td><td>1624</td></tr>
<tr><td rowspan="4">第3循环</td><td>标准值/mm</td><td>5</td><td>6</td><td>7</td><td>8</td><td>9</td></tr>
<tr><td>输出值</td><td>1625</td><td>1843</td><td>2059</td><td>2281</td><td>2498</td></tr>
<tr><td>标准值/mm</td><td>9</td><td>8</td><td>7</td><td>6</td><td>5</td></tr>
<tr><td>输出值</td><td>2499</td><td>2282</td><td>2061</td><td>1843</td><td>1624</td></tr>
<tr><td colspan="2">参比直线方程</td><td colspan="5">$Y=218.58\times L+531.22$</td></tr>
<tr><td colspan="2">$\delta_{ij\max}$</td><td colspan="5">-0.24%</td></tr>
<tr><td colspan="2">h_i</td><td>0.11%</td><td>0.00%</td><td>-0.04%</td><td>-0.11%</td><td>-0.04%</td></tr>
<tr><td colspan="2">r_i</td><td>0.00%</td><td>0.00%</td><td>0.07%</td><td>0.00%</td><td>0.14%</td></tr>
</table>

表6-151 位移测量系统D测试数据

	标准值/mm	0	3	4	5	6	7	8	9
第1循环	输出值/V	0.093	1.336 6	1.830 7	2.326 8	2.822 2	3.324 1	3.822 3	4.322 2
	标准值/mm	9	8	7	6	5	4	3	0
	输出值/V	4.328 0	3.822 4	3.326 6	2.826 6	2.328 1	1.825 7	1.335 6	0.092
第2循环	标准值/mm	0	3	4	5	6	7	8	9
	输出值/V	0.092	1.329 3	1.828 3	2.329 8	2.827 4	3.325 7	3.826 0	4.320 0
	标准值/mm	9	8	7	6	5	4	3	0
	输出值/V	4.323 9	3.829 8	3.326 3	2.824 0	2.328 4	1.825 2	1.332 7	0.092
第3循环	标准值/mm	0.336	3	4	5	6	7	8	9
	输出值/V	0.093	1.328 6	1.827 2	2.329 8	2.826 4	3.327 6	3.819 7	4.324 9
	标准值/mm	9	8	7	6	5	4	3	0
	输出值/V	4.325 6	3.819 0	3.324 5	2.825 3	2.327 4	1.828 4	1.332 7	0.094
参比直线方程		$Y=0.498\,69\times L-0.165\,4$							
δ_{ijmax}		0.2%							
l_i		0.06%	−0.06%	0.01%	−0.05%	0.01%	−0.03%	0.04%	0.06%
h_i		−0.07%	0.08%	0.03%	0.00%	0.00%	−0.04%	−0.12%	−0.07%
r_i		0.16%	0.01%	0.06%	0.11%	0.05%	0.17%	0.06%	0.16%

表6-152 位移测量系统E测试数据

	标准值/mm	0	5	6	7	8	9
第1循环	输出值/mm	−0.003	5.003	6.002	7.002	8.000	9.004
	标准值/mm	9	8	7	6	5	0
	输出值/mm	9.005	8.001	7.000	6.003	5.004	−0.005
第2循环	标准值/mm	0	5	6	7	8	9
	输出值/mm	−0.003	5.002	6.004	7.006	8.003	9.002
	标准值/mm	9	8	7	6	5	0
	输出值/mm	9.005	8.001	7.000	6.003	5.001	−0.005
第3循环	标准值/mm	0	5	6	7	8	9
	输出值/mm	−0.003	5.002	6.004	7.005	8.002	9.003
	标准值/mm	9	8	7	6	5	0
	输出值/mm	9.005	8.001	7.004	6.003	5.001	−0.004
参比直线方程		$Y=1.0002\times L-0.0002$					
δ_{ijmax}		0.04%					
h_i		0.02%	0.00%	0.00%	0.01%	0.01%	−0.02%
r_i		0.01%	0.02%	0.01%	0.03%	0.02%	0.01%

表6-153 各位移位移测量系统的技术指标

项目	技术指标				
	位移测量系统 A	位移测量系统 B	位移测量系统 C	位移测量系统 D	位移测量系统 E
基本误差	−0.1%	−0.08%	−0.24%	0.2%	0.04%
线性度	—	—	—	0.06%	—
回程误差	−0.06%	−0.02%	0.15%	−0.12%	0.02%
重复性	0.05%	0.01%	0.14%	0.17%	0.03%

7)小结

位移测量系统的各项技术指标均优于0.25%,项目组根据实验结果,进行了讨论分析,征求了行业专家意见,并与仪器生产厂家进行了交流,提出了卷烟和滤棒硬度检测设备位移测量系统满足±0.02 mm的技术要求。

(10)测头结构对硬度测量影响的研究

1)实验目的

研究测头结构对样品压缩前直径的影响,并对相关仪器进行改造,研究改造前后样品压缩前直径的差异。

2)实验原理

各仪器的测头结构如图6-257~图6-261所示。

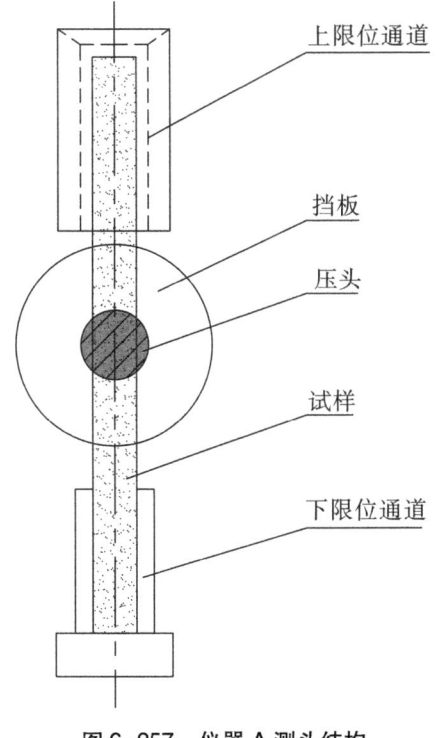

图6-257 仪器A测头结构

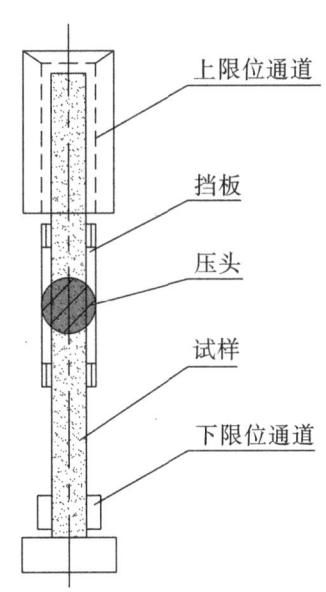

图6-258 仪器B测头结构

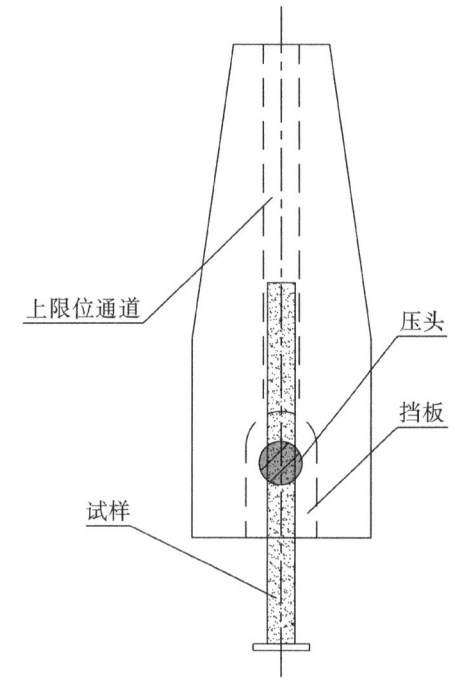

图 6-259 仪器 C 测头结构

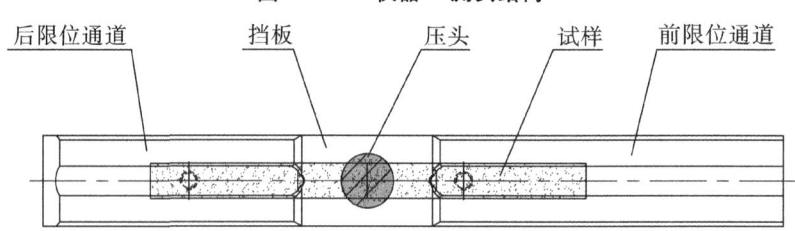

图 6-260 仪器 D 测头结构

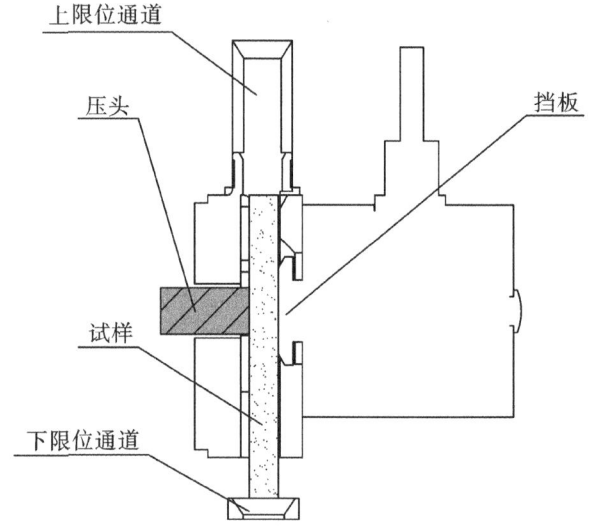

图 6-261 仪器 E 测头结构

对各仪器的测头结构进行研究,测量上限位通道距压头中心的距离及上、下限位通道的尺寸,结果如表6-154所示。其中,仪器A、仪器B、仪器C和仪器E为竖直测头,仪器D为水平测头;仪器B采用负压吸附方式。

表6-154　各仪器测头结构及尺寸

仪器	仪器A	仪器B	仪器C	仪器D	仪器E
上限位通道尺寸	13 mm	10 mm	10 mm	10 mm	10 mm
有无下限位通道	有	有	无	有	有
下限位通道尺寸	13 mm	14 mm	—	10 mm	11 mm
压头形状及尺寸	直径12 mm 圆形	直径12 mm 圆形	直径12 mm 圆形	直径12 mm 圆形	直径12 mm 圆形
挡板形状及尺寸	直径30 mm 圆形	12 mm×35 mm 长方形	20 mm×30 mm 长方形	20 mm×30 mm 长方形	直径22 mm 圆形

3)实验样品

连续生产的卷烟和滤棒(滤棒需经过固化),放入恒温恒湿环境平衡48 h。

①卷烟:CZLQ。

②滤棒:吸阻为270 mmH_2O 的普通滤棒。

4)实验步骤

①样品掉落至底板时,验证偏移最大角度时压头能否全部覆盖样品。

②取卷烟和滤棒各200支,分别分成两组,对其PCD进行测量,其中一组压头施压在搭口位置,另一组压头施压位置与搭口成90°,测量结果显示:滤棒压缩前直径最大不超过7.87 mm,卷烟压缩前直径最大不超过7.95 mm,因此判定超过上述值的数据为异常数据。

③分别对滤棒和卷烟进行测试,设定预压力为10 g,预压时间为1 s,每个样品各测试6组,每组30支样品。

④对需要改造的仪器进行设计改造,改造完成后验证样品掉落偏移最大角度时压头能否全部覆盖样品;并对样品进行测试,进一步判断测试数据中是否存在异常数据。

5)实验数据

样品掉落至底板偏移最大角度时,样品被压头覆盖情况如表6-155所示。

表6-155　样品被压头覆盖情况验证

仪器	仪器A	仪器B	仪器C	仪器D	仪器E
改造前	是	是	否	是	是
改造后			是		

各仪器对滤棒和卷烟PCD测试数据如表6-156~表6-160所示。

表6-156　仪器A测试数据　　　　　　　　　　　　单位：mm

序号	滤棒测试数据						卷烟测试数据					
	1	2	3	4	5	6	1	2	3	4	5	6
1	7.46	7.53	7.60	7.58	7.57	7.58	7.51	7.42	7.48	7.50	7.52	7.34
2	7.53	7.58	7.61	7.58	7.60	7.60	7.55	7.46	7.50	7.52	7.55	7.56
3	7.61	7.62	7.61	7.60	7.61	7.61	7.55	7.56	7.51	7.54	7.55	7.61
4	7.61	7.62	7.61	7.60	7.64	7.66	7.58	7.61	7.58	7.55	7.58	7.65
5	7.64	7.64	7.61	7.60	7.65	7.66	7.58	7.62	7.60	7.57	7.59	7.66
6	7.65	7.66	7.62	7.62	7.66	7.67	7.59	7.63	7.62	7.58	7.60	7.70
7	7.66	7.67	7.63	7.62	7.67	7.67	7.59	7.64	7.63	7.61	7.62	7.71
8	7.66	7.67	7.64	7.62	7.68	7.69	7.60	7.65	7.64	7.61	7.62	7.72
9	7.67	7.67	7.65	7.65	7.68	7.70	7.61	7.67	7.66	7.62	7.63	7.73
10	7.68	7.69	7.66	7.66	7.69	7.70	7.64	7.69	7.68	7.64	7.64	7.74
11	7.68	7.70	7.66	7.66	7.69	7.70	7.65	7.70	7.69	7.65	7.64	7.75
12	7.68	7.70	7.67	7.68	7.69	7.70	7.69	7.72	7.71	7.65	7.65	7.76
13	7.69	7.70	7.67	7.68	7.69	7.70	7.69	7.74	7.72	7.71	7.66	7.76
14	7.69	7.71	7.68	7.69	7.69	7.70	7.73	7.74	7.73	7.72	7.67	7.77
15	7.70	7.72	7.70	7.69	7.69	7.71	7.76	7.75	7.75	7.73	7.69	7.79
16	7.70	7.72	7.70	7.70	7.70	7.71	7.78	7.81	7.80	7.74	7.70	7.80
17	7.70	7.72	7.70	7.70	7.70	7.72	7.79	7.81	7.81	7.76	7.71	7.82
18	7.73	7.72	7.72	7.70	7.71	7.72	7.80	7.82	7.81	7.78	7.74	7.82
19	7.73	7.72	7.72	7.70	7.71	7.72	7.81	7.84	7.81	7.80	7.77	7.83
20	7.73	7.72	7.72	7.70	7.71	7.74	7.83	7.84	7.81	7.83	7.77	7.83
21	7.73	7.72	7.72	7.70	7.72	7.74	7.84	7.84	7.82	7.84	7.79	7.84
22	7.74	7.72	7.72	7.71	7.72	7.74	7.84	7.85	7.82	7.84	7.81	7.84
23	7.76	7.72	7.72	7.72	7.72	7.75	7.86	7.85	7.83	7.85	7.81	7.84
24	7.76	7.73	7.73	7.73	7.73	7.75	7.88	7.86	7.84	7.86	7.82	7.84
25	7.76	7.73	7.73	7.74	7.74	7.75	7.89	7.86	7.84	7.86	7.84	7.86
26	7.78	7.73	7.74	7.75	7.75	7.75	7.92	7.88	7.84	7.88	7.89	7.87
27	7.80	7.73	7.77	7.78	7.76	7.77	7.92	7.89	7.85	7.89	7.92	7.88
28	7.81	7.75	7.78	7.80	7.76	7.78	7.93	7.94	7.88	7.92	7.94	7.90
29	7.82	7.76	7.78	7.80	7.79	7.80	7.96	7.95	7.88	7.93	7.96	7.90
30	7.84	7.80	7.79	7.81	7.81	7.80	7.98	7.98	7.95	7.95	7.97	7.92
平均值	7.700	7.696	7.689	7.686	7.698	7.710	7.745	7.754	7.737	7.731	7.722	7.768
SD	0.082	0.055	0.057	0.065	0.052	0.053	0.142	0.139	0.124	0.136	0.130	0.120
异常值数	0	0	0	0	0	0	2	1	1	0	2	0

6 卷烟和滤棒物理性能综合测试台通用技术条件研究

表6-157 仪器B测试数据 单位:mm

序号	滤棒测试数据						卷烟测试数据					
	1	2	3	4	5	6	1	2	3	4	5	6
1	7.52	7.51	7.47	7.55	7.56	7.45	7.52	7.50	7.47	7.37	7.43	7.50
2	7.58	7.52	7.55	7.56	7.56	7.50	7.54	7.52	7.47	7.48	7.46	7.53
3	7.59	7.56	7.56	7.57	7.56	7.52	7.55	7.53	7.50	7.48	7.46	7.54
4	7.60	7.56	7.58	7.59	7.57	7.55	7.57	7.55	7.51	7.50	7.47	7.55
5	7.61	7.56	7.60	7.59	7.59	7.56	7.60	7.55	7.51	7.52	7.49	7.56
6	7.62	7.59	7.60	7.60	7.61	7.57	7.60	7.57	7.53	7.53	7.53	7.57
7	7.62	7.61	7.61	7.60	7.62	7.61	7.60	7.59	7.55	7.54	7.54	7.57
8	7.62	7.61	7.61	7.61	7.64	7.61	7.61	7.59	7.55	7.55	7.55	7.58
9	7.63	7.61	7.62	7.61	7.65	7.62	7.61	7.61	7.55	7.55	7.56	7.59
10	7.63	7.62	7.62	7.61	7.66	7.63	7.64	7.63	7.57	7.56	7.56	7.63
11	7.63	7.63	7.62	7.61	7.67	7.64	7.65	7.64	7.57	7.59	7.57	7.64
12	7.64	7.63	7.64	7.64	7.67	7.65	7.65	7.68	7.57	7.60	7.57	7.65
13	7.66	7.64	7.64	7.64	7.67	7.66	7.68	7.69	7.59	7.61	7.58	7.65
14	7.66	7.65	7.65	7.65	7.68	7.66	7.68	7.69	7.62	7.62	7.59	7.67
15	7.66	7.65	7.67	7.65	7.68	7.66	7.70	7.72	7.62	7.62	7.61	7.67
16	7.66	7.65	7.68	7.66	7.68	7.67	7.70	7.73	7.62	7.63	7.62	7.67
17	7.67	7.66	7.68	7.66	7.68	7.68	7.71	7.73	7.67	7.65	7.63	7.69
18	7.67	7.68	7.68	7.67	7.69	7.68	7.72	7.75	7.68	7.65	7.70	7.69
19	7.68	7.68	7.69	7.67	7.70	7.69	7.72	7.75	7.68	7.65	7.70	7.70
20	7.69	7.69	7.70	7.68	7.70	7.69	7.74	7.75	7.69	7.67	7.70	7.72
21	7.71	7.70	7.70	7.69	7.70	7.70	7.75	7.76	7.70	7.67	7.72	7.74
22	7.71	7.70	7.71	7.69	7.70	7.71	7.76	7.77	7.72	7.68	7.74	7.76
23	7.71	7.71	7.71	7.69	7.71	7.71	7.77	7.79	7.72	7.69	7.75	7.76
24	7.71	7.73	7.71	7.70	7.71	7.71	7.78	7.83	7.72	7.71	7.76	7.77
25	7.71	7.73	7.72	7.71	7.71	7.72	7.79	7.84	7.73	7.74	7.77	7.79
26	7.73	7.74	7.72	7.71	7.71	7.73	7.81	7.84	7.76	7.76	7.79	7.82
27	7.73	7.75	7.73	7.71	7.72	7.73	7.85	7.85	7.77	7.81	7.80	7.83
28	7.73	7.76	7.73	7.72	7.72	7.74	7.90	7.85	7.81	7.83	7.81	7.87
29	7.74	7.76	7.76	7.72	7.73	7.74	7.90	7.88	7.83	7.84	7.83	7.87
30	7.83	7.77	7.77	7.73	7.73	7.82	7.92	7.88	7.89	7.85	7.84	8.08
平均值	7.665	7.655	7.658	7.650	7.666	7.654	7.701	7.702	7.639	7.632	7.638	7.689
SD	0.061	0.072	0.068	0.052	0.053	0.081	0.109	0.117	0.112	0.116	0.124	0.127
异常值数	0	0	0	0	0	0	0	0	0	0	0	1

表6-158　仪器C测试数据　　　　　　　　　　　　　　　　　　单位:mm

序号	滤棒测试数据						卷烟测试数据					
	1	2	3	4	5	6	1	2	3	4	5	6
1	7.63	7.64	7.52	7.66	7.67	7.59	7.47	7.62	7.59	7.41	7.65	7.55
2	7.67	7.67	7.56	7.66	7.68	7.63	7.66	7.62	7.59	7.58	7.69	7.59
3	7.7	7.67	7.63	7.67	7.68	7.64	7.66	7.65	7.62	7.62	7.73	7.62
4	7.71	7.67	7.66	7.7	7.7	7.64	7.67	7.65	7.62	7.62	7.74	7.62
5	7.74	7.71	7.71	7.7	7.7	7.67	7.73	7.66	7.66	7.63	7.76	7.66
6	7.74	7.71	7.71	7.7	7.71	7.67	7.73	7.69	7.67	7.65	7.77	7.73
7	7.74	7.71	7.72	7.71	7.74	7.68	7.73	7.73	7.69	7.69	7.77	7.76
8	7.75	7.72	7.72	7.71	7.74	7.7	7.76	7.73	7.69	7.73	7.78	7.76
9	7.75	7.72	7.72	7.71	7.74	7.71	7.77	7.73	7.7	7.77	7.78	7.77
10	7.75	7.74	7.74	7.71	7.74	7.71	7.8	7.76	7.7	7.8	7.8	7.77
11	7.75	7.74	7.74	7.72	7.75	7.72	7.8	7.76	7.7	7.8	7.8	7.77
12	7.75	7.74	7.75	7.72	7.75	7.74	7.83	7.78	7.7	7.8	7.8	7.77
13	7.77	7.74	7.77	7.74	7.75	7.74	7.84	7.8	7.7	7.8	7.81	7.78
14	7.77	7.74	7.78	7.74	7.75	7.74	7.84	7.8	7.73	7.81	7.83	7.78
15	7.78	7.75	7.79	7.74	7.77	7.74	7.84	7.81	7.73	7.84	7.84	7.81
16	7.78	7.75	7.81	7.74	7.77	7.75	7.87	7.81	7.73	7.85	7.84	7.85
17	7.78	7.77	7.82	7.74	7.77	7.75	7.88	7.81	7.74	7.85	7.84	7.87
18	7.79	7.77	7.82	7.74	7.77	7.75	7.89	7.81	7.77	7.87	7.87	7.88
19	7.79	7.77	7.82	7.75	7.78	7.77	7.91	7.81	7.77	7.88	7.89	7.88
20	7.79	7.78	7.82	7.77	7.78	7.78	7.92	7.83	7.78	7.89	7.89	7.89
21	7.79	7.79	7.82	7.78	7.78	7.78	7.95	7.84	7.81	7.89	7.91	7.91
22	7.79	7.81	7.82	7.78	7.78	7.81	7.95	7.87	7.84	7.92	7.92	7.94
23	7.79	7.81	7.82	7.78	7.79	7.82	7.95	7.88	7.85	7.96	7.94	7.94
24	7.81	7.82	7.82	7.79	7.79	7.82	8.02	7.89	7.87	7.99	7.94	7.95
25	7.81	7.82	7.85	7.82	7.81	7.83	8.02	7.89	7.95	7.99	7.95	7.95
26	7.82	7.82	7.86	7.82	7.82	7.86	8.03	7.92	7.99	7.99	7.95	7.99
27	7.82	7.85	7.89	7.82	7.82	7.86	8.05	7.99	8.02	7.99	7.99	8.03
28	7.82	7.85	7.89	7.85	7.82	7.86	8.14	8.02	8.1	7.99	8.03	8.05
29	7.82	7.93	7.93	7.9	7.82	7.88	8.17	8.02	8.1	8.09	8.03	8.14
30	7.86	8	7.93	8	7.85	7.9	8.8	8.07	8.38	8.13	8.1	8.94
平均值	7.769	7.767	7.775	7.756	7.761	7.751	7.889	7.808	7.793	7.828	7.855	7.865
SD	0.048	0.077	0.097	0.072	0.046	0.080	0.229	0.119	0.178	0.162	0.106	0.247
异常值数	0	2	4	2	0	1	7	4	5	8	4	5

6 卷烟和滤棒物理性能综合测试台通用技术条件研究

表6-159 仪器D测试数据 单位:mm

序号	滤棒测试数据						卷烟测试数据					
	1	2	3	4	5	6	1	2	3	4	5	6
1	7.52	7.53	7.52	7.52	7.52	7.51	7.28	7.43	7.38	7.38	7.41	7.33
2	7.54	7.57	7.54	7.56	7.55	7.52	7.39	7.46	7.45	7.48	7.45	7.38
3	7.55	7.59	7.56	7.57	7.56	7.53	7.44	7.47	7.46	7.50	7.47	7.44
4	7.56	7.59	7.56	7.57	7.57	7.58	7.46	7.49	7.48	7.50	7.48	7.45
5	7.57	7.60	7.56	7.57	7.58	7.58	7.46	7.51	7.49	7.51	7.50	7.48
6	7.58	7.60	7.56	7.57	7.59	7.58	7.47	7.53	7.51	7.51	7.52	7.49
7	7.58	7.61	7.58	7.60	7.59	7.59	7.49	7.53	7.51	7.54	7.52	7.55
8	7.58	7.61	7.58	7.61	7.59	7.60	7.52	7.54	7.51	7.55	7.52	7.57
9	7.59	7.61	7.61	7.61	7.61	7.60	7.52	7.55	7.52	7.55	7.53	7.58
10	7.59	7.61	7.61	7.62	7.62	7.62	7.54	7.57	7.54	7.56	7.55	7.59
11	7.61	7.62	7.61	7.64	7.65	7.62	7.54	7.58	7.57	7.57	7.58	7.61
12	7.61	7.63	7.62	7.66	7.65	7.62	7.55	7.58	7.61	7.57	7.58	7.61
13	7.62	7.63	7.62	7.66	7.66	7.63	7.60	7.59	7.62	7.58	7.60	7.61
14	7.62	7.64	7.62	7.67	7.66	7.63	7.60	7.62	7.62	7.59	7.62	7.62
15	7.63	7.64	7.62	7.67	7.66	7.64	7.61	7.63	7.63	7.59	7.64	7.63
16	7.65	7.65	7.64	7.68	7.67	7.65	7.65	7.64	7.63	7.62	7.64	7.64
17	7.66	7.65	7.64	7.68	7.68	7.66	7.66	7.66	7.64	7.66	7.65	7.65
18	7.66	7.65	7.64	7.68	7.68	7.66	7.66	7.67	7.64	7.66	7.65	7.66
19	7.66	7.66	7.64	7.69	7.69	7.66	7.67	7.68	7.69	7.68	7.68	7.67
20	7.66	7.66	7.65	7.69	7.69	7.66	7.67	7.70	7.69	7.69	7.69	7.68
21	7.66	7.67	7.67	7.69	7.69	7.66	7.68	7.71	7.71	7.71	7.71	7.68
22	7.67	7.67	7.67	7.70	7.69	7.67	7.69	7.72	7.72	7.72	7.72	7.69
23	7.67	7.68	7.68	7.70	7.69	7.68	7.69	7.72	7.72	7.74	7.73	7.72
24	7.69	7.68	7.68	7.70	7.70	7.68	7.70	7.73	7.73	7.77	7.74	7.73
25	7.69	7.68	7.69	7.71	7.71	7.68	7.72	7.74	7.78	7.77	7.75	7.77
26	7.69	7.69	7.69	7.72	7.71	7.69	7.76	7.76	7.79	7.78	7.76	7.79
27	7.70	7.69	7.72	7.72	7.71	7.69	7.79	7.78	7.81	7.79	7.78	7.80
28	7.72	7.74	7.73	7.73	7.72	7.70	7.80	7.78	7.81	7.81	7.83	7.84
29	7.74	7.76	7.75	7.74	7.72	7.72	7.85	7.81	7.82	7.86	7.86	7.89
30	7.78	7.76	7.76	7.75	7.73	7.73	7.86	7.83	7.83	7.86	7.88	7.93
平均值	7.634	7.644	7.633	7.656	7.651	7.634	7.611	7.633	7.631	7.636	7.633	7.635
SD	0.063	0.052	0.062	0.062	0.059	0.056	0.138	0.111	0.125	0.124	0.126	0.141
异常值数	0	0	0	0	0	0	0	0	0	0	0	0

表6-160 仪器E测试数据　　　　　　　　　　　　单位:mm

序号	滤棒测试数据						卷烟测试数据					
	1	2	3	4	5	6	1	2	3	4	5	6
1	7.66	7.65	7.53	7.59	7.64	7.59	7.50	7.50	7.48	7.54	7.51	7.54
2	7.67	7.68	7.61	7.61	7.66	7.66	7.54	7.57	7.62	7.56	7.57	7.55
3	7.68	7.68	7.63	7.63	7.69	7.67	7.57	7.58	7.64	7.61	7.58	7.58
4	7.68	7.68	7.64	7.63	7.69	7.67	7.58	7.59	7.65	7.61	7.60	7.61
5	7.70	7.70	7.65	7.64	7.70	7.68	7.58	7.59	7.65	7.64	7.60	7.61
6	7.71	7.71	7.65	7.67	7.72	7.68	7.59	7.60	7.65	7.64	7.61	7.63
7	7.71	7.72	7.68	7.68	7.72	7.69	7.59	7.60	7.67	7.64	7.61	7.63
8	7.73	7.72	7.68	7.70	7.72	7.69	7.60	7.60	7.67	7.68	7.62	7.64
9	7.74	7.72	7.70	7.71	7.72	7.69	7.61	7.61	7.68	7.71	7.68	7.65
10	7.74	7.72	7.70	7.72	7.73	7.70	7.61	7.64	7.68	7.71	7.68	7.66
11	7.74	7.72	7.70	7.73	7.75	7.72	7.62	7.65	7.70	7.71	7.71	7.68
12	7.76	7.72	7.71	7.73	7.75	7.72	7.69	7.67	7.71	7.72	7.74	7.69
13	7.76	7.72	7.74	7.75	7.76	7.73	7.72	7.69	7.71	7.74	7.74	7.73
14	7.76	7.73	7.74	7.75	7.76	7.73	7.73	7.69	7.72	7.74	7.75	7.77
15	7.76	7.73	7.75	7.75	7.76	7.75	7.75	7.70	7.76	7.77	7.76	7.79
16	7.77	7.74	7.76	7.76	7.77	7.75	7.79	7.70	7.76	7.77	7.78	7.79
17	7.77	7.76	7.76	7.76	7.77	7.76	7.81	7.71	7.76	7.78	7.81	7.80
18	7.77	7.78	7.77	7.77	7.77	7.76	7.81	7.71	7.78	7.79	7.82	7.82
19	7.78	7.78	7.78	7.78	7.77	7.78	7.82	7.71	7.78	7.82	7.83	7.83
20	7.79	7.79	7.79	7.78	7.77	7.78	7.82	7.73	7.80	7.83	7.84	7.84
21	7.79	7.80	7.79	7.80	7.78	7.78	7.82	7.74	7.81	7.84	7.84	7.84
22	7.79	7.80	7.79	7.80	7.78	7.79	7.83	7.76	7.84	7.86	7.85	7.85
23	7.80	7.81	7.81	7.80	7.78	7.79	7.86	7.77	7.88	7.87	7.85	7.86
24	7.80	7.81	7.81	7.80	7.78	7.79	7.87	7.79	7.88	7.89	7.85	7.86
25	7.80	7.81	7.81	7.81	7.79	7.79	7.87	7.82	7.89	7.90	7.86	7.88
26	7.80	7.81	7.82	7.81	7.79	7.80	7.88	7.86	7.90	7.91	7.87	7.89
27	7.82	7.82	7.82	7.81	7.79	7.81	7.89	7.87	7.93	7.91	7.88	7.94
28	7.82	7.84	7.82	7.83	7.82	7.83	7.90	7.95	7.93	7.91	7.89	7.94
29	7.83	7.85	7.83	7.83	7.83	7.84	7.93	7.97	7.95	7.92	7.89	7.95
30	7.84	7.91	7.85	7.84	7.83	7.84	7.94	8.04	8.01	7.94	7.90	7.98
平均值	7.759	7.757	7.736	7.741	7.752	7.741	7.737	7.714	7.763	7.765	7.751	7.761
SD	0.049	0.061	0.078	0.070	0.046	0.061	0.135	0.129	0.121	0.117	0.117	0.130
异常值数	0	1	0	0	0	0	0	2	1	0	0	1

对仪器 C 进行改造,增加了下限位通道,对上限位通道和挡板部分进行了优化,改造后的结构示意如图 6-262 所示,改造后测试数据如表 6-161 所示,各仪器测试数据汇总如表 6-162 所示。

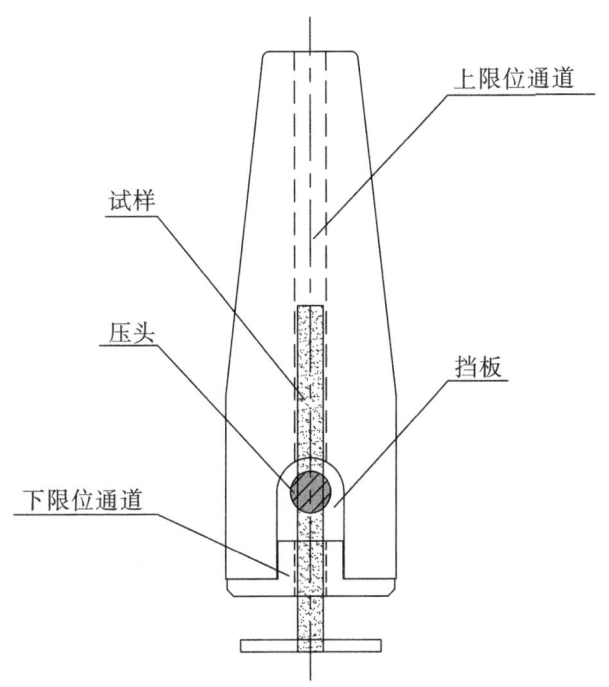

图 6-262 仪器 C 改造后测头结构图

表 6-161 仪器 C 改造后样品测试值 单位:mm

序号	滤棒测试数据						卷烟测试数据					
	1	2	3	4	5	6	1	2	3	4	5	6
1	7.56	7.64	7.53	7.6	7.59	7.56	7.46	7.34	7.42	7.34	7.45	7.46
2	7.59	7.64	7.6	7.63	7.6	7.59	7.48	7.42	7.42	7.45	7.48	7.56
3	7.6	7.65	7.6	7.63	7.6	7.6	7.49	7.45	7.42	7.49	7.52	7.56
4	7.64	7.67	7.64	7.64	7.61	7.6	7.5	7.5	7.46	7.5	7.52	7.57
5	7.64	7.67	7.64	7.64	7.64	7.6	7.53	7.59	7.46	7.53	7.56	7.59
6	7.67	7.67	7.64	7.65	7.64	7.61	7.53	7.59	7.52	7.53	7.56	7.61
7	7.67	7.67	7.64	7.65	7.65	7.67	7.53	7.6	7.53	7.53	7.56	7.63
8	7.67	7.68	7.65	7.65	7.67	7.67	7.57	7.6	7.56	7.61	7.57	7.63
9	7.67	7.68	7.65	7.67	7.67	7.67	7.61	7.61	7.57	7.63	7.59	7.64
10	7.68	7.68	7.68	7.67	7.67	7.67	7.64	7.61	7.57	7.64	7.59	7.67
11	7.68	7.7	7.68	7.68	7.67	7.67	7.68	7.63	7.59	7.64	7.59	7.67
12	7.7	7.7	7.68	7.68	7.67	7.68	7.68	7.64	7.6	7.65	7.6	7.71

续表 6-161

序号	滤棒测试数据						卷烟测试数据					
	1	2	3	4	5	6	1	2	3	4	5	6
13	7.71	7.71	7.68	7.7	7.68	7.68	7.68	7.64	7.64	7.67	7.6	7.71
14	7.71	7.71	7.68	7.7	7.71	7.68	7.7	7.67	7.64	7.68	7.67	7.71
15	7.71	7.71	7.7	7.71	7.71	7.68	7.71	7.68	7.67	7.68	7.67	7.72
16	7.71	7.72	7.71	7.71	7.71	7.7	7.72	7.68	7.67	7.71	7.67	7.75
17	7.71	7.72	7.71	7.71	7.71	7.71	7.74	7.68	7.67	7.71	7.68	7.75
18	7.71	7.72	7.72	7.71	7.71	7.71	7.74	7.7	7.68	7.75	7.7	7.76
19	7.71	7.74	7.72	7.71	7.71	7.71	7.78	7.71	7.71	7.75	7.71	7.78
20	7.72	7.74	7.72	7.72	7.71	7.71	7.78	7.71	7.72	7.75	7.72	7.79
21	7.72	7.74	7.72	7.74	7.74	7.71	7.78	7.72	7.74	7.76	7.74	7.79
22	7.72	7.74	7.72	7.75	7.75	7.71	7.78	7.74	7.74	7.78	7.75	7.82
23	7.74	7.74	7.75	7.75	7.75	7.72	7.79	7.75	7.75	7.78	7.75	7.82
24	7.75	7.75	7.75	7.75	7.75	7.72	7.79	7.75	7.75	7.79	7.78	7.82
25	7.75	7.75	7.75	7.75	7.76	7.74	7.79	7.75	7.76	7.82	7.79	7.82
26	7.75	7.75	7.75	7.75	7.76	7.74	7.82	7.76	7.78	7.82	7.82	7.83
27	7.75	7.75	7.76	7.76	7.78	7.75	7.82	7.76	7.79	7.85	7.82	7.83
28	7.76	7.75	7.78	7.76	7.78	7.75	7.83	7.78	7.79	7.85	7.82	7.87
29	7.76	7.78	7.79	7.78	7.78	7.75	7.83	7.82	7.82	7.89	7.87	7.9
30	7.82	7.79	7.83	7.78	7.79	7.79	7.86	7.82	7.83	7.9	7.89	7.9
平均值	7.699	7.712	7.696	7.701	7.699	7.685	7.688	7.657	7.642	7.683	7.668	7.722
SD	0.055	0.040	0.064	0.050	0.058	0.056	0.124	0.115	0.126	0.139	0.119	0.112
异常值数	0	0	0	0	0	0	0	0	0	0	0	0

表 6-162　各仪器测试数据汇总表　　　　　　　　　　　　　单位：mm

样品	滤棒					
仪器	仪器 A	仪器 B	仪器 C	仪器 D	仪器 E	仪器 C 改造后
平均值	7.696	7.658	7.763	7.642	7.748	7.699
SD	0.061	0.065	0.070	0.059	0.061	0.054
异常值数	0	0	9	0	1	0
样品	卷烟					
仪器	仪器 A	仪器 B	仪器 C	仪器 D	仪器 E	仪器 C 改造后
平均值	7.743	7.667	7.840	7.630	7.748	7.677
SD	0.132	0.117	0.173	0.128	0.125	0.123
异常值数	6	1	33	0	4	0

6）小结

①由表 6-158 可知,仪器 C 测头结构不合理,导致测试结果中出现异常值。

②对仪器 C 的测头进行优化改进,改进后增加了下部限位通道,且通道直径设计为 11 mm,由表 6-161 可知,异常值消除,由此可知:对于竖直测头,须包括上部和下部两个限位通道,且需对通道的尺寸进行规定。

③其他仪器基本无异常值。

项目组根据实验结果,进行了讨论分析,征求了行业专家意见,并与仪器生产厂家进行了交流,提出了卷烟和滤棒硬度检测设备测头的各项技术要求。

6.6.4 结论

6.6.4.1 仪器验证结论

将各仪器的技术条件验证情况汇总如表 6-163 所示。

表 6-163 各仪器验证情况汇总

技术指标	仪器 A	仪器 B	仪器 C	仪器 D	仪器 E
预压力/g	9.7	10.2	10.3	9.8	9.6
预压时间/s	1	2	1	1	1
全压力/g	299.1	301.5	300.5	300.2	300.7
全压时间/s	15	15	15	15	15
施压速度/(mm/s)	3.62	5.88	0.24	1.02	0.54
力传感器精度等级	—	不符合0.1级	—	—	0.1级
位移测量系统基本误差	−0.1%	−0.08%	−0.24%	0.2%	0.04%
压头形状及尺寸	12 mm 圆形	12 mm 圆形	12 mm 圆形	12 mm 圆形	12 mm 圆形
挡板形状及尺寸	30 mm 圆形	12 mm×35 mm 长方形	20 mm×30 mm 长方形	20 mm×30 mm 长方形	22 mm 圆形

6.6.4.2 通用技术条件

YC/T 544—2016《卷烟和滤棒硬度检测设备通用技术条件》对卷烟和滤棒硬度检测设备进行了深入研究,从仪器原理、结构设计、计量特性等方面进行了详细分析,项目系统研究分析了影响卷烟和滤棒硬度测量的各相关因素,逐一对这些因素进行实验验证,确定其对测试结果影响程度,提出卷烟和滤棒硬度检测设备通用技术条件如下。

（1）工作条件

仪器的使用环境应满足 GB/T 16447—2004《烟草及烟草制品　调节和测试的大气环境》规定的测试大气条件。

(2)外观要求

仪器表面不应有裂缝、变形现象;金属零件不应有锈蚀及机械损伤;接插件牢固可靠;气管及接头应均不漏气;开关、按钮应无失控现象;附属设备应完好。

(3)测头

测头分为竖直测头和水平测头,竖直测头结构如图6-263所示,包括上部限位通道、下部限位通道、挡板、压头和底板;水平测头结构如图6-264所示,包括限位通道、挡板和压头。

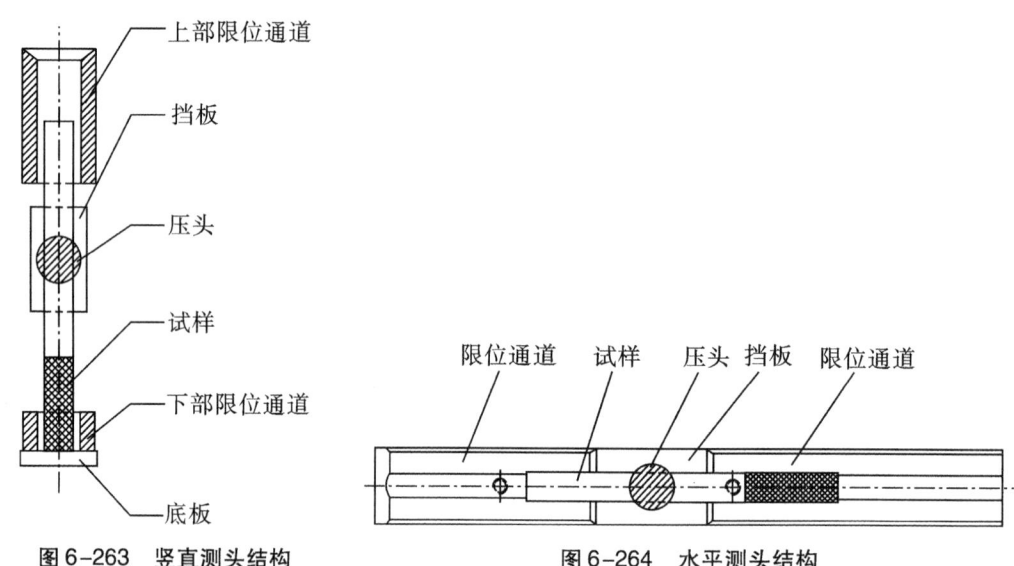

图6-263 竖直测头结构　　图6-264 水平测头结构

1)压头

压头应为圆柱形,其直径应满足(12.00±0.01)mm。

2)挡板

挡板应固定在仪器上,使试样在受压时不能移动,挡板尺寸应满足:轴向不小于20 mm,径向不小于12 mm。

3)竖直测头

①上部限位通道和下部限位通道的形状均为圆柱状,其直径应满足如下要求:

$$(d+3)\text{mm} \leqslant D \leqslant (d+5)\text{mm}$$

式中:D——限位通道的直径,mm;

　　　d——试样目标直径,mm;

②底板高度可调。

③试样测试过程中应由压头施力,使试样贴紧挡板,上部限位通道和下部限位通道不应对试样产生任何应力。

4)水平测头

①限位通道的形状及尺寸应能够限制试样的运动轨迹;

②试样测试位置可调;

③试样测试过程中应由压头施力,使试样贴紧挡板,限位通道不应对试样产生任何应力。

(4)预压力

预压力应满足(10±2)g。

(5)预压时间

预压时间应满足(1.5±0.5)s。

(6)全压力

全压力应满足(300±3)g。

(7)全压时间

全压时间应满足(15±1)s。

(8)施压速度

施压速度应不大于 3 mm/s。

(9)力传感器

应具有温度补偿功能,准确度等级满足 0.1 级。

(10)位移测量系统

最大允许误差为±0.02 mm。

(11)量程

位移量程应不小于 10 mm。

(12)分辨力

1)位移分辨力应满足 0.01 mm。

2)硬度分辨力应满足 0.1%。

(13)位移标准棒或量块

1)用于校准和验证的位移标准棒或量块最大允许误差为±0.003 mm。

2)应配置高、低两个验证标准棒或量块,且覆盖试样受压前、后直径值,对仪器性能进行验证。

(14)水平装置

设备应配置水平调节及指示装置。

7 卷烟和滤棒物理性能综合测试台技术审核

7.1 卷烟和滤棒物理性能综合测试台技术审核的意义

卷烟和滤棒物理性能综合测试台属于烟草行业专用计量器具,不同于通用计量器具,其技术指标要求通常与行业密切相关,具有行业专用性,因此行业制订了相关的技术标准,对这些专用计量器具提出了具体的技术性能指标要求,以确保能满足行业使用需要。具体地讲,技术审核就是依据相关的技术审核规范对专用计量器具是否符合行业标准中的要求进行验证和判断。行业专用计量器具只有通过了技术审核,证明了其行业适用性之后,才可用于行业的日常检测工作。通过开展专用计量器具的技术审核工作,确保不同企业不同品牌的卷烟和滤棒物理性能综合测试台在投入使用前能真正符合行业要求,提高卷烟和滤棒物理性能综合测试台的适用性,减少卷烟和滤棒物理性能综合测试台之间测量结果的差异,更好地服务于行业的生产和质量控制,促进行业持续健康发展。

7.2 卷烟和滤棒物理性能综合测试台技术审核相关标准

近年来,烟草行业制定了专用计量器具技术审核的系列标准,其中有关卷烟和滤棒物理性能综合测试台的共有6项,分别是:YC/T 547.1—2016《烟草行业专用计量器具技术审核规范 第1部分:基本要求和工作程序》、YC/T 547.2—2016《烟草行业专用计量器具技术审核规范 第2部分:卷烟吸阻和滤棒压降检测设备》、YC/T 547.3—2016《烟草行业专用计量器具技术审核规范 第3部分:卷烟和滤棒长度检测设备》、YC/T 547.4—2017《烟草行业专用计量器具技术审核规范 第4部分:卷烟和滤棒圆周检测设备》、YC/T 547.5—2017《烟草行业专用计量器具技术审核规范 第5部分:卷烟和滤棒硬度检测设备》和YC/T 547.6—2017《烟草行业专用计量器具技术审核规范 第6部分:卷烟通风率检测设备》。

7.3 卷烟和滤棒物理性能综合测试台技术审核的基本要求和工作程序

7.3.1 卷烟和滤棒物理性能综合测试台技术审核的基本要求

7.3.1.1 技术审核的范围要求

卷烟和滤棒物理性能综合测试台应按型号分别进行技术审核,因卷烟和滤棒物理性能综合测试台通常由质量、圆周(圆度)、长度、吸阻/通风、硬度等测试单元组成,而质量测试单元相对比较简单,行业也未针对质量测试单元提出技术审核要求,故后续将分别针对吸阻、通风、圆周、长度、硬度检测设备的技术审核进行介绍。

企业对已通过技术审核的卷烟和滤棒物理性能综合测试台进行技术改造后,应向烟草行业计量技术归口单位提供相关技术资料,产品技术指标发生变化的应重新申请技术审核。

对已通过技术审核,但其后相关标准对其技术指标提出新的要求的卷烟和滤棒物理性能综合测试台,烟草行业计量技术归口单位应及时组织专家组重新进行技术审核。

7.3.1.2 技术审核承担单位要求

卷烟和滤棒物理性能综合测试台技术审核的组织工作由烟草行业计量技术归口单位承担。计量技术归口单位负责受理技术审核申请、组织技术审核专家组以及开展试验验证审查,其中技术审核专家组主要负责技术资料审查及技术审核意见的出具。烟草行业计量技术归口单位应对技术审核工作中涉及的技术资料、审查结果、试验数据保密。

7.3.1.3 技术审核申请企业要求

申请技术审核的企业应满足以下条件:
(1)具有企业法人资格或进口产品代理授权书。
(2)具有生产该型号卷烟和滤棒物理性能综合测试台所必需的产品标准。
(3)具有用于产品出厂检验的工作计量器具。
(4)具有相应的专业技术人员。
(5)可提供验证试验用的已定型产品样机。

7.3.1.4 技术审核申请材料要求

申请技术审核的企业应提供以下申请材料:
(1)证明企业满足申请条件的相关资料。
(2)卷烟和滤棒物理性能综合测试台的技术资料:测量原理说明、产品图纸、产品性能指标及测试报告、关键元器件说明书及测试报告、产品出厂检测方法、产品使用说明书及其他相关技术文件。

7.3.2 卷烟和滤棒物理性能综合测试台技术审核的工作程序

7.3.2.1 技术审核申请

申请技术审核的卷烟和滤棒物理性能综合测试台生产企业应向烟草行业计量技术归口单位提交技术审核申请,申请/受理/审核表见表7-1。

表7-1 卷烟和滤棒物理性能综合测试台技术审核申请/受理/审核表

申请技术审核产品情况	计量器具名称	卷烟和滤棒物理性能综合测试台
	规格型号	
申请技术审核产品简要说明(主要技术指标)		
申请企业基本情况说明		
申请企业意见		(盖章) 年 月 日
技术审核申请的受理意见		烟草行业计量技术归口单位(盖章) 年 月 日
技术资料审查意见(可包括对专用计量器具性能水平和行业适用性的确认)	技术资料审查报告编号:_____	专家组组长(签字): 年 月 日
样机试验验证审查意见	试验验证审查报告编号:_____	烟草行业计量技术归口单位(盖章) 年 月 日
技术审核意见		专家组组长(签字): 年 月 日
技术审核结论		烟草行业计量工作主管单位(盖章) 年 月 日
备注		

7.3.2.2 技术审核申请的受理

烟草行业计量技术归口单位收到企业的申请材料,按照第 7.3.1.4 节的要求进行申请材料的初审并出具是否受理的意见,不予受理的,应向企业说明理由。

7.3.2.3 技术资料审查

烟草行业计量技术归口单位受理企业的申请后,组织专家组按照该类型计量器具技术审核规范所规定的技术资料审查方法与要求进行技术资料审查,如果技术资料中存在内容缺少情况,允许申请企业补充一次相关资料,补充期限为自通知之日起二十个工作日内。

技术资料审查结束后,专家组根据技术资料审查的不同情况,分别给出处理意见,具体包括:

(1)技术资料审查不符合要求,则给出该型号计量器具为不适用的技术审核意见。

(2)技术资料审查符合要求、该型号专用计量器具已在行业使用且性能水平和行业适用性能够确认时,可直接给出该型号计量器具为适用的技术审核意见。

(3)技术资料审查不足以反映该型号专用计量器具的性能水平和行业适用性,或技术资料审查符合要求但该型号专用计量器具属首次在行业使用时,则给出"须进一步开展试验验证审查"的意见,由生产企业提供该型号专用计量器具的样机并开展现场试验验证。

7.3.2.4 试验验证审查

当技术审核需要开展卷烟和滤棒物理性能综合测试台试验验证审查时,应按以下程序进行:

(1)计量技术归口单位根据该类型计量器具技术审核规范所规定的试验验证审查方法与要求,确定试验验证审查的实施方案。

(2)计量技术归口单位按照实施方案,对申请企业提供的计量器具样机组织开展试验,试验完成后应出具对计量器具样机的试验验证审查报告及意见;试验依据、试验环境、试验方法均应在试验验证审查报告中说明。

7.3.2.5 技术审核意见的出具

专家组根据技术资料审查意见、试验验证审查报告及意见给出该型号卷烟和滤棒物理性能综合测试台的技术审核意见。

专家组技术审核意见获得批准后由烟草行业计量技术归口单位将技术审核结论通知企业。

卷烟和滤棒物理性能综合测试台技术审核的工作流程如图 7-1 所示。

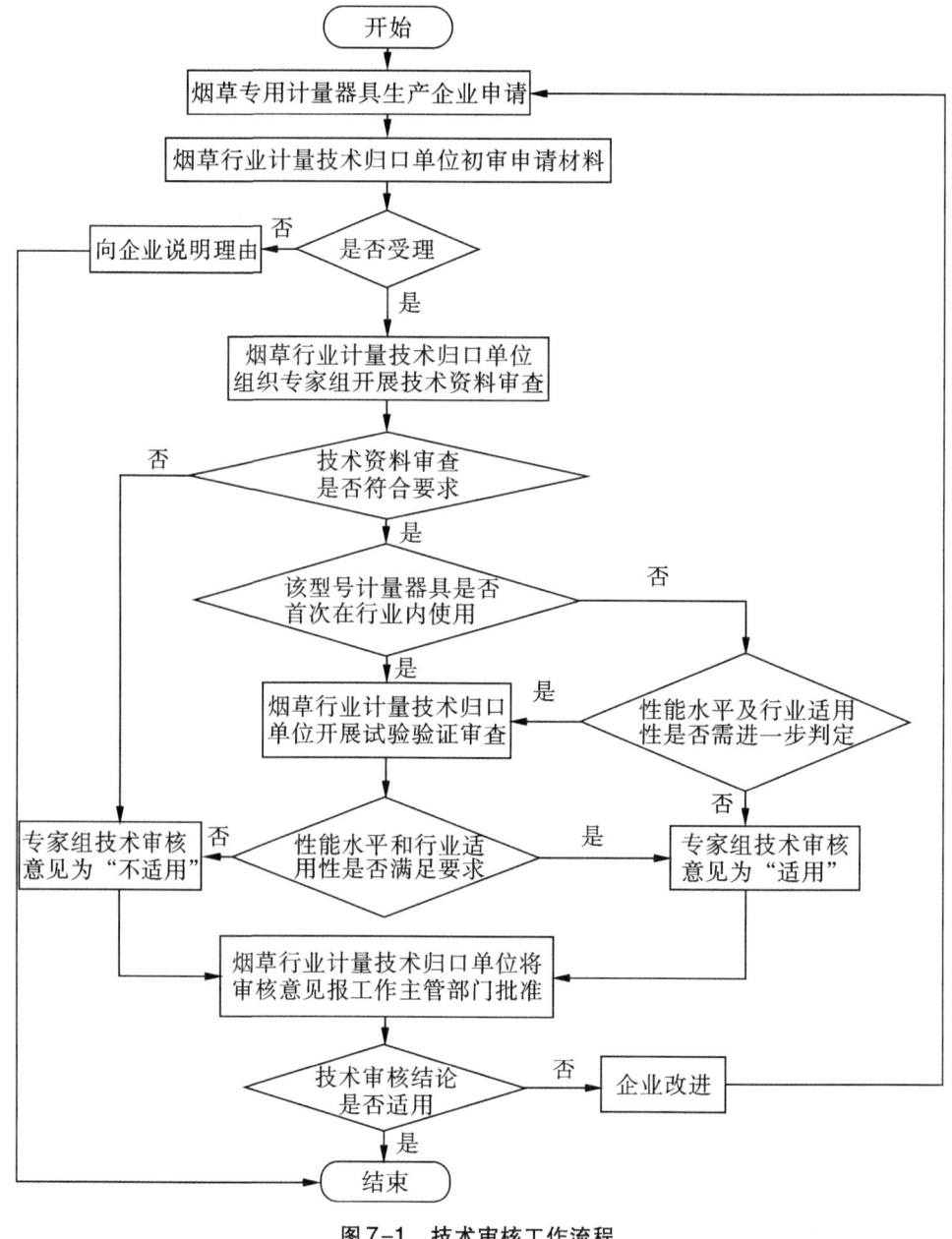

图7-1 技术审核工作流程

7.4 卷烟吸阻和滤棒压降检测设备的技术审核

7.4.1 技术资料审查

(1)申请技术审核的企业应按 YC/T 547.1—2016 中 2.4 的要求提供证明企业满足

申请条件的相关资料(YC/T 547.1—2016 中 2.3)和计量器具的技术资料,其中技术资料应包括以下内容:

1)产品测量原理的说明资料;
2)产品的气路图和测头结构图;
3)产品的使用说明书;
4)产品测量范围、精度、分辨力等技术指标的测试报告;
5)产品使用的压力传感器和标准恒流孔(CFO)的测试报告;
6)产品配套吸阻标准棒的测试报告;
7)产品所使用乳(硅)胶管的说明资料;
8)产品关于保留时间设定的说明资料;
9)产品抽吸管路所使用真空过滤器的过滤等级证明资料。

(2)产品测量原理的说明资料应能够证明当样品密封于设备中,并维持样品输出端气体体积流量为 17.5 mL/s 时,可测量出样品两端的压差。

(3)产品的气路图和测头结构图应证明其符合 YC/T 446—2012《卷烟吸阻和滤棒压降检测设备通用技术条件》中 4.3 和 4.13 的要求。

(4)产品的测量范围、精度、分辨力等技术指标的测试报告应证明其性能符合 YC/T 446—2012 中 4.9 的要求。

(5)产品使用的标准恒流孔的测试报告应证明标准恒流孔符合 YC/T 446—2012 中 4.16 的要求。

(6)产品使用的压力传感器的测试报告应证明压力传感器符合 YC/T 446—2012 中 4.7 的要求。

(7)产品配套的吸阻标准棒的测试报告应证明吸阻标准棒符合 YC/T 446—2012 中 4.15 的要求。

(8)产品所使用的乳(硅)胶管说明资料应证明乳(硅)胶管符合 YC/T 446—2012 中 4.4 的要求。

(9)产品有关保留时间设定的说明资料应证明保留时间符合 YC/T 446—2012 中 4.5 的要求。

(10)产品抽吸管路所使用真空过滤器过滤等级的说明资料应证明过滤器符合 YC/T 446—2012 中 4.17 的要求。

(11)产品使用说明书应证明产品符合 YC/T 446—2012 中 4.5、4.6 和 4.18 的要求。

(12)当出现不符合(2)~(11)任一要求的情况时,应给出技术资料审查不合格的结论;当不能确定是否符合(3)、(4)、(5)、(6)任一要求时,应给出开展试验验证审查的结论。

(13)技术资料审查结束后应按照表 7-2 的格式提供技术资料审查结论表。

表7-2 卷烟吸阻和滤棒压降检测设备技术资料审查结论表

卷烟吸阻和滤棒压降检测设备产品情况	品牌		
	规格型号		
审查指标及要求	是否提供相应技术资料	技术资料是否能充分证明	备注
产品测量原理符合 YC/T 547.2—2016 中 4.2 的要求			
气路图和测头结构图符合 YC/T 446—2012 中 4.3 和 4.13 的要求			
测量范围、精度、分辨力符合 YC/T 446—2012 中 4.8、4.9 的要求			
压力传感器和标准恒流孔（CFO）符合 YC/T 446—2012 中 4.7、4.16 的要求			
吸阻标准棒符合 YC/T 446—2012 中 4.15 的要求			
产品所使用乳（硅）胶管符合 YC/T 446—2012 中 4.4 的要求			
产品保留时间的设定符合 YC/T 446—2012 中 4.5 的要求			
抽吸管路所使用真空过滤器符合 YC/T 446—2012 中 4.17 的要求			
技术资料审查意见			年 月 日

7.4.2 试验验证审查

7.4.2.1 卷烟吸阻和滤棒压降检测设备计量性能的验证

（1）标准恒流孔的试验验证

按照JJG(烟草)16—2002《烟草专用标准恒流孔检定规程》中规定的方法对标准恒流孔进行测试,其测试结果应符合 YC/T 446—2012 中 4.16 的要求。

(2)抽吸管路压降的试验验证

采用准确度等级优于0.05级的数显压力计,在卷烟吸阻或滤棒压降检测设备标准恒流孔(CFO)前端管路串接三通元件,如图7-2所示,连接数显压力计,在空载状态下启动卷烟吸阻或滤棒压降检测设备,数显压力计测量值即为抽吸管路压降,测试结果应符合JJG(烟草)02—2014《卷烟吸阻和滤棒压降测试仪检定规程》中4.2的要求。

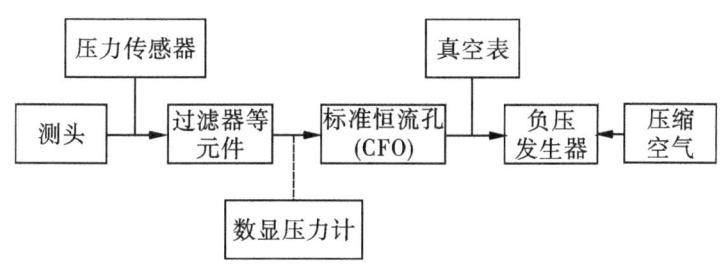

图7-2 抽吸管路压降验证示意图

(3)吸阻测量最大允许误差的试验验证

采用准确度等级优于0.05级的数显压力计,按照JJG(烟草)02—2014附录C的方法连接至卷烟吸阻和滤棒压降检测设备。

对于卷烟吸阻检测设备,选取符合JJG(烟草)02—2014中6.1.2.1要求的4支吸阻标准棒分别进行测量,卷烟吸阻检测设备对每支吸阻标准棒重复测10次,每次测量结束时读取卷烟吸阻检测设备的读数作为测量值,同步读取数显压力计的读数作为标准值,每次的测量值与标准值之间的差值应符合JJG(烟草)02—2014中4.3的要求。

对于滤棒压降检测设备,选取符合JJG(烟草)02—2014中6.1.2.2要求的4支吸阻标准棒分别进行测量,滤棒压降检测设备对每支压降标准棒重复测10次,每次测量结束时读取滤棒压降检测设备的读数作为测量值,同步读取数显压力计的读数作为标准值,每次的测量值与标准值之间的差值应符合JJG(烟草)02—2014中4.3的要求。

7.4.2.2 卷烟吸阻和滤棒压降检测设备其他技术要求的验证

(1)测头的试验验证

分别采用卷烟和滤棒样品验证,卷烟测头应符合YC/T 446—2012中4.3.1 a)的要求,滤棒测头应符合YC/T 446—2012中4.3.2的要求,对卷烟测头上部和中部乳胶管位置可调性进行验证,应符合YC/T 446—2012中4.3.1 b)和c)的要求。

(2)压力传感器的试验验证

采用标准压力发生装置对压力传感器进行验证,验证结果应符合YC/T 446—2012中4.7的要求。

(3)仪器量程的试验验证

根据产品说明书中测量范围,选取不同大小的吸阻标准棒进行测量,验证结果应符合YC/T 446—2012中4.8的要求。

(4)分辨力的试验验证

仪器应具备压力单位选择功能,可以显示mmH_2O或kPa,选择mmH_2O单位时,仪器显示应保留到小数点后一位,选择 kPa 单位时,仪器显示应保留到小数点后三位,从而判断是否符合 YC/T 446—2012 中 4.9 的要求。

(5)输出端气体体积流量的试验验证

选取精度不低于 0.5% 的数字流量测量装置,将其连接至吸阻标准棒的输出端,进行体积流量测量,测量结果应符合 YC/T 446—2012 中 4.10 要求。

(6)测量管路压降的试验验证

采用准确度等级优于 0.05 级的数显压力计,在卷烟吸阻或滤棒压降检测设备压力传感器前端管路串接三通元件,如图 7-3 所示,连接数显压力计,在空载状态下启动卷烟吸阻或滤棒压降检测设备,数显压力计测量值即可测量管路压降,测量结果小于 10 Pa,则证明符合 YC/T 446—2012 中 4.11 的相关要求。

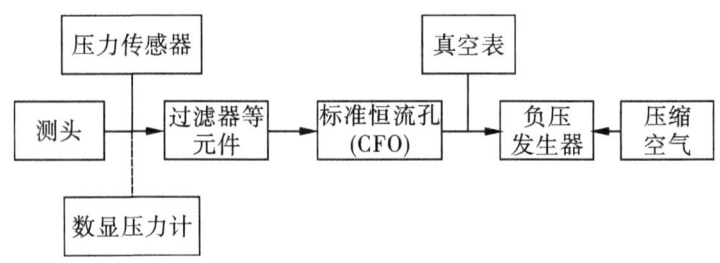

图 7-3　测量管路压降验证示意图

对于测量管路压降大于 10 Pa 的仪器应具备修正功能,此时在卷烟吸阻或滤棒压降检测设备测头输出端串接三通元件,按图 7-4 所示连接数显压力计。在对吸阻标准棒、卷烟或滤棒进行测试的同时,读取仪器测量结果与数显压力计测量值,仪器测量结果与数显压力计测量值偏差不大于 0.5%,则证明修正功能正确有效,符合 YC/T 446—2012 中 4.11 的相关要求。

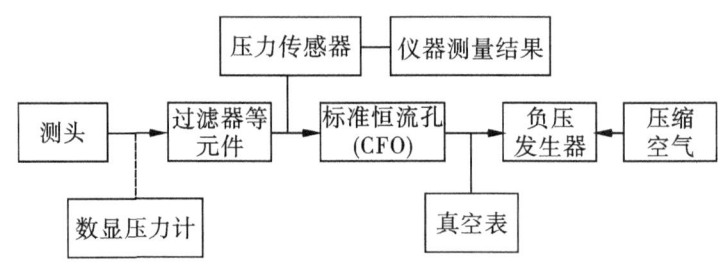

图 7-4　具备修正功能仪器测量管路压降验证示意图

(7)压降测量点的试验验证

仪器测量管路上应配置压力测量点,可以连接外置的数显压力计。采用准确度等级优于 0.05 级的数显压力计连接到压力测量点,在样品测试过程中可以读出样品的测量值,则证明压降测量点符合 YC/T 446—2012 中 4.13 的要求。

(8)负压发生装置的试验验证

采用准确度等级优于 1.0 级真空表,连接在卷烟吸阻或滤棒压降检测设备负压发生装置处,在正常工作状态下,真空表产生的负压不小于 65 kPa,则证明负压发生装置符合

YC/T 446—2012 中 4.14 的要求。

7.4.2.3 试验验证审查结论

试验验证审查结束后应按照表 7-3 的格式提供审查结论表。

表 7-3 卷烟吸阻和滤棒压降检测设备试验验证审查结论表

卷烟吸阻和滤棒压降检测设备产品情况	品牌			
	规格型号			
环境温度		环境湿度	环境大气压	
试验验证审查指标及要求		产品试验数据	是否符合要求	
标准恒流孔的试验验证结果应符合 YC/T 446—2012 中 4.16 的要求				
抽吸管路压降的试验验证结果应符合 JJG(烟草)02—2014 中 4.2 的要求				
吸阻测量最大允许误差的试验验证结果应符合 JJG(烟草)02—2014 中 4.3 的要求				
测头的试验验证结果应符合 YC/T 446—2012 中 4.3.1 和 4.3.2 的要求				
压力传感器的试验验证结果应符合 YC/T 446—2012 中 4.7 的要求				
仪器量程的试验验证结果应符合 YC/T 446—2012 中 4.8 的要求				
分辨力的试验验证结果应符合 YC/T 446—2012 中 4.9 的要求				
输出端气体体积流量的试验验证结果应符合 YC/T 446—2012 中 4.10 的要求				
测量管路压降的试验验证结果应符合 YC/T 446—2012 中 4.11 的要求				
压降测量点的试验验证结果应符合 YC/T 446—2012 中 4.13 的要求				
负压发生装置的试验验证结果应符合 YC/T 446—2012 中 4.14 的要求				
试验验证审查意见				年 月 日

7.5 卷烟和滤棒长度检测设备的技术审核

7.5.1 技术资料审查

(1)申请技术审核的企业应按 YC/T 547.1—2016 中 2.4 的要求提供证明企业满足申请条件的相关资料(YC/T 547.1—2016 中 2.3)和计量器具的技术资料,其中技术资料应包括以下内容:

1)产品测量原理的说明资料;
2)产品的使用说明书;
3)关键成像模块的精度参数说明资料;
4)产品测量最大允许误差、测量范围、分辨力等技术指标的测试报告;
5)产品的挡板结构图;
6)产品的夹持器结构图;
7)产品关于采样次数设定的说明资料;
8)产品关于测量旋转角度设定的说明资料;
9)产品关于测量方式的说明资料;
10)产品配套长度标准棒的测试报告。

(2)产品测量原理的说明资料应能够证明当试样在设备测试状态中,经过旋转多点测量可测量出试样长度,并且符合 YC/T 545—2016《卷烟和滤棒长度、圆周检测设备通用技术条件》中 4.4.1 的要求。

(3)产品的最大允许误差、测量范围、分辨力等技术指标的测试报告应证明其性能满足 YC/T 545—2016 中 4.7、4.8、4.9 的要求。

(4)产品的挡板结构图应证明挡板结构符合 YC/T 545—2016 中 4.3.1 的要求。

(5)产品的夹持器结构图应证明夹持器结构符合 YC/T 545—2016 中 4.3.2 的要求。

(6)产品采样次数的资料应证明采样次数符合 YC/T 545—2016 中 4.4.2 的要求。

(7)产品关于测量旋转角度设定应证明测量旋转角度符合 YC/T 545—2016 中 4.4.2 的要求。

(8)产品关于测量方式的说明资料应证明测量方式符合 YC/T 545—2016 中 4.4.3 的要求。

(9)产品配套的长度标准棒的测试报告应证明长度标准棒符合 JJG(烟草)01—2012 中 6.1.2.6 的要求。

(10)当出现不符合(2)~(9)任一要求的情况时,应给出技术资料审查不合格的结论;当不能确定是否符合(3)、(6)、(7)、(8)任一要求时,应给出开展试验验证审查的结论。

(11)技术资料审查结束后应按照表 7-4 的格式提供技术资料审查结论表。

表7-4 卷烟和滤棒长度检测设备技术资料审查结论表

卷烟和滤棒长度检测设备产品情况	品牌			
	规格型号			
审查指标及要求	是否提供相应技术资料	技术资料是否能充分证明	备注	
产品测量原理符合 YC/T 545—2016 中 4.4.1 的要求				
最大允许误差、测量范围、分辨力符合 YC/T 545—2016 中 4.7、4.8、4.9 的要求				
挡板结构图应符合 YC/T 545—2016 中 4.3.1 的要求				
夹持器结构图应符合 YC/T 545—2016 中 4.3.2 的要求				
采样次数设定应符合 YC/T 545—2016 中 4.4.2 的要求				
测量旋转角度设定应符合 YC/T 545—2016 中 4.4.2 的要求				
测量方式的说明资料应符合 YC/T 545—2016 中 4.4.3 的要求				
长度标准棒的测试报告应符合 JJG（烟草）01—2012 中 6.1.2.6的要求				
技术资料审查意见			年 月 日	

7.5.2 试验验证审查

7.5.2.1 卷烟和滤棒长度检测设备计量性能的验证

按照 JJG(烟草)01—2012 中规定的方法对长度检测设备进行测试,对每支长度标准棒测 10 次,每个测量值与标准棒标定值之间的差值应符合 JJG(烟草)01—2012 中 4.2.5 的要求;计算 10 次测量的平均值,每个测量值与平均值之间差值的绝对值均不应大于 JJG(烟草)01—2012 中 4.2.5 所规定的最大允许误差的绝对值。

7.5.2.2 卷烟和滤棒长度检测设备其他技术要求的验证

(1)测量方式的验证

采用多功能测量系统对长度检测设备电机信号和输出信号进行采集,研究长度检测设备输出过程中的实时值,如图 7-5 所示。所用的功能模块主要包括:开发软件、主机、示波器模块、组隔离多功能数采模块、高速多功能数采模块、工业相机接口模块和图像采集处理模块。

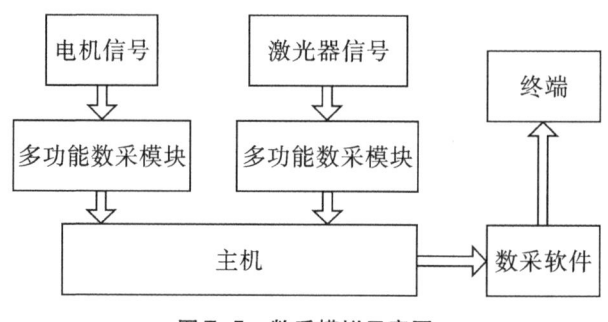

图 7-5 数采模拟示意图

将试样放置在长度检测设备夹持器上,运行设备,在重复性模式下进行测量,步进电机触发信号和检测器输出信号同时采集并传输至数采处理模块;记录一个测量周期长度检测设备所测的过程数据。

分析一个周期采集检测器过程输出数据,采样次数应符合 YC/T 545—2016 中 4.4.2 的要求。

分析一个周期采集步进电机触发信号数据,测量旋转角度应符合 YC/T 545—2016 中 4.4.2 的要求。

分析一个周期采集检测器过程输出数据,检测器数据处理结果应符合 YC/T 545—2016 中 4.4.3 的要求。

(2)测量范围的试验验证

根据产品说明书中测量范围,选取不同长度的长度标准棒进行测量,验证结果应符合 YC/T 545—2016 中 4.8 的要求。

(3)分辨力的试验验证

仪器显示应保留到小数点后两位,从而判断是否符合 YC/T 545—2016 中 4.9 的要求。

7.5.2.3 试验验证审查结论

试验验证审查结束后应按照表 7-5 的格式提供审查结论表。

表 7-5 卷烟和滤棒长度检测设备试验验证审查结论表

卷烟和滤棒长度检测设备产品情况	品牌		
	规格型号		
环境温度		环境湿度		环境大气压	
试验验证审查指标及要求	产品试验数据		是否符合要求
最大允许误差的验证结果应符合 JJG(烟草)01—2012 中 4.2.5 的要求			
采样次数应符合 YC/T 545—2016 中 4.4.2 的要求			
测量旋转角度应符合 YC/T 545—2016 中 4.4.2 的要求			
测量方式应符合 YC/T 545—2016 中 4.4.3 的要求			
测量范围的试验验证应符合 YC/T 545—2016 中 4.8 的要求			
分辨力的试验验证应符合 YC/T 545—2016 中 4.9 的要求			
试验验证审查意见			年　月　日

7.6 卷烟和滤棒圆周检测设备的技术审核

7.6.1 技术资料审查

(1)申请技术审核的企业应按 YC/T 547.1—2016 中 2.4 的要求提供证明企业满足申请条件的相关资料(YC/T 547.1—2016 中 2.3 给出)和计量器具的技术资料,其中技术资料应包括以下内容:

1)产品测量原理的说明资料;
2)产品的使用说明书;
3)关键成像模块的精度参数说明资料;
4)产品最大允许误差、测量范围、分辨力等技术指标的测试报告;
5)产品的挡板结构图;
6)产品的夹持器结构图;
7)产品关于采样次数设定的说明资料;
8)产品关于测量旋转角度设定的说明资料;
9)产品关于测量数据处理的说明资料;
10)产品配套圆周标准棒的测试报告。

(2)产品测量原理的说明资料应能够证明当试样在设备测试状态中,经过旋转多点测量可计算出试样圆周。

(3)产品的最大允许误差、测量范围、分辨力等技术指标的测试报告应证明其性能满足 YC/T 545—2016 中 4.7、4.8、4.9 的要求。

(4)产品的挡板结构图应证明挡板结构符合 YC/T 545—2016 中 4.3.1 的要求。

(5)产品的夹持器结构图应证明夹持器结构符合 YC/T 545—2016 中 4.3.2 的要求。

(6)产品采样次数的资料应证明采样次数符合 YC/T 545—2016 中 4.4.2 的要求。

(7)产品关于测量旋转角度设定应证明测量旋转角度符合 YC/T 545—2016 中 4.4.2 的要求。

(8)产品关于测量数据处理的说明资料应证明测量数据处理符合 YC/T 545—2016 中 4.4.3 的要求。

(9)产品配套的圆周标准棒的测试报告应证明圆周标准棒符合 JJG(烟草)01—2012 中 6.1.2.2 的要求。

(10)技术资料审查不符合(2)~(9)任一要求时,应按照 YC/T 547.1—2016 中 3.3 a)的规定给出审查意见;技术资料审查符合(2)~(9)所有要求,且该型号计量器具已在行业使用,其性能水平和行业适用性能够确认时,应按照 YC/T 547.1—2016 中 3.3 b)的规定给出审查意见,其他情况应按照 YC/T 547.1—2016 中 3.3 c)的规定给出审查意见。

(11)技术资料审查结束后应按照表 7-6 的格式提供技术资料审查结论表。

表7-6 卷烟和滤棒圆周检测设备技术资料审查结论表

卷烟和滤棒圆周检测设备产品情况	品牌			
	规格型号			
审查指标及要求		是否提供相应技术资料	技术资料是否能充分证明	备注
产品测量原理应符合 YC/T 547.4—2017 中 4.2 的要求				
最大允许误差、测量范围、分辨力应符合 YC/T 545—2016 中 4.7、4.8、4.9 的要求				
挡板结构图应符合 YC/T 545—2016 中 4.3.1 的要求				
夹持器结构图应符合 YC/T 545—2016 中 4.3.2 的要求				
采样次数设定应符合 YC/T 545—2016 中 4.4.2 的要求				
测量旋转角度设定应符合 YC/T 545—2016 中 4.4.2 的要求				
测量数据处理的说明资料应符合 YC/T 545—2016 中 4.4.3 的要求				
圆周标准棒的测试报告应符合 JJG(烟草)01—2012 中 6.1.2.2 的要求				
技术资料审查意见		□该型号卷烟和滤棒圆周检测设备不适用烟草行业。 □该型号卷烟和滤棒圆周检测设备适用烟草行业。 □该型号卷烟和滤棒圆周检测设备须进一步开展试验审查。 　　　　　　　　　　　　　　年　月　日		

7.6.2 试验验证审查

7.6.2.1 卷烟和滤棒圆周检测设备计量性能的验证

按照 JJG(烟草)01—2012 中规定的方法对圆周检测设备进行测试,每支圆周标准棒重复测量 10 次,每个测量值与标准棒标定值之间的差值应符合 JJG(烟草)01—2012 中 4.2.2 的要求;计算 10 次测量的平均值,每个测量值与平均值之间差值的绝对值均不应大于 JJG(烟草)01—2012 中 4.2.2 所规定的最大允许误差的绝对值。

7.6.2.2 卷烟和滤棒圆周检测设备其他技术要求的验证

(1) 测量方式的验证

采用多功能测量系统对圆周检测设备电机信号和激光器信号进行采集,研究圆周检测设备输出的过程中实时值,多功能测量系统主要包括多功能数采模块、主机、数采软件及终端等,如图 7-6 所示。

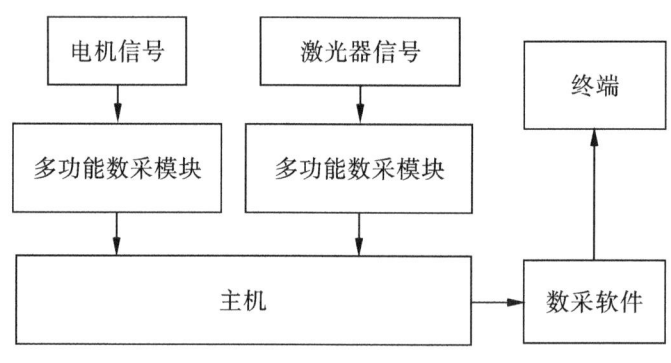

图 7-6 数采模拟示意图

将试样放置在圆周检测设备夹持器上,运行设备,在重复模式下进行测量,步进电机触发信号和检测器输出信号同时采集并传输至数采处理模块,记录一个测量周期圆周检测设备所测的过程数据。

分析一个周期采集的检测器过程输出数据,采样次数应符合 YC/T 545—2016 中 4.4.2 的要求。

分析一个周期采集的步进电机触发信号数据,测量旋转角度应符合 YC/T 545—2016 中 4.4.2 的要求。

分析一个周期采集的检测器过程输出数据,数据处理结果应符合 YC/T 545—2016 中 4.4.3 的要求。

(2) 测量范围的试验验证

根据产品说明书中测量范围,选取不同直径的圆周标准棒进行测量,验证结果应符合 YC/T 545—2016 中 4.8 的要求。

(3) 分辨力的试验验证

仪器显示单位为 mm，应保留到小数点后三位，从而判断是否符合 YC/T 545—2016 中 4.9 的要求。

7.6.2.3 试验验证审查结论

试验验证审查结束后应按照表 7-7 的格式提供审查结论表。

表 7-7 卷烟和滤棒圆周检测设备试验验证审查结论表

卷烟和滤棒圆周检测设备产品情况	品牌			
	规格型号			
环境温度		环境湿度		环境大气压	
试验验证审查指标及要求	产品试验数据		是否符合要求	
最大允许误差的验证结果应符合 JJG(烟草)01—2012 中 4.2.2 的要求				
采样次数应符合 YC/T 545—2016 中 4.4.2 的要求				
测量旋转角度应符合 YC/T 545—2016 中 4.4.2 的要求				
测量数据处理应符合 YC/T 545—2016 中 4.4.3 的要求				
测量范围的试验验证应符合 YC/T 545—2016 中 4.8 的要求				
分辨力的试验验证应符合 YC/T 545—2016 中 4.9 的要求				
试验验证审查意见	□该型号卷烟和滤棒圆周检测设备不适用烟草行业。 □该型号卷烟和滤棒圆周检测设备适用烟草行业。			
				年 月 日

7.7 卷烟和滤棒硬度检测设备的技术审核

7.7.1 技术资料审查

(1)申请技术审核的企业应按 YC/T 547.1—2016 中 2.4 的要求提供证明企业满足申请条件的相关资料(YC/T 547.1—2016 中 2.3 给出)和计量器具的技术资料,其中技术资料应包括以下内容:

1)产品测量原理的说明资料;
2)产品的使用说明书;
3)产品的测头结构图;
4)产品关于压头形状尺寸的说明资料;
5)产品的挡板结构图;
6)产品预压力、全压力、位移最大允许误差、位移量程、分辨力等技术指标的测试报告;
7)产品关于预压时间、全压时间、施压速率设定的说明资料;
8)产品所使用力传感器的说明资料;
9)产品配套硬度标准棒的测试报告。

(2)产品测量原理的说明资料应能够证明试样在设备测试状态中,在一定时间内,试样径向受到一定压力,经过测量可计算出试样硬度。

(3)产品的测头结构图应证明测头符合 YC/T 544—2016 中 4.3 的要求。

(4)产品关于压头形状尺寸的说明资料应证明压头符合 YC/T 544—2016 中 4.3.1 的要求。

(5)产品的挡板结构图应证明挡板符合 YC/T 544—2016 中 4.3.2 的要求。

(6)产品预压力、全压力、位移最大允许误差、位移量程、分辨力等技术指标的测试报告应证明其性能符合 YC/T 544—2016 中 4.4、4.6、4.10、4.11、4.12 的要求。

(7)产品关于预压时间、全压时间、施压速率设定的说明资料应证明其性能满足 YC/T 544—2016 中 4.5、4.7、4.8 的要求。

(8)产品所使用力传感器的说明资料应证明力传感器符合 YC/T 544—2016 中 4.9 的要求。

(9)产品配套硬度标准棒的测试报告应证明硬度标准棒符合 JJG(烟草)01—2012 中 6.1.2.7 的要求。

(10)技术资料审查不符合(2)~(9)任一要求时,应按照 YC/T 547.1—2016 中 3.3 a)的规定给出审查意见;技术资料审查符合(2)~(9)所有要求,且该型号计量器具已在行业使用,其性能水平和行业适用性能够确认时,应按照 YC/T 547.1—2016 中 3.3 b)的规定给出审查意见;其他情况应按照 YC/T 547.1—2016 中 3.3 c)的规定给出审查意见。

(11)技术资料审查结束后应按照表 7-8 的格式提供技术资料审查结论表。

表 7-8 卷烟和滤棒硬度检测设备技术资料审查结论表

卷烟和滤棒硬度检测设备产品情况	品牌			
	规格型号			
审查指标及要求		是否提供相应技术资料	技术资料是否能充分证明	备注
产品测量原理应符合 YC/T 547.5—2017 中 4.2 的要求				
测头结构图应符合 YC/T 544—2016 中 4.3 的要求				
压头应符合 YC/T 544—2016 中 4.3.1 的要求				
挡板应符合 YC/T 544—2016 中 4.3.2 的要求				
预压力、全压力、位移最大允许误差、位移量程、分辨力应符合 YC/T 544—2016 中 4.4、4.6、4.10、4.11、4.12 的要求				
预压时间、全压时间、施压速率应符合 YC/T 544—2016 中 4.5、4.7、4.8 的要求				
力传感器应符合 YC/T 544—2016 中 4.9 的要求				
硬度标准棒的测试报告应符合 JJG(烟草)01—2012 中 6.1.2.7 的要求				
技术资料审查意见		□该型号卷烟和滤棒硬度检测设备不适用烟草行业。 □该型号卷烟和滤棒硬度检测设备适用烟草行业。 □该型号卷烟和滤棒硬度检测设备须进一步开展试验审查。 　　　　　　　　　　　　　　　　年　月　日		

7.7.2 试验验证审查

7.7.2.1 卷烟和滤棒硬度检测设备计量性能的验证

(1) 预压力、全压力的试验验证

将最大允许误差为±1 gf 的微型测力计固定在卷烟和滤棒硬度检测设备挡板上,微型测力计接触点应在压头中心位置,测量仪器的预压力、全压力,并对力值进行采集,采样频率不小于 20 次/秒,在预压时间范围内采集的全部力值应符合 YC/T 544—2016 中4.4 的要求;在全压时间范围内采集的全部力值应符合 YC/T 544—2016 中 4.6 的要求。

(2) 位移最大允许误差的试验验证

按照 JJG(烟草)01—2012 中规定的方法测试硬度检测设备的位移最大允许误差,每支硬度标准棒重复测量 10 次,每个测量值与标准棒标定值之间的差值应符合 JJG(烟草)01—2012 中 4.2.6.3 的要求;计算 10 次测量的平均值,每个测量值与平均值之间差值的绝对值均不应大于 JJG(烟草)01—2012 中 4.2.6.3 所规定的最大允许误差的绝对值。

7.7.2.2 卷烟和滤棒硬度检测设备其他技术要求的验证

(1) 测头的试验验证

分别采用卷烟和滤棒样品验证,竖直测头应符合 YC/T 544—2016 中 4.3.3 b)和 c)的要求,水平测头应符合 YC/T 544—2016 中 4.3.4 的要求。

(2) 力传感器的试验验证

采用 F1 级砝码和直流电压测量精度满足±0.01 mV 的数字万用表对力传感器进行验证,验证结果应符合 YC/T 544—2016 中 4.9 的要求。

(3) 位移量程的试验验证

根据产品说明书中测量范围,选取不同直径的硬度标准棒进行测量,验证结果应符合 YC/T 544—2016 中 4.11 的要求。

(4) 分辨力的试验验证

测量位移时,单位为 mm,仪器显示应保留到小数点后两位,从而判断是否符合 YC/T 544—2016 中 4.12.1 的要求;测量硬度时,单位为%,仪器显示应保留到小数点后一位,从而判断是否符合 YC/T 544—2016 中 4.12.2 的要求。

7.7.2.3 试验验证审查结论

试验验证审查结束后应按照表 7-9 的格式提供审查结论表。

表7-9 卷烟和滤棒硬度检测设备试验验证审查结论表

卷烟和滤棒硬度检测设备产品情况	品牌				
	规格型号				
环境温度		环境湿度		环境大气压	
试验验证审查指标及要求		产品试验数据		是否符合要求	
预压力应符合YC/T 544—2016中4.4的要求					
全压力应符合YC/T 544—2016中4.6的要求					
位移最大允许误差应符合JJG(烟草)01—2012中4.2.6.3的要求					
竖直测头应符合YC/T 544—2016中4.3.3 b)和c)的要求,水平测头应符合YC/T 544—2016中4.3.4的要求					
力传感器应符合YC/T 544—2016中4.9的要求					
位移量程应符合YC/T 544—2016中4.11的要求					
分辨力应符合YC/T 544—2016中4.12的要求					
试验验证审查意见	□该型号卷烟和滤棒硬度检测设备不适用烟草行业。 □该型号卷烟和滤棒硬度检测设备适用烟草行业。 　　　　　　　　　　　　　　　　　　年　月　日				

7.8 卷烟通风率检测设备的技术审核

7.8.1 技术资料审查

(1)申请技术审核的企业应按YC/T 547.1—2016中2.4的要求提供证明企业满足申请条件的相关资料(YC/T 547.1—2016中2.3给出)和计量器具的技术资料,其中技术资料应包括以下内容:

1)产品测量原理的说明资料;
2)产品的使用说明书;
3)产品的气路图和测头结构图;

4）产品测量最大允许误差、测量范围、精度、分辨力等技术指标的测试报告；

5）产品使用的层流元件、压力传感器和标准恒流孔（CFO）的测试报告；

6）产品配套通风率标准棒的测试报告；

7）产品关于保留时间设定的说明资料；

8）产品抽吸管路压降、测量管路压降的测试报告。

（2）产品测量原理的说明资料应证明其满足 YC/T 546—2016 中 4.4、4.5 和 4.16 的要求。

（3）产品的气路图和测头结构图应证明其符合 YC/T 546—2016 中 4.3 的要求。

（4）产品测量最大允许误差的测试报告应证明其符合 JJG（烟草）01—2012 中 4.2.4 的要求；产品测量范围、分辨力等技术指标的测试报告应证明其性能符合 YC/T 546—2016 中 4.8、4.9 的要求。

（5）产品使用的层流元件测试报告应证明其符合 YC/T 546—2016 中 4.6 的要求。

（6）产品使用的压力传感器的测试报告应证明压力传感器符合 YC/T 546—2016 中 4.7 的要求。

（7）产品使用的标准恒流孔的测试报告应证明标准恒流孔符合 YC/T 546—2016 中 4.15 的要求。

（8）产品配套通风率标准棒的测试报告应证明通风率标准棒符合 YC/T 546—2016 中 4.14 的要求。

（9）产品有关保留时间设定的说明资料应证明保留时间符合 YC/T 546—2016 中 4.10 的要求。

（10）产品样品输出端气流体积流量测试报告应证明气体体积流量符合 YC/T 546—2016 中 4.11 的要求。

（11）产品测量管路压降的测试报告应证明测量管路压降符合 YC/T 546—2016 中 4.12 的要求，产品抽吸管路压降的测试报告应证明抽吸管路压降符合 YC/T 546—2016 中 4.13 的要求。

（12）技术资料审查不符合（2）~（11）任一要求时，应按照 YC/T 547.1—2016 中 3.3 a)的规定给出审查意见；技术资料审查符合（2）~（11）所有要求，且该型号计量器具已在行业使用，其性能水平和行业适用性能够确认时，应按照 YC/T 547.1—2016 中 3.3 b)的规定给出审查意见；其他情况应按照 YC/T 547.1—2016 中 3.3 c)的规定给出审查意见。

（13）技术资料审查结束后应按照表 7-10 的格式提供技术资料审查结论表。

表7-10 卷烟通风率检测设备技术资料审查结论表

卷烟通风率检测设备产品情况	品牌			
	规格型号			
审查指标及要求		是否提供相应技术资料	技术资料是否能充分证明	备注
测量原理应符合满足 YC/T 546—2016 中 4.4、4.5 和 4.16 的要求				
气路图和测头结构图应符合 YC/T 546—2016 中 4.3 的要求				
测量最大允许误差应符合 JJG(烟草)01—2012 中 4.2.4 的要求				
测量范围、分辨力应符合 YC/T 546—2016 中 4.8、4.9 的要求				
层流元件应符合 YC/T 546—2016 中 4.6 的要求				
压力传感器应符合 YC/T 546—2016 中 4.7 的要求				
标准恒流孔应符合 YC/T 546—2016 中 4.15 的要求				
通风率标准棒应符合 YC/T 546—2016 中 4.14 和 JJG(烟草)01—2012 中 6.1.2.5 的要求				
保留时间的设定应符合 YC/T 546—2016 中 4.10 的要求				
样品输出端气流体积流量应符合 YC/T 546—2016 中 4.11 的要求				
测量管路压降应符合 YC/T 546—2016 中 4.12 的要求				
抽吸管路压降应符合 YC/T 546—2016 中 4.13 的要求				
技术资料审查意见	□该型号卷烟通风率检测设备不适用烟草行业。 □该型号卷烟通风率检测设备适用烟草行业。 □该型号卷烟通风率检测设备须进一步开展试验验证审查。 　　　　　　　　　　　　　　　　　　年　月　日			

7.8.2 试验验证审查

7.8.2.1 卷烟通风率检测设备计量性能的验证

(1) 测量最大允许误差的试验验证

按照 JJG(烟草)01—2012 中 6.3.6 规定的方法对通风率检测设备进行测试,每支标准棒重复测 10 次,每个测量值与标准棒标定值之间的差值应符合 JJG(烟草)01—2012

中4.2.4的要求;计算10次测量的平均值,每个测量值与平均值之间差值的绝对值均不应大于JJG(烟草)01—2012中4.2.4所规定最大允许误差的绝对值。

(2)标准恒流孔的试验验证

按照JJG(烟草)16—2002中规定的方法对标准恒流孔进行测试,其测试结果应符合YC/T 546—2016中4.15的要求。

7.8.2.2 卷烟通风率检测设备其他技术要求的验证

(1)测头的试验验证

采用卷烟样品验证,测头应符合YC/T 546—2016中4.3的要求。

(2)压力传感器的试验验证

采用标准压力发生装置对压力传感器进行验证,验证结果应符合YC/T 546—2016中4.7的要求。

(3)仪器量程的试验验证

根据产品说明书中测量范围,选取不同大小的通风率标准棒进行测量,验证结果应符合YC/T 546—2016中4.8的要求。

(4)分辨力的试验验证

仪器显示通风率数值时应显示保留到小数点后1位,从而判断是否符合YC/T 546—2016中4.9的要求。

(5)输出端气体体积流量的试验验证

选取精度不低于0.5%的数字流量测量装置,将其输入端连接至通风率标准棒的输出端,其输出端连接到仪器测头,进行体积流量测量,测量结果应符合YC/T 546—2016中4.11要求。

(6)管路压降的试验验证

1)测量管路压降的试验验证

采用测量范围为(0~25)Pa,测量精度为1%,输出为0 V~5 V的直流电压的微压传感器。如图7-7所示,将微压传感器连在测量管路压降测量点位置,在空载状态下启动检测设备,测量值即为测量管路压降,测试结果应符合YC/T 546—2016中4.12的要求。

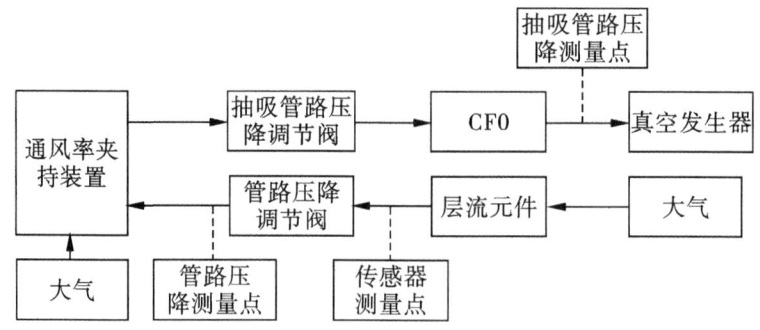

图7-7 管路压降测量验证示意图

2)抽吸管路压降的试验验证

采用准确度等级优于 0.05 级的数显压力计,如图 7-7 所示,数显压力计连接在抽吸管路压降测量点位置,在空载状态下启动检测设备,数显压力计测量值即为抽吸管路压降,测试结果应符合 YC/T 546—2016 中 4.13 的要求。

7.8.2.3 试验验证审查结论

试验验证审查结束后应按照表 7-11 的格式提供审查结论表。

表 7-11 卷烟通风率检测设备试验验证审查结论表

卷烟通风率检测设备产品情况	品牌				
	规格型号				
环境温度		环境湿度		环境大气压	
试验验证审查指标及要求		产品试验数据		是否符合要求	
测量最大允许误差的试验验证应符合 JJG(烟草)01—2012 中 4.2.4 的要求					
标准恒流孔的试验验证结果应符合 YC/T 546—2016 中 4.15 的要求					
测头的试验验证应符合 YC/T 546—2016 中 4.3 的要求					
压力传感器的试验验证应符合 YC/T 546—2016 中 4.7 的要求					
仪器量程的试验验证应符合 YC/T 446—2012 中 4.8 的要求					
分辨力的试验验证应符合 YC/T 546—2016 中 4.9 的要求					
输出端气体体积流量的试验验证应符合 YC/T 546—2016 中 4.11 要求					
抽吸管路压降的试验验证结果应符合 YC/T 546—2016 中 4.12 的要求					
测量管路压降的试验验证结果应符合 YC/T 546—2016 中 4.13 的要求					
试验验证审查意见	□该型号卷烟通风率检测设备不适用烟草行业。 □该型号卷烟通风率检测设备适用烟草行业。				
				年 月 日	

参考文献

[1] COLARD S,TRINKIES W,CHOLET G,et al. Compensation for the effects of ambient conditions on the calibration of multi-capillary pressure drop standards[J]. Contributions to Tobacco&Nicotine Research,2004,21(3):167-174.

[2] 赵宝生.QMU综合测试台吸阻系统气路分析[J].机械工程师,2011(5):153-154.

[3] 任静霞,曾波,孟庆华,等.标准恒流孔的研究[J].烟草科技/设备与仪器,2004(10):15-17.

[4] 全国烟草标准化技术委员会.卷烟和滤棒物理性能的测定 第5部分:卷烟吸阻和滤棒压降:GB/T 22838.5—2009[S].北京:中国标准出版社,2009.

[5] 魏玉玲,胡群,王建,等.材料多因素对30 mm滤嘴长卷烟通风率的影响[J].郑州轻工业学院学报:自然科学版,2008,23(4):19-21.

[6] 黄晓飞,姚二民.烟支通风率控制参数研究[J].郑州轻工业学院学报:自然科学版,2013,28(5):43-46.

[7] 陈昆燕,周学政,杨文敏,等.七种卷烟材料对卷烟通风率的效应分析[J].西南师范大学学报(自然科学版),2014,39(12):129-136.

[8] 周会舜,宗永立,张杰,等.滤嘴长度和通风度对一些酯类香料在卷烟中转移率的影响[J].烟草科技,2010(8):41-45,60.

[9] 蔡君兰,韩冰,张晓兵,等.滤嘴通风率对卷烟主流烟气中一些香味成分释放量的影响[J].烟草科技,2011(9):54-60.

[10] 全国烟草标准化技术委员会.卷烟和滤棒物理性能的测定 第15部分:卷烟通风的测定 定义和测量原理:GB/T 22838.5—2009[S].北京:中国标准出版社,2009.

[11] 洪杰.基于激光传感器的在线烟支圆周检测系统研究[J].湖南文理学院学报(自然科学版),2012,24(3):60-62,94.

[12] 赵海玉,谷吉海,迟之志,等.基于图像处理的卷烟圆周检测方法研究[J].包装工程.2011,32(17):52-55.

[13] 涂向真,江今朝.抽吸间隔时间对卷烟焦油释放量的影响[J].烟草科技,2002(3):39-40.

[14] 李劲峰,向能军,李春,等.滤棒长度对卷烟主流烟气中7种有害物质的影响研究[J].应用化工,2012,41(1):83-85.

[15] 范铁桢,倪克平,王涛,等.烟支内气流流量、吸阻与烟支长度的关系[J].烟草科技,2002(6):8-10.

[16] 周德成,赵航,王琼,等.两种测定卷烟与滤棒长度方法的比对[J].烟草科技,2001(12):31-33.

[17] 邢军,周德成,刘锋,等.影响卷烟、滤棒长度测试的因素分析[J].烟草科技,2009

(2):16-20.
[18] 邢军,周德成,刘锋,等.影响卷烟、滤棒硬度测试的因素分析[J].烟草科技,2009(2):16-20.
[19] 盛志艺,董永志,徐海涛,等.不同仪器对卷烟硬度测试结果的比较分析[J].烟草科技,2001(4):14-15.
[20] 冯银龙,慕平利,卢金领.环境温湿度对卷烟硬度、重量的影响[J].北京农业,2011(3):173-174.
[21] 张文,徐秀峰.烟支重量、圆周与硬度关系的二元回归分析[J].安徽农学通报,2010,16(9):44-46.
[22] 全国烟草标准化技术委员会.卷烟和滤棒物理性能的测定 第6部分:硬度:GB/T 22838.6—2009[S].北京:中国标准出版社,2009.
[23] 国家烟草专卖局.卷烟和滤棒物理性能综合测试台检定规程:JJG(烟草)01—2012[S].北京:国家烟草专卖局,2012.
[24] 全国烟草标准化技术委员会.卷烟和滤棒物理性能的测定 第3部分:圆周 激光法:GB/T 22838.3—2009[S].北京:中国标准出版社,2009.
[25] 全国烟草标准化技术委员会.卷烟和滤棒物理性能的测定 第2部分:长度 光电法:GB/T 22838.2—2009[S].北京:中国标准出版社,2009.
[26] 中国标准出版社,中华人民共和国国家计量检定系统表框图汇编[M].北京:中国标准出版社,2021.
[27] 全国法制计量管理计量技术委员会.JJF1033-2023《计量标准考核规范》实施指南[M].北京:中国质检出版社,2017.
[28] 林景星,陈丹英.计量基础知识[M].3版.北京:中国计量出版社,2015.
[29] 李东升.计量学基础[M].2版.北京:机械工业出版社,2014.
[30] 全国法制计量管理计量技术委员会.通用计量术语与定义:JJF 1001—2011[S].北京:中国质检出版社,2012.
[31] 全国法制计量管理计量技术委员会.计量标准命名与分类编码:JJF 1022—2014[S].北京:中国质检出版社,2014.
[32] 全国法制计量管理计量技术委员会.计量标准考核规范:JJF 1033—2023[S].北京:中国质检出版社,2023.
[33] 陆渭林.计量技术与管理工作指南[M].北京:机械工业出版社,2018.
[34] 全国法制计量管理计量技术委员会.测量不确定度评定与表示:JJF 1059.1—2012[S].北京:中国标准出版社,2013.
[35] 全国法制计量技术委员会.测量仪器特性评定:JJF 1094—2002[S].北京:中国计量出版社,2004.
[36] 全国烟草标准化技术委员会.烟草及烟草制品 调节和测试的大气环境:GB/T16447—2004[S].北京:中国标准出版社,2005.
[37] 赵军,郭天太.计量技术基础[M].北京:清华大学出版社,2017.
[38] 仝卫国,苏杰,赵文杰.计量技术与应用[M].北京:中国质检出版社,中国标准出版

社,2015.

[39] 国家烟草专卖局科技教育司.烟草专用标准恒流孔检定规程:JJG(烟草)16—2002[S].北京:国家烟草专卖局,2002.

[40] 史占东,杨荣超,曾波,等.基于质量流量法的吸阻及通风率标准棒校准系统的设计[J].烟草科技,2022,55(4):79-84.

[41] 程静.几种烟草专用标准器件内部流动的数值模拟[D].杭州:中国计量学院,2015.

[42] 杨荣超,曾波,赵航,等.利用体积流量调节校准吸阻标准棒的方法[J].烟草科技,2021,54(9):96-100.

[43] 崔廷,张鹏飞,赵航,等.烟草专用标准恒流孔对吸阻测定的影响[J].中国测试,2020,46(S1):11-15.

[44] 蒋志才,苏中地,韩彬,等.烟草专用标准恒流孔的研究[J].计量学报,2013,34(2):117-121.

附 录

附录1 JJG(烟草)01—2012《卷烟和滤棒物理性能综合测试台检定规程》(选摘)

1 范围

本检定规程适用于卷烟和滤棒物理性能综合测试台的首次检定、后续检定和使用中检查。

2 引用文件

本规程引用下列文件：

GB/T 16447—2004　烟草和烟草制品　调节和测试的大气环境
GB/T 22838.2—2009　卷烟和滤棒物理性能的测定　第2部分：长度　光电法
GB/T 22838.3—2009　卷烟和滤棒物理性能的测定　第3部分：圆周　激光法
GB/T 22838.4—2009　卷烟和滤棒物理性能的测定　第4部分：卷烟　质量
GB/T 22838.5—2009　卷烟和滤棒物理性能的测定　第5部分：卷烟吸阻和滤棒压降
GB/T 22838.6—2009　卷烟和滤棒物理性能的测定　第6部分：硬度
GB/T 22838.13—2009　卷烟和滤棒物理性能的测定　第13部分：滤棒圆度
GB/T 22838.15—2009　卷烟和滤棒物理性能的测定　第15部分：卷烟　通风的测定　定义和测量原理
JJG(烟草)16—2002　烟草专用标准恒流孔检定规程

使用本规程时应注意使用上述引用文件的现行有效版本。

3 概述

卷烟和滤棒物理性能综合测试台(以下简称为综合测试台)是用于测试卷烟和滤棒物理性能指标的测试仪器,物理性能指标主要包括卷烟质量、卷烟和滤棒圆周、滤棒圆度、卷烟和滤棒长度、卷烟吸阻和滤棒压降、卷烟通风率、卷烟和滤棒硬度。

综合测试台卷烟质量测试单元采用的是与电子天平类似的装置,直接对试样的质量进行称量;圆周和滤棒圆度测试单元采用的是激光或光电投影传感器装置,直接对试样的圆周(圆度)进行测量;长度测试单元采用的是激光或光电投影传感器装置直接对试样的长度进行测量;卷烟吸阻和滤棒压降测试单元是在通过试样气体体积流量稳定在17.5 mL/s时,测量试样两端的压力差,从而得到试样的吸阻或压降;卷烟通风率测试单元是在通过试样气体体积流量稳定在17.5 mL/s时,分别对试样各部位的通风流量进行测定,而后通过计算得出试样的通风率;硬度测试单元采用点压法,在规定时间内试样的径向受到一定压力,计算试样受力前后直径百分比得出试样的硬度。

4 计量性能要求

4.1 测试大气
温度(22±2)℃,相对湿度(60±5)%,大气压力(96±10)kPa。

4.2 性能要求

4.2.1 卷烟质量测试单元
质量测量最大允许误差±0.005 g。

4.2.2 圆周和滤棒圆度测试单元
直径测量最大允许误差±0.01 mm。

4.2.3 卷烟吸阻和滤棒压降测试单元
4.2.3.1 恒定流量孔满足(17.5±0.1) mL/s。
4.2.3.2 吸阻测量最大允许误差为标准值的±1%。

4.2.4 卷烟通风率测试单元
通风率测量最大允许误差±2.0%(流量分数)。

4.2.5 长度测试单元
长度测量最大允许误差±0.05 mm。

4.2.6 硬度测试单元
4.2.6.1 预压力满足(0.10±0.01) N。
4.2.6.2 施压负荷满足(2.94±0.03) N。
4.2.6.3 位移测量最大允许误差±0.02 mm。

5 通用技术要求

5.1 外观检查
卷烟和滤棒物理性能综合测试台外壳洁净无污损,铭牌标注清晰,各连接件和接头接触良好,显示器显示正常。

5.2 工作状态检查
卷烟和滤棒物理性能综合测试台的各个测试单元应可正常进行工作。

6 计量器具控制
计量器具控制包括:首次检定、后续检定和使用中检查。

6.1 检定条件

6.1.1 环境条件
温湿度和大气压条件符合烟草和烟草制品的测试大气要求。

6.1.2 检定用仪器设备
6.1.2.1 砝码:准确度等级满足 F1 级,质量为 500 mg、1 g、2 g 的 3 个砝码。
6.1.2.2 圆周(圆度)标准棒:直径最大允许误差满足 ±0.003 mm、圆周符合(10~30) mm 的 5 支圆周(圆度)标准棒,且标准棒的量值应均匀分布。
6.1.2.3 吸阻标准棒:吸阻值符合(0.5~8.0) kPa 的 4 支不同标准棒,且应包括 1.0 kPa 和 4.0 kPa 左右量值的标准棒。
6.1.2.4 数字压差计:测量量程满足(0~10) kPa、压力测量最大允许误差满足 ±3 Pa。

6.1.2.5 通风率标准棒:最大允许误差满足±1.5%(流量分数)、通风率值在10%~90%之间的3支标准棒,量值通常为20%、50%和80%左右。

6.1.2.6 长度标准棒:最大允许误差满足±0.005 mm、长度符合(50~150)mm的5支标准棒,标准棒的量值应均匀分布,且应涵盖84 mm、100 mm和120 mm左右量值。

6.1.2.7 硬度标准棒:直径最大允许误差满足±0.005 mm、直径符合(5~9)mm的5支硬度标准棒,且标准棒的量值应均匀分布。

6.1.2.8 压力测量装置:传感器探头能够放入综合测试台硬度测试单元中且不影响硬度测试,压力测量分辨率达到0.001 N、测量精度优于1%、测量量程满足(0~3)N。

6.2 检定项目

卷烟和滤棒物理性能综合测试台的检定项目见表1。

表1 检定项目表

检定项目	首次检定	后续检定	使用中检查
通用技术要求	+	+	+
质量单元测量最大允许误差	+	+	-
圆周或圆度单元直径测量最大允许误差	+	+	-
卷烟吸阻和滤棒压降单元的恒定流量孔	+	+	-
卷烟吸阻和滤棒压降单元测量最大允许误差	+	+	-
卷烟通风率单元测量最大允许误差	+	+	-
长度单元测量最大允许误差	+	+	-
硬度单元的预压力	+	+	-
硬度单元的施压负荷	+	+	-
硬度单元位移测量最大允许误差	+	+	-

注:表中"+"表示必须检定的项目,"-"表示可不检定、也可根据用户要求进行检定的项目。

6.3 检定方法

6.3.1 对卷烟和滤棒物理性能综合测试台的外观和电气性能进行检查,确认卷烟和滤棒物理性能综合测试台符合开机要求。

6.3.2 打开卷烟和滤棒物理性能综合测试台电源后,对卷烟和滤棒物理性能综合测试台进行工作前准备和预热,并对各单元进行调校。

6.3.3 卷烟质量测试单元的检定

6.3.3.1 选取3个砝码,其技术指标应符合6.1.2.1的要求。

6.3.3.2 用卷烟质量测试单元对每个砝码重复测10次,每个测量值与砝码标定值之间的差值应符合4.2.1的要求。

6.3.3.3 计算10次测量的平均值,每个测量值与平均值之间差值的绝对值均不应大于4.2.1所规定的最大允许误差的绝对值。

6.3.4 圆周和滤棒圆度测试单元的检定

6.3.4.1 选取 5 支圆周(圆度)标准棒,其技术指标应符合 6.1.2.2 的要求。

6.3.4.2 用圆周和滤棒圆度测试单元对每支标准棒重复测 10 次,每个测量值与标准棒标定值之间的差值应符合 4.2.2 的要求。

6.3.4.3 计算 10 次测量的平均值,每个测量值与平均值之间差值的绝对值均不应大于 4.2.2 所规定最大允许误差的绝对值。

6.3.5 卷烟吸阻和滤棒压降测试单元的检定

6.3.5.1 测试单元的气路体积流量是由恒定流量孔产生,恒定流量孔按照 JJG(烟草)16—2002《烟草专用标准恒流孔检定规程》中规定的方法进行检定,其检定结果应符合 4.2.3.1 的要求。

6.3.5.2 选取 4 支吸阻标准棒,其技术指标应符合 6.1.2.3 的要求。

6.3.5.3 将符合 6.1.2.4 要求的数字压差计连接至综合测试台卷烟吸阻和滤棒压降测试单元的压力传感器处。

6.3.5.4 用卷烟吸阻和滤棒压降测试单元对每支吸阻标准棒重复测 10 次,每次测量都以数字压差计读数作为标准值,每次的测量值与标准值之间的差值应符合 4.2.3.2 的要求。

6.3.6 卷烟通风率测试单元的检定

6.3.6.1 选取 3 支通风率标准棒,其技术指标应符合 6.1.2.5 的要求。

6.3.6.2 用卷烟通风率测试单元对每支标准棒重复测 10 次,每个测量值与标准棒标定值之间的差值应符合 4.2.4 的要求。

6.3.6.3 计算 10 次测量的平均值,每个测量值与平均值之间差值的绝对值均不应大于 4.2.4 所规定最大允许误差的绝对值。

6.3.7 长度测试单元的检定

6.3.7.1 选取 5 支长度标准棒,其技术指标应符合 6.1.2.6 的要求。

6.3.7.2 用长度测试单元对每支标准棒测 10 次,每个测量值与标准棒标定值之间的差值应符合 4.2.5 的要求。

6.3.7.3 计算 10 次测量的平均值,每个测量值与平均值之间差值的绝对值均不应大于 4.2.5 所规定最大允许误差的绝对值。

6.3.8 硬度测试单元的检定

6.3.8.1 选取 5 支硬度标准棒,其技术指标应符合 6.1.2.7 的要求。

6.3.8.2 用硬度测试单元对每支标准棒测 10 次,每个测量值与标准棒标定值之间的差值应符合 4.2.6.3 的要求。

6.3.8.3 计算 10 次测量的平均值,每个测量值与平均值之间差值的绝对值均不应大于 4.2.6.3 所规定最大允许误差的绝对值。

6.3.8.4 将技术指标符合 6.1.2.8 要求的压力测量装置的压力传感器探头放置于综合测试台硬度测试单元中。

6.3.8.5 硬度测试单元的压头中心应与压力测量装置的压力传感器探头中心保持一致。

6.3.8.6 重复进行5次硬度测试过程,用压力测量装置采集数据。

6.3.8.7 每次测试所采集的预压力数据,应在连续观察到10个变化量不超过0.005 N的数据后开始算起,取1 s内采集数据的平均值作为预压力结果,应符合4.2.6.1的要求。

6.3.8.8 每次测试所采集的施压负荷数据,应在连续观察到10个变化量不超过0.005 N的数据后开始算起,取15 s内采集数据的平均值作为施压负荷结果,应符合4.2.6.2的要求。

6.4 检定结果的处理

按本规程的要求,检定结果合格的出具检定证书,检定结果不合格的出具检定结果通知书,并注明不合格项目。

检定证书中应包括卷烟和滤棒物理性能综合测试台各项检定指标的结果和检定结论。

6.5 检定周期

卷烟和滤棒物理性能综合测试台的检定周期通常为一年,经过修理后应及时检定。

附录2 JJG(烟草)15—2010《烟草专用吸阻标准棒检定规程》(选摘)

1 范围
本检定规程适用于新制造的、使用中和修理后的烟草专用吸阻标准棒的检定。

2 引用文件
下列文件中的条款通过本标准的引用而成为本标准的条款。凡是注日期的引用文件,其随后所有的修改单(不包括勘误的内容)或修订版均不适用于本标准,然而,鼓励根据本标准达成协议的各方研究是否可使用这些文件的最新版本。凡是不注日期的引用文件,其最新版本适用于本标准。

GB/T 16447 烟草和烟草制品　调节和测试的大气环境

GB/T 22838.5—2009 卷烟和滤棒物理性能的测定　第5部分:卷烟吸阻和滤棒压降

ISO 6565 烟草和烟草制品　卷烟吸阻和滤棒压降的标准条件和测试

3 概述
烟草专用吸阻标准棒是烟草专用吸阻测定仪上使用的标准器具。烟草专用吸阻标准棒的检定是在气体流量为(17.5±0.3)mL/s的条件下,对气路中烟草专用吸阻标准棒两端的压差值进行的测量,通过计算得出烟草专用吸阻标准棒的检定值。

本检定装置主要是由专用恒流发生装置、专用夹具以及压差计组成。专用恒流发生装置可采用活塞驱动或临界流量孔驱动两种工作原理。

4 术语
下列术语适用于本检定规程。

4.1 烟草专用吸阻标准棒的吸阻
在标准条件下,当一个流量为17.5 mL/s的稳定气流流经烟草专用吸阻标准棒时,其两端的压力差即为烟草专用吸阻标准棒的吸阻。

4.2 活塞驱动
活塞在高精度电机带动下以恒定的速度在高精度打孔圆柱汽缸内移动,从环境大气中抽气,形成一个体积流量稳定的气流。

4.3 临界流量孔驱动
在临界流量孔两端形成压力差,气体在压力差的作用下通过流量孔形成气流,当压力差达到临界流量孔临界压力条件时,流量孔产生一个恒定流量的气流(烟草专用临界流流量孔,在临界压力条件下,产生流量17.5 mL/s的恒定气流)。

5 计量性能要求
烟草专用吸阻标准棒的测量值极差应小于该标准棒检定值的±1%。

6 通用技术要求
6.1 外观
烟草专用吸阻标准棒表面应平整光滑,无断裂、无缺损。

6.2 毛细管

烟草专用吸阻标准棒内毛细管应洁净畅通,无阻塞、无污物。

7 计量器具控制

计量器具控制包括:首次检定、后续检定和使用中检验。

7.1 检定项目

表1 检定项目表

序号	检定项目	首次检定	后续检定	使用中检验
1	外观	+	+	+
2	毛细管	+	+	+
3	测量偏差	+	+	+
4	检定值	+	+	+

注:"+"表示需检项目。

7.2 检定环境条件

温度:(22±2)℃;

相对湿度:(60±5)%;

大气压力:(96±10)kPa。

7.3 检定设备要求

专用恒流发生装置:恒定流量(17.5±0.3) mL/s;

压差计:准确度等级不低于0.1级,测量范围(0~10 000) Pa;

温度测试仪:测量不确定度0.3 ℃;

相对湿度测试仪:测量不确定度5%;

大气压力测试仪:测量不确定度100 Pa。

8 检定方法

8.1 采用目测观察,外观应符合6.1的要求。

8.2 将吸阻标准棒一端对着光源,用目测从吸阻标准棒另一端观察,毛细管应符合6.2的要求。

8.3 测量偏差应符合5项的要求。

8.4 吸阻标准棒检定

8.4.1 清洁吸阻标准棒

8.4.1.1 对吸阻标准棒进行外观检查,确认无损伤后,将吸阻标准棒完全浸入装有专用清洗液的清洁容器中浸泡10 min。吸阻标准棒的长轴与垂直方向呈10°~20°,避免吸阻标准棒端部毛细管直接接触容器底部受到污染。

8.4.1.2 吸阻标准棒浸入装有蒸馏水或去离子水的超声清洗器中,清洗5 min。

8.4.1.3 使吸阻标准棒干燥,避免标准棒毛细管有存留水,避免标准棒进口端受到污染。

8.4.2 预校准程序

8.4.2.1 环境大气条件按 GB/T 16447 中测试大气的要求进行调节控制。

8.4.2.2 将吸阻检定设备和待检定吸阻标准棒在测试大气中进行平衡,平衡时间不应少于 12 h。

8.4.2.3 打开压差计的电源开关预热 1 h,使压差计示值稳定。

8.4.3 检定设备校准

8.4.3.1 专用恒流发生装置(活塞驱动)按附录 A(参见标准原文)执行。

8.4.3.2 专用恒流发生装置(临界流量孔驱动)按附录 B(参见标准原文)执行。

8.4.4 在气路无负载的情况下保持气流稳定、气路畅通,将压差清零。

8.4.5 将吸阻标准棒置于专用夹具中,用压差计测量,每隔 2 min 记录一次读数,直至读数完全稳定(压差计显示数值 2 min 内无变化),此时记录下的数值即为烟草吸阻标准棒的吸阻值。

8.4.6 重复 8.4.4 及 8.4.5 步骤,共测量三次,取其平均值作为烟草吸阻标准棒的检定值,检定结果精确至 1 Pa。

9 检定结果处理

9.1 检定后,烟草专用吸阻标准棒应按检定值使用。

9.2 检定证书应包括如下内容:

a) 烟草专用吸阻标准棒的检定值;

b) 烟草专用吸阻标准棒外观、毛细管、测量偏差项的判定;

c) 检定装置的准确度等级、检定的环境条件。

10 检定周期

烟草专用吸阻标准棒的检定周期为一年。

附录 A
烟草专用吸阻标准棒检定设备(活塞驱动)校准方法

A.1 按照图 A.1 将活塞式恒流发生器、压差计、专用夹具等连接为测量烟草专用吸阻标准棒吸阻的气路,并进行检漏,确保整个气路连接无泄漏。

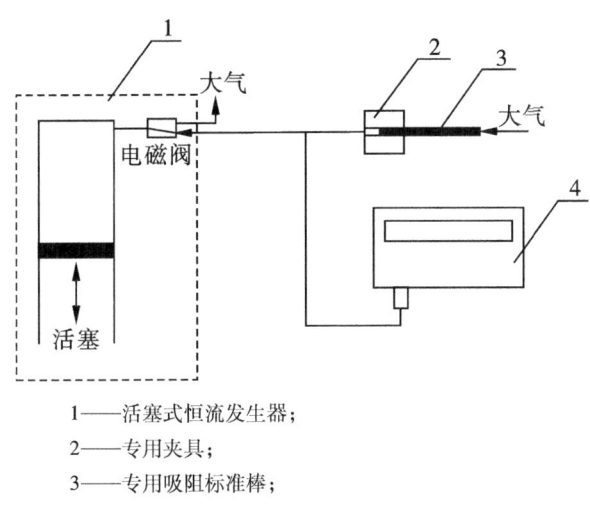

1——活塞式恒流发生器;
2——专用夹具;
3——专用吸阻标准棒;
4——压差计。

图 A.1 (活塞驱动)设备连接示意图

A.2 打开专用恒流发生器电源,设定预热时间为 30 min,按"预热"按钮进行预热操作 30 min。将活塞式恒流发生器置于监控状态,设定流量参数 17.5 mL/s、验证行程,启动测试后,活塞式恒流发生器将自动记录在 17.5 mL/s 流量条件下行程运行的时间 t 值(单位:ms)。根据式(A.1)计算出实际流量 v。

$$v = \frac{\pi \times r^2 \times h}{t} \tag{A.1}$$

式中:
r——活塞圆柱汽缸底面积半径;
h——活塞圆柱汽缸有效行程长度;
t——汽缸活塞有效行程运行时间。

A.3 重复 A.2 步骤,分别测量 3 次计算出 $v1$、$v2$、$v3$,计算 $\bar{v}$ 平均值,$\bar{v}$ 应在(17.5±0.3) mL/s 范围内。

A.4 若 $\bar{v}$ 不满足(17.5±0.3) mL/s 范围要求时,则应对活塞恒流发生器进行修正;输入修正参数,重复 A.2 和 A.3 步骤直至 $\bar{v}$ 符合要求为止。

A.5 将活塞式恒流发生器置于流量模式为"负压";运行模式为"连续"。

A.6 打开压差计的电源开关预热 1 h,使压差计示值稳定。

附录 B
烟草专用吸阻标准棒检定设备(临界流恒流孔驱动)校准方法

B.1 按图 B.1 将负压发生器、专用夹具、烟草专用临界流量孔、压差计等连接为测量烟草专用吸阻标准棒吸阻的气路,并进行检漏,确保整个气路连接无泄漏。

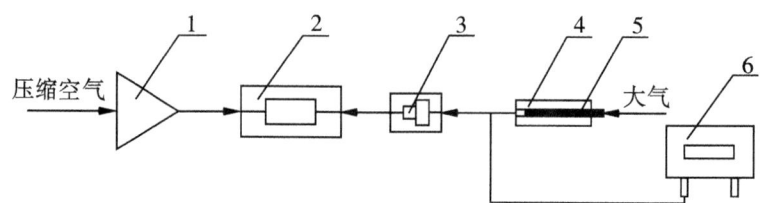

1——气体压力调节装置;
2——负压发生器;
3——烟草专用临界流量孔;
4——专用夹具;
5——烟草专用吸阻标准棒;
6——压差计。

图 B.1 (临界流量孔驱动)设备连接示意图

B.2 压缩空气气源清洁、干燥且基本稳定,在气路接通的情况下压缩空气的压力应大于 600 kPa,以保证负压发生器产生的负压大于烟草专用临界流量孔所要求的临界压力,使通过烟草专用临界流量孔的气体流量恒定。

B.3 打开压差计的电源开关预热 1 h,使压差计示值稳定。

B.4 打开气路开关。

附录 C
烟草专用吸阻标准棒检定记录格式

送检编号		原检定值	
仪器编号		检定标准	JJG(烟草)15—2010
环境条件	大气压:	湿度:	温度:
检定项目:			
外观	合格	毛细管	合格
测试结果 / 时间	第一次测量 (mmH$_2$O)	第二次测量 (mmH$_2$O)	第三次测量 (mmH$_2$O)
起始压降值			
2 min 测量值			
4 min 测量值			
6 min 测量值			
8 min 测量值			
10 min 测量值			
测量值			
检定值			
测量极差			
备注:1 mmH$_2$O=9.806 65 Pa			

测量: 　　　　　　　　　　　　　　　　　　年　月　日
审核: 　　　　　　　　　　　　　　　　　　年　月　日

附录3 JJG(烟草)16—2002《烟草专用标准恒流孔检定规程》(选摘)

1 范围

本计量检定规程适用于新制造的、使用中和修理后的烟草专用标准恒流孔的检定。

2 引用文件

下列文件中的条款通过本标准的引用而成为本标准的条款。凡是注日期的引用文件,其随后所有的修改单(不包括勘误的内容)或修订版均不适用于本标准,然而,鼓励根据本标准达成协议的各方研究是否可使用这些文件的最新版本。凡是不注日期的引用文件,其最新版本适用于本标准。

GB/T 16447 烟草和烟草制品 调节和测试的大气环境(GB/T 16447—1996 idt ISO 3402:1991)

3 概述

烟草专用标准恒流孔是吸阻测定仪、通风率测定仪、吸烟机抽吸曲线图测定仪等多种烟草专用检测仪器上使用的标准器具,其主要作用是将气体流量恒定为符合测量要求的流量。烟草标准恒流孔的检定是在 GB/T 16447 的规定条件下,对烟草专用标准恒流孔的流量进行的测量,通过计算得出烟草专用标准恒流孔的检定值,并据此值判断标准恒流孔是否符合要求。

烟草专用标准恒流孔检定装置主要是由气体压力调节装置、负压发生器、专用夹具、压差计以及流量计组成。

4 术语和定义

下列术语和定义适用于本检定规程。

4.1 烟草专用标准恒流孔

在通过的气体压力达到临界条件时,能保持恒定气体流量的标准件,又称为音速喷嘴或临界流流量孔。

5 检定条件

5.1 压缩空气:气源清洁、干燥且基本稳定,压力大于 600 kPa。

5.2 流量计:准确度等级不低于 0.5 级,测量范围(0~40) mL/s。

5.3 压差计:准确度等级不低于 01 级,测量范围(0~10 000) Pa。

5.4 检定环境:温度为(22±2)℃,相对湿度为(60±5)%,大气压力为(96±10) kPa。

5.5 大气压计:准确度等级不低于 0.1 级,测量范围为(80~110) kPa。

6 检定方法

6.1 对烟草专用标准恒流孔进行外观检查,确认无损伤后,使用专用洗液或超声波清洗器对烟草专用标准恒流孔进行清洗。

6.2 将烟草专用标准恒流孔按 GB/T 16447 的要求进行湿湿度平衡。

6.3 打开流量计的电源开关预热 1 h,使流量计示值稳定。

6.4 如图1所示,将气体压力调节装置、负压发生器、专用夹具、烟草专用标准恒流孔、流量计等连接为测量气路,并进行检漏,确保整个气路连接无泄漏。

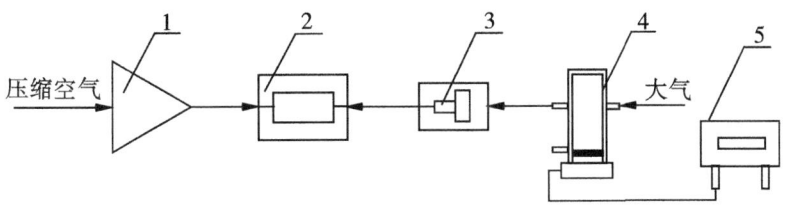

1——气体压力调节装置;
2——负压发生器;
3——烟草专用标准恒流孔;
4——流量计;
5——压差计。

图1

6.5 在气路接通的情况下,检查压缩空气的压力是否符合5.1的要求,以保证负压发生器产生的负压大于烟草专用标准恒流孔所要求的临界压力,使通过烟草专用标准恒流孔的气体流量恒定。

6.6 测量试验环境的温湿度及大气压值。

6.7 接通气源,待气流稳定后启动流量计开始测量。

6.8 按式(1)计算出烟草专用标准恒流孔的测量值 Q_{t_n};

$$Q_{t_n} = \frac{V}{t_n} \tag{1}$$

式中:

Q_{t_n}——烟草专用标准恒流孔的测量值,单位为毫升每秒(mL/s);

n——1、2、…、5;

V——流量计的标定容积,单位为毫升(mL);

t_n——计时器计录的时间,单位为秒(s)。

6.9 按式(2)计算出标准恒流孔的流量值 Q;

$$Q = Q_{t_n} \times K$$
$$K = \frac{p_1 - p_n}{p_1} \times \frac{T_1}{T_n} \tag{2}$$

式中:

Q——烟草专用标准恒流孔的流量值,单位为毫升每秒(mL/s);

Q_{t_n}——烟草专用标准恒流孔的测量值,单位为毫升每秒(mL/s);

n——1、2、…、5;

K——修正系数,无量纲;

p_n——测量过程中流量计内部与外界大气压的压力差,单位为帕(Pa);

p_1——试验环境的大气压力,单位为帕(Pa);

T_n——流量计内部气体的实际温度,单位为开尔文(K);

T_1——试验环境的大气温度,单位为开尔文(K)。

6.10 重复6.8及6.9五次,取五次测量的烟草专用恒流孔流量的平均值为检定值,检定结果精确到0.01 mL/s;

7 检定结果处理

7.1 检定后,烟草专用标准恒流孔流量检定值如符合各自测量项目的标准要求,可判定烟草标准恒流孔合格,否则判定应烟草标准恒流孔为不合格,需将烟草标准恒流孔报废或者修理后重新检定。

7.2 检定证书应包括内容：

a)烟草专用标准恒流孔的检定值；

b)检定装置的准确度等级、检定的环境条件。

8 检定周期

标准恒流孔的检定周期为一年。

附录4　JJG(烟草)17—2002《烟草专用通风率标准棒检定规程》(选摘)

1　范围

本计量检定规程适用于新制造的、使用中和修理后的烟草专用通风率标准棒的检定。

2　引用文件

下列文件中的条款通过本标准的引用而成为本标准的条款。凡是注日期的引用文件，其随后所有的修改单(不包括勘误的内容)或修订版均不适用于本标准，然而，鼓励根据本标准达成协议的各方研究是否可使用这些文件的最新版本。凡是不注日期的引用文件，其最新版本适用于本标准。

GB/T 16447　烟草和烟草制品　调节和测试的大气环境

3　概述

烟草专用通风率标准棒是烟草专用通风率测定仪上使用的标准器具。烟草专用通风率标准棒的检定是在 GB/T 16447 和 ISO 9512 的规定条件下，对烟草专用通风率标准棒的固有流量指标进行的测量，通过计算得出烟草专用通风率标准棒的检定值。烟草专用通风率标准棒检定装置由气体压力调节装置、负压发生器、专用夹具、标准恒流孔、压差计、皂膜流量计组成。

4　术语

下列术语适用于本检定规程。

4.1　烟草专用标准恒流孔

在通过的气体压力达到临界条件时，能保持恒定气体流量的标准件，又称为音速喷嘴或临界流流量孔。

4.2　烟草专用通风率标准棒总气流量

检定过程中从烟草专用通风率标准棒侧面以及端面进入的气体总流量。

4.3　烟草专用通风率标准棒通风流量

检定过程中从烟草专用通风率标准棒侧面进入的气体流量。

4.4　烟草专用通风率标准棒的通风率

烟草专用通风率标准棒通风流量与总气流量的比率，以百分数表示。根据气体从烟草专用通风率标准棒侧面流入的部位不同，通风率又分为总通风率、嘴部通风率、中部通风率。

5　检定条件

5.1　压缩空气：气源清洁、干燥且基本稳定，压力大于 600 kPa。

5.2　烟草专用标准恒流孔：恒定流量为 (17.5±0.3) mL/s。

5.3　皂膜流量计：准确度等级不低于 0.5 级，测量范围 (0~40) mL/s。

5.4　秒表：准确度等级不低于 0.1 级，量范围大于 1200 s。

5.5　压差计：准确度等级不低于 0.1 级，量范围 (0~10 000) Pa。

5.6 大气压计:准确度等级不低于0.1级,测量范围(80~110)kPa。

5.7 检定环境:温度为(22±2)℃;相对湿度为(60±5)%;大气压力为(96±10)kPa。

6 检定方法

6.1 对烟草专用通风率标准棒进行外观检查,确认无损伤后,使用专用洗液或超声波清洗器对烟草专用通风率标准棒进行清洗。

6.2 将烟草专用通风率标准棒按GB/T 16447的要求进行温湿度平衡。

6.3 将负压发生器、专用夹具、烟草专用标准恒流孔、皂膜流量计在气路中如图1连接。经检漏后,确保整个气路连接无泄漏方可使用。

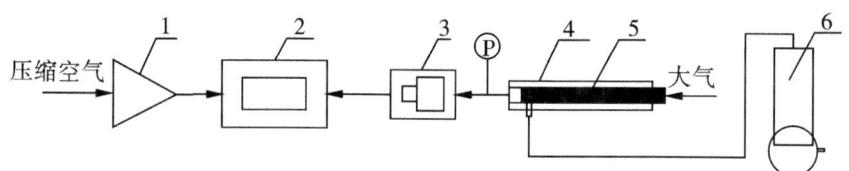

1——气体压力调节装置;
2——负压发生器;
3——烟草专用标准恒流孔;
4——专用夹具;
5——烟草专用通风率标准棒;
6——皂膜流量计。

图1

6.4 在气路接通的情况下,检查压缩空气的压力是否满足5.1的要求,以保证负压发生器产生的负压大于烟草专用标准恒流孔所要求的临界压力,使通过烟草专用标准恒流孔的气体流量恒定。

6.5 将烟草专用标准恒流孔置于测量气路中,并与皂膜流量计相连。打开气源开关开始测量,皂膜流量计的皂膜通过起始刻线时,使用秒表计时,皂膜通过终点刻线时计时结束,记录下所用时间 T_n。

6.6 皂膜流量计的起始刻线与终点刻线之间的容积为定值,因此可以按式(1)计算出烟草专用标准恒流孔的流量。

$$Q_n = V/T_n \qquad (1)$$

式中:

Q_n——每次测量的烟草专用标准恒流孔流量值,单位为毫升每秒(mL/s),其中 $n = 1、2、\cdots、5$;

V——皂膜流量计的起始刻线与终点刻线之间的标定容积,单位为毫升(mL);

T_n——每次测量皂膜通过皂膜流量计的起始刻线与终点刻线之间的时间,单位为秒(s)。

6.7 重复6.5及6.6共测量五次,五次测量的烟草专用恒流孔流量平均值作为标准棒的气体流量总流量 Q_c。

6.8 测量烟草专用通风率标准棒进气端与出气端的压差值 P_D,并使用大气压力计测量出实际大气压值 P，按式(2)计算出总气流量。

$$Q = Q_c \times (P - P_D) / P \tag{2}$$

式中：

Q——总气流量，单位为毫升每秒(mL/s)；

Q_c——气体测量总流量，单位为毫升每秒(mL/s)；

P——试验环境的大气压力，单位为帕(Pa)；

P_D——标准棒的压差值，单位为帕(Pa)。

6.9 将烟草专用标准恒流孔、专用夹具置于测量气路中，将烟草专用通风标准棒放置在专用夹具中，使标准棒侧面流入的气体通过皂膜流量计。

6.10 打开气源开关开始测量，皂膜流量计中的皂膜通过起始刻线时，使用秒表计时，皂膜通过终点刻线时计时结束，记录下所用时间 t_n。

6.11 皂膜流量计的起始刻线与终点刻线之间的容积为定值，因此可以按式(3)计算出通风流量。

$$Q_{Tn} = V / t_n \tag{3}$$

式中：

Q_{Tn}——每次测量的通风流量值，单位为毫升每秒(mL/s)，其中 $n = 1、2、\cdots、5$；

V——皂膜流量计的起始刻线与终点刻线之间的标定容积，单位为毫升(mL)；

t_n——每次测量皂膜通过皂膜流量计的起始刻度线与终点刻度线之间的时间，单位为秒(s)。

6.12 重复6.10及6.11共测量五次，五次测量的流量平均值作标准棒的通风流量量 Q_T。按式(4)计算出通风率作为烟草专用通风率标准棒的校准值。

$$V_{nt} = Q_T / Q \times 100\% \tag{4}$$

式中：

V_{nt}——烟草专用通风率标准棒的通风率的检定值计算结果精确至0.01%；

Q_T——烟草专用通风率标准棒的通风流量，单位为毫升每秒(mL/s)；

Q——烟草专用通风率标准棒的总气流量，单位为毫升每秒(mL/s)。

7 检定结果处理

7.1 检定后，烟草专用通率标准棒应按检定值使用。

7.2 检定证书应包括内容：

a) 烟草专用通风率标准棒的检定值；

b) 检定装置的准确度等级、检定的环境条件。

8 检定周期

通风率标准棒的检定周期为一年。

附录5 GB/T 16447—2004《烟草及烟草制品 调节和测试的大气环境》(选摘)

1 范围

本标准规定了调节和测试烟草及烟草制品试样和样品的大气环境。

本标准适用于测试烟草及烟草制品以及烟草制造过程中有必要进行事先调节的材料。不适用于在其他标准中规定的测试条件和测试方法(见参考文献)。

注:其他一些特殊烟草制品(如雪茄、斗烟丝、鼻烟)的调节和测试大气环境要求可能与本标准的规定不同,如有需要将另起草标准。

2 术语和定义

下列术语和定义适用于本标准。

2.1 大气 atmosphere

环境条件由以下一个或几个参数确定:

——温度;

——相对湿度;

——压力。

2.2 调节大气 conditioning atmosphere

试验前保存样品和试样的大气。

注1:调节大气由温度、相对湿度和压力这三个参数中的一个或几个参数来确定,这些参数的数值在给定的时间内其变化应保持在规定的允差范围内。

注2:"调节"一词是指在试验以前,作为整个试验的一部分,把样品或试样放置在一个温度和湿度处于规定条件下,使其在调节大气下保持一段给定的时间。

注3:调节可以在试验室、特殊的密封测试箱或调节箱内进行。

注4:调节和测试的大气环境的参数值和时间周期取决于被测试样品或试样的性质。

2.3

测试大气 test atmosphere

被暴露在试验过程中的样品或试样的大气。

注1:测试大气是由温度、相对湿度和压力这三个参数中的一个或几个参数来确定,这些参数的数值在给定的时间内其变化应保持在规定的允差范围内。

注2:测试可以是在实验室、特殊的密封测试箱或调节箱内进行,选择哪一种方式取决于试样的性质和试验本身。如果在试验期间试样特性改变不大,就没有必要严格控制测试大气。

3 大气环境要求

3.1 调节大气

调节大气应规定如下:

——温度:(22±1)℃;

——相对湿度:(60±3)%。

由于要求监控设备显示的相对湿度在规定的(60±3)%范围内,因此监控设备校准的不确定度应符合公差要求。

以上所列的具体公差范围限定的是试样周围的瞬时大气环境,因此,试样周围的大气环境应保持在平均温度22 ℃和平均相对湿度60%的范围内。

3.2 测试大气

测试大气应与调节大气相同,但是允许有较宽的允差:

——温度:(22±2)℃;
——相对湿度:(60±5)%。

应对大气压力进行测试,如果大气压力在86 kPa～106 kPa范围之外应在试验报告中加以说明。

4 调节

4.1 调节时间

在实际测试中,散装卷烟用强制气流调节48 h即可,但这个调节时间对于某些样品和试样(如有包装的卷烟、堆放放置的卷烟和没有使用强制气流进行调节的散装样品)是不够的,因此,无论任何情况应证实样品已经获得正确的平衡。

推荐使用可溯源的标准件校准过的湿度计来验证样品或试样周围的大气相对湿度(具体细节请参见ISO 4677)。

应以足够的气流在规定的时间内对散装卷烟进行调节,但应注意过强的气流也可能导致不适当的调节。

在调节前,由于某些原因如果试样要保持10天以上,应把这些试样贮存在原包装盒内或者把这些样品装入体积相当的封闭容器内。如果样品需保存三个月以上,建议将其放置在-16 ℃或-16 ℃以下的条件下冷冻储藏,直到使用时为止。

4.2 平衡的检验

符合下列条件之一的样品,被认为已获得平衡:

a) 样品或试样的质量相对变化在3 h以内不大于0.2%;
b) 当样品或试样放在与其体积相当的密闭容器内,该容器中的相对湿度与规定的调节大气的相同。

附录6 GB/T 22838.5—2024《卷烟和滤棒物理性能的测定 第5部分:卷烟吸阻和滤棒压降》(选摘)

1 范围

本文件描述了卷烟吸阻和滤棒压降的测定方法,并规定了测定的标准条件。

本文件适用于卷烟、滤棒以及类似于卷烟的圆柱形烟草制品吸阻或压降的测定。

2 规范性引用文件

下列文件中的内容通过文中的规范性引用而构成本文件必不可少的条款。其中,注日期的引用文件,仅该日期对应的版本适用于本文件;不注日期的引用文件,其最新版本(包括所有的修改单)适用于本文件。

GB/T 8170 数值修约规则与极限数值的表示和判定

ISO 3308 常规分析卷烟吸烟机 定义和标准条件(Routine analytical cigarette-smoking machine—Definitions and standard conditions)

注:GB/T 16450—2004 常规分析用吸烟机 定义和标准条件(ISO 3308:2000,MOD)

ISO 3402 烟草和烟草制品 调节和试验用大气(Tobacco and tobacco products—Atmosphere for conditioning and testing)

注:GB/T 16447—2004 烟草及烟草制品 调节和测试的大气环境(ISO 3402:1999,IDT)

3 术语和定义

下列术语和定义适用于本文件。

3.1 压降 pressure drop

通常指测试对象两端的静态压差。

——完全被密封于测定装置中无空气泄漏的试样两端。

——气路两端。

——压降传递标准棒(3.6)的两端。

在 ISO 3402 规定的标准条件下,当以稳定的已知气流通过试样或气路时,测试对象输出端(3.4)的气体体积流量是 17.5 mL/s。

3.2 吸阻 draw resistance

将试样密封于测定装置中,按照 ISO 3308 的规定,输出端(3.4)插入深度为 9 mm,在 ISO 3402 规定的标准条件下维持输出端气体体积流量为 17.5 mL/s 时对输出端施加的负压。

3.3 输入端 input end

气流进入的一端。

3.4 输出端 output end

与输入端(3.3)相对应的一端。

3.5 压降传递标准棒 pressure drop transfer standard

在标准环境条件下校准并在实际环境条件下使用的,将量值传递给压降(3.1)测量系统的标准棒。

3.6 仿制标准棒 dummy standard

用于进行仪器泄漏测试,具有与压降传递标准棒(3.5)相同形状和类似结构的装置。

注:仿制标准棒通常由压降传递标准棒或类似外形尺寸的光滑金属管组成。

3.7 参考标准棒 reference standard

与其他压降传递标准棒(3.5)作对比的标准棒。

3.8 监控参考标准棒 monitor reference standard

用于确定仪器或测量系统校准正确性的参考标准棒(3.7)。

4 试验条件

4.1 调节大气

试样试验前应按照 ISO 3402 的要求进行状态调节,并达到平衡。

4.2 测试大气

仪器校准和测试条件应符合 ISO 3402 的规定。

5 仪器设备

5.1 气流方向

空气流应从输入端进入。卷烟点火的一端为输入端,滤棒的输入端和输出端由气流方向确定。

5.2 测试方向

试样的测试方向可与地面水平或垂直,但包含松散填充材料的中空试样测试方向应与地面垂直且输入端在上方。

5.3 测头

5.3.1 卷烟测头

输出端插入测头的包覆深度应为 9 mm,应密封良好且不堵塞通风孔。

5.3.2 滤棒测头

应完全包覆滤棒,包覆层不应漏气。

5.4 标准棒

5.4.1 压降传递标准棒应符合附录 A(参见标准原文)的要求。

5.4.2 参考标准棒通常只用作对比,而不用于测量仪器的日常校准。

5.4.3 监控参考标准棒应符合附录 A.4.2.3.4(参见标准原文)的要求。

5.5 仪器类型

恒定体积流量仪器和恒定质量流量仪器的差异见附录 B(参见标准原文)。

6 试验步骤

6.1 校准仪器

6.1.1 接通仪器电源和气路,预热使其稳定。

6.1.2 测试前应按照说明书要求采用压降传递标准棒对仪器进行校准,每天至少校准一次。如果温度变化超过 2 ℃ 或相对湿度变化超过 5%,都应重新校准仪器。

6.1.3 应在仪器的满量程范围内进行校准,或在待测试样量值范围的最大值处进行校准。

6.1.4 应至少使用一个处于中间值的压降传递标准棒检查校准过程中是否出现漏

气,同时检查测量系统的线性。也可用标称值接近待测试样吸阻或压降的压降传递标准棒进行校准检查。

6.2 试验

6.2.1 将试样插入仪器的测头中,卷烟试样包覆深度 9 mm,所有通风区域和烟支部分应暴露于大气中;滤棒试样完全包覆于测头中。

6.2.2 使试样保留在测头中一段时间,期间保持输出端气流流量为 17.5 mL/s,直到读数稳定,记录吸阻或压降值。

6.2.3 对于吸阻或压降值低于 2000 Pa 的试样,保留时间为 2 s~3 s;对于吸阻或压降值高于 4000 Pa 的试样,保留时间为 4 s~6 s。

7 结果表示

试验结果的表示方式如下。

——结果可用帕斯卡(Pa)或毫米水柱(mmWG)表示,换算关系为:1 mmWG = 9.806 65 Pa。

——结果按照 GB/T 8170 的规定进行数值修约。

——单个试样的吸阻或压降值:以帕斯卡为单位的修约至 10 Pa(以毫米水柱为单位的修约至 1 mmWG)。

——样品的吸阻或压降的平均值和标准偏差:以帕斯卡为单位的修约至 1 Pa(以毫米水柱为单位的修约至 0.1 mmWG)。

8 精密度

8.1 共同试验

通过共同试验确定了方法的精密度,评价结果见附录 C(参见标准原文)。

8.2 重复性

在同一实验室,由同一操作者使用相同设备,按相同的测试方法,并在短时间内对同一被测对象相互独立进行测试获得的两次独立测试结果的绝对差值不大于表 1(卷烟)或表 2(滤棒)给定的值,以大于给定值的情况不超过 5% 为前提。

表 1 卷烟的重复性限

重复性限 r	
Pa	mmWG
$r = 23$	$r = 2.3$

表 2 滤棒的重复性限

重复性限 r	
Pa	mmWG
$r = 0.007 \times m\Delta p$	$r = 0.007 \times m\Delta p$

注:$m\Delta p$ 是以帕斯卡或毫米水柱为单位的压降平均值。

8.3 再现性

在不同的实验室,由不同的操作者使用不同的设备,按相同的测试方法,对同一被测对象相互独立进行测试获得的两次独立测试结果的绝对差值不大于表3(卷烟)或表4(滤棒)给定的值,以大于给定值的情况不超过5%为前提。

表3 卷烟再现性限

再现性限 R	
Pa	mmWG
$R = 57$	$R = 5.8$

表4 滤棒再现性限

再现性限 R	
Pa	mmWG
$R = 0.023 \times m\Delta p$	$R = 0.023 \times m\Delta p$

注:$m\Delta p$ 是以帕斯卡或毫米水柱为单位的压降平均值。

9 试验报告

报告中应记录使用的方法、仪器和仪器参数设置。应记录任何非文件规定的或另外选定的测试操作条件,以及可能影响结果的任何情况。

报告应包括完整的样品信息和试验结果。

报告应包括以下内容:

——试样标志及说明;
——测试时间;
——仪器型号、参数设置或停留时间;
——测试样品的数量;
——本文件的编号;
——调节方式(盒装或散装等);
——调节的持续时间;
——测试环境温度,以摄氏度表示;
——测试环境湿度,以相对湿度表示;
——测试时的大气压力;
——测试结果;
——测试人员。

附录 A
（规范性）
压降传递标准棒的校准

A.1 压降校准标准棒的基本特性

压降校准标准棒具有给定的压降值，用于校准卷烟吸阻和滤棒压降测定仪器。

压降校准标准棒的校准值是通过修正公式计算按 ISO 3402 规定的标准环境条件（22 ℃，60% RH，86 kPa～106 kPa）下的压降平均值获得。

修正公式的推导见 A.4.6。

注：本附录中引用的所有不确定度值均在 95% 置信水平下给出。

A.2 压降传递标准棒的基本特性

压降传递标准棒有很多类型，但本附录主要针对包含 10 个毛细管的玻璃标准棒，A.4.6 给出的修正公式以及重复性和再现性值仅适用于此类型的标准棒，不适用于其他类型的标准棒。

压降传递标准棒的特性应符合以下要求：
——由不受使用年限影响的惰性材料制成；
——尺寸和形状近似卷烟或滤棒；
——在一定条件下，压降值具有良好的重复性；
——通过压降传递标准棒的气流是层流，且可重复测试；
——校准值的测量不确定度不超过 1%。

A.3 校准装置

A.3.1 夹持器

将玻璃毛细管标准棒插入夹持器中，夹持器的机械布局不应改变标准棒的特性，且不应对校准值产生系统影响。校准装置的基本特征见图 A.1。

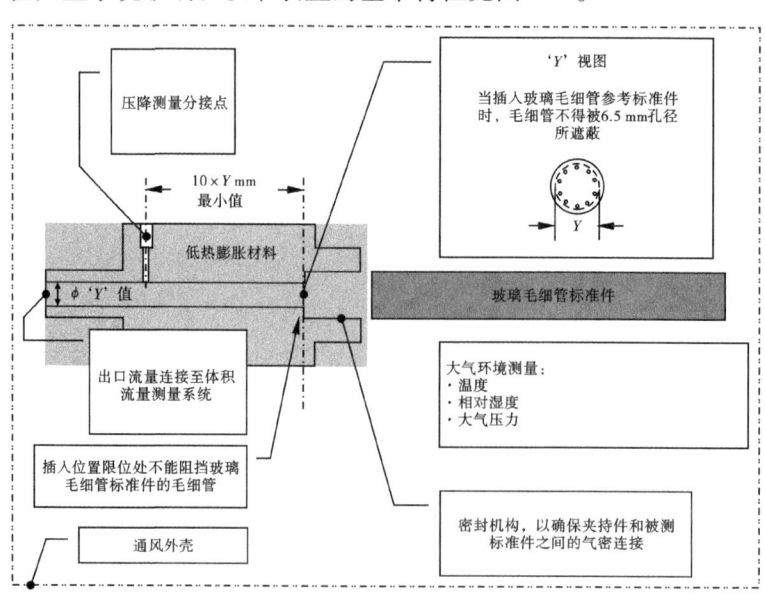

图 A.1 校准装置的基本特征

A.3.2 体积流量的测定

A.3.2.1 基本要求

体积流量测量装置(VFMD)用于测定一定体积的空气通过被测标准棒所需的时间,该装置不应对测试过程产生系统影响。

体积流量测量装置指示体积的不确定度应不超过 0.3%。

A.3.2.2 和 A.3.2.3 介绍了两种体积流量测量装置。

A.3.2.2 活塞驱动的体积流量测量装置

该装置包括一个精密的气缸,缸内有一个由精密电机控制的活塞,活塞以恒定的速度进行推拉运动,通过被测标准棒从大气中抽吸恒定体积的空气。

A.3.2.3 真空驱动的体积流量测量装置

该装置包括一个精密的气缸,缸内有一个自由移动的活塞,由一个单独的抽气机把气缸内的气体向外抽出,使得活塞垂直向上运动。由传感器监测活塞的运动,并测量一定体积的空气通过被测标准棒和活塞下方所需的时间。

A.3.2.4 环境温湿度和大气压力的测量

在通风外壳内接近标准棒空气入口处测量环境温湿度,同时测定大气压力。

温度测量的不确定度应不大于 0.3 ℃。

湿度测量的不确定度应不大于 5%。

大气压力测量的不确定度应不大于 100 Pa。

A.3.2.5 压力测量系统

测量系统应与夹持器的末端相连接,测量气流稳定时标准棒输出端和环境中的压差。

应测量并记录压差。

压力测量系统的不确定度应不大于测量值的 0.2%。

A.3.2.6 抽吸装置

抽吸装置应符合 3.2 要求,能够产生恒定容量的气流,应连接在体积流量测量装置的一端。

校准装置的典型结构如图 A.2 所示。

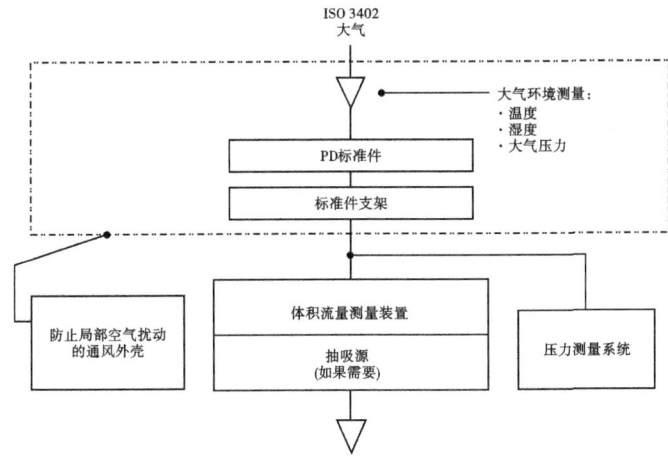

图 A.2 典型校准仪器的结构

不应使用皂膜流量计校准压降传递标准棒。

A.4 校准步骤

A.4.1 标准棒的清洁

A.4.1.1 校准前,应将标准棒浸泡在含有5%非离子表面活性剂的水溶液中进行超声清洗。

A.4.1.2 标准棒应以纵轴与垂直方向呈10°~20°的角度倾斜放置在溶液中浸泡至少10 min,以确保和干净容器底部接触的是标准棒边缘,从而避免毛细管受污染。

A.4.1.3 清洗以后,应将标准棒浸泡蒸馏水或去离子水(不含溶解盐类和其他化合物)中超声漂洗至少5 min。

A.4.1.4 应将标准棒晾干,确保毛细管中没有残留水分,将入口被污染的可能性降至最低。

A.4.2 预校准

A.4.2.1 基本要求

应在ISO 3402规定的条件下测试,校准装置应按图A.1所示配置。

A.4.2.2 标准棒的平衡

校准装置和待测压降传递标准棒应在测试大气环境中放置至少12 h,以确保在测试前达到平衡。

A.4.2.3 设备泄漏测试和密封性检查

A.4.2.3.1 基本要求

应将仿制标准棒插入夹持器,按照A.4.2.3.2或A.4.2.3.3的规定,应对真空驱动流量测定系统或活塞驱动流量测定系统进行泄漏测试,以测试系统的密封性。

在进行任何校准前,首先应进行泄漏检查,每天校准前均应进行一次泄漏检查。

A.4.2.3.2 真空驱动系统的检查步骤

应按以下步骤对真空驱动系统进行检查。

a)将仿制标准棒插入校准夹持器,气流出口端与体积流量测量装置相连,入口端与测试大气连通。

b)体积流量测量装置出口处的真空所产生的压力驱动系统运转,在活塞下方和标准棒的出口末端产生负压。

c)当活塞到达体积流量测量装置中间的时候,封闭仿制标准棒的末端,体积流量测量装置的出口与测试环境连通。

d)当在足够的时间内使体积流量测量装置活塞达到稳定状态后(至少30 s),通过一段时间内对活塞位置和稳定性的监测来判断有无超过1.5 mL/min的泄漏发生。

e)根据式(A.1)计算活塞运动1 mm所需的监测时间(t_M):

$$t_M = \frac{A_p \times I_p}{q_{V,I}} \tag{A.1}$$

式中:

t_M——活塞运动1 mm所需的监测时间,单位为秒(s);

A_p——活塞的横截面面积,单位为平方厘米(cm^2);

I_p ——活塞的运动距离,单位为厘米(cm),取值 0.1;

$q_{V,l}$ ——可接受最大泄漏量的体积流量,单位为毫升每分钟(mL/min),取值 1.5。

例如,对于气缸公称直径为 44.5 mm 的体积流量测量装置,要求最小监测时间是 1 min,在这段时间里,活塞的任何运动都应小于 1 mm。对于气缸公称直径为 76.2 mm 的体积流量测量装置,1 mm 位移的泄漏检测时间为 3 min。

A.4.2.3.3 活塞驱动系统的检查步骤

应按以下步骤对活塞驱动系统进行检查:

a) 将仿制标准棒插入校准夹持器,气流出口端与体积流量测量装置相连,入口端密封;

b) 将体积流量测量装置的容积设置为(1 000±100) mL。负压范围为 2.8 kPa～3.2 kPa;

c) 经过足够的时间使压力达到稳定值后,泄漏的气体流量不超过 1.5 mL/min。

A.4.2.3.4 监控参考标准棒

校准实验室应保留一组用于校准的监控参考标准棒,每天开展测试前均应测量标准棒的值。一套参考标准棒应至少包括两个不同压降水平的标准棒,并涵盖测量的压降范围。

测试时,应记录监控参考标准棒的测量值,以及操作人员的信息和所有环境条件。

注:GB/T 17989.1 和 GB/T 17989.2 给出了监测长期测量过程稳定性的方法。

如果监控参考标准棒的测量值在规定的不确定度限,则应认为校准装置适合使用。

如果监控参考标准棒的测量值超出了规定的不确定度限,应检查校准装置是否有泄漏或测量误差或两者都有发生。

在进行任何补救工作之后,应重新检查监控参考标准棒。

A.4.3 校准方法——测量步骤

A.4.3.1 本方法介绍了气流以 17.5 mL/s 的标称流量穿过标准棒产生成比例压降的测试过程。

A.4.3.2 测试时应预先使气流通过标准棒,保持抽吸至少 5 min,以保证系统温度平衡。

A.4.3.3 应测量并记录环境温湿度和大气压力,以便于在修正公式中使用。

A.4.3.4 将通过体积流量测量装置和待测标准棒的气体体积流量应稳定在(17.5±0.3) mL/s。

A.4.3.5 应监控和记录标准棒输出端和大气之间的静态压差。

A.4.3.6 在稳定的体积流量经过的时间内,以至少 3 次连续测量读数的平均值,记录为标准棒的一次压差测量值。

A.4.3.7 应通过式(A.4.6)将非标准环境下测试的标准棒测量值修正到标准环境条件(温度 22 ℃,相对湿度 60%,大气压力 101.3 kPa,气体体积流量 17.5 mL/s)。

A.4.3.8 应按照 A.4.3.2～A.4.3.7 步骤共测量 3 次。测试结果以 3 次测量的平均值表示。

测试结果修约至 1 Pa(0.1 mmWG),测试结果应记录在校准证书上,同时也可附在标准棒上,标准棒应有唯一性标识。

A.4.4 证书

每一个标准棒应有一个校准证书,至少应包括以下信息:

a) 产品名称和唯一编号;
b) 测试日期;
c) 测试人员;
d) 测试设备的说明和所有测定装置的可溯源的参考序列号;
e) 测试时的环境温度(℃);
f) 测试时的相对湿度(%);
g) 测试时的大气压力(kPa 或 mbar);
h) 修正的压降校准值;
i) 测量不确定度;
j) 测试过程中的其他现象。

A.4.5 精密度

通过标准棒校准实验室参与的共同实验评价了校准方法的精密度。共同实验样品由 4 组压降标准棒组成,每组有 200 mmWG、400 mmWG、600 mmWG、800 mmWG 共 4 个标准棒。参与实验室采用本附录的方法测量每组标准棒,每天测量 4 组标准棒,共测量 4 d。

结果如表 A.1 所示。

表 A.1 精密度测量结果

标称值 Δp		再现性标准偏差		重复性标准偏差	
Pa	mmWG	Pa	mmWG	Pa	mmWG
1961	200	4.217	0.43	2.059	0.21
3922	400	9.414	0.96	3.236	0.33
5884	600	11.572	1.18	4.315	0.44
7845	800	17.946	1.83	4.707	0.48

上述共同实验只有 3 个实验室参与,因此,只能使用再现性和重复性标准偏差表征评价结果,而不是重复性和再现性限,因为实验室数量不能满足 GB/T 6379.2 中关于评估测量方法的要求。在将这些数据与其他方法的数据比较时,宜考虑到以上情况。

为保证方法的有效性,推荐校准实验室参加一年一度的共同实验。为此目的,上述数据和今后共同实验中得到的数据可用于评估实验室能力。

A.4.6 修正方法

修正方法见参考文献[7](参见标准原文),这种修正方法已在由 10 根平行毛细管组成的玻璃结构的压降标准棒中得到验证,简述如下。

压降(Δp)值在校准时受周围环境温湿度和大气压力的影响,修正是降低环境影响的一种方法。根据环境因素的影响程度能够推导出合适的修正公式。压降标准棒校准值可以通过将不同条件下(T,RH,p_{atm},q)的压降测试值(Δp_S)与标准环境条件下测得的值(T_S = 22 ℃,RH_S = 60%,p_S = 101.3 kPa,输出端气体体积流量 q_S = 17.5 mL/s)进行修正得到。

压降(Δp)约等于标准棒的非线性特征值(Δp_1)和线性特征值(Δp_2)的和。

按照式(A.2)和(A.3)计算非线性度。

$$\Delta p_1 = x \times \Delta p \tag{A.2}$$

$$\Delta p_2 = (1 - x) \times \Delta p \tag{A.3}$$

式中:

x ——非线性度;

Δp ——压降;

Δp_1 ——标准棒的非线性特征;

Δp_2 ——标准棒的非线性特征。

在 200 mmWG ~ 800 mmWG 的压降范围内,根据实验结果,通过式(A.4)计算非线性度 x 的值。

$$x = 3.41 \times 10^{-5} \times \Delta p + 3.38 \times 10^{-2} \tag{A.4}$$

通过式(A.5)和(A.6)计算压降(Δp)修正值。

$$\Delta p_{2S}^2 - (p_S - \Delta p_{1S}) \times \Delta p_{2S} + \frac{\eta_S \times T_S}{\eta \times T} \times (p_{atm} - \Delta p) \times \Delta p_2 = 0 \tag{A.5}$$

$$\Delta p_{1S}^3 - 2 \times p_S \times \Delta p_{1S}^2 + p_S^2 \times \Delta p_{1S} - \frac{\rho_S \times T_S^2}{\rho \times T^2} \times \Delta p_1 \times (p_{atm} - \Delta p_1)^2 = 0 \tag{A.6}$$

式中:

Δp_{1S} ——Δp_1 的修正值,单位为毫米水柱(mmWG);

Δp_{2S} ——Δp_2 的修正值,单位为毫米水柱(mmWG);

η ——校准过程中空气的黏度;

ρ ——校准过程中空气的密度;

η_S ——标准条件下空气的黏度;

ρ_S ——标准条件下空气的密度;

T ——校准环境温度,单位为开尔文(K);

T_S ——标准环境温度,单位为开尔文(K);

p_{atm} ——校准大气压力,单位为毫米水柱(mmWG)。

p_S ——标准大气压力,单位为毫米水柱(mmWG)。

通过式(A.7)可以计算出输出端气流流速为 17.5 mL/s 的标准 Δp_S 值。

$$\Delta p_{S,17.5} \cong \Delta p_{1S} \times \left[\frac{17.5}{Q(p_S, T_S, \Delta p_S)}\right]^2 + \Delta p_{2S} \times \left[\frac{17.5}{Q(p_S, T_S, \Delta p_S)}\right] \tag{A.7}$$

式中:

Q ——气体体积流量,单位为毫升每秒(mL/s)。

附录 B
（资料性）
临界流量孔流量仪器和恒定质量流量仪器的差异

由于对 ISO 6565:2015 内容理解的差异,现有两种类型的仪器用于吸阻(或压降)的测量,均为真空驱动：

第一种具有恒定体积流量的临界流量孔(CFO)。这种仪器始终在试样的输出端保持恒定的体积流量,而与气压大小无关,随着试样压降增大,输入端的流量降低。因此,质量流量随着试样压降的增大而降低。

第二种具有恒定质量流量装置(CMF),能够保持恒定质量流量的空气通过试样。试样输出端的压力变化时该仪器能自动进行修正,保持恒定的质量流量,输入端的体积流量保持不变。对同一试样,通过 CMF 的流量总是大于通过 CFO 的流量,因此采用 CMF 仪器获得的压降值大于采用 CFO 仪器获得的压降值。

本文件要求使用的仪器在试样输出端保持恒定体积流量,例如可选用带有 CFO 装置的仪器。

由 CFO 装置和 CMF 装置测得的压降值之间的关系能用式(B.1)和(B.2)表示：

$$\Delta p_M = \Delta p_O \times \frac{p_{atm}}{p_{atm} - \Delta p_O} \quad (B.1)$$

$$\Delta p_O = \Delta p_M \times \frac{p_{atm}}{p_{atm} + \Delta p_M} \quad (B.2)$$

式中：

Δp_O ——CFO 装置测得的压降；

Δp_M ——CMF 装置测得的压降；

p_{atm} ——环境大气压力。

差异示例见表 B.1。

表 B.1 使用 CFO 装置和 CMF 装置测试的压降值的差异(修约后)

CFO 装置				CMF 装置			
Δp_M		Δp_O		Δp_O		Δp_M	
Pa	mmWG	Pa	mmWG	Pa	mmWG	Pa	mmWG
980	100	970	99	980	100	990	101
1471	150	1451	148	1471	150	1490	152
1961	200	1922	196	1961	200	2000	204
2942	300	2853	291	2942	300	3030	309
3922	400	3775	385	3922	400	4079	416
4903	500	4667	476	4903	500	5158	526
5884	600	5550	566	5884	600	6256	638
6864	700	6423	655	6864	700	7374	752
7845	800	7266	741	7845	800	8522	869

能够看出带有 CMF 装置的测试结果高于带有 CFO 装置的测试结果,两者的差异随着压降的增大而增大。在压降小于 2000 Pa(200 mmWG)时,差异不明显,压降大于 3000 Pa(300 mmWG)时差异显著增加。

附录7 GB/T《22838.6—2024 卷烟和滤棒物理性能的测定 第6部分:硬度》(选摘)

1 范围

本文件描述了卷烟和滤棒硬度的测定方法。

本文件适用于卷烟、滤棒以及类似于卷烟的圆柱形烟草制品硬度的测定。

2 规范性引用文件

下列文件中的内容通过文中的规范性引用而构成本文件必不可少的条款。其中,注日期的引用文件,仅该日期对应的版本适用于本文件;不注日期的引用文件,其最新版本(包括所有的修改单)适用于本文件。

GB/T 8170 数值修约规则与极限数值的表示和判定

GB/T 16447 烟草及烟草制品 调节和测试的大气环境

3 术语和定义

下列术语和定义适用于本文件。

3.1 硬度 hardness

在一定大气环境下,试样在径向上抗变形的能力。

[来源:GB/T 18771.4—2015,4.2.8,有修改]

3.2 受压前直径 diameter on contact point

试样经预压力作用,在预压时间结束时的直径。

3.3 受压后直径 depressed diameter

试样经全压力作用,在全压时间结束时的直径。

3.4 压陷量 depressed deformation

受压前直径与受压后直径的差。

3.5 预压力 preload

为测试试样受压前直径,在一定时间内由施力机构通过压头作用在试样上持续稳定的力。

3.6 全压力 load

为测试试样受压后直径,在一定时间内由施力机构通过压头作用在试样上持续稳定的力,包括预压力和在预压力基础上后续施加的力。

3.7 预压时间 preload time

预压力作用的时间。

3.8 全压时间 load time

全压力作用的时间。

3.9 施压速率 load speed

压头接触试样时的速率。

4 仪器设备

测定硬度所需要的仪器应满足以下要求：

a) 对试样施加径向点压；

b) 压头为直径 12.00 mm 的圆形平面，最大允许误差± 0.01 mm；

c) 对试样施加预压力，预压力 0.10 N，最大允许误差± 0.02 N；

d) 预压时间 1.5 s，最大允许误差± 0.5 s；

e) 施压速率不大于 3.00 mm/s；

f) 全压力 2.94 N，最大允许误差± 0.03 N；

g) 全压时间 10 s，最大允许误差± 1 s；

h) 试样挡板应固定在仪器上，使试样在受压时不能移动；在测试区域，与试样的接触为 20.0 mm（试样径向）×35.0 mm（试样纵向）的矩形平面；

i) 位移量测量系统量程不小于 10.00 mm，分辨力 0.01 mm，最大允许误差± 0.02 mm；

j) 位移标准棒或量块最大允许误差± 0.003 mm。

5 试验条件

5.1 调节大气

试样试验前应按照 GB/T 16447 的要求进行状态调节，并达到平衡。

5.2 测试大气

应符合 GB/T 16447 规定的条件。

6 试验步骤

6.1 接通仪器电源，预热使其稳定。

6.2 按仪器操作规程或说明书进行校准，使仪器的显示值与标准棒的标定值相符合。

6.3 将试样置于仪器挡板上，卷烟的施压位置应为烟支的中部；滤棒的施压位置应为试样的中部，爆珠滤棒测试时应避开爆珠；有醋纤棒段的复合滤棒施压位置应为醋纤棒段位置。

6.4 以一定的施压速率对试样施加预压力，预压时间至 1.5 s 时，测量试样受压前直径。

6.5 继续施压至达到全压力，全压时间至 10 s 时，测量试样受压后直径或压陷量。

7 结果表示

硬度按式(1)计算：

$$H = \frac{D - a}{D} \times 100 = \frac{d}{D} \times 100 \quad (1)$$

式中：

H ——硬度，%；

a ——压陷量，单位为毫米(mm)；

D ——受压前直径，单位为毫米(mm)；

d ——受压后直径，单位为毫米(mm)。

试验结果的表示方式如下：

——结果按照 GB/T 8170 的规定进行数值修约；

——单个试样的结果修约至 1 位小数；

——样品的平均值和标准偏差修约至 2 位小数。

8 试验报告

试验报告应包括以下内容：

——试样标志及说明；

——测试时间；

——仪器型号；

——测试样品的数量；

——本文件的编号；

——调节方式（盒装或散装等）；

——调节的持续时间；

——测试环境温度，以摄氏度表示；

——测试环境湿度，以相对湿度表示；

——测试结果；

——测试人员。